U0370225

Python
程序设计案例教程

PYTHON APPLICATIONS
PROGRAMMING

◎ 徐光侠 常光辉 解绍词 黄德玲 主编

人 民 邮 电 出 版 社

北 京

图书在版编目（CIP）数据

Python程序设计案例教程 / 徐光侠等主编. -- 北京：
人民邮电出版社，2017.6（2020.7重印）
（大数据创新人才培养系列）
ISBN 978-7-115-45213-9

Ⅰ．①P… Ⅱ．①徐… Ⅲ．①软件工具－程序设计－
教材 Ⅳ．①TP311.561

中国版本图书馆CIP数据核字(2017)第054757号

内 容 提 要

本书共 12 章，详细介绍了 Python 语言编程的方方面面。本书从 Python 的发展历程引入，介绍了 Python 语言的优点以及利用 Python 可以做些什么，随后引领读者循序渐进地学习了数据类型、组合数据类型、控制语句与函数、类和继承等基础内容。书中还探讨了模块的创建和使用、包的导入、文件的操作、调试及异常。为了进一步提升读者对 Python 程序设计的理解，本书在"程序开发进阶"这一章讲解了面向对象程序设计、函数式编程、多线程、thread 和 threading 模块。第 10 章正则表达式、第 11 章网络编程是对 Python 的两个应用领域的讲解。前 11 章，每一章都配有练习题，知识点讲解与课后练习相结合，方便读者巩固所学的知识和技巧。最后一章详细讲解了 Python 的 3 个热门应用—网络爬虫、数据处理、Web 开发，每个应用都提供了一个具体的小项目，以便读者跟随编者的思维进行实战练习。

本书是一本实用的学习指南，适合对计算机编程语言有一定基础的本科生、研究生以及大数据从业人员阅读。

◆ 主　编　徐光侠　常光辉　解绍词　黄德玲
　　责任编辑　刘　博
　　责任印制　杨林杰

◆ 人民邮电出版社出版发行　　北京市丰台区成寿寺路 11 号
　　邮编　100164　电子邮件　315@ptpress.com.cn
　　网址　http://www.ptpress.com.cn
　　固安县铭成印刷有限公司印刷

◆ 开本：787×1092　1/16
　　印张：22.25　　　　　　　　2017 年 6 月第 1 版
　　字数：588 千字　　　　　　2020 年 7 月河北第 3 次印刷

定价：59.80 元

读者服务热线：(010)81055256　印装质量热线：(010)81055316
反盗版热线：(010)81055315
广告经营许可证：京东市监广登字20170147号

前　言

Python 语言于 20 世纪 90 年代初由荷兰人 Guido van Rossum （吉多·范罗苏姆）首次公开发布，经过历次版本的修正，不断演化改进，目前已成为最受欢迎的程序设计语言之一。近年来，Python 多次登上诸如 TIOBE、PYP、StackOverFlow、GitHub、Indeed、Glassdoor 等各大编程语言社区排行榜。根据 TIOBE 最新排名，Python 与 Java、C、C++、C#一起成为全球最流行语言的前 5 位。

Python 语言之所以如此受欢迎，其主要原因是它拥有简洁的语法、良好的可读性以及功能的可扩展性。在各高校及行业应用层面，采用 Python 做教学、科研、应用开发的机构日益增多。在高校方面，一些国际知名大学采用 Python 语言来教授课程设计，典型的有麻省理工学院的计算机科学及编程导论、卡耐基梅隆大学的编程基础、美国加州大学伯克利分校的人工智能课程。在行业应用方面，Python 已经渗透到数据分析、互联网开发、工业智能化、游戏开发等重要的工业应用领域。另外，Python 也是一门易用性很强的程序设计语言，开发者利用它可以轻松实现一些较复杂的软件功能。究其原因是众多开源软件包都提供了 Python 的调用接口，例如著名的三维可视化库 VTK、计算机视觉库 OpenCV 等。而在科学计算的扩展库方面，NumPy、SciPy、matplotlib 专门为 Python 提供了强大的快速数组处理、数值运算以及绘图等功能。这些良好的第三方支持，推动了 Python 语言不断发展壮大。

基于 Python 语言的种种优点及其在 Web 开发、智能分析、机器人和游戏开发等领域中的深入应用，Python 教学和技术培训也已在高校和社会软件技术培训机构中广泛开展。因此，学校及行业对 Python 课程教材的需求与日俱增。但是目前理论阐述和工程实践紧密结合的教材为数不多，编者试图将这两方面结合起来，为读者提供一本有益的参考教材。

本书的编写原则是：①适应原则。Python 语言有自己独特的语法以及编程方式，与传统的 Java 语言、C 语言等或多或少有一些不同之处，编者试着从一个软件开发者的角度，在编程语言的大框架下，分析这些编程语言的细节差异，使读者能够很好地适应 Python 的学习。②科学原则。本教材既是知识产品的再生产、再创造，也是编者教学经验的总结和提高。其覆盖范围广、内容新，既有面的铺开，又有点的深化，举例符合题意，使读者学习起来事半功倍。③实用原则。本教材采用的是当前最新的 Python 3 版本，能够准确、及时地反映这门语言发展的最新成果及趋势，使读者能够很好地学到前沿的新技术。

本书从基础和实践两个层面引导读者学习 Python 这门学科，系统、全面地讨论了 Python 编程的思想和方法。第 1 章～第 3 章主要介绍了 Python 的基本知识以及理论基础。第 4 章～第 7 章详细介绍了 Python 编程的核心技术，着眼于控制语句与函数、模块和包、类和继承、文件和 I/O 的重点知识、使用场景以及注意事项的描述，每一个章节都搭配了详细的 Python 程序，让读者全面理解 Python 编程。

1

第 8 章是程序开发的进阶，着重介绍了抽象类、多继承、多线程等知识点，并针对每一个知识点给出了详细的例子。第 9 章具体介绍了软件开发语言中的重点——调试及异常，有编程语言常用的 try…except、finally 语句介绍和实例，也有特殊的 assert 语句和 with 语句介绍和实例。第 10 章重点介绍了正则表达式，并针对每一个知识点给出相关实例。第 11 章首先介绍了编程框架以及常用模块，然后结合实际应用给出实例。第 12 章给出了 3 个完整的例子——网络爬虫、数据处理和 Web 开发。

本书的编写特色在于：①理论+案例的编写风格。首先以简练的语言进行理论知识的讲解，然后配上丰富而实用的案例，在保证教材体系及比例科学的前提下，增加案例教学比重。②充分考虑学生学习之便利。考虑到当今大学生的实际情况，本教材所选的实例都贴近读者的理解水平；术语引入的节奏合理，不会让读者产生晦涩的感觉；其个别难点，都尽量讲解详尽与清晰。③实践性很强。本教材是在编者长期与 IT 企业合作进行软件研发积累的经验，以及企业内部进行专业培训的讲义的基础上，结合笔者多年的教学经验，研究国内外 Python 语言教材的优缺点，收集了相关的互联网资料，最后整理和改编而成，具有很强的实践性。

本书由徐光侠、常光辉、解绍词和黄德玲任主编。参加编写的人员及安排为：徐光侠编写第 1、8 和 12 章，常光辉编写第 2、3 和 4 章，解绍词编写第 9、10 和 11 章，黄德玲编写第 5、6 和 7 章。本书在编写过程中得到实验室主任刘宴兵教授的大力支持，特别感谢研究生团队对本书进行文字编辑和图片处理等付出的辛勤劳动。

由于编者水平有限，加之 Python 语言的发展日新月异，书中难免会有疏漏和不妥之处，敬请广大读者不吝赐教，编者 E-mail：xugx@cqupt.edu.cn。

编　者
2017 年 1 月于重庆邮电大学

目　录

第1章
入门

本章内容提要：

● Python 的发展历程
● 为什么使用 Python
● Python 可以做些什么
● Python 的优点
● Python 和其他语言的比较
● 项目开始

Python 是一种面向对象的、解释性的计算机程序设计语言，也是一种功能强大而完善的通用型语言，它已经有二十多年的发展历史，因此已经非常成熟和稳定。它具有脚本语言中最丰富和强大的类库，同时也借鉴了简单脚本和解释语言的易用性。它拥有非常简洁而清晰的语法特点，几乎可以在所有的操作系统中运行，能够支持绝大多数应用系统的构建。

进入 21 世纪以来，随着计算科学及大数据技术的发展，在行业应用和学术研究中采用 Python 进行科学计算的趋势越来越猛。而在众多解释型语言中，Python 最大的特点是拥有一个广泛而活跃的科学计算社区，从而为解决 Python 的各类问题提供了有力的保障。Python 目前被广泛地应用在 Web 开发、运维自动化、测试自动化、数据挖掘，甚至机器人、电脑动画等多个行业和领域。

1.1 Python 的发展历程

Guido van Rossum 是 Python 编程语言的创始人，1982 年他在阿姆斯特丹大学获得数学和计算机科学专业的硕士学位。Guido 在那个年代就已经学习并且使用过 C、Pascal、Fortran 等高级语言，而以上语言在设计时拥有一个共同的基本原则：使机器运行得更快。Guido 希望有一种语言，既能够全面调用计算机的功能接口，又可以轻松地编程。Guido 从 ABC 语言上看到了希望，并且也成为了 ABC 语言的设计者。但是在设计 ABC 语言时存在着一些问题，比如 ABC 语言可扩展性差、编译器体量很大、不能直接进行 IO、语法晦涩、学习困难等，致使 ABC 语言最终没能获得成功。

1989 年的圣诞节假期，Guido 为了打发时间，决定开发一个新的脚本解释程序，作为 ABC 语言的一种继承，于是开始编写 Python 语言的编译/解释器。他希望这个新的叫作 Python 的语言，能够成为一种功能全面、易学易用、扩展能力强的语言。于是，在 1991 年诞生了第一个 Python

编译器（同时也是解释器）。它用 C 语言来实现，并能够调用 C 语言的库文件。

Python 语法很多来自 C 语言，但又受到 ABC 语言的强烈影响。Python 非常注重可扩展性，它可以在多个层次上面进行扩展。在底层上面可以引用 C 语言的库，在高层上面可以直接引入.py 文件。我们可以快速地使用 Python 写.py 文件作为扩展模块。

Python 的设计哲学是"优雅、明确、简单"。Python 开发者的哲学理念是"用一种方法，最好是只有一种方法来做一件事"。在设计 Python 语言时，如果面临多种选择，Python 开发者一般会拒绝花哨的语法，而选择明确的或者很少有歧义的语法。

在 Python 的开发过程中，社区起到了重要的作用。Python 自身的一些功能和大部分的标准库都来自于社区。Python 的开发者来自不同的领域，他们将不同领域的优点带给 Python。

到今天为止，Python 的框架已经确立。Python 语言以对象为核心组织代码，支持多种编程范式，采用动态类型，自动进行内存回收。Python 支持解释运行，并能调用 C 库进行拓展。Python 有强大的标准库。

1.2　为什么使用 Python

Python 作为一种高级程序设计语言，自从 20 世纪 90 年代初诞生以来，它的支持者就一直稳步增加。近年来，Python 逐渐被广泛应用于处理系统管理工作（比如它是很多 Linux 发行版的重要组成部分），它可以用于教授零基础的人们学习编程。2004 年以后，Python 的使用率呈线性增长。由表 1-1 可以看出，Python 已经成为最受欢迎的程序设计语言之一。

表 1-1　　　　　　　　　　各种编程语言历年的排名榜

编程语言	2016	2011	2006	2001	1996	1991	1986
Java	1	1	1	3	17	–	–
C	2	2	2	1	1	1	1
C++	3	3	3	2	2	2	5
C#	4	5	6	11	–	–	–
Python	5	6	7	25	23	–	–
PHP	6	4	4	8	-	–	–
JavaScript	7	9	8	7	21	–	–
Visual Basic.NET	8	29	–	–	–	–	–
Perl	9		5	4	3	–	–
Ruby	10	10	21	32	–	–	–
Ada	27	16	16	17	7	4	2
Lisp	28	12	12	14	6	7	3
Pascal	62	13	17	15	4	3	7

2011 年 1 月，Python 被 TIOBE 编程语言排行榜评为 2010 年度语言。最近几年 Python 变得越来越流行，在 2016 年 8 月 TIOBE 编程语言排行榜中，Python 已处在第五的位置，如表 1-2 所示。

2014 年斯坦福大学计算机博士 Philip Guo 为了调查 Python 的受欢迎程度，对美国高校计算机系中使用 Python 来教授入门课程的情况进行了研究。这项研究根据 2014 年美国大学 U.S.News 排行榜给出的排名，选取了 Top39 高校中的计算机系作为研究对象。该项研究结果显示 Top39 中有 24 家大学在入门课程中教授 Python，可见 Python 早已成为美国大学计算机科学系入门课程中最受欢迎的编程语言。

表 1-2　　　　　　　　　　　2016 年 8 月 TIOBE 编程语言排行 TOP 20 榜单

2016 年 8 月	2015 年 8 月	排名变化	编程语言	使用率	变动率
1	1	–	Java	19.010%	−0.26%
2	2	–	C	11.303%	−3.43%
3	3	–	C++	5.800%	−1.94%
4	4	–	C#	4.907%	+0.07%
5	5	–	Python	4.404%	+0.34%
6	7	↑	PHP	3.173%	+0.44%
7	9	↑	JavaScript	2.705%	+0.54%
8	8	–	Visual Basic.NET	2.518%	−0.19%
9	10	↑	Perl	2.511%	+0.39%
10	12	↑	Assembly language	2.364%	+0.60%
11	14	↑	Delphi/Object Pascal	2.278%	+0.87%
12	13	↑	Ruby	2.278%	+0.86%
13	11	↓	Visual Basic	2.046%	+0.26%
14	17	↑	Swift	1.983%	+0.80%
15	6	↓	Objective-C	1.884%	−1.31%
16	37	↑	Groovy	1.637%	+1.27%
17	20	↑	R	1.605%	+0.60%
18	15	↓	MATLAB	1.538%	0.31%
19	19	–	PL/SQL	1.349%	0.21%
20	95	↑	Go	1.270%	+1.19%

Packt Publishing 是世界上关于编程方面最大的出版商，它在 2016 年对 11 000 名访客进行了调查，调查内容包括开发者使用的编程语言、喜欢的框架、薪酬信息等几个方面。调查显示，Python 和 JavaScript 是当今最流行的编程语言，而 Java 紧随其后，排名第三。

Python 语言之所以这么受欢迎，主要有以下 5 个方面。

1. 软件质量

● Python 的语法简洁，注重可读性、一致性，从而保证了代码便于理解和维护。

● 在设计 Python 语言时，如果面临多种选择，Python 开发者一般会选择明确的或者很少有歧义的语法。

● Python 采用模块化设计和 OPP 在内的一些工具来提示程序的可重用性。

2. 开发效率

● Python 代码的大小往往只有 C++或 Java 代码的 1/5 ~ 1/3。

● 不需要传统编译/静态语言所必需的编译及连接等步骤，这样进一步提高了程序员的效率。

3. 程序的可移植性

绝大多数的 Python 程序不做任何改变就可以在所有主流计算机平台上运行。例如，在 Linux 和 Windows 之间移植 Python 代码，只需简单地在机器间复制代码即可。此外，Python 提供了多种可供选择的独立程序，包括用户图形界面、数据库接入、基于 Web 的系统等。甚至包括程序启动和文件夹处理等操作系统接口，Python 都尽可能地考虑了程序的可移植性。

4. 标准库的支持

Python 内置了很多预编译并且可移植的功能模块，这些功能模块叫作标准库（standard library）。标准库支持一系列应用级的编程任务，涵盖了从字符模式到网络脚本编程的匹配等方面。此外，Python 可通过自己开发的库或众多第三方的应用支持软件进行扩展。Python 的第三方支持工具包括网站开发、数值计算、串口读写、游戏开发等各个方面。

5. 组件集成

Python 脚本可通过灵活的集成机制轻松地与应用程序的其他部分进行通信，这种集成使 Python 成为产品定制和扩展的工具。如今，Python 代码可以调用 C 和 C++的库，可以被 C 和 C++的程序调用，可以与 Java 组件集成，可以与 COM 和.NET 等框架进行通信，并且可以通过 SOAP、XML-RPC 和 CORBA 等接口与网络进行交互。Python 绝不仅仅是一个独立的工具。

Python 已经成为最受欢迎的程序设计语言之一，它已经被广泛应于计算机游戏和生物信息等各种领域，我们更应该在学习与工作中使用 Python 语言。

1.3　Python 可以做些什么

Python 是一种面向对象的程序设计语言，它作为一种功能强大且通用的编程语言而广受好评，具有非常清晰的语法特点并且适用于多种操作系统。Python 在软件质量控制、提升开发效率、可移植性、组件集成、丰富库支持等各个方面均处于领先地位。许多大公司都在使用 Python 完成各种各样的任务，例如 YouTube、Instagram、Google、Yahoo 等，甚至美国航空航天局都大量地使用 Python。

1. 系统编程

Python 拥有操作系统服务的内置接口，使其成为可移植的操作系统维护工具（有时也称为 Shell 工具）。Python 程序可以搜索文件和目录树，可以运行其他程序，可以用进程或线程进行并行处理等。

Python 的标准库绑定了 POSIX（可移植操作系统接口）以及其他常规操作系统工具：环境变量、文件、套接字、管道、进程、多线程、正则表达式模式匹配、命令行参数、标准流接口、Shell 命令启动器、文件名扩展等。此外，很多 Python 的系统工具在设计过程中也考虑了其可移植性。例如，复制目录树的脚本不需要做任何修改就可以在几乎所有的 Python 平台上运行。

2. 科学与数字计算

Python 被广泛地应用于科学和数字计算中，例如 NumPy、SciPy、Biopython、SunPy 等 Python 扩展工具，经常被应用于生物信息学、物理、建筑、地理信息系统、图像可视化分析、生命科学等领域。

NumPy 数值编程扩展包括很多高级工具，例如矩阵对象、标准数学库的接口等。它将 Python 变成一个缜密严谨并简单易用的数值计算工具，这个工具通常可以用来替代已有的代码，而这些代码都是用 FORTRAN 或 C++等编译语言编写的。其他一些数值计算工具为 Python 提供了动画、3D 可视化、并行处理等功能的支持。例如，常用的 SciPy 和 ScientificPython 扩展，为使用科学编程工具以及 NumPy 代码提供了额外的库。

随着 NumPy、SciPy、Matplotlib、ETS 等众多程序库的开发，Python 越来越适合于做科学计算。与科学计算领域最流行的商业软件 MATLAB 相比，Python 是一门真正的通用程序设计语言，比 MATLAB 所采用的脚本语言的应用范围更广泛,有更多程序库的支持,适用于 Windows 和 Linux 等多种平台,完全免费并且开放源码。虽然 MATLAB 中的某些高级功能目前还无法替代,但是对于基础性、前瞻性的科研工作和应用系统的开发,完全可以用 Python 来完成。

3. 数据库编程

Python 提供了所有主流的数据库接口,例如:Sybase、Oracle、Informix、ODBC、MySQL、PostgreSQL、SQLite 等。Python 定义了一种脚本,可以存取 SQL 数据库系统的可移植 API,这个 API 对于各种底层应用的数据库系统都是统一的。例如,因为厂商的接口需要实现为可移植的 API,所以一个自由软件 MySQL 系统的脚本不需做改变就可以工作在其他系统上(例如 Oracle),仅需要将底层的厂商接口替换掉就可以实现。

Python 标准的 pickle 模块提供了一个简单的对象持久化系统,它能够让程序轻松地将整个 Python 对象保存或恢复到文件和文件类的对象中。在网络上,同样可以找到名叫 ZODB 的第三方系统,它为 Python 脚本提供了完整的面向对象数据库系统,系统 SQLObject 可以将关系数据库映射至 Python 的类模块。并且从 Python 2.5 版本开始,SQLite 已经成为 Python 自带标准库的一部分了。

4. 游戏、多媒体、人工智能、XML、机器人等

Python 的应用领域很多,远比这里提到的要多得多。

- 可以利用 pygame 系统使用 Python 对图形和游戏进行编程。
- 利用 PIL、Piddle、ReportLab 等模块,可以处理图像、声音、视频、动画等,从而为你的程序添加亮丽的光彩。动态图表的生成、统计分析图表都可以通过 Python 来完成。
- 用 PyOpenGl 模块,可以非常迅速地编写出三维场景。
- 用 PyRo 工具包进行机器人控制编程。
- 用 XML 库、xmlrpclib 模块和其他一些第三方扩展进行 XML 解析。
- 使用神经网络仿真器和专业的系统 Shell 进行 AI 编程。
- 使用 NLTK 包进行自然语言分析,甚至可以使用 PySol 程序下棋娱乐。

5. 快速原型

对于 Python 程序来说,使用 Python 或 C 编写的组件看起来都是一样的。正因为如此,我们可以在一开始利用 Python 做系统原型,之后再将组件移植到 C 或 C++这样的编译语言上。当原型确定后就不需要重写,这是 Python 和其他的原型工具不同的地方。系统中执行效率不高的部分可以保持不变,从而使使用和维护变得轻松起来。

6. Internet 脚本

Python 提供了标准的 Internet 模块,无论是在服务器端还是在客户端,它都能使 Python 程序广泛地在多种网络任务中发挥作用。脚本可以通过套接字进行通信;从发给服务器端的 CGI 脚本的表单中提取信息;通过 FTP 传输文件;解析、生成和分析 XML 文件;发送、接收、编写和解析 Email;通过 URL 获取网页;从获取的网页中解析 HTML 和 XML 文件;通过 XML-RPC、SOAP 和 Telnet 通信等。Python 的库使这一切变得相当简单。

不仅如此,从网络上还可以获得很多使用 Python 进行 Internet 编程的第三方工具。例如,HTMLGen 可以从 Python 类的描述中生成 HTML 文件;mod_python 包可以使在 Apache 服务器上运行的 Python 程序更具效率,其支持 Python Server Page 这样的服务器端模板;Jython 系统提供了无缝的 Python/Java 集成,而且支持在客户端运行的服务器端 Applet。

此外,近些年出现了许多针对 Python 的 Web 开发工具包,例如 Django、TurboGears、Web2py、

Pylons、Zope 和 WebWare，它们使得 Python 能够快速构建功能完善和高质量的网站。例如国内的豆瓣、果壳网等；国外的 Google、Dropbox 等。很多这样的工具包包含了诸如对象关系映射器、模型/视图/控制器架构、服务器端脚本和模板，以及支持 Ajax 等功能，从而提供了完整的、企业级的 Web 开发解决方案。

7. 用户图形接口

Python 的简洁以及快速的开发周期十分适合开发 GUI 程序。Python 内置了 TKinter 的标准面向对象接口 Tk GUI API，使 Python 程序可以生成可移植的 GUI（图形化界面）。Python/Tkinter GUI 不做任何改变就可以运行在微软 Windows、X Windows（UNIX 和 Linux）以及 Mac OS（Classic 和 OS X 都支持）等平台上。同时，一个免费的扩展包 PMW，为 Tkinter 工具包增加了一些高级部件。此外，基于 C++平台的工具包 wxPython GUI API 可以使用 Python 构建可移植的 GUI。

诸如 PythonCard 和 Dabo 等一些高级工具包是构建在 wxPython 和 Tkinter 的基础 API 之上的。通过适当的库，你可以在 Python 中使用其他的 GUI 工具包。例如，通过 PyQt 使用 Qt、通过 PyGTK 使用 GTK、通过 PyWin32 使用 MFC、通过 IronPython 使用.NET，以及通过 Jython（Java 版本的 Python）使用 Swing 等。对于运行于浏览器中的应用或具有一些简单界面需求的应用，Jython 和 Python Web 框架以及服务器端 CGI 脚本都提供了其他的用户界面的选择。

8. 嵌入和扩展

Python 可以嵌入到其他应用程序中，也可以通过 C/C++编写扩展模块，从而可以提高程序的运行速度，还能完成只有通过 C/C++才能完成的工作。现在 Python 已经可以和 C#相结合，并且结合到 Visual Studio 里边，实现微软的.Net 思想。如果你会 C 语言，再学习 Python，这将是一个非常棒的一种选择。

如果你掌握了 Python，想在 Java 里应用它，你可以采用 Jython。Jython 是采用 Java 语言实现的 Python。这样，你只要按照 Python 的语法，就可以调用 Java 的各种类库，快速地编写出基于 Java 的程序，也就是通过 Jython 编写 Java 程序。这样就可以更为快速地实现 Java 的功能。Python 在面向对象方面和 Java 是相通的。

除了 C/C++和 Java，Python 目前还可以和 Delphi、VB 结合。

9. 组件集成

Python 可以通过 C/C++系统进行扩展，并能够嵌套 C/C++系统的特性，使其能够作为一种灵活的黏合语言，可以脚本化处理其他系统和组件的行为。例如，将一个 C 语言库集成到 Python 中，能够利用 Python 进行测试并调用库中的其他组件；将 Python 嵌入到产品中，在不需要重新编译整个产品或分发源代码的情况下，能够进行产品的单独定制。

为了在脚本中更好地使用，当 Python 连接编译好组件时，SWIG 和 SIP 这样的代码生成工具可以让这部分工作自动完成，并且 CPython 系统允许代码混合到 Python 和类似 C 的代码中。Python 还提供了一些更大的框架，如基于微软 WindowsCOM 的 Python，基于 Java 实现的 Jython，基于.NET 实现的 IronPython 和各种 CORBA 工具包。此外，Python 还提供了多种不同的脚本组件。例如，在 Windows 中，Python 脚本可利用框架对微软 Word 和 Excel 文件进行脚本处理。

10. 企业、政务及教学辅助的应用

目前，Python 已经成功地实现企业级应用，在全球已经有很多公司采用 Python 进行企业级软件的开发和应用。同时，通过 Python 技术，成功地实现了许多政务应用。

另外，Python 可以应用在教学活动中。用 Python 语言设计的教学辅助工具可以完成教学工作中重复性的工作，提高教学活动的工作效率。例如，可以利用 Python 语言编写文件操作题的自动

评卷程序、客观题的评分工具和辅助完成主观题的批量评分。

Python 提供了丰富的 API 和工具，以便程序员能够轻松地使用 C、C++、Cython 语言来编写扩展模块。在 Google 内部的很多项目使用 C++编写性能要求极高的部分，然后用 Python 调用相应的模块。目前使用 Python 的企业如下。

- Google 在其网络搜索系统中广泛应用了 Python，并且聘用了 Python 的创作者。
- YouTube 视频的分享服务大部分是由 Python 编写的。
- Intel、Cisco、Hewlett-Packard、Qualcomm 和 IBM 使用 Python 进行硬件测试。
- Industrial Light & Magic（工业光魔公司，是著名的电影特效制作公司）等公司使用 Python 制作动画电影。
- 在经济市场预测方面，JPMorgan Chase、UBS 等金融机构使用了 Python。
- NASA、Los Alamos（洛斯阿拉莫斯国家实验室）、Fermilab（费米实验室）等使用 Python 实现科学计算任务。
- IRobot 使用 Python 开发了商业机器人真空吸尘器。
- NSA（National Security Agency，美国国家安全局）在加密和智能分析中使用 Python。

1.4　Python 的优点

Python 是一种实际应用较为广泛的计算机语言，它具有很多优点，比如在设计上坚持清晰划一的风格,这使得 Python 成为一门易读、易维护，并且被大量用户所欢迎的语言。Python 语言的优点如下。

1. 免费

Python 的使用和分发是完全免费的。就像其他的开源软件一样，例如 Tcl、Perl、Linux 和 Apache。你可以从 Internet 上免费获得 Python 系统的源代码。复制 Python，将其嵌入你的系统或者随产品一起发布都没有任何限制。

"免费"并不代表"无支持"，恰恰相反，Python 的在线社区对用户需求的响应和商业软件一样快。而且，由于 Python 完全开放源代码，提高了开发者的实力，并产生了一个很大的专家团队。尽管学习研究或改变一个程序语言的实现并不是对每一个人来说都那么有趣，但是当你知道还有源代码和无尽的文档资源作为帮助的时候，这是多么的令人欣慰。你不需要去依赖商业厂商。

Python 的开发是由社区驱动的，是 Internet 大范围的协同合作努力的结果。这个团体包括 Python 的创始者 Guido van Rossum——Python 社区内公认的"终身的慈善独裁者"（Benevolent Dictator for Life，BDFL）。Python 语言的改变必须遵循一套规范的、有约束力的程序（称作 PEP 流程），并且需要经过规范的测试系统进行彻底检查。

2. 高级

每一代编程语言的出现都会将计算机科学提升到崭新的高度。比如 C 语言诞生了更多的像 C++、Java 这样的现代编译语言。我们并没有止步于此，而是有了更强大的、可以进行系统调用的解释型脚本语言，例如 Tcl、Perl 和 Python。

这些语言都有高级的数据结构，这样就减少了以前"框架"开发需要的时间。像 Python 中的列表（大小可变的数组）和字典（哈希表）就是内建于语言本身的。在核心语言中提供这些重要的构建单元，可以鼓励人们使用它们，缩短开发时间与代码量，生产出可读性更好的代码。

在 C 语言中，对于混杂数组（Python 中的列表）和哈希表（Pyhton 中的字典）还没有相应的标准库，所以它们经常被重复实现，并被复制到每个新项目中去。这个过程混乱而且容易产生错误。C++使用标准模板库改进了这种情况，但是其标准模板库是很难与 Python 内建的列表和字典的简洁和易读性相提并论的。

3. 可升级

大家常常将 Pyhton 与批处理或 UNIX 下的 Shell 相提并论。简单的 Shell 脚本可以用来处理简单的任务，就算它们可以在长度上（无限度的）增长，但是功能总会有所穷尽。Shell 脚本代码重用度很低，因此，你只能止步于小项目。实际上，即使一些小项目也可能导致脚本又臭又长。Python 却不是这样，你可以不断地在各个项目中完善你的代码，添加额外的新的或者现存的 Python 元素，也可以随时重用代码。Pyhton 提倡简洁的代码设计、高级的数据结构和模块化的组件，这些特点可以让你在提升项目的范围和规模的同时，确保灵活、一致性并缩短必要的调试时间。

"可升级"这个术语经常用于衡量硬件的负荷，通常指系统添加了新的硬件后带来的性能提升。我们试图用"可升级"来传达一种观念，这就是：Python 提供了基本的开发模块，你可以在它上面开发你的软件，而且当这些需要扩展和增长时，Python 的可插入性和模块化结构能使你的项目生机益然并易于管理。

4. 易维护

源代码维护是软件开发生命周期的组成成分。只要不被其他软件取代或被放弃使用，你的软件通常会保持继续的再开发。Python 项目的成功很大程度上要归功于源代码的易于维护，当然这也要视代码长度和复杂度而定。Python 另一个激动人心的优势就是，当你在阅读自己六个月之前写的脚本程序的时候，不会把自己搞得一头雾水，也不需要借助参考手册才能读懂自己的软件。

5. 面向对象

从根本上讲，Python 是一种面向对象（OOP）的语言。它的类模块支持多态、操作符重载和多重继承等高级概念，语法简洁，十分易于使用。事实上，即使你不懂这些术语，仍会发现学习 Python 比学习其他面向对象语言要容易得多。

除了作为一种强大的代码构建和重用手段以外，Python 的 OOP 特性使它成为面向对象系统语言（如 C++和 Java）的理想脚本工具。例如，通过适当地粘接代码，Python 程序可以对 C++、Java 和 C#的类进行子类的定制。

OOP 是 Python 的一个选择而已，这一点非常重要。不必强迫自己立马成为一个面向对象高手，你同样可以继续深入学习。就像 C++一样，Python 既支持面向对象编程也支持面向过程编程的模式。

6. 可混合

Python 程序能够以多种方式轻易地与其他语言编写的组件"粘接"在一起。例如，Python 的 C 语言 API 可以帮助 Python 程序灵活地调用 C 程序。这意味着可以根据需要给 Python 程序添加功能，或者在其他环境系统中使用 Python。例如，将 Python 与 C 或者 C++写成的库文件混合起来，使 Python 成为一个前端语言和定制工具。就像之前我们所提到过的那样，这使 Python 成为一个很好的快速原型工具。出于开发速度的考虑，系统可以先使用 Python 实现，之后转移至 C，根据不同时期性能的需要逐步实现系统。

7. 可移植

Python 的标准实现是由可移植的 ANSI C 编写的（ANSI C 是由美国国家标准协会 ANSI 及国际标准化组织 ISO 推出的关于 C 语言的标准），可以在目前所有的主流平台上编译和运行。例如，如今从 PDA（Personal Digital Assistant，掌上电脑）到超级计算机，到处可以见到 Python 在运行。Python 可以在下列平台上运行（这里只是部分列表）。

- Linux 和 UNIX 系统。
- 微软 Windows 和 DOS（所有版本）。
- Mac OS（包括 OS X 和 Classic）。
- BeOS、OS/2、VMS 和 QNX。
- 实时操作系统，例如 VxWorks。
- Cray 超级计算机和 IBM 大型机。
- 运行 Palm OS、PocketPC 和 Linux 的 PDA。
- 运行 Windows Mobile 和 Symbian OS 的移动电话。
- 游戏终端和 iPod 等。

除了语言解释器本身以外，Python 发行时自带的标准库和模块在实现上也都尽可能地考虑到了跨平台的移植性。此外，Python 程序自动编译成可移植的字节码，这些字节码在已安装兼容版本 Python 的平台上运行的结果都是相同的。

这些意味着 Python 程序的核心语言和标准库可以在 Linux、Windows 和其他带有 Python 解释器的平台无差别地运行。大多数 Python 外围接口都有平台相关的扩展（例如，COM 支持 Windows），但是核心语言和库在任何平台都一样。Python 还包含了一个叫作 Tkinter 的 Tk GUI 工具包，它可以使 Python 程序实现功能完整的，并且无需做任何修改即可在所有主流 GUI 平台运行的用户图形界面。

8. 扩展库

Python 标准库的确很大。它能够帮助你完成许多工作，包括正则表达式生成、文档生成、单元测试、线程、数据库、网页浏览器、CGI（公共网关接口）、FTP（文件传输协议）、电子邮件、XML（可扩展标记语言）、XML-RPC（远程方法调用）、HTML（超文本标记语言）、WAV（音频格式）文件、加密、GUI（图形用户界面）以及生成其他系统相关的代码。只要安装了 Python，所有这些都能做到。

除了标准库，还有各式各样的其他高质量库，你可以在 Python 包索引找到它们。

9. 解释性

一个用编译性语言（比如 C 或 C++）写的程序可以从源文件转换到你的计算机使用的语言（二进制代码，即 0 和 1）。这个过程通过编译器和不同的标记、选项完成。运行程序的时候，连接/转载器软件把你的程序从硬盘复制到内存中并且运行。而 Python 语言写的程序不需要编译成二进制代码，你可以直接从源代码运行程序。在计算机内部，Python 解释器把源代码转换成称为字节码的中间形式，然后再把它翻译成计算机使用的机器语言并运行。这使得使用 Python 更加简单。也使得 Python 程序更加易于移植。

10. 功能强大

从特性的观点来看，Python 是一个混合体。它丰富的工具集使它介于传统的脚本语言（例如，Tcl、Scheme 和 Perl）和系统语言（例如，C、C++和 Java）之间。Python 具有脚本语言的简单性和易用性，并且具有在编译语言中才能找到的高级软件工程工具。不像其他脚本语言，这种结合使 Python 在长期大型的开发项目中十分有用。下面是一些 Python 工具箱中的工具简介。

（1）动态类型

Python 在运行过程中随时跟踪对象的种类，不需要代码中关于复杂的类型和大小的声明。事实上，在 Python 中没有类型或变量声明这回事。因为 Python 代码不是约束数据的类型，它往往自动地应用了一种广义上的对象。

（2）自动内存管理

Python 自动进行对象分配，当对象不再使用时将自动撤销对象（垃圾回收），当需要时自动扩展或收缩。Python 能够代替你进行底层的内存管理。

大型程序支持：为了能够建立更大规模的系统，Python 包含了模块、类和异常等工具，这些工具允许你把系统组织为组件，使用 OOP 重用并定制代码，并以一种优雅的方式处理事件和错误。

（3）内置对象类型

Python 提供了常用的数据结构作为语言的基本组成部分。例如，列表（list）、字典（dictionary）、字符串（string）。我们将会看到，它们灵活并易于使用。例如，内置对象可以根据需求扩展或收缩，可以任意地组织复杂的信息等。

（4）内置工具

为了对以上对象类型进行处理，Python 自带了许多强大的标准操作，包括合并（concatenation）、分片（slice）、排序（sort）和映射（mapping）等。

（5）库工具

为了完成更多特定的任务，Python 预置了许多预编码的库工具，从正则表达式匹配到网络都支持。Python 的库工具在很多应用级的操作中发挥作用。

（6）第三方工具

由于 Python 是开放源代码的，它鼓励开发者提供 Python 内置工具之外的预编码工具。从网络上，可以找到 COM、图像处理、CORBA ORB、XML、数据库等很多免费的支持工具。

除了这一系列的 Python 工具外，Python 保持了相当简洁的语法和设计。综合这一切得到的就是一个具有脚本语言所有可用性的强大编程工具。

11. 使用简单

运行 Python 程序，只需要简单地键入 Python 程序并运行就可以了。不需要其他语言（例如，C 或 C++）所必须的编译和链接等中间步骤。Python 可立即执行程序，这形成了一种交互式的编程体验和不同情况下快速调整的能力，往往在修改代码后能立即看到程序改变后的效果。

当然，开发周期短仅仅是 Python 易用性的一方面的体现。Python 提供了简洁的语法和强大的内置工具。实际上，Python 曾被叫作"可执行的伪代码"。由于它减少了其他工具常见的复杂性，当实现相同的功能时，用 Python 程序比采用 C、C++和 Java 编写的程序更为简单、小巧，也更灵活。下面以 Hello World 为例介绍。

Java 的 Hello World 程序一般这么写：

```
public class Hello{
    public static void main(String[] args){
    System.out.println("Hello, world!");
  }
}
```

用 C++可以这么写：

```
#include <iostream>
int main(){
    std::cout <<"Hello, world!"<< std::endl;
    return 0;
}
```

而 Python 只要这样就可以了：

```
print ("Hello, world!")
```

从以上的例子中可以看出，Python 代码非常清晰，变量不用声明，直接就可以用。

12. 内存管理器

C 或者 C++ 最大的弊端在于内存管理是由开发者负责的。所以哪怕是对于一个很少访问、修改和管理内存的应用程序，程序员也必须在执行了基本任务之后履行这些职责。这些没有必要的负担和责任常常会分散开发者的精力。

在 Python 中，由于内存管理器是由 Python 解释器负责的，所以开发人员就可以从内存事务中解放出来，全神贯注于最直接的目标，致力于开发规划中首要的应用程序。这样使错误更少、程序更健壮、开发周期更短。

1.5　Python 和其他语言的比较

Python 是一种敏捷、轻巧而灵活的程序设计语言，能够快速进行应用程序开发，以及完成复杂多变的大型项目。虽然 Python 语言与 C、C++、Java 语言和其他脚本语言相比在国内知名度不高，但它与这些常见编程语言比较起来还是有很多优秀的表现。

Python 是一种面向对象的程序设计语言，比起用其他的语言，比如：C、C++、Java、Perl、VB 等等，相同数量的代码，Python 可以完成大约 2 到 10 倍的任务。Python 可以在软件开发过程中完成各种任务，既可以作为主要的开发语言，也可以结合其他语言和工具。Python 不仅仅是脚本语言，Python 很快、健壮、可扩展，就像 C 或 C++ 一样，比 Java 更为容易学习与使用，语法远比 Visual Basic 或 Perl 清晰。Python 自带有强大的功能库，有了这些功能库，就不用像其他语言那样再去花费时间去编写。Python 可以紧密地结合 C、C++ 或 Java 代码，以及 COM 和 .NET 对象，从而加快现有项目的开发。Python 可以在几天的时间内学会，从而可以显著地节省时间上的投入。

1. 比较 C 与 Python

（1）代码层面看 C 与 Python

从代码层面来看，不同的编程语言的语法规则也各不相同，掌握了一种编程语言的语法规则，你就可以写出一种代码。我们写 C 语言代码，就是按照 C 语言规定的语法规则来定义变量、函数、数据结构等。同样地，遵照 Python 的语法规则就可以编写 Python 代码，这与写 C 代码没什么不同。

（2）代码的存在形式

C 语言中有源文件、目标文件、可执行文件这些概念，Python 中只有脚本及解释器。所谓的脚本、程序或者软件都是指保存代码的文本文件（虽然为了加快 Python 模块导入时的速度，解释器会生成一种扩展名为 ".pyc" 的文件，但它们只是用来保存中间状态的）。由于脚本既是可运行程序，又是代码，所以脚本语言的两大优点是：可读性强、修改程序方便（不必编译，修改即可执行）。

（3）从代码到执行

C 语言写好之后，我们根据目标 CPU 指令集来选择特定的工具链（如编译、链接工具），用它将 C 代码最终编译为目标 CPU 可直接执行的二进制文件，然后将这个二进制文件装载到内存中，执行时再将内存中程序入口地址传递给 CPU，进而逐条执行程序中的指令。这是使用 C 语言编码，到最终计算机执行指令的过程。

使用 Python 语言编码之后的步骤与此不同：Python 代码不需要被编译为可执行文件，它只需要通过 Python 解释器来控制计算机工作。系统中事先安装好了 Python 解释器，Python 解释器把 Python 代码解释成 CPU 可执行的指令并运行这些指令。但 Python 解释器如何解释成可执行指令，又如何控制 CPU 来执行，这对用户来说是不可见的。用户使用时只要以 Python 代码作为输入来运行解释器，解释器就会自动解释并运行这些程序。

2. 比较 Java 和 Python

Python 语言用一行代码就能实现 Java 多行代码才能实现的功能，从某种意义上看，Python 比 Java 语言更具灵活性，而且代码简单，清晰明了，方便开发者理解，从这个层次去看，Python 的优势是入门快、开发效率快；而 Java 语言则是强调整体性、统一性，注重模式开发，通过大量的类、接口的调用，实现功能以及业务。Python 是一门强类型、动态型语言，而 Java 是一门强类型、静态型语言。Python 属于解释型语言，Java 属于编译型语言。Python 在运行过程中，直接解释源代码，同时会分析语法等。Python 解释工具里面也有很多库，这些库都是本地库，所以解释的速度非常快。

* Java 要编译后才能运行，Python 直接解释运行。
* Java 引入包后，调用包的方式比 Python 要简洁些，而 Python 则是显式的，不会出现同名模块/类冲突的问题。
* Java 里的块用大括号对包括，Python 以冒号和 4 个空格缩进表示。
* Java 的类型要声明，Python 的类型不需要声明。
* Java 基本上是类/结构操作，也就是面向对象处理，Python 以独立的函数模块来处理逻辑而不需要放到类中。
* Java 每行语句以分号结束，Python 不写分号。
* Java 中的字符串用双引号括起来，Python 中单引号或双引号都可以（与 JavaScript 一样）。

3. 比较 Ruby 和 Python

现在，由于 Rails 项目的流行，Pyhton 也经常被拿来和 Ruby 进行比较。Python 是一种面向对象、直译式计算机程序设计语言，Ruby 是一种为简单快捷的面向对象编程而创的脚本语言。Python 是多种编程范式的混合，它不像 Ruby 那样完全面向对象，也没有像 Smalltalk 那样的块。Python 有一个字节码解释器，而 Ruby 没有。Python 更加易读，而 Ruby 事实上可以看作是面向对象的 Perl。

Python 和 Ruby 的相同点如下。

* 都强调语法简单，都具有更一般的表达方式。Python 是缩进，Ruby 是类 basic 的表达。都大量减少了符号的使用。
* 都是动态数据类型；都有丰富的数据结构。
* 都具有 C 语言扩展能力，都具有可移植性，且比 Perl 的可移植性更好；也都可以作为嵌入语言；都是面向对象的语言，都可以作为大项目的开发工具。
* 都有丰富的库支持。
* 都获得了广泛的 C 库的支持。如 QT、GTK、Tk、SDL、FOX 等，Ruby 已实现 SWIG 接口。
* 都有完善的文档。

和 Python 相比 Ruby 的不足之处如下。

* 最大的不足正是因为 Ruby 的强大所引起的。它没有 Python 的简单性。比较复杂的面向对象语法、"块"语法的引入、正则表达式的引入、一些简写标记都增加了语言的复杂性。

- Python 的缩进表达方式比 Ruby 的 Basic 的表达方式更让人悦目，Ruby 程序满眼的 end 让人不舒服。当然，Ruby 认为 end 的方式比 Python 更先进。

- Ruby 还没有 Python 的"自省"能力，没有从程序文件中生成文档的能力。

- Ruby 还没有国际化的支持，这是因为 Ruby 的历史比 Python 要短。

4. 比较 PHP 和 Python

- Python 的可读性、可维护性比 PHP 好。

- PHP 这种类 C 的语法是以大括号划分代码块来确定程序逻辑的，而 Python 则采用代码缩进的形式。

- Python 是跨平台的，你可以运用 Python 在 Mac、Linux、Windows 下；PHP 没有这些能力。

- PHP 的语法中充斥着美元符号（$）和大括号（{}），而 Python 相对来说则更加简洁和干净。

- PHP 支持 switch 和 do…while 结构，而 Python 则不支持。

- PHP 中的数组相当于 Python 的列表（list），而关联数组相当于 Python 的字典（dictionary，Perl 中叫 hash）。另外 Python 还有一个 tuple（元组），其中的内容和字符串一样是不可变化的。对于数据处理，PHP 的大部分数据处理都是数组操作，有一大堆以 array_开头的函数可提供功能，数组没有负索引，而 Python 的序列相关操作比较方便，功能更强大。PHP 在一些特殊操作平台用-a 参数可以使用交互模式，而 Python 也支持交互模式，一些简单计算可以直接使用。

- 在引号的用法上，PHP 中有单引和双引，加上 dochere 语法。单引不解析其中的变量或者转义字符，但是速度较快，所以如果是纯字符串，推荐用单引。而双引会将里面的变量或者转义字符解析后输出。PHP 的 dochere 语法可以输入较长的字符串，而不用顾及单引和双引的交叉问题，但 dochere 语法要求较为"严格"，比如必须顶头写，开始标记和结束标记必须相同。而 Python 的三引号语法使用起来很简单，单引和双引则没有区别（这点跟 PHP 和 Java 等语言不一样）。

- Web 开发上，PHP 的开发框架比较成熟，大都是 MySQL 数据库驱动的，应用较广，有很多现成的代码和模版。而 Python 目前比较成熟的开发框架不是很多，流行的有 Zope、Django 和豆瓣用的 Quixote。

Python 提供了很多其他语言拥有的特性，而它本身也是由诸多其他语言发展而来的，包括 ABC、Modula-3、C、C++、Algol-68、SmallTalk、Unix shell 和其他的脚本语言。Python 是一个高层次的，结合了解释性、编译性、互动性和面向对象的脚本语言。Python 的设计具有很强的可读性，它具有比其他语言更有特色的语法结构。在设计同样的应用程序时，使用 Python 进行编码所需要的代码量要远少于其他语言（比如 C++或 Java）的代码量。为实现快速应用开发，Python 是 C、C++和 Java 等系统开发语言非常好的替代品，可以减少很多编写、调试和维护的麻烦。

Python 语言唯一的不足是性能问题。Python 程序运行的效率不如 Java 或者 C 代码高，但是我们可以使用 Python 调用 C 编译的代码。这样，我们就可以同时利用 C 和 Python 的优点，逐步地开发机器学习应用程序。我们可以首先使用 Python 编写实验程序，如果进一步想要在产品中实现机器学习，转换成 C 代码也不困难。如果程序是按照模块化原则组织的，我们可以先构造可运行的 Python 程序，然后再逐步使用 C 代码替换核心代码以改进程序的性能。C++ Boost 库就适合完成这个任务，其他类似于 Cython 和 PyPy 的工具也可以编写强类型的 Python 代码，改进一般 Python 程序的性能。

1.6　项目开始

1.6.1　Python版本差异

本书绝大部分范例代码都遵循 Python 3.x 的语法。Python 2.x 和 Python 3.x 都处在 Python 社区的积极维护之中。但是 Python 2.x 已经不再进行功能开发，只会进行 bug 修复、安全增强以及移植等工作，以便使开发者能顺利从 Python 2.x 迁移到 Python 3.x。Python 3.x 经常会添加新功能并提供改进，而这些功能与改进不会出现在 Python 2.x 中。现在 Python 3.x 已经兼容大部分 Python 开源代码了，所以强烈建议大家使用 Python 3.x 来开发自己的下一个 Python 项目。

Python 2.x 和 Python 3.x 的兼容性都很好，支持很多主流的操作系统，这一点不分上下。除了兼容性，Python 2.x 和 Python 3.x 还有很大的区别，Python 是一门追求完美的语言，所以 Python 3.x 是随着时代的发展而发展。Python 2.x 的历史比 Python 3.x 更为悠久，所以支持库比较多，这就是它的优点，但随着时间的推移，Python 3.x 的支持库也会越来越多，Python 2.x 的优势也会消失。两者还有一个最大的不同点，那就是语法，例如最简单的 print()。如果在 Python 3.x 中输入 print('Hello World!')，会成功打印。但是如果用 Python 2.x 的 print()语法来打印，例如输入 print'Hello World!'，就会报错。

1. Print() 函数

在 Python 3.x 中没有 print 语句，取而代之的是 print()函数，如下所示。

Python 2.x：

```
>>> x=2,y=3
>>> z=x+y
>>> print z
5
```

Python 3.x：

```
>>> x='a'
>>> y='b'
>>> print(x,y)
a b
```

Python 2.6 与 Python 2.7 部分地支持这种形式的 print 语法。在 Python 2.6 与 Python 2.7 里面，以下三种形式是等价的。

```
print "China"
print ("China") #注意print后面有个空格
print("China") #print()不能带有任何其他参数
```

然而，Python 2.6 实际已经支持新的 print()语法：

```
from __future__ import print_function
print("China", "panda", sep=', ')
```

表 1-3　　　　　　　　　　　　　　　　Python 2.x 和 Python 3.x 中 print()差异

Python 2.x 语句	Python 3.x 对等形式	说　　明
print	Print()	输出一个空白格
Print 2	Print(2)	输出一个单独的值

Python 2.x 语句	Python 3.x 对等形式	说　明
`Print 2,3`	`Print(2,3)`	输出多个值，以空格分割
`Print 2,3,`	`Print(2,3,end='')`	输出时取消在末尾输出回车符
`Print>>sys.stderr, 2,3`	`Print(2,3,file=sys.stderr)`	把输出重定向到一个管道

在 Python 2.x 中使用额外的括号也是可以的。但反过来，在 Python 3.x 中想以 Python2.x 中不带括号的形式调用 print 函数，则会触发 SyntaxError 异常。

Python 2.x：
```
>>> print('Hello,World!')
('Hello,World!')
```
Python 3.x：
```
>>> print 'Hello,World!'
SyntaxError: Missing parentheses in call to 'print'
>>> print ('Hello,World!')
Hello,World!
>>> print (('Hello,World!'))
('Hello,World!')
```

2. 除法运算

Python 中的除法有/和//两个运算符。在 Python 2.x 中/除法就跟我们熟悉的 Java、C 语言差不多一样。整数相除的结果是一个整数，把小数部分完全忽略掉，浮点数除法会保留小数点的部分得到一个浮点数。在 Python 3.x 中/除法不再这么做了，对于整数之间的相除，结果也会是浮点数。

Python 2.x：
```
>>> 5 / 4
1
>>> 5 / 4.0
1.25
>>> 5.0 / 4.0
1.25
```
Python 3.x：
```
>>> 5 / 4
1.25
>>> 5 /4.0
1.25
>>> 5.0 /4.0
1.25
```

而对于//除法，这种除法叫作 floor 除法，会对除法的结果自动进行一个 floor 操作，在 Python 2.x 和 Python 3.x 中是一致的。
```
>>> print('5//4=',5//4)
5//4= 1
>>> print('5//4.0=',5//4.0)
5//4.0= 1.0
```

需要注意的是并不是舍弃小数部分，而是执行 floor 操作，如果要截取小数部分，那么需要使用 math 模块的 trunc 函数。

Python 3.x：
```
>>> import math
```

```
>>> math.trunc(1/2)
0
>>> math.trunc(-1/2)
0
```

3. Unicode

Python 2.x 有 ASCIIstr()类型，其中 unicode()是单独的且不是 byte 类型。现在，在 Python 3.x 中，我们最终有了 Unicode（utf-8）字符串，以及一个字节类：byte 和 bytearrays。由于 Python 3.x 源码文件默认使用 utf-8 编码，这就使得以下代码是合法的：

```
>>> 中国 = 'china'
>>> print(中国)
China
```

Python 2.x：

```
>>> str = "我爱北京天安门"
>>> str
'\xe6\x88\x91\xe7\x88\xb1\xe5\x8c\x97\xe4\xba\xac\xe5\xa4\xa9\xe5\xae\x89\xe9\x97\xa8'
>>> str = u"我爱北京天安门"
>>> str
u'\u6211\u7231\u5317\u4eac\u5929\u5b89\u95e8'
```

Python 3.x：

```
>>> str = "我爱北京天安门"
>>> str
'我爱北京天安门'
```

4. 异常

在 Python 3.x 中处理异常也有微小的变化，在 Python 3.x 中我们使用 as 作为关键词。捕获异常的语法由 except exc, var 改为 except exc as var。使用语法 except (exc1, exc2) as var 可以同时捕获多种类别的异常。Python 2.6 已经支持这两种语法。

- 在 Python 2.x 时代，所有类型的对象都是可以被直接抛出的；在 Python 3.x 时代，只有继承 BaseException 的对象才可以被抛出。
- Python 2.x raise 语句使用逗号将抛出对象类型和参数分开，Python 3.x 取消了这种奇葩的写法，直接调用构造函数抛出对象即可。

在 Python 2.x 时代，异常在代码中除了表示程序错误，还经常做一些普通控制结构应该做的事情。在 Python 3.x 中可以看出，设计者让异常变得更加专一，只有在错误发生的情况才能用异常捕获语句来处理。

5. 八进制字面量表示

八进制数必须写成 0o777，原来的形式 0777 不能用了；二进制必须写成 0b111。新增了一个 bin()函数用于将一个整数转换成二进制字符串。在 Python 2.6 中已经支持这两种语法。在 Python 3.x 中，表示八进制字面量的方式只有一种，就是 0o1000。

python 2.x：

```
>>> 0o1000
512
>>> 01000
512
```

python 3.x：

```
>>> 01000
```

```
SyntaxError: invalid token
>>> 0o1000
512
```

6. 不等运算符

在 Python 2.x 中不等于有两种写法：!=和<>，而在 Python 3.x 中去掉了<>，只有!=一种写法。

7. 多个模块被改名（根据 PEP 8）

具体的更改情况如表 1-4 所示。

表 1-4　　　　　　　　　　　　　　　模块名字变化

旧的名字	新的名字
_winreg	winreg
ConfigParser	configparser
Copy_reg	copyreg
Queue	queue
SocketServer	socketserver
repr	reprlib
markupbase	_markupbase
test.test_support	test.support

StringIO 模块现在已经被合并到新的 IO 模组内。New，md5，gopherlib，MimeWriter，linuxaudiodev，imageop，audiodev，Bastion，bsddb185，stringold 等模块被删除。Httplib，BaseHTTPServer，CGIHTTPServer，SimpleHTTPServer，Cookie，cookielib 被合并到 http 包内。取消了 exec 语句，只剩下 exec()函数。

8. 数据类型

- Python 3.x 去除了 long 类型，现在只有一种整型 int，但它的行为就像 Python 2.x 版本的 long。
- 新增了 bytes 类型，对应于 Python 2.x 版本的八位串，定义一个 bytes 字面量的方法如下：

```
>>> b = b'china'
>>> type(b)
<type 'bytes'>
```

str 对象和 bytes 对象可以使用.encode() (str -> bytes) or .decode() (bytes -> str)方法相互转化。

```
>>> s = b.decode()
>>> s
'china'
>>> b1 = s.encode()
>>> b1
b'china'
```

9. 面向对象

- 引入抽象基类（Abstraact Base Classes，ABCs）。
- 容器类和迭代器类被 ABCs 化，所以 cellections 模块里的类型比 Py 2.5 多了很多。另外，数值类型也被 ABCs 化（具体参阅 PEP 3119 和 PEP 3141）。
- 迭代器的 next()方法改名为__next__()，并增加内置函数 next()，用以调用迭代器的__next__()方法
- 增加了@abstractmethod 和@abstractproperty 两个 decorator，编写抽象方法（属性）更加方便。

10. xrange

在 Python 2.x 中 xrange()创建迭代对象的用法是非常流行的，比如：for 循环或者是列表/集合

/字典推导式，这个表现十分像生成器（比如"惰性求值"）。但这里的 xrange-iterable 是无尽的，这意味着可能在这个 xrange 上无限迭代。

由于 xrange 的"惰性求知"特性，如果只需迭代一次（如 for 循环中），range()通常比 xrange()快一些。不过不建议在多次迭代中使用 range()，因为 range()每次都会在内存中重新生成一个列表。

在 Python 3.x 中，range()的实现方式与 xrange()函数相同，所以就不存在专用的 xrange()（在 Python 3.x 中使用 xrange()会触发 NameError）。

1.6.2 项目结构

我们应该审慎地使用包和层次结构，使得项目结构保持简单。因为过深的层次结构会使得目录导航变得困难，而过平的层次结构则会使项目变得臃肿。标准的包目录结构如图 1-1 所示。

将单元测试放在包目录的外面是一个常犯的错误。这些测试实际上应该被包含在软件的子一级包中，原因如下。

● 避免被 setuptools（或者其他打包的库）作为 tests 顶层模块自动安装。

● 便于被安装，且其他包能够利用它们构建自己的单元测试。

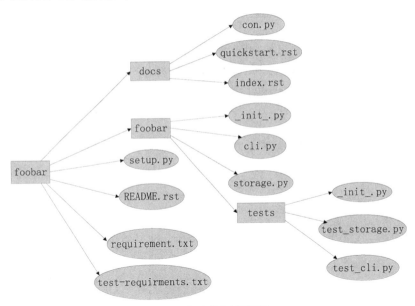

图 1-1 标准的包目录结构

setup.py 是 Python 安装脚本的标准名称。在安装时，它会通过 Python 分发工具（distuils）进行包的安装。可以通过 README.rst（或者 README.txt，或者其他合适的名字）为用户提供重要信息。requirements.txt 应该包含 Python 包所需要的依赖包，也就是说，所有这些包都会预先通过 pip 这样的工具进行安装以保证你的包能正常工作。test-requirements.txt，它应该列出运行测试集所需要的依赖包。最后，docs 文件夹应该包括 reStructuredText 格式的文档，以便能够被 Sphinx 处理。

包中还经常需要包含一些额外的数据，如图片、Shell 脚本等。不过，关于这类文件如何存放并没有一个统一的标准。因此放到任何觉得合适的地方都可以。

下面这些顶层目录也比较常见。

- etc 用来存放配置文件的样例。
- tools 用来存放与工具有关的 Shell 脚本。
- bin 用来存放将被 setup.py 安装的二进制脚本。
- data 用来存放其他类型的文件，如媒体文件。

一个常见的设计问题是根据要存储的代码的类型来创建文件或模块。使用 functions.py 或者 exceptions.py 这样的文件是很糟糕的方式。这种方式对代码的组织毫无帮助，只能让读代码的人在多个文件之间毫无理由地来回切换。

此外，应该避免创建那种只有一个 __init__.py 文件的目录，例如，如果 hooks.py 够用的话就不要创建 hooks/__init__.py。如果创建目录，那么其中就应该包含属于这一分类/模块的多个 Python 文件。

1.6.3　编码风格与自动检查

1. 编码风格

《Python Enhancement Proposal #8》（8 号 Python 增强提案），它又叫 PEP 8，是针对 Python 代码格式而编订的风格指南。尽管可以在保证语法正确的前提下随意编写 Python 代码，但是，采用一致的风格来书写可以令代码更加易懂、更加易读。采用和其他 Python 程序员相同的风格来写代码，也可以使项目更利于多人协作。即便代码只会由你自己阅读，但遵循这套风格可以让后续的修改变得容易一些。

PEP 8 列出了许多细节，用来描述如何撰写清晰的 Python 代码。它会随着 Python 语言的发展持续更新。大家应该把整份指南都读一遍（http://www. python. org/dev/peps/pep-0008）。下面是应该遵守的规则。

- 使用 space（空格）来表示缩进，而不要用 tab（制表符）表示。
- 和语法相关的每一层缩进都用 4 个空格来表示。
- 每行的字符数不应超过 79。
- 采用 ASCII 或 UTF-8 编码文件。
- 对于占据多行的长表达式来说，除了首行之外的其余各行，它都应该在通常的缩进级别之上再加 4 个空格。
- 文件中的函数与类之间应该用两个空行隔开。
- 不要在行尾加分号，也不要用分号将两条命令放在同一行。
- 在同一个类中，各方法之间应该用一个空行隔开。
- 在使用下标来获取列表元素、调用函数或给关键字参数赋值的时候，不要在两旁添加空格。
- 为变量赋值的时候，赋值符号的左侧和右侧应该各自写上一个空格，而且只写一个就好。PEP 8 提倡采用不同的命名风格来编写 Python 代码中的各个部分，以便在阅读代码时可以根据这些名称看出它们在 Python 语言中的角色。
- 函数、变量及属性应该用小写字母来拼写，各单词之间用下划线相连，例如，lowercase_underscore。
- 受保护的实例属性，应该以单个下划线开头，例如，_leading_underscore。
- 类与异常，应该以每个单词首字母均大写的形式来命名，例如，CapitalizedWord。
- 模块级别的常量，应该全部采用大写字母来拼写，各单词之间以下划线相连，例如，ALL_CAPS。

● 类中的实例方法（instance method），应该把首个参数命名为 self，以表示该对象自身。

● 类方法（class method）的首个参数，应该命名为 cls，以表示该类自身。

● 不要通过检测长度的办法（如 if len(somelist)==0）来判断 somelist 是否为[]或 ' ' 等空值，而是应该采用 if not somelist 这种写法来判断，它会假定：空值将自动评估为 False。

● 检测 somelist 是否为[1]或 'hi' 等非空值时，也应如此，if somelist 语句默认会把非空的值判断为 True。

● 不要编写单行的 if 语句、for 循环、while 循环及 except 复合语句，而是应该把这些语句分成多行来书写，以示清晰。

● import 语句应该总是放在文件开头。

● 引入模块的时候，应该使用绝对名称，而不应该根据当前模块的路径来使用相对名称。例如，引入 bar 包中的 foo 模块时，应该完整地写出 from bar import foo，而不应该简写为 import foo。

● 如果一定要以相对名称来编写 import 语句，那就采用明确的写法：from. import foo。

2. 自动检查

代码符合 PEP 8 规范是一件比较困难的事。工具 pep8（https://pypi.python.org/pypi/pep8）就是用来解决这个问题的，它能自动检查 Python 文件是否符合 PEP 8 要求，如下所示。

```
$ pep8 hello. py
hell o.py:4:1:  E302 expected 2 blank lines,  found.1
$ echo $?
I
```

pep8 会显示在哪行违反了 PEP 8，并为每个问题给出其错误码。如果违反了那些必须遵守的规范，则会报出错误（以 E 开头的错误码），如果是细小的问题则会报出警告（以 W 开头的错误码）。跟在字母后面的 3 位数字则会指出具体的错误或警告，可以从错误码的百位数看出问题的大概类别。例如，以 E2 开头的错误通常与空格有关，以 E3 开头的错误则与空行有关，而以 W6 开头的警告则表明使用了已废弃的功能。

现在存在争议的是对非标准库一部分的代码进行 PEP 8 验证。这里建议还是考虑一下，最好能定期用 PEP 8 验证工具对代码进行检测。有一种简单的方法是将其集成到测试集中，这能保证代码一直遵守 PEP 8 规范。

OpenStack 项目从一开始就通过自动检查强制遵守 PEP 8 规范。尽管有时候这让新手比较抓狂，但这让整个代码库的每一部分都保持一致。

也可以使用--ignore 选项忽略某些特定的错误或警告。如运行 pep8 时指定-ignore 选项：

```
$ pep8 -ignore=E3 hello.py
$ echo $?
O
```

这可以有效地忽略那些不想遵循的 PEP 8 标准。如果使用 PEP 8 对已有的代码库进行检查，这也可以暂时忽略某些问题，从而每次只专注解决一类问题。

还有一些其他的工具能够检查真正的编码错误而非风格问题。下面是一些比较知名的工具。

● Pyflakes（https://launchpad.net/pyflakes），它支持插件。

● pylint（https://pypi.python.org/pypi/pylint），它支持 PEP 8，默认可以执行更多检查，并且支持插件。

这些工具都是利用静态分析技术，也就是说，解析代码并分析代码而无需运行。

如果选择使用 pyflakes，要注意它按自己的规则检查而没有按 PEP 8 的规则，所以仍然需要运行 PEP 8。为了简化操作，一个名为 flake8（https://pypi.python.org/pypi/flake8）的项目将 pyflakes 和 PEP 8 合并成了一个命令，而且加入了一些新的功能，如忽略带有#noqa 的行以及通过入口点（entry point）进行扩展。

为了追求优美而统一的代码，OpenStack 选择使用 flake8 进行代码检查。不过随着时间的推移，社区的开发者们已经开始利用 flake8 的可扩展性对提交的代码进行更多潜在问题的检查。最终 flake8 的这个扩展被命名为 hacking（https://pypi.python.org/pypi/hacking）。它可以检查 except 语句的错误使用、Python 2.x 与 Python 3.x 的兼容性问题、导入风格、危险的字符串格式化及可能的本地化问题。

如果你正开始一个新项目，这里强烈建议使用上述的工具对代码的质量和风格进行自动检查。如果已经有了代码库，那么一种比较好的方式是先关闭大部分警告，然后每次只解决一类问题。

尽管没有一种工具能够完美地满足每个项目或者每个人的喜好，但 flake8 和 hacking 的结合使用是持续改进代码质量的良好方式。

1.7 本章小结

本章首先介绍了 Python 的发展历程、应用领域及优点等方面，然后将 Python 和其他语言进行了比较，并且对 Python 版本的不同进行了介绍，从这几方面读者应可以感受到它的强大之处。

随着互联网和新技术的不断发展，国内的技术环境也在不断更新，更应该把 Python 这样的优秀的编程语言进行积极普及、推广和应用。为了将 Python 语言更好地引入教学课堂，从下一章起我们将对 Python 进行详细地讲解。

1.8 本章习题

1. 人们选择 Python 的五个主要原因是什么？
2. 编写程序，求 1～100 间所有奇数的和。
3. 编写程序，输入两个数，比较它们的大小并输出其中较大者。

第 2 章
数据类型

本章内容提要：
- 标识符与关键字
- 字符串

在本章中，我们首先讨论对象引用命名的一些规则，并提供 Python 关键字列表。之后我们介绍 Python 中最重要的一些数据类型（组合数据类型除外）。这里讲解的数据类型都是内置的，只有一种来自于标准库。内置数据类型与标准库数据类型唯一的区别在于：对于后者，我们必须首先导入相关的模块，并且必须使用模块名对数据类型名进行限定。

2.1 标识符与关键字

标识符是计算机语言中允许作为名字的有效字符串集合。Python 标识符字符串规则和其他大部分用 C 编写的高级语言相似，有以下一些命名规则。
- 名字必须以字母或者下划线_开始。数字不能作为首字符。当名字包含多个单词时，可以使用下划线_来连接，例如 monty_Python。在 Python 中通常使用以下划线开始的名称来表示一个特殊的变量。在后续学习中会看到这种情况。在明白这意味着什么之前，最好不要以下划线开头。
- 除了首字符，名称可以包含任何字母、数字和下划线的组合。名字不能是表 2-1 中的关键字。名字不能出现分隔符、标点符号或者运算符。
- 名字长度不限。
- 名字是区分大小写的。比如 myClass、MyClass、myclass 是不同的。

关键字在 Python 中是特殊单词，不能用来进行命名操作。关键字表示将导入 Python 解释器中的命令。Python 标识符不能与 Python 关键字同名，因此，不能使用表 2-1 中的这些关键字作为标识符的名称。

表 2-1　　　　　　　　　　　　Python 的关键字

and	continue	except	global	lambda	pass	while
as	def	False	if	None	raise	with
assert	del	finally	import	nonlocal	return	yield
break	elif	for	in	not	True	
class	else	from	is	or	try	

Python 标识符还遵循以下一些约定。

● 第一条约定：不要使用 Python 预定义的标识符名对自定义的标识符进行命名。

Python 内置数据类型名（比如 int、float、list、str 与 tuple）应避免被使用，Python 内置函数名与异常名作为标识符名也应避免被使用。读者可能会困惑如何判断自己对标识符的命名是否正确。Python 有一个内置的名为 dir ()的函数，该函数可以返回对象属性列表。不带参数调用该函数时，将返回 Python 内置属性列表，如下所示。

```
>>> dir()
['__builtins__', '__doc__', '__loader__', '__name__', '__package__',          '__spec__']
```

__builtins__ 属性在效果上是一个存放所有 Python 内置属性的模块。我们可以将其作为 dir() 函数的参数：

```
>>> dir(__builtins__)
['ArithmeticError', 'AssertionError', 'AttributeError',
...
'str', 'sum', 'super', 'tuple', 'type', 'vars', 'zip']
```

上面输出的属性列表中大约包含 130 个名称，因此，使用省略号代替了其中大部分。以大写字母引导的名称是 Python 内置的异常名，其他的是函数名与数据类型名。

如果要记住或查询这些应该避免使用的标识符名称过于乏味，另一种替代的方法是使用 Python 的代码检查工具，比如 PyLint（www.logilab.org/project/name/pylint），这一工具具有识别 Python 程序中很多其他真正的或潜在的问题的功能。

● 第二条约定：应该避免名称开头和结尾都使用下划线（_）。

开头和结尾都使用下划线表示的名称表示 Python 自定义的特殊方法与变量（对于特殊方法，我们可以对其进行重新实现，也就是给出我们自己的实现版本），所以我们自己不应该再引入这种开头和结尾都使用下划线的名称。在有些上下文中，以一个或两个下划线引导的名称（但是没有使用两个下划线结尾）应该特殊对待。

单一的下划线本身也可以当作一个标识符，在交互式解释器内部，下划线实际上存放了最后一个被评估的表达式的结果。当不关心迭代针对的具体数据项时，有些程序员喜欢在 for…in 循环中使用下划线，如下所示。

```
for _in(0,1,2,3,4.5):
print("Hello")
```

然而，要注意的是，那些编写国际化程序的程序员一般会使用下划线作为其翻译函数的名称。这些程序员一般不使用 gettext("translate me")，而是使用_("translate me")。为使得上面的代码正常工作，必须首先导入 gettext 模块，以便可以访问其中的 gettext ()函数。

2.2 Integral 类型

Python 提供了两种内置的 Integral 类型，即 int 与 bool。布尔类型的值为 True 或 False（注意大小写）。在布尔表达式中，0 与 False 表示 False，其他任意整数与 True 都表示 True。在数字表达式中，True 表示 1，False 表示 0。这意味着，有些看起来很怪异的表达式也是有效的。例如，我们可以使用表达式 i += True 来对整型变量 i 进行递增操作，当然，最自然的方法还是 i+=1。

2.2.1 整数类型

在 Python 中整数类型被指定为 int 类型。整数类型对应于数学中的整数概念。可以执行的算法有+、−、*、/ 以及一些其他操作。默认情况下，整数采用的是十进制，但在方便的时候也可以使用其他进制。

```
>>> 126
126
>>> 0b1111110          #binary
126
>>> 0o176             #octal
126
>>> 0x7e             #hexadecimal
126
```

二进制数以 0b 引导，八进制数以 0o 引导，十六进制则以 0x 引导。

所有常见的数学函数与操作符都可以用于整数，如表 2-2 所示。有些功能由内置函数提供，比如 abs()函数，abs(i)可以返回整数 i 的绝对值；有些功能由 int 操作符提供，比如，i+j 返回整数 i 与整数 j 的和。

表 2-2 数值操作符与函数

语　法	描　述
x+y, x-y	加、减，"+"号可重载为连接符
x*y, x**y, x/y, x%y	相乘、求平方、相除、求余，"*"号可重载为重复，"%"号可重载为格式化
abs(x)	返回 x 的绝对值
divmod(x,y)	以二元组的形式返回 x 除以 y 所得的商和余数（两个整数）
pow(x,y)	计算 x 的 y 次幂，与操作符**等同
pow(x,y,z)	(x**y)%z 的另一种写法
round(x,n)	返回浮点数 x 四舍五入后得到的相应整数

可以给变量赋字面意义上的值，比如 x=10，或者将相关的数据类型作为函数进行调用，比如 x=int(10)。有些对象（比如，类型为 delcimal.Decimal，此模块可以提供固定的十进制数，其精度可以由我们自己指定）只能通过数据类型创建，这是因为这些对象不能用字面意义表示。使用数据类型创建对象时，有以下三种用例。

第一种情况是，不使用参数调用数据类型函数，这种情况下，对象会被赋值为一个默认值，比如，x=int()会创建一个值为 0 的整数。所有内置的数据类型都可以作为函数并不带任何参数进行调用。

第二种情况是，使用一个参数调用数据类型函数。如果给的参数是同样的数据类型，就将创建一个新对象，新对象是原始对象的一个浅拷贝。如果给的参数不是同样的数据类型，就会尝试进行转换。表 2-3 展示了 int 类型的这种用法。如果给定参数支持到给定数据类型的转换，但是转换失败，就会产生一个 ValueError 异常，否则返回给定类型的对象。如果给定参数不支持到给定数据类型的转换，就会产生一个 TypeError 异常。内置的 float 和 str 类型都支持到整数的转换。

第三种情况是，给定两个或多个参数。但不是所有数据类型都支持这种情况。对于 int 类型，允许给定两个参数，其中第一个参数是一个表示整数的字符串，第二个参数则是字符串表示的

base。比如，int("0o73",8)会创建一个值为 59 的整数。

表2-3   整数转换函数

语 法	描 述
bin(i)	返回整数 i 的二进制表示（字符串）
hex(i)	返回 i 的十六进制表示（字符串）
int(i)	将对象 i 转换为整数，失败时会产生 ValueError 异常；如果 i 的数据类型不支持到整数的转换，就会产生 TypeError 异常；如果 i 是一个浮点数，就会截取其整数部分
int(s,base)	将字符串 s 转换为整数，失败时会产生 ValueError 异常，参数 base 是指字符串参数的进制，默认 10 就是表示使用十进制。当它为 2 时，表示二进制的字符串转换；当它是 8 时，表示是八进制的字符串转换；当它是 16 时，表示是十六进制的字符串转换；然而当它是 0 时，它表示不是 0 进制，而跟十进制是一样的
oct(i)	返回 i 的八进制表示（字符串）

表 2-4 中展示了位逻辑操作符，所有的二元位逻辑操作符（|、^、&、<<与>>）都有与其对应的增加版赋值操作符（|=、^=、&=、<<=与>>=），这里，x op=y 在运算逻辑上与 x=x op y 是等价的。其中 op 为一目运算符，如逻辑非运算符（!）、按位取反运算符（~）、自增（++）自减（--）运算符、负号运算符（-）、类型转换运算符、指针运算符（*）和取地址运算符（&）、长度运算符（sizeof）等。

表2-4   整数位逻辑操作符

语 法	描 述
i|j	对整数 i 与 j 进行位逻辑 OR 运算，对负数则假定使用 2 的补
i^j	对整数 i 与 j 进行位逻辑 XOR 运算
i&j	对整数 i 与 j 进行位逻辑 AND 运算
i<<j	将 i 左移 j 位，类似于 i*(2**j)，但不带溢出检查
i>>j	将 i 右移 j 位，类似于 i//(2**j)，但不带溢出检查
~i	反转 i 的每一位

2.2.2　布尔型

所有内置的数据类型与标准库提供的数据类型都可以转换为一个布尔型值。Python 提供了 3 个逻辑操作符：and、or、not。and 与 or 都使用"短路"逻辑，并返回决定其结果的操作数，not 则总是返回 True 或 False。

> 逻辑操作符有个有趣的特性——在不需要求值的时候不进行操作。这么说可能比较"高深"，举个例子，表达式 xandy，需要 x 和 y 两个变量同时为真（True）的时候，结果才为真。因此，如果当 x 变量得知是假（False）的时候，表达式就会立刻返回 False，而不用去管 y 变量的值。这种行为被称为短路逻辑（short-circuitlogic）或者惰性求值（lazyevaluation），这种行为同样也应用于与（or）操作符。

```
>>> t=True
>>> f=False
>>> t and f
```

```
False
>>> t or f
True
>>> not t
False
```

习惯于使用老版本 Python 的程序员有时会使用 1 与 0，而非 True 与 False，这种用法几乎总是可以正常工作的，但是建议在需要布尔值的时候，新代码中还是使用内置的布尔型对象。

2.3 浮点类型

Python 提供了 3 种浮点值：内置的 float 与 complex 类型，以及来自标准库的 decimal.Decimal 类型，这 3 种数据类型都是固定的。Python 支持混合模式的算术运算，比如使用 int 与 float 运算，生成 float；使用 float 与 complex 运算，生成 complex 结果。

2.3.1 浮点数

浮点型用来处理实数，即带有小数的数字。Python 的浮点型相当于 C 语言的双精度浮点型。实数有两种表示形式，一种是十进制数形式，它由数字和小数点组成，并且这里的小数点是不可或缺的，如 2.23，223.0，0.0 等；另一种是指数形式，比如 78e3 或 78E3 表示的都是 78×10^3，字母 e（或 E）之前必须有数字，字母 e（或 E）之后可以有正负号，表示指数的符号，如果没有则表示正号；此外，指数必须为整数。浮点数代表实数，但只是近似值。例如，2.0/3.0 的运算结果是一个无限值，因为计算机的内存量有限，所以实数只能表示真实值的近似值。

```
>>> 2.0/3.0
0.6666666666666666
```

- int()函数可以将浮点数转换为整数，返回其整数部分，舍弃其小数部分。
- round()函数可以将小数部分四舍五入。
- math.floor()函数或 math.ceil()函数可以将浮点数转换为最近邻的整数（floor()：仅保留整数。ceil()：将小数部分一律向整数部分进位）。
- 浮点数的小数表示可以使用 float.as_integer_ratio()方法获取，比如，给定浮点数 x=0.25，则调用 float.as_integer_ratio(x)将返回(1,4)，如下所示。

```
>>> n=10
>>> ((n/3)).is_integer()
False
>>> x=0.25
>>> float.as_integer_ratio(x)
(1, 4)
```

使用 float.hex()方法，可以将浮点数以十六进制形式表示为字符串，相反的转换可以使用 float.fromhex()实现，如下所示。

```
>>> s=2.25.hex()
>>> f=float.fromhex(s)
>>> t=f.hex()
>>> s
'0x1.2000000000000p+1'
```

```
>>> f
2.25
>>> t
'0x1.2000000000000p+1'
```

指数使用 p（幂）进行表示，而不是使用 e，因为 e 是一个有效的十六进制数字。

2.3.2　复数

复数由实数部分和虚数部分组成，一般形式为 x+yj，其中的 x 是复数的实数部分，y 是复数的虚数部分，这里的 x 和 y 都是实数。例如 2+3j、0.1j、2+0j 等。如果实数部分为 0，就可以忽略。

复数的两个部分都以属性名的形式存在，分别为 real 与 imag，如下所示。

```
>>> z=-3.2+5.4j
>>> z.real,z.imag
(-3.2, 5.4)
```

除了 //、%、divmod() 以及三个参数的 pow() 之外，表 2-2 中所有数值型操作符与函数都可用于对复数进行操作，赋值操作符的增强版也可以。此外，复数类型有一个方法 conjugate()，该方法用于改变虚数部分的符号，如下所示。

```
>>> z.conjugate()
(-3.2-5.4j)
>>> 2-4j.conjugate()
(2+4j)
```

复数数据类型可以作为函数进行调用。不给定参数进行调用则返回 0j，指定一个复数参数时，会返回该参数的拷贝；对其他任意参数，则尝试将其转换为一个复数。用于转换时，complex() 接受的或者是一个字符串参数，或者 1 至 2 个浮点数，如果只给定一个浮点数，那么虚数部分被认为是 0。

2.3.3　十进制数字

很多应用程序中，使用浮点数时导致的数值不精确并没有很大的影响，在很多时候都被浮点计算的速度优势所掩盖，但有些情况下，我们更需要的是完全的准确性，即便要付出速度降低的代价。Decimal 模块可以提供固定的十进制数，其精度可以由我们自己指定。要创建 Decimal，必须先导入 decimal 模块，如下所示。

```
>>> import decimal
>>> a=decimal.Decimal(1234)
>>> b=decimal.Decimal("234.321")
>>> a+b
Decimal('1468.321')
```

十进制数是使用 decimal.Decimal() 函数创建的，该函数可以接受一个整数或字符串作为参数，但不能以浮点数作为参数，因为浮点数不够精确，decimals 则很精确。如果使用字符串作为参数，就可以使用简单的十进制数表示或指数表示。除提供了准确性外，decimal.Decimals 的精确表述方式意味着可以可靠地进行相等性比较。

从 Python 3.1 开始，使用 decimal.Decimals from-float() 函数将 floatS 转换为十进制数成为可能，该函数以一个 float 型数作为参数，并返回与该 float 数值最为接近的 decimal.Decimal。

2.4　字符串

字符串使用固定不变的 str 数据类型表示，其中存放 Unicode 字符序列。str 数据类型可以作为函数进行调用，用于创建字符串对象。参数为空时返回一个空字符串；参数为非字符串类型时返回该参数的字符串形式；参数为字符串时返回该字符串的拷贝。str()函数也可以用作一个转换函数，此时要求第一个参数为字符串或可以转换为字符串的其他数据类型，其后跟随至多两个可选的字符串参数，其中一个用于指定要使用的编码格式，另一个用于指定如何处理编码错误。

2.4.1　字符串的类型

字符串类型是一类特殊的数据集对象，称为序列。序列类型中的对象按一定顺序排列，即对象序列。Python 字符串是对象，它的属性就是字符序列。Python 字符串对象的构建有两种方式：一种是利用字符串构造函数 str，另一种是利用两个单引号（'）或者两个双引号（"）括起来。例如：'hello', "hello"。仅要求括号成对出现。

有一种特殊的字符串，用三重引号表示，可以保留所有字符串的格式信息，如果字符串跨越多行，行与行之间的回车符也可以保存下来，引号、制表符或者其他任何信息都可以保存下来。利用这种方式，可以将整个段落作为单个字符保存下来进行处理。如下所示。

```
>>> longString='''life is a song, sing the life rhythm and melody;
Life is a road, extend the footprint of the life and hope.''
>>> longString
'life is a song, sing the life rhythm and melody;\nLife is a road, extend the footprint
of the life and hope.'
```

Python 使用换行作为其语句终结符，但是如果在圆括号内、方括号内、花括号内或三引号包含的字符串内则是例外的。在三引号包含的字符串中，可以直接使用换行，而不需要进行格式化处理操作。通过使用\n 转义序列，也可以在任何字符串中包含换行。表 2-5 展示了所有的 Python 转义序列。

表 2-5　　　　　　　　　　　　　　Python 字符串转义

转义字符	描　述	转义字符	描　述
\（在行尾时）	续行符	\n	换行
\\	反斜杠符号	\v	纵向制表符
\'	单引号	\t	横向制表符
\"	双引号	\r	回车
\a	ASCII 蜂鸣（BEL）	\f	换页
\b	ASCII 退格（Backspace）	\uhhhh	给定 16 位十六进制值的 Unicode 字符
\N{name}	给定名称的 Unicode 字符	\uhhhhhhhh	给定 32 位十六进制值的 Unicode 字符
\ooo	给定八进制值的字符	\xhh	给定 8 位十六进制值的 Unicode 字符

2.4.2 字符串的比较

字符串支持通常的比较操作符<、<=、==、!=、>、>=，这些操作符在内存中逐个字节对字符串进行比较。

1. 单字符字符串的比较

比较两个单字符字符串是否相同，使用"=="运算符，如果两个字符是相同的，则该表达式返回真，若不同，则返回假。进行比较时，Python 使用的是字符串的内存字节表示，此时的排序是基于 Unicode 字元的，函数 ord 和 chr 可以帮助查找字符与字符对应的 ASCII 码表中整数的关系，其中 ord()函数是 chr()函数（对于 8 位的 ASCII 字符串）的配对函数，它以一个字符作为参数，返回对应的 ASCII 数值。两个单字符之间的比较都会转化为对应的 ASCII 值之间的关系。例如：'a'<'b'，'a'>'A'，'0'<'1'。

2. 多字符字符串的比较

对于字符串比较而言，任何序列的比较方式都差不多，基本思路是并行地检查两个字符串中位于同一位置的字符，然后向前推进，直到找到两个不同的字符为止。

（1）从两个字符串中索引为 0 的位置开始比较。

（2）比较位于当前位置的两个单字符。

如果两个字符相等，则两个字符串的当前索引加 1，回到步骤（2）开始；如果两个字符不相等，返回这两个字符的比较结果，作为字符串比较的结果。

（3）如果两个字符串到一个字符串结束时都相等，那么较长的字符串更大，如下所示。

```
>>> 'ab'<'abc'
True
>>> 'ab'<'ac'
True
>>> ''<'a'
True
```

2.4.3 字符串的方法

方法由名称和用圆括号括起来的参数列表组成，每个方法要结合特定的对象进行调用。调用时对象的类型决定了方法的类型。字符串对象有适合它的特定方法，整数有整数的方法，浮点数有浮点数的方法。调用采用点号（.）来表示。如字符串类型 lower 方法，"HELLO.lower()"表示对象"HELLO"调用了相关的方法 lower()。这种方法根据对应对象创建新的字符串，新字符串是将原字符串中的所有字母换为小写字母。

```
>>> myString='HELLO'
>>> myString.lower()
'hello'
```

Python 语言具有一种强大的功能，即可以链接方法和函数。使用一系列的"点标记"来实现链接。如'HELLO'.lower().find('e')，find 方法可以在一个较长的字符串中查找子字符串，它返回子串所在位置的最左端索引，如果没有找到则返回-1。链式调用意义在于：从一个方法返回的对象可以作为另一种方法的主调对象。

```
>>> myString='HELLO'
>>> myString.lower()
'hello'
```

```
>>> myString.lower().find('e')
1
```

1. 子串查找 find( )

find()方法：查找子字符串，若找到返回从 0 开始的下标值，若找不到返回–1。

格式：s.find(sub[,start][,end])

例如：

```
>>> s='apple,peach,banana,peach,pear'
>>> s.find('peach')
6
>>> s.find('peach',7)
19
>>> s.find('peach',7,20)
-1
```

2. 字符串的分离 split( )

split()就是将一个字符串分裂成多个字符串组成的列表。当不带参数时以空格进行分割，当带参数时，以该参数进行分割。

例如：

```
>>> s='apple,peach,banana,pear'
>>> li=s.split(',')
>>> li
['apple', 'peach', 'banana', 'pear']
```

3. 字符串连接 join( )

join( )返回一个可迭代对象连接成的字符串。

例如：

```
>>> li=['apple', 'peach', 'banana', 'pear']
>>> sep=','
>>> s=sep.join(li)
>>> s
'apple,peach,banana,pear'
```

4. 查找替换 replace( )

replace()方法把字符串中的 old（旧字符串）替换成 new（新字符串），如果指定第三个参数 max，则替换不超过 max 次。

例如：

```
>>> s='苹果, 苹果'
>>> print(s)
苹果, 苹果
>>> s2=s.replace('苹果', '香蕉')
>>> print(s2)
香蕉, 香蕉
>>> s3=s.replace('苹果', '香蕉',1)
>>> print(s3)
香蕉, 苹果
```

5. 删除两端空格 strip( )

strip()方法去除原字符串的空格（默认情况下）或指定符号，返回新字符串的一个副本。

例如：

```
>>> s=' abc '
>>> s2=s.strip( )
>>> s2
'abc'
```

Python 字符串的方法还有很多，如表 2-6 所示。

表 2-6   Python 字符串的方法

语　法	描　述
s.capitalize()	返回字符串 s 的副本，并将首字符变为大写
s.center(width,char)	返回 s 中间部分的一个子字符串。长度为 width，并使用空格或可选的 char（长度为 1 的字符串）进行补充
s.count(t,start,end)	返回字符串 s 中（或在 s 的 start:end 分片中）子字符串 t 出现的次数
s.encode(encoding,err)	返回一个 bytes 对象，该对象使用默认的编码格式或指定的编码格式来表示该字符串，并根据可选的 err 参数处理错误
s.expandtabs(size)	返回 s 的一个副本，其中的制表符使用 8 个或指定数量的空格替换
s.find(t,start,end)	返回 t 在 s 中（或在 s 的 start:end 分片中）的最左位置，如果没有找到，就返回-1；使用 str.rfind() 则可以发现相应的最右边位置
s.format(…)	返回按照给定参数进行格式化后的字符串副本
s.index(t,start,end)	返回 t 在 s 中的最左边位置（或在 s 的 start:end 分片中），如果没有找到，就产生 ValueError 异常。使用 s.rindex() 可以从右边开始搜索
s.isalnum()	如果 s 非空，并且其中的每个字符都是字母和数字的，就返回 True
s.isalpha()	如果 s 非空，并且其中的每个字符都是字母的，就返回 True
s.isdecimal()	如果 s 非空，并且其中的每个字符都是 Unicode 的基数为 10 的数字，就返回 True
s.isdigit()	如果 s 非空，并且其中的每个字符都是一个 ASCII 数字，就返回 True
s.isidentifier()	如果 s 非空，并且是一个有效的标识符，就返回 True
s.islower()	如果 s 中包含至少一个区分大小写的字符，并且所有这些（区分大小写的）字符都是小写，则返回 True，否则返回 False
s.isprintable()	如果 s 非空，并且其中的每个字符被认为是可打印的，包括空格，但不包括换行，则返回 True
s.isspace()	如果 s 非空，并且其中的每个字符都是空白字符，则返回 True
s.istitle()	如果 s 是一个非空的首字母大写的字符串，则返回 True
s.isupper()	如果 s 中包含至少一个区分大小写的字符，并且所有这些（区分大小写的）字符都是大写，则返回 True，否则返回 False
s.join(seq)	返回序列 seq 中每个项连接起来后的结果，并以 s 在两项之间分隔
s.ljust(width,char)	返回长度为 width 的字符串中左对齐的字符串 s 的一个副本，使用 s.rjust() 可以右对齐，s.center() 可以中间对齐
s.lower()	将 s 中的字符变为小写
s.maketrans()	创建字符串映射的转换表，对于接受两个参数的最简单的调用方式，第一个参数是字符串，表示需要转换的字符，第二个参数也是字符串表示转换的目标
s.partition(t)	返回包含 3 个字符串的元组；字符串 s 在 t 的最左边之前的部分、t、字符串 s 在 t 之后的部分。如果 t 不在 s 内，则返回 s 与两个空字符串

语　法	描　　述
s.replace(t,u,n)	返回 s 的一个副本，其中每个（或最多 n 个）字符串 t 用 u 替换
s.split(t,n)	返回一个字符串列表，要求在字符串 t 处至多分割 n 次，如果没有给定 n，就分割尽可能多次，如果 t 没有给定，就在空白处分割。
s.splitlines(f)	返回在行终结符处进行分割产生的行列表，并剥离行终结符
s.startswith(x,start,end)	如果 s（或 s 的 start:end 分片）以字符串 x 开始（或以元组 x 中的任意字符串开始），就返回 True，否则返回 False。
s.strip(chars)	返回 s 的一个副本，并将开始处与结尾处的空白字符移除
s.swapcase()	返回 s 的副本，并将其中大写字母变为小写，小写字母变为大写
s.title()	返回 s 的副本，并将每个单词的首字母变为大写，其他字母变为小写
s.translate()	与 s.maketrans() 类似
s.upper()	返回 s 的大写化版本
s.zfill(w)	返回 s 的副本，如果比 w 短，就在开始处添加 0，使其长度为 w

2.4.4　字符串格式化

字符串格式化使用字符串格式化操作符（%）来实现，在%的左侧放置一个字符串（格式化字符串），而右侧则放置希望格式化的值（可以使用一个值，如一个字符串或者数字，也可以使用多个值的元组）。

例如，在示例中，字符串'Jack'替换%s，整数 25 替换%d，结果就会得到新的字符串：

```
>>> print('%s is %d years old'%('Jack',25))
Jack is 25 years old
```

每条格式化命令还可以指定如何显示特定数据对象的详细信息，格式命令的一般结构是：

```
%[(name)][flags][width].[precision]typecode
```

● 　(name)为命名。

● 　flags 可以为+、—、''或 0。+表示右对齐。—表示左对齐。''为一个空格，表示在正数的左侧填充一个空格，从而与负数对齐。0 表示使用 0 填充。

● 　width 表示显示宽度。

● 　precision 表示小数点后精度。

● 　方括号表示可选参数，其他可选参数在表 2-7 中列出。

表 2-7　　　　　　　　　　　常用格式化命令参数

%s	字符串
%d	十进制整数
%f	浮点小数
%e	浮点指数

表 2-8 显示了最常用的描述符码，描述符能控制该类型的单个对象如何在屏幕上输出。例如，浮点描述符可以控制输出小数的位数，字符串描述符可以控制字符串前后的空格数。但是每个描述符只能作用于与其相关的类型，对错误类型的对象进行描述，会导致 Python 出错。

转换说明符可以包括字段宽度和精度。字段宽度是转换后的值所保留的最小字符个数，精度则是结果中应该包含的小数位数，或者是转换后的值所能包含的最大字符个数。指定的是显示字段的宽度，以数据占据的空格数来计算。如果指定了一个负值，数据在指示的宽度内左对齐；否则，默认情况下在指定的宽度内右对齐。

```
#(宽度分别为10和5，名字右对齐，数字左对齐)
>>> print('%10s is %-5d years old'%('Jack',25))
      Jack is 25    years old
#(宽度为10，右对齐)
>>> import math
>>> print(math.pi)
3.141592653589793
>>> print('pi is %10f'%(math.pi))
pi is   3.141593
#(宽度为8，小数点后保留4位小数，数字右对齐)
>>> print('pi is %8.4f'%(math.pi))
pi is   3.1416
```

从 Python 2.6 开始，新增了一种格式化字符串的函数 str.format()，str.format()方法提供了非常灵活而强大的创建字符串的途径，新的字符串对象的 format 方法使用主体字符串作为模板，并且接受任意多个替换值的参数。

每个替换字段由包含在花括号中的字段名标识，如果字段名是简单的整数，就被作为传递给 str.format()方法的一个参数的索引位置。因此，名字为 0 的字段被第一个参数替代，名为 1 的字段则被第二个参数所替代。字符串的 format 函数可以接受无限个参数，位置可以不按顺序。

（1）通过位置匹配参数

```
>>> '{0},{1}'.format('a','b')
'a,b'
>>> '{1},{0}'.format('a','b')
'b,a'
>>> "The book '{0}' was published in {1}".format('Python',1990)
"The book 'Python' was published in 1990"
```

（2）通过名称匹配参数

```
>>> '{color},{0} and {food}'.format(2,color='red',food='egg')
'red,2 and egg'
```

（3）通过下标匹配参数

```
>>> coord=(2,3)
>>> 'x:{0[0]},y:{0[1]}'.format(coord)
'x:2,y:3'
```

（4）指定进制

```
>>> "int: {0:d}; hex: {0:x}; oct: {0:o}; bin: {0:b}".format(42)
'int: 42; hex: 2a; oct: 52; bin: 101010'
>>> "int: {0:d}; hex: {0:#x}; oct: {0:#o}; bin: {0:#b}".format(42)
'int: 42; hex: 0x2a; oct: 0o52; bin: 0b101010'
```

如果我们试图连接字符串与数字，那么 Python 将产生 TypeError 异常，但是使用 str.format() 方法可以很容易地做到这一点。

```
>>> "{0},{1}".format("the amount due is $",100)
'the amount due is $,100'
```

我们也可以使用 str.format() 方法连接字符串（但 str.join() 方法最适合用于这一目的）：

```
>>> x="two"
>>> s="{0},{1},{2}"
>>> s=s.format("the",x,"apples")
>>> s
'the,two,apples'
```

在上面的实例中，我们使用了一对字符串变量，在 str.format() 方法的应用实例中都使用字符串字面值，这是为了方便。实际上，任何使用字符串字面值的实例中都可以使用字符串变量，方法是完全一样的。

替换字段本身也可以包含替换字段，嵌套的替换字段不能有任何格式，其用途主要是格式化规约的计算。在对格式化规约进行更细致的解读时，我们将展示一个实例。现在我们将逐一研究替换字段的每一组成部分，首先从字段名开始。

1. 字段名

字段名是一个与某个 str.format() 方法参数对应的整数，或者是某个方法的某个关键字参数的名称。

```
>>> "{who} turned {age} this year".format(who='he',age=34)
'he turned 34 this year'
>>> '{color},{0} and {food}'.format(2,color='red',food='egg')
'red,2 and egg'
```

上面的第一个实例中使用了两个关键字参数，分别是 who 与 age，第二个实例使用了一个位置参数与两个关键字数字，要注意的是，在参数列表中，关键字参数总是在位置参数之后，当然，我们可以在格式化字符串内部以任何顺序使用任何参数。

字段名可以引用集合数据类型，比如列表。在这样的情况下，我们可以包含一个索引来标识特定的数据项：

```
>>> stock=['paper','notepads','pens']
>>> "we have {0[0]} and {0[2]} in stocks".format(stock)
'we have paper and pens in stocks'
```

0 引用的是位置参数，因此 {0[2]} 是列表 stock 参数的第三个数据项，{0[0]} 是列表 stock 参数的第一个数据项。

后面我们将学习 Python 字典，字典中存储的是 key-value 项，字典对象也可以用于 str.format() 方法。我们将在这里展示一个应用实例：

```
>>> d=dict(fruit='apple',color='red')
>>> "the {0[fruit]} is {0[color]}".format(d)
'the apple is red'
```

就像我们可以使用整数位置索引来存取列表与元组项一样，我们也可以使用键值来存取字典项。

我们也可以存取命名的属性。假定已经导入 math 模块与 sys 模块，则可以进行如下操作。

```
>>> "math.pi=={0.pi}\
sys.maxunicode=={1.maxunicode}".format(math,sys)
'math.pi==3.141592653589793 sys.maxunicode==1114111'
```

总而言之，通过字段名语法，可以引用传递给 str.format() 方法的位置参数与关键字参数。如果参数是集合数据类型，比如字典或列表，或参数还包含一些属性，那么可以使用 [] 或 . 表示存取所需的部分。

从 Python 3.1 开始，字段名可以忽略，在这种情况下，Python 会自动进行处理。例如：

```
>>> "{} {} {}".format("Python","can","count")
'Python can count'
```

当前还在作用范围内的局部变量可以通过内置的 locals()函数访问，该函数会返回一个字典，字典的键是局部变量名，字典的值则是对变量值的引用。现在，我们可以通过使用映射拆分该字典提供给 str.format()方法，映射拆分操作符为**，可应用于映射（比如字典）来产生一个适合于传递给函数的键—值列表，如下所示。

```
>>> animal="elephant"
>>> weight=11000
>>> "the {animal} weighs {weight}".format(**locals())
'the elephant weighs 11000'
```

将字典拆分并提供给 str.format()方法时，允许使用字典的键作为字段名。这使得字符串格式更易于理解，也易于维护，因为不需要依赖于参数的顺序。然而，要注意的是，如果需要将不止一个参数传递给 str.format()，那么只有最后一个参数才可以使用映射拆分。

2．转换

在讨论 decimal.Decimal 数字时，我们可以发现，这些数有两种方式输出，如下所示。

```
>>> import decimal
>>> decimal.Decimal("3.4084")
Decimal('3.4084')
>>> print(decimal.Decimal("3.4084"))
3.4084
```

decimal.Decimal 的第一种展示方式是其表象形式，该字符串被 Python 解释时将重建其表示的对象。第二种是以字符串形式对 decimal.Decimal 进行展示的，这种形式便于阅读，展示了一些读者感兴趣的东西。如果某种数据类型没有字符串表示形式，但又需要使用字符串进行表示，那么 Python 将使用表象形式。

Python 内置的数据类型都有 str.format()方法，在作为参数传递给这一方法时，将返回一个适当的字符串来展示自己。通过向字段中添加 conversion 指定符，重写数据类型的通常行为并强制其提供字符串形式或表象形式。目前，有 3 个这样的指定符。

- s——用于强制使用字符串形式。
- r——用于强制使用表象形式。
- a——用于强制使用表象形式，但仅限于 ASCII 字符，如下所示。

```
>>> "{0} {0!s} {0!r} {0!a}".format(decimal.Decimal(2))
"2 2 Decimal('2') Decimal('2')"
```

在上面的实例中，decimal.Decimal 的字符串形式产生的字符串与提供给 str.format()的字符串是相同的。同时，在这个特定的实例中，由于都只使用 ASCII 字符，因此，表象形式与 ASCII 表象形式之间没有什么区别。

3．格式规约

整数、浮点数以及字符串的默认格式通常都足以满足要求，但是如果需要实施更精确的控制，我们就可以通过格式化制约实现。

（1）字符串格式规约

对于字符串而言，我们可以控制的包含填充字符、字段内对齐方式以及字段宽度的最小值与最大值。字符串格式规约是使用（:）引入的，其后跟随可选的字符对。一个填充字符（可以不是）与一个对齐字符（<用于左对齐，^用于中间对齐，>用于右对齐），之后跟随的是可选的最小宽度，如果需要指定最大宽度，就在其后使用句点，句点后跟随一个整数值。

如果我们指定了一个填充字符，就必须同时制定对齐字符。我们忽略了格式制约的符号与类型部分，因为对字符串没有实际影响。只使用一个冒号而没有任何其他可选的元素是无害的，但也是无用的。

```
>>> '{:<20}'.format('left aligned')
'left aligned        '
>>> '{:>20}'.format('right aligned')
'       right aligned'
>>> '{:^20}'.format('centered')
'      centered      '
>>> '{:20}'.format('left aligned')
'left aligned        '
>>> '{:-^20}'.format('centered')
'------centered------'
>>> '{:.<20}'.format('left aligned')
'left aligned........'
>>> '{:.20}'.format('left aligned')
'left aligned'
```

格式化规约内部可以包括替换字段，也有可计算的格式。比如，这里给出了使用 maxwidth 变量设置字符串最大宽度的两种方法：

```
>>> s="the sword of truth"
>>> "{0}".format(s[:maxwidth])
'the sword of'
>>> "{0:.{1}}".format(s,maxwidth)
'the sword of'
```

第一种方法使用标准的字符串分片，第二种方法使用内部替换字段。

（2）整数格式化规约

对于整数，通过格式规约，可以控制填充字符、字段内对齐、符号、最小字段宽度、基数等。整数格式规约以冒号开始，其后可以跟随一个可选的字符对。一个填充字符（可以不是）与一个对齐字符（<用于左对齐，^用于中间对齐，>用于右对齐，=用于在符号和数字之间填充），之后跟随的是可选的符号字符：+表示必须输出符号，-表示只输出负数符号，空格表示为正数输出空格，为负数输出符号-。再之后跟随的是可选的最小宽度整数值，其前可以使用字符#引导，以便获取某种基数进制为前缀的输出，也可以以 0 为引导，以便在对齐时用 0 进行填充。

如果希望输出其他进制数据，而非十进制，就必须添加一个类型字符——b 表示二进制，o 表示八进制，x 表示小写十六进制，X 表示大写十六进制，为了完整性，也可以使用 d 表示十进制整数。

我们以两种不同的方式用 0 进行填充。

```
>>> "{0:0=12}".format(123456)
'000000123456'
>>> "{0:0=12}".format(-123456)
'-00000123456'
>>> "{0:012}".format(123456)
'000000123456'
>>> "{0:012}".format(-123456)
'-00000123456'
```

前面两个实例使用的填充字符为 0，填充位置在符号与数字本身之间（＝）；后两个实例要求最小宽度为 12，并使用 0 进行填充。

下面给出一些对齐实例。

```
>>> "{0:*<12}".format(123456)
'123456******'
>>> "{0:*>12}".format(123456)
'******123456'
>>> "{0:*^12}".format(123456)
'***123456***'
>>> "{0:*^12}".format(-123456)
'**-123456***'
```

下面给出一些展示符号字符作用的实例。

```
>>> "[{0:}] [{1:}]".format(12345,-12345)
'[12345] [-12345]'
>>> "[{0:+}] [{1:+}]".format(12345,-12345)
'[+12345] [-12345]'
>>> "[{0:-}] [{1:-}]".format(12345,-12345)
'[12345] [-12345]'
```

下面是两个使用某些类型字符的实例。

```
>>> "{0:b} {0:o} {0:x} {0:X}".format(123457895)
'111010110111101000101100111 726750547 75bd167 75BD167'
>>> "{0:#b} {0:#o} {0:#x} {0:#X}".format(123457895)
'0b111010110111101000101100111 0o726750547 0x75bd167 0X75BD167'
```

在格式规划中使用一个逗号，则整数将使用逗号进行分组。例如：

```
>>> "{0:,} {0:*>13,}".format(int(2.23456e5))
'223,456 ******223,456'
```

（3）浮点数格式化制约

用于浮点数的格式制约与用于整数的格式制约是一样的，只是在结尾处有两个差别。在可选的最小宽度后面，通过写一个句点并在其后跟随一个整数，我们可以指定在小数点后跟随的数字个数。我们也可以在结尾处添加一个类型字符：e 表示使用小写字母 e 的指数形式，E 表示使用大写字母 E 的指数形式，f 表示标准的浮点形式，g 表示"通常"格式——这与 f 的作用是相同的，除非数字特别大。另一个可以使用的是%——这会导致数字扩大 100 倍，产生的数字结果使用 f 并附加一个%字符的格式输出。

下面通过一些例子展示指数形式与标准形式。

```
>>> amount=(10**4)*math.pi
>>> "[{0:12.2e}] [{0:12.2f}]".format(amount)
'[    3.14e+04] [    31415.93]'
>>> "[{0:*>12.2e}] [{0:*>12.2f}]".format(amount)
'[****3.14e+04] [****31415.93]'
>>> "[{0:*<+12.2e}] [{0:*>+12.2f}]".format(amount)
'[+3.14e+04***] [***+31415.93]'
```

第一个实例中的最小宽度为 12 个字符，在十进制小数点之后有 2 个数字。第二个实例构建在第一个实例之上，添加了一个填充字符*，由于使用了填充字符就必须同时也使用对齐字符，因此指定了右对齐方式。第三个实例构建在前两个实例之上，添加了符号操作符+，以便在输出中使用符号。

从 Python 3.1 开始，decimal.Decimal 数值能够被格式化 floats，也能对逗号（,）提供支持，以获得用逗号进行隔离的组。

```
>>> import decimal
>>> "{:,.7f}".format(decimal.Decimal("1234567890.1234567890"))
'1,234,567,890.1234568'
```

如果省略格式化字符 f（或使用格式字符 g），则数值将被格式化为'1.234568E+9'。

2.4.5　字符串操作

1. 字符索引

字符串对象定义为字符序列，字符在字符串中的位置称为"索引"，在 Python 和其他程序语言中，序列中索引的第一个值为 0，使用索引运算符"[ ]"查看字符串序列中的单个字符。字符串的索引位置从 0 开始，直至字符串长度值减去 1。但是使用负索引位置也是可能的，此时的计数方式是从最后一个字符到第一个字符。如图 2-1 所示。

字符	H	e	l	l	o		P	y	t	h	o	n
索引	0	1	2	3	4	5	6	7	8	9	10	11
									...	−3	−2	−1

图 2-1　字符串"Hello Python"的索引值

```
>>> helloString="Hello Python"
>>> helloString
'Hello Python'
>>> helloString[0]
'H'
>>> helloString[5]
' '
>>> helloString[-1]
'n'
>>> helloString[12]    #该字符串的最大索引位置为11，12超出字符串的最大索引位置
Traceback (most recent call last):
  File "<pyshell#12>", line 1, in <module>
helloString[12]
IndexError: string index out of range
```

2. 连接符和操作符

字符串可以利用一些整数和浮点数所使用的二进制运算符，+和*运算符可以和字符串对象一起使用，但含义与整数和浮点数对象一起使用时不同。

+：连接符。+运算符需要两个字符串对象，连接起来得到一个新的字符串对象。

*：重复符。*运算符需要一个字符串对象和一个整数，新的字符串由原字符串复制而成，复制的次数为给出的整数值。

例如：

```
>>> mystr="Hello"
>>> yourstr="Python"
>>> mystr+yourstr
```

```
'HelloPython'
>>> mystr*3
'HelloHelloHello'
>>> 3*mystr
'HelloHelloHello'
>>> mystr
'Hello'
```

● +运算符和*运算符都产生了新的字符串对象，但都不会影响表达式中的字符串。

● 执行连接操作时，除非明确指出，否则在第一个字符串的末尾和第二个字符串开头位置之间没有空格。

● 执行连接操作时，两个字符串对象的顺序是，第一个字符串显示在新的字符串对象的开始，第二个字符串在第一个字符串结束时开始。若更改顺序，则新的字符串对象中的顺序也发生改变。

● 每个运算符所需要的操作对象的类型是特定的。对于连接操作，需要两个字符串对象。而复制操作，只需要一个字符串和一个整数，其他任何类型的组合都不能正常运行。

当出现 "+" 运算符时，操作数的类型确定将要执行的运算类型。如果操作数是数字，解释器将执行加法运算。如果操作数是字符串，则解释器执行连接操作。如果操作数是数字和字符的混合，Python 解释器将提示错误。Python 能够动态地对变量关联的对象类型进行检查。采用这种方法，一旦解释器得到了操作数的类型，它能够决定应该执行何种操作，也就是它能够判断哪些操作是可以执行的，哪些操作是不可以执行的。如果给出的 Python 运算符所带的操作数类型不能进行何种运算，则会报错。

一般而言，将单个运算符执行多种操作的情况称为运算符重载。通过重载，能够让单个运算符根据不同的操作数执行不同的操作。

3. in 运算符

in 运算符用于检查集合的成员，当测试字符串包含在字符串时，结果返回 True，否则返回 False，如下所示。

```
>>> mystr="abcd"
>>> 'a' in mystr
True
>>> 'e' in mystr
False
```

4. 不可变性

字符串是一种集合，可以进行下述操作：创建字符串、更换字符串中的某个特定字符。在 Python 中，执行以下操作。

```
>>> strings='hello'
>>> strings[0]='a'
Traceback (most recent call last):
  File "<pyshell#1>", line 1, in <module>
strings[0]='a'
TypeError: 'str' object does not support item assignment
```

对象一旦创建，其内容就不能再修改。赋值语句的左侧通过索引表达式试图改变字符串中的字母，而字符串类型是不允许进行此操作。不能通过对其某一位置进行赋值而改变字符串，但是可以通过建立一个新的字符串并以同一个变量名对其进行赋值。如下所示：

```
>>> strings='hello'
>>> strings='s'+strings[1:]
```

```
>>> strings
'sello'
```

2.4.6 字符串与控制语句

Python 中的控制语句主要有条件判断 if、while、for 语句，还有与之搭配的 else、elif、break、continue、pass 语句，本节通过一些代码来对字符串进行操作。

结合字符串长度和 range 函数，显示出所有单词中每个字符的索引，代码如下。

```
>>> aString="information"
>>> len(aString)
11
>>> for x in range(len(aString)):
        print(x,end=")
0 1 2 3 4 5 6 7 8 9 10
>>> for x in range(len(aString)):
        print(aString[x],end=")
i n f o r m a t i o n
```

字符串中的每个索引及与该索引相关的字符都可以通过 for 语句查询出来。通过举例，检查字符串中的每个字符，看它是否与目标字符相匹配。如果匹配，则显示索引值，跳出循环。

```
aString='information'
target=input('input a character to find:')
    for x in range(len(aString)):
        if aString[x]==target:
            print("%s is found"%target)
            break
    else:
        print("target is not found")
=====================RESTART:=============================
input a character to find:m
m is found
=====================RESTART:=============================
input a character to find:s
target is not found
```

由于经常需要查找索引和字符，因此 Python 提供了 enumerate 迭代器，实现查找字符对应的索引和字符本身的功能。

```
>>> for index,x in enumerate(aString):
        print(index,x)
0 i
1 n
2 f
3 o
4 r
5 m
6 a
7 t
8 i
9 o
10 n
```

2.4.7　字符串的应用

下面通过一些简单的例子，演示如何使用常见的字符串方法来解决一些简单的问题。

1.　记录人名

将一个名字从"名，中间名，姓"的顺序变为"姓，名，中间名"的格式。例如'John M. Cleese'将变成'Cleese,John M'。

对于此问题，可以使用 split 方法。split 方法创建主字符串的子串，字符串可以被指定的字符分割。在空格处分割的方法是调用.split('')；在每一个逗号处分割的方法调用是.split(',')。例如'I like Python'.split('')将产生 3 个字符串——'I'、'like'和'Python'，用空格对字符进行分割。默认采用空格进行分割，所以一般都使用不带参数的 split 方法。字符串是不可改变的，所以不能从字面上删除原始字符串的任何部分。相反，split 只产生部分副本。如果 split 方法返回的对象的数量与左侧的变量数目不匹配，会显示错误。

```
>>> name='John M.Cleese'
>>> first,middle,last=name.split()
>>> trans=last+', '+first+' '+middle
>>> print(trans)
Cleese, John M
>>> print(name)
John M.Cleese
>>> first,middle=name.split()
Traceback (most recent call last):
  File "<pyshell#5>", line 1, in <module>
first,middle=name.split()
ValueError: too many values to unpack (expected 2)
```

split 方法可以用于分隔的数据，例如电子表格和数据库产生的数据。下面的例子显示为逗号分隔一个字符串，也可以用任何字符串作为分隔符。该方法不仅可以用于变量，还可以用于字符串常量。如果没有指定分隔字符，分隔符默认为空白、制表符或回车符。

```
>>> ex='The,apple,is,red'
>>> first,second,third,fourth=ex.split(',')
>>> print(first,second,third,fourth)
The apple is red
>>> a,b="A+B".split('+')
>>> print(a,b)
A B
```

2.　回文

如果一个字符串向后读取与向前读取都得到相同的内容，则称此字符串为回文。例如：

```
>>> p1="abcddcba"
>>> print('forward:%s\n backward:%s'%(p1,p1[::-1]))
forward:abcddcba
backward:abcddcba
```

3.　综合应用

输入一个字符串，删除不希望出现的字符，进行反转测试，判断此字符串是否为回文。代码如下。

```
1 import string
2 strings=input('input a string:')
3 modifiedstr=strings.lower()
```

```
4 Chars=string.whitespace+string.punctuation
5 for char in modifiedstr:
6 if char in Chars:
7 modifiedstr=modifiedstr.replace(char,'')
8 if modifiedstr==modifiedstr[::-1]:
9 print('the original string is: %s\n\
        the modified string is: %s\n\
        the reversal is: %s\n\
        string is a palindrome'\
        %(strings,modifiedstr,modifiedstr[::-1]))
10 else:
11 print('the original string is: %s\n\
        the modified string is: %s\n\
        the reversal is: %s\n\
        string is not a palindrome'\
        %(strings,modifiedstr,modifiedstr[::-1]))
```

第 1 行：导入 Python 中预先定义的 string 模块。

第 2 行：提示输入待测试字符串。

第 3 行：将原字符串转换为小写形式。

第 4 行：创建新字符串（Chars），用来连接已修改的字符串所有不期望出现的字符，即标点和空格字符。

第 5~7 行：for 循环，遍历修改后的字符串中的每个字符，如果该字符是不期望出现的字符，即将其删除，用空串替换所有不期望出现的字符，这样可有效地删除该字符。

第 8 行：反转测试该字符串是否为回文，即修改后的字符串和反转的字符串是否相同。

第 9 行：实现美观地输出。

2.5　本章小结

本章首先介绍了 Python 的关键字列表，并描述了 Python 标识符的命名原则。重点介绍了字符串的类型以及字符串的多种方法。Python 的字符串使用单引号、双引号、三引号包含都可以。各种转义序列可用于插入特殊字符，也可以插入 Unicode 字符。

字符串是序列，可以使用+操作符连接，使用*操作符复制。字符串有很多方法，包括测试字符串属性、改变字母大小、搜索字符串的方法。Python 对字符串的操作很方便，我们可以方便地搜索、提取、比较整个字符串或部分字符串，替换字符或字符串，将字符串分割为子字符串列表，或者将字符串列表连接为一个单一的字符串。字符串方法 str.format()功能非常丰富，该方法用于使用替换字段与变量来创建字符串，并使用格式化规约来精确地定义每个字段的特性。替换字段名称语法允许我们使用位置参数或名称（用于关键字参数）来存取方法的参数，也可以使用索引、键或属性名来存取参数项或属性。格式化规约允许我们指定填充字符、对齐方式以及最小字段宽度。而且，对于数字，我们可以控制其符号的输出方式；对于浮点数，我们可以指定小数点后的数字个数，以及使用标准表示还是指数表示。

2.6 本章习题

1. 如何将一个整数显示成八进制、十六进制或二进制的形式？

2. 给定字符串"Python language"：

（a）写出表达式，显示第一个字符。

（b）写出表达式，显示最后一个字符。

（c）写出 len 函数的表达式，显示最后一个字符。

3. 字符串 S 长度为偶数：

（a）写出显示前半段字符串的表达式。

（b）写出显示后半段字符串的表达式

4. 下面的表达式将输出什么？

```
>>> x='This is a test'
>>> print(x*2)
```

5. 能将多个字符串方法在一个表达式中联合使用吗？例如 s="AB",s.upper.lower 是什么意思？

6. 两个字符串方法：find 和 index，用于判定一个字符是否在字符串中。

（1）如果找到一个字符，两种方法是相同的结果；如果没有找到字符，两种方法得到不同的结果。描述没有找到字符时两种方法的区别。

（2）find 和 index 方法不仅限于寻找单字符，还可以搜索子串。假定 s="Python"，那么 s.find("th") 得到什么结果？说明 find 的输出规则。

7. 给出字符串 strings='ababaabbbaba'。写一个表达式，去除其中所有'b'，得到另一个字符串 newstring='aaaaaa'。

8. 写一个程序，提示输入两个字符串，然后进行比较，输出较小的字符串。要求只能使用单字符比较操作。

9. 下面的代码：

```
myList=[]
fori in range(0,6,2):
    for k in range(4):
        myList.append(i+k)
print(i)                    #Line 1
print(k)                    #Line 2
print(myList)               #Line 3
```

（a）标号为 1 的行输出什么？

（b）标号为 2 的行输出什么？

（c）标号为 3 的行输出什么？

第3章
组合数据类型

本章内容提要:
- 列表
- 元组
- 字典
- 集合
- 组合数据类型的高级特性

在前面一章中,我们学习了 Python 最基本的一些数据类型。本章中,我们将学习如何使用 Python 的组合数据类型将数据项集中在一起,以便在程序设计时有更多的选项。本章将深入讲解列表、元组、字典与集合。另外,还将介绍一些组合数据类型的高级特性。

在学习本章之前,必须先了解一下以下名词,以便更好地理解本章内容。

数据结构: Python 提供了一些内置的数据结构,有字符串、列表、元组、字典和集合等。数据结构与数据类型相关,数据类型是数据结构在程序中的实现。因此数据结构是比较抽象的概念,说明了什么是程序员希望做的,而程序员实际上在代码(数据类型)中实现该概念的方式。数据结构特别侧重于数据的组织,以及在该数据上的操作,往往还重视操作的效率。

可哈希(hashable): Hash,一般翻译作"散列",也有直接音译为"哈希"的。哈希函数大概就是 value = hash(key),我们希望 key 和 value 之间是唯一的映射关系。如果一个对象在自己的生命周期中有一哈希值(hash value)是不可改变的,那么它就是可哈希的。因为这些数据结构内置了哈希值,每个可哈希的对象都内置了__hash__方法,所以可哈希的对象可以通过哈希值进行对比,也可以作为字典的键值和作为 set 函数的参数。python 中所有不可改变的对象(imutable objects)都是可哈希的,比如字符串,元组,也就是说可改变的容器,如字典,列表不可哈希(unhashable)。我们用户所定义的类的实例对象默认是可哈希的(hashable),它们都是唯一的,而 hash 值也就是它们的 id()。

浅拷贝(shallow copy)与深拷贝(deep copy):只复制引用,而不复制对象本身,称为浅拷贝。要复制内容,而不是简单复制引用,称为深拷贝。

将多个项存放在组合数据类型中,使实施必须应用于所有项的操作变得更容易,也使处理从文件读入的组合数据类型项变得更容易。

3.1　列表

Python 内置的一种数据类型是列表 list。list 是一种最具灵活性的有序集合对象类型，可以随时添加和删除其中的元素。

3.1.1　列表的常用操作

1. 创建列表

通常使用左右方括号（即：[和]）将数据元素包裹起来创建一个列表，如下所示。其中列表 list1 中包含 5 个元素，分别是 1、2、3、4、5，list1 为列表名。这种创建列表的方式适用于对于列表中元素个数及其数值已知时，然而，当遇到如将一个元组（参考 3.2 节）转换为列表时，则需要使用另外一种方法创建列表——调用 list(tuple) 函数，该函数返回一个包含 tuple 中所有元素的列表。

注：直接调用不带参的 list() 函数时，将返回一个空列表，即：[ ]。

```
>>> List1=[1,2,3,4,5]
>>> List2=["a","b","c","d"]
```

列表中的元素的数据类型可以各不相同，如 int，string 类型，甚至可以是一个列表类型，如在下例中 [10,20] 为一个 list 类型，它作为 list3 的一个元素存在于 list3 中。

```
>>> List3=['marry',2.0,5,[10,20]]
>>> List3
['marry', 2.0, 5, [10, 20]]
```

如图 3-1 所示，列表的下标是从 0 开始，List3 列表的第一个元素是 'marry'，用 L[0] 可以表示 L 的第一个元素，第二个元素是 2.0，用 L[1] 表示，以此类推，第四个元素是一个列表，即 [10, 20]。

L[-4]	L[-3]	L[-2]	L[-1]
'marry'	2.0	5	[10,20]
L[0]	L[1]	L[2]	L[3]

图 3-1　元组索引位置

2. 读取元素

访问列表元素的语法和访问字符串中字符的语法是一样的——使用元素下标表示该元素在 list 中的位置。注意 list 中元素下标是从 0 开始的，如第 n 个元素下标为 $n-1$。但当读取元素传入的元素下标超出 list 集合的大小时将会报"元素下标超出范围"的错误，例如：

```
>>> List2=["a","b","c","d"]
>>> List2[0]   #访问列表的第一个元素
'a'
>>> List2[1]   #访问列表的第二个元素
'b'
>>> List2[5]   #超出列表元素下标, 报错
Traceback (most recent call last):
  File "<pyshell#46>", line 1, in <module>
    List2[5]
IndexError: list index out of range
```

由于 list2 的长度为 4，在取第 5 个元素时，list2 中元素的最大下标为 3<5，因此出现 "list index out of range" 的错误。

除了正向取 list 中的元素外，也可以逆向去取，用元素下标–1 表示最后一个元素，–2 表示倒数第二个元素，同样注意不能超出元组个数的界限，例如：

```
>>> List2[-1]
'd'
>>> List2[-2]
'c'
>>> List2[-3]
'b'
>>> List2[-5]    #超出列表元素下标，报错
Traceback (most recent call last):
  File "<pyshell#50>", line 1, in <module>
    List2[-5]
IndexError: list index out of range
```

3. 遍历列表

遍历一个列表元素的最常见方式是使用 for 循环，常见的有以下两种方式。

第一种遍历方法隐藏了列表 cheeses 的长度，操作较为便利。

```
>>> for cheese in cheeses:
        print(cheese)
```

第二种遍历方法则使用 len()函数计算出列表 numbers 的长度后进行遍历操作，其中 range()函数返回的是从 0 到 numbers 长度的数值序列。

```
>>> for i in range(len(numbers)):
        numbers[i]=numbers[i]*2
```

4. 替换元素

和字符串不同的是，列表是可变的，可以在列表中指定下标的值对元素进行修改，例如：

```
>>> numbers=[12,13]
>>> numbers[1]=14
>>> numbers
[12, 14]
```

numbers[1]原先为 13，当执行 numbers[1]=14 时，numbers[1]的值被修改为 14。

5. 增加元素

方法一：使用 "+" 将一个新列表附加在原列表的尾部。例如：

```
>>> list=[1]
>>> list=list+['a', 'b']
>>> list
[1, 'a', 'b']
```

*操作符重复一个列表多次：

```
>>> [0]*5
[0, 0, 0, 0, 0]
>>> [4,5,6]*4
[4, 5, 6, 4, 5, 6, 4, 5, 6, 4, 5, 6]
```

方法二：使用 append()方法向列表的尾部添加一个新元素。例如：

```
>>> list.append(True)
>>> list
[1, 'a', 'b', True]
```

方法三：使用 extend()方法将一个列表添加在原列表的尾部。例如：

```
>>> list.extend(['c',5])
>>> list
[1, 'a', 'b', True, 'c', 5]
```

方法四：使用 insert()方法将一个元素插入到列表的指定位置。该方法有两个参数，第一个参数为插入位置，第二个参数为插入元素。例如：

```
>>> list.insert(0,'x')
>>> list
['x', 1, 'a', 'b', True, 'c', 5]
```

6. 检索元素

使用 count()方法计算列表中某个元素出现的次数。

```
>>> list=['x','y','a','b',True,'x']
>>> list.count('x')
2
```

使用 in 运算符检查某个元素是否在列表中。

```
>>> 3 in list
False
>>> 'x' in list
True
```

使用 index()方法返回某个元素在列表中的准确位置，若该元素不在列表中将会出错。值得注意的是，若使用该方法的元素在该列表中存在相同项，则返回显示最小 index 的位置，如 list.index('x')，存在两个'x'，则只显示最小位置。

```
>>> list.index('x')
0
```

7. 删除元素

方法一：使用 del 语句删除某个特定位置的元素。

```
>>> list=['x','y','a','b',True,'x']
>>> del list[1]
>>> list
['x', 'a', 'b', True, 'x']
```

方法二：使用 remove()方法删除某个特定值的元素。remove('x')从 list 中移除最左边出现的数据项 x，如果找不到 x 就产生 ValueError。

```
>>> list=['x','y','a','b',True,'x']
>>> list.remove('x')
>>> list
['y', 'a', 'b',True, 'x']
>>> list.remove('x')
>>> list
['y', 'a', 'b',True]
>>> list.remove('x')
Traceback (most recent call last):
  File "<pyshell#12>", line 1, in <module>
    list.remove('x')
ValueError: list.remove(x): x not in list
```

方法三：使用 pop()方法来弹出（删除）指定位置的元素，缺省参数时弹出最后一个元素。弹出空数组将会报错。

```
>>> list=['x','y','a','b',True,'x']
>>> list.pop()
'x'
>>> list
['x', 'y', 'a', 'b', True]
>>> list.pop(1)
'y'
>>> list
['x', 'a', 'b', True]
>>> list.pop(1)
'a'
>>> list.pop(1)
'b'
>>> list.pop(1)
True
>>> list.pop()
'x'
>>> list
[]
>>> list.pop()
Traceback (most recent call last):
  File "<pyshell#54>", line 1, in <module>
    list.pop()
IndexError: pop from empty list
```

8. 字符串和列表的转化

字符串是字符的序列，而列表是值的序列，但字符的列表和字符串并不相同。若要将一个字符串转化为一个字符的列表，可以使用函数 list。

```
>>> s='Micheal'
>>> t=list(s)
>>> t
['M', 'i', 'c', 'h', 'e', 'a', 'l']
```

由于 list 是内置函数的名称，所以应当尽量避免使用它作为变量名称。list 函数会将字符串拆成单个的字母。如果想要将字符串拆成单词，可以使用 split 方法。

```
>>> s='you are so beautiful'
>>> t=s.split()
>>> t
['you', 'are', 'so', 'beautiful']
```

但是下面的例子却失败了，输出了整个列表。

```
>>> u='www.studyPython.com.cn'
>>> d=u.split()
>>> d
['www.studyPython.com.cn']
```

这时候就要用 split 接受一个可选的形参，作为分隔符，用于指定用哪个字符来分割单词。例如上面的例子可以用一个 "." 作为分隔符，如下所示。

```
>>> u='www.studyPython.com.cn'
>>> c=u.split('.')
>>> c
['www', 'studyPython', 'com', 'cn']
```

join 是 split 的逆操作。它接收字符串列表，并拼接每个元素。join 是字符串的方法，所以必须在分隔符上调用它，并传入列表作为实参。

```
>>> t=['you','are','so','beautifil']
>>> s=' '.join(t)
>>> s
'you are so beautifil'
```

3.1.2　列表的常用函数

1. cmp()

格式：cmp(列表 1,列表 2)。

功能：对两个列表进行比较，若第一个列表大于第二个，则结果为 1，相反则为–1，元素完全相同则结果为 0。

```
>>> list1=[123,'xyz']
>>> list2=[123,'abc']
>>> cmp(list1,list2)
1
>>> cmp(list2,list1)
-1
>>> list2=list1
>>> cmp(list1,list2)
0
```

2. len()

格式：len(列表)。

功能：返回列表中的元素个数。

```
>>> len(list1)
    2
```

3. max()和 min()

格式：max(列表)　min(列表)。

功能：返回列表中的最大或最小元素。

```
>>> str_l=['abc','xyz','123']
>>> num_l=[123,456,222]
>>> max(str_l)
'xyz'
>>> min(str_l)
'123'
>>> max(num_l)
456
>>> min(num_l)
123
```

4. sorted()和 resersed()

格式：sorted(列表)　reversed(列表)。

功能：前者的功能是对列表进行排序，默认是按升序排序，还可在列表的后面增加一个 reverse 参数，其等于 True 则表示按降序排序；后者的功能是对列表进行逆序。

```
>>> list=[1,4,3,6,9,0,2]
>>> for x in reversed(list):
        print x,
```

```
2 0 9 6 3 4 1
>>> sorted(list)
[0, 1, 2, 3, 4, 6, 9]
>>> sorted(list,reverse=True)
[9, 6, 4, 3, 2, 1, 0]
```

5. sum()

格式：sum(列表)。

功能：对数值型列表的元素进行求和运算，对非数值型列表运算则出错。

```
>>> sum(list)
25
>>> sum(str_l)
Traceback (most recent call last):
  File "<pyshell#26>", line 1, in <module>
    sum(str_l)
TypeError: unsupported operand type(s) for +: 'int' and 'str'
```

3.2　元组

元组（tuple）是值的一个序列。其中的值可以是任何类型，并且按照整数下标索引，与列表类似。但元组中的元素不能修改，列表中的元素可以修改。

3.2.1　元组与列表的区别

元组基本上都是不可改变的列表。元组几乎具有列表所有的特性，除开那些违反不变性的特征。也就是说，没有函数和方法可以改变元组。比如同样是列出同学的名字：

```
>>> classmates = ('Tom', 'Bob', 'Kelly')
```

现在，classmates 的 tuple 不能变了，它也没有 append()、insert()这样的方法。其他获取元素的方法和 list 是一样的，你可以正常地使用 classmates[0]，classmates[-1]，但不能赋值成另外的元素。不可变的 tuple 有什么意义？因为 tuple 不可变，所以代码更安全。如果可能，能用 tuple 代替 list 就尽量用 tuple。当后续介绍字典类型时，会发现字典的键必须是不可变的，因此元组可以用作字典的键，但列表不能。

语法上，元组就是用逗号分隔的一列值，使用"="将元组赋给变量。

```
>>> tuple1='a','1','boy'
```

虽然并不必需，但元组常常用括号括起来。

```
>>> tuple1=('a','1','boy')
>>> tuple1
('a', '1', 'boy')
```

新建元组的另一种形式是使用内置函数 tuple。不带参数时，它会新建一个空元组。

```
>>> t=tuple()
>>> t
()
```

但是，要定义一个只有一个元素的 tuple，例如：

```
>>> t = (1)
>>> t
1
```

则定义的不是 tuple，是 1 这个数！这是因为括号()既可以表示 tuple，又可以表示数学公式中的小括号，这就产生了歧义。因此，Python 规定，这种情况下，按小括号进行计算，计算结果自然是 1。所以，只有一个元素的 tuple 定义时必须加一个逗号 "," 来消除歧义，即：

```
>>> t = (1,)
>>> t
(1,)
```

Python 在显示只有一个元素的 tuple 时，也会加一个逗号 ","，以免你误解成数学计算意义上的括号。

其他序列（列表和字符串）的操作都可用于元组，除了那些会违反不变性的列表运算符。

● 　"+" 和 "*" 运算符同样适用于元组。
● 　成员操作（in）和 for 循环同样适用于元组
● 　长度（len）、最大（max）和最小（min）同样适用于元组。

没有任何的操作能更改元组。例如 append、extend、insert、remove、pop、reverse 和 sort 不能用于元组。下面展示元组运算。

```
>>> a_tuple=(1,2,3)
>>> a_tuple
(1, 2, 3)
>>> a_tuple+a_tuple
(1, 2, 3, 1, 2, 3)
>>> a_tuple*3
(1, 2, 3, 1, 2, 3, 1, 2, 3)
>>> a_tuple[2]
3
>>> 3 in a_tuple
True
>>> 7 in a_tuple
False
>>> for x in a_tuple:
        print(x)

1
2
3
>>> len(a_tuple)
3
>>> min(a_tuple)
1
>>> max(a_tuple)
3
```

3.2.2　元组的常用操作

由于元组和列表比较相似，使得对列表的很多操作如 "+" "*" 等运算符以及长度（len）、最大（max）、最小（min）等运算都适用于元组。而那些如 append、extend、insert、remove、pop、 reverse 和 sort 等能改变元素的操作都不能直接操作元组。然而，当元组中存在列表元素项时，就可以使用上述如 append 等方法修改 list 中的元素，达到间接修改元组元素的目的，例如：

```
>>> t=('marry',2.0,5,[10,20])
>>> t
('marry', 2.0, 5, [10, 20])
>>> t[3][0]='a'
>>> t[3][1]='b'
>>> t
('marry', 2.0, 5, ['a', 'b'])
```

元组中元素类型要求与列表中元素类型要求一致，即元素类型可以各不相同，如上例中，元组 t 中有 4 个元素，分别是'marry'，2.0，5 和一个 list [10,20]。细心的读者可能已经发现上例中对元组 t 进行了修改，而由元组的定义可知，元组中元素一旦确定后就不能被修改，这里对元组做了修改操作，且成功改变元组中的数据，这就是间接修改元组的一种方式，如果你还不明白，请看下面对修改操作的分析。

我们先看看定义的时候 tuple 包含的 4 个元素，如图 3-2 所示。

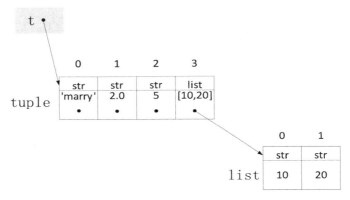

图 3-2　定义时 tuple 的 4 个元素

当我们把 list 的元素 10 和 20 修改为'a'和'b'后，tuple 的元素变为如图 3-3 所示。

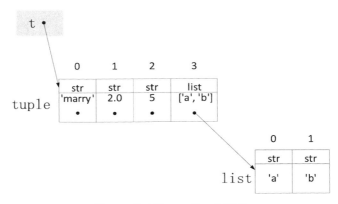

图 3-3　修改后 tuple 的 4 个元素

表面上看，tuple 的元素确实变了，但其实变的不是 tuple 的元素，而是 list 的元素。tuple 一开始指向的 list 并没有改成别的 list，所以，tuple 所谓的"不变"是指：tuple 中的每个元素指向永远不变（熟悉 C 语言的读者可能已经理解这里和指针类似）。即指向'a'，就不能改成指向'b'，指向一个 list，就不能改成指向其他对象，但指向的这个 list 本身是可变的。

理解了"指向不变"后，要创建一个内容也不变的 tuple 要怎么做呢？那就必须保证 tuple 的每一个元素本身是一个不可变的元素类型。

3.2.3　元组的常用函数

元组的常用函数与列表类似，除了那些会违反不变性的函数。

表 3-1　元组的常用函数

语　法	描　述
cmp(tuple1, tuple2)	比较两个元组元素
len(tuple)	计算元组元素个数
max(tuple)	返回元组中元素最大值
min(tuple)	返回元组中元素最小值
tuple(seq)	将列表转换为元组

3.3　字典

前面我们已经了解到，如果想将值分组到一个结构中，并且通过编号对其进行引用，列表（list）就能派上用场了。在此小节中我们将介绍一种新的数据结构——映射（mapping），每个结构中包含 key-value 的键值对，即通过 key 可以找到其映射的值 value。"映射"一词来自于关联，即键映射到值。字典是 Python 中唯一内建的映射类型。字典中的值并没有特殊的顺序，但是都存储在一个特定的键（key）里，键可以是数字、字符串以及元组等。

字典是一种集合，它不是序列。字典可以看成元素对构成的列表，其中一个元素是键，另一个元素是值。在搜索字典时，首先查找键，当查找到键后就可以直接获取该键对应的值，效率很高，是一种高效的查找方法。

对字典的所有操作都通过键实现。这种数据结构之所以被命名为字典，是因为它和真正的字典（词典）类似。键类似于词典中的单词，根据词典的组织方式（按字母顺序排列）找到单词（键）非常容易，找到键就找到了相关的值（定义）。而反向的搜索，即搜索值（定义）却难以实现。想象一下如何在词典中只查找定义而不提供关联词（键）。唯一的方式是从头到尾检查整个字典的每一个定义！这种方式的效率当然不高。字典和词典的数据结构都是通过键来优化的，然而字典数据结构和词典之间最大的不同在于，词典是按英文字母的顺序来组织键的，而在 Python 字典中，为了实现快速搜索，键没有按顺序排列。因此，字典集合是无序的。当添加键—值对时，Python 会自动修改字典的排列顺序，提高搜索效率。此外，这种排列方式对用户是隐藏的。

3.3.1　字典的常用操作

1. 创建字典

与列表、元组不同的是，字典是以"{"和"}"定义的，而且字典中每个元素包含两个部分，即键和值。下面给出了一些实例，展示了各种语法，这些语法产生的是相同的字典。

```
>>> d1=dict({"id":19,"name":"Marry","city":"chongqing"})
>>> d2=dict(id=19,name="Marry",city="chongqing")
>>> d3=dict([("id",19),("nmae","Marry"),("city","chongqing")])
>>> d4=dict(zip(("id","name","city"),(19,"Marry","chongqing")))
>>> d5={"id":19,"name":"Marry","city":"chongqing"}
>>> d1
{'name': 'Marry', 'id': 19, 'city': 'chongqing'}
>>> d2
{'name': 'Marry', 'id': 19, 'city': 'chongqing'}
>>> d3
{'name': 'Marry', 'id': 19, 'city': 'chongqing'}
>>> d4
{'name': 'Marry', 'id': 19, 'city': 'chongqing'}
>>> d5
{'name': 'Marry', 'id': 19, 'city': 'chongqing'}
```

如上所示，可知：

- d1 使用 dict 函数，通过其他映射（比如其他字典）这样的序列建立字典。
- d2 使用 dict 函数，通过关键字参数来创建字典。
- d3 使用 dict 函数，通过（键，值）这样的序列建立字典。
- d4 使用 zip 函数，前后两个 tuple 相对应构成键值对。
- d5 是按照定义创建的字典。

字典中的键不一定为整型数据（但也有可能是），也可能是其他不可变类型，比如浮点型、字符串或者元组。

2. 查找与反向查找

字典定义好后，可以通过键来查找值，这个操作称为"查找"。

```
>>> d1['id']
19
>>> d1["name"]
'Marry'
>>> d1["chongqing"]
Traceback (most recent call last):
  File "<pyshell#3>", line 1, in <module>
    d1["chongqing"]
KeyError: 'chongqing'
```

对于字典的操作通常是通过键来查找值，而能不能通过一个给定的值来确定其键呢？

由于字典是一对多的关系，即一个键可能对应多个值，若想根据一个值来确定其键时，只能通过暴力搜索的方法。下面给出一个简单的暴力搜索实例，该段代码接收一个值，并返回映射到该值的键：

```
>>> def reverse_lookup(d,v):
    for k in d:
        if d[k]==v:
            return k
    raise LookupError()
```

上述代码使用了一个 raise 语句（该语句是用来抛出一个异常）抛出一个 LookupError 异常，这是一个内置异常，通常用来表示查找操作失败。如果我们到达了循环的结尾，就意味着 v 在字典中没有作为值出现过，所以我们抛出该异常。

下面展示一个成功的反向查找。

```
>>> d1={'sex': 'female', 'name': 'jason', 'city': 'chongqing'}
>>> k=reverse_lookup(d1,"chongqing")
>>> k
'city'
```

下面展示一个不成功的反向查找。

```
>>> k=reverse_lookup(d1,"beijing")
Traceback (most recent call last):
  File "<pyshell#52>", line 1, in <module>
    k=reverse_lookup(d1,"beijing")
  File "<pyshell#48>", line 5, in reverse_lookup
    raise LookupError()
LookupError
```

3. 遍历字典

用循环语句来遍历字典中的每个元素的键和值，如下所示：

```
>>> for key in d1.keys():
        print(key,d1[key])

name Marry
id 19
city Chongqing
```

4. 添加和修改字典

字典的大小和列表都是动态的，即不需要事先指定其容量大小，可以随时向字典中添加新的键—值对，或者修改现有键所关联的值。添加和修改的方法相同，都是使用"字典变量名[键名]=键值"的形式，主要区分于字典中是否已存在该键—值对，若存在则为修改，否则为添加。例如：

```
>>> d1["name"]="jason"
>>> d1
{'name': 'jason', 'id': 19, 'city': 'chongqing'}
>>> d1["sex"]="female"
>>> d1
{'sex': 'female', 'name': 'jason', 'id': 19, 'city': 'chongqing'}
```

因为 d1=dict({"id":19,"name":"Marry","city":"chongqing"})，d1 中已经存在 name 键—值对，所以第一个操作是"修改"。d1 中原本不存在 sex 键—值对，所以第二个操作是"添加"。

因为字典是无序的，类似于 append 在尾部添加键—值对的方法是没有任何意义的。

5. 字典长度

与列表、元组相同，可以用 len() 函数返回字典中键的数量，如下所示。

```
>>> len(d1)
4
```

6. 字典检索

可以使用 in 运行符来测试某个特定的键是否在字典中。表达式 k in d（d 为字典）查找的是键，而不是值。

```
>>> "id" in d1
True
>>> "name" in d1
True
```

```
>>> "NO" in d1
False
```

查看一个值是不是出现在字典中，可以使用方法 values，它返回该字典的所有值的一个集合，然后检索当前值是否在集合中即可，例如：

```
>>> d1={'sex': 'female', 'name': 'jason', 'id': 19, 'city': 'chongqing'}
>>> vals=d1.values()
>>> "jason" in vals
True
```

in 操作符对列表和字典使用不同的算法实现。对于列表，它按顺序搜索列表的元素，当列表变长时，搜索时间会随之变长。而对于字典，Python 使用一个称为散列表的算法。它有一个值得注意的特点：不管字典有多少项，in 操作符花费的时间都差不多。

7. 删除元素和字典

- 可以使用 del 语句删除指定键的元素或整个字典；
- 使用 clear( )方法来删除字典中所有元素；
- 使用 pop ()方法删除并返回指定键的元素；
- popitem()弹出随机的项。

```
>>> del d1['id']
>>> d1
{'sex': 'female', 'name': 'jason', 'city': 'chongqing'}
>>> d1.pop('city')
'chongqing'
>>> d1
{'sex': 'female', 'name': 'jason'}
>>> d1.popitem()
('sex', 'female')
>>> d1
{'name': 'jason'}
>>> d1.clear()
>>> d1
{}
>>> del d1
>>> d1
Traceback (most recent call last):
  File "<pyshell#38>", line 1, in <module>
    d1
NameError: name 'd1' is not defined
```

3.3.2 字典的常用函数

1. copy()

copy()方法返回一个具有相同键—值对的新字典，该新字典是原来字典的一个副本（这个方法实现的是浅拷贝）。

```
>>> x={"name":"Marry","hobby":["sing","runing","dancing"]}
>>> y=x.copy()
>>> y['name']='John'
>>> y['hobby'].remove('sing')
>>> y
{'name': 'John', 'hobby': ['runing', 'dancing']}
>>> x
{'name': 'Marry', 'hobby': ['runing', 'dancing']}
```

从上述操作结果中可以看出，当字典的值中存在如 list 等可变对象时，在副本中修改了某个值，原始的字典中对应的值也会发生改变，而仅对不可变对象进行修改不会影响原字典，这实际上就是浅拷贝机制，即对一个对象进行复制时，实际复制的是该对象内所有不可变对象及可变对象的一个引用。因此直接调用 copy 方法实际上返回的是对原字典的一个浅拷贝对象。

为了避免上述因对字典进行浅拷贝时出现修改副本影响原字典的问题，python 提供了另一种方法：deepcopy()，即深拷贝，它不仅对原字典中不可变对象进行复制，同时也对可变对象进行复制生成一个副本而不是引用。使用 copy 模块的 deepcopy 函数来完成操作的实例如下。

```
>>> from copy import deepcopy
>>> a_dict={}
>>> a_dict['name']=['Jason','Ming']
>>> a_copy=a_dict.copy()
>>> de_copy=deepcopy(a_dict)
>>> a_dict['name'].append('Mike')      #在原始字典中修改了 name 的值
>>> a_copy
{'name': ['Jason', 'Ming', 'Mike']}  #浅拷贝，副本对应的值也发生改变
>>> de_copy
{'name': ['Jason', 'Ming']}           #深拷贝，副本对应的值不改变
```

2. fromkeys()

fromkeys 方法使用给定的键建立新的字典，每个默认对应的值为 None。

```
>>> {}.fromkeys(['name','id'])
{'name': None, 'id': None}
```

如果不想使用 None 作为默认值，也可以自己提供默认值。

```
>>> dict.fromkeys(['name','id'],'(unknown)')
{'name': '(unknown)', 'id': '(unknown)'}
```

3. get()

get 方法是一个更宽松的访问字典项的方法。一般来说，如果试图访问字典中不存在的项时会出错，例如：

```
>>> d={}
>>> print(d['name'])
Traceback (most recent call last):
  File "<pyshell#22>", line 1, in <module>
    print(d['name'])
KeyError: 'name'
```

而用 get 就不会，当字典中不存在该项时，返回 None：

```
>>> print(d.get('name'))
None
```

还可以自定义"默认"值，替换 None：

```
>>> d.get('name','Mike')
'Mike'
```

而如果键存在，get 用起来就像普通的字典查询一样：

```
>>> d['name']='Fiona'
>>> d.get('name')
'Fiona'
```

4. items()

items 方法将所有的字典项以列表的方式返回，这些列表项中的每一项都来自于(键,值)。需要注意的是由于字典的每项是无序的，因此对同一个字典多次调用 items()方法得到的 list 可能不相同，但抛开列表项的顺序，每次返回的值都是一样的。

```
>>> d={'sex': 'female', 'name': 'jason', 'city': 'chongqing'}
>>> d.items()
dict_items([('sex', 'female'), ('name', 'jason'), ('city', 'chongqing')])
```

5. keys()

keys 方法将字典中的键以列表形式返回，如下所示。

```
>>> d.keys()
dict_keys(['sex', 'name', 'city'])
```

6. setdefault()

setdefault 方法在某种程度上类似于 get 方法，setdefault(键,值)就是能够获得与给定键相关联的值，除此之外，setdefault 还能在字典中不含有给定键的情况下设定相应的键值。

```
>>> d={}
>>> d.setdefault('name','Fiona')    #键不存在，设定相应的键值
'Fiona'                             #获得与给定键相关联的值
>>> d
{'name': 'Fiona'}
>>> d['name']='Mike'
>>> d.setdefault('name','Fiona')    #键存在，则返回与其对应的值，不改变字典
'Mike'                              #获得与给定键相关联的值
>>> d
{'name': 'Mike'}
```

可以看到，当键不存在时，setdefault 返回默认值并且相应地更新字典。如果键存在，那么就返回与其对应的值，但不改变字典。默认值是可自定的，这点和 get 一样。如果不设定，会默认使用 None。

```
>>> d={}
>>> print(d.setdefault('name'))
None
>>> d
{'name': None}
```

7. update()

update 方法可以利用一个字典项更新另一个字典，若有相同的键存在，则会进行覆盖。

```
>>> d={'sex': 'female', 'name': 'jason', 'city': 'chongqing'}
>>> x={'language':'chinese'}
>>> d.update(x)
>>> d
{'sex': 'female', 'city': 'chongqing', 'name': 'jason', 'language': 'chinese'}
```

update 提供的字典中的项会被添加到旧的字典中，若有相同的键则会进行覆盖。

3.4 集合

集合（set）是 0 个或多个对象引用的无序组合，这些对象所引用的对象都是可哈希运算的。集合是可变的，因此可以很容易地添加或移除数据项，但由于其中的项是无序的，因此，没有索引位置的概念。

在集合中，任何元素都没有重复，这是集合的一个非常重要的特点。

set 和 dict 类似，是一组 key 的集合，但不存储 value，且在 set 中没有重复的 key。

3.4.1 集合的常用操作

1. 创建集合

可以通过调用集合的构造函数来创建一个集合。和前文许多其他数据结构不同，创建集合没有快捷方式。因此，要创建集合，必须使用 set 构造函数。set 构造函数至多有一个参数。如果没有参数，set 会创建空集。如果有一个参数，那么参数必须是可迭代的，例如字符串或列表，可迭代对象的元素将生成集合的成员。

没有参数，set 会创建空集。

```
>>> nullSet=set()
>>> nullSet
set()
```

提供一个 str 作为输入集合，创建一个 set。

```
>>> a_set=set('abcd')
>>> a_set
{'a', 'c', 'b', 'd'}
```

提供一个 list 作为输入集合，创建一个 set。

```
>>> s = set([1, 2, 3])
>>> s
{1, 2, 3}
```

 注意 传入的参数[1, 2, 3]是一个 list，而显示的{1, 2, 3}只是告诉你这个 set 内部有 1、2、3 这 3 个元素，显示的顺序也不表示 set 是有序的。

重复元素在 set 中自动被过滤。

```
>>> s = set([1, 1, 2, 2, 3, 3])
>>> s
{1, 2, 3}
```

2. 添加元素

通过 add(key)方法可以添加元素到 set 中，可以重复添加，但不会有效果。例如：

```
>>> s.add(4)
>>> s
{1, 2, 3, 4}
>>> s.add(4)
>>> s
```

```
{1, 2, 3, 4}
```

3. 删除元素

● 通过 remove(key)方法可以删除元素。例如：

```
>>> s.remove(4)
>>> s
{1, 2, 3}
```

● discard(key)也可删除元素，不同的是，如果删除的元素不在集合中，remove 会报错，discard 不会报错。例如：

```
>>> s.remove(7)
Traceback (most recent call last):
  File "<pyshell#37>", line 1, in <module>
    s.remove(7)
KeyError: 7
>>> s.discard(7)
>>>
```

● clear()删除集合的所有元素（使它成为空集）。

4. 典型的集合运算符

● len()：和所有集合类型一样，len 函数可以确定集合中的元素数量。

● in：判断某元素是否在集合中。in 运算符根据元素是否在集合中返回布尔值 True 或 False。

● for：和所有集合类型一样，for 语句能遍历集合中的元素。

下面的会话演示了如何使用这些集合运算符。

```
>>> set1=set('abc987')
>>> set1
{'8', 'b', '7', 'a', '9', 'c'}
>>> len(set1)
6
>>> 'b' in set1
True
>>> 'f' in set1
False
>>> for x in set1:
        print(x)


8
b
7
a
9
c
```

5. 典型的数学集合运算

（1）交集

set 可以看成数学意义上的无序和无重复元素的集合，因此，两个 set 可以做数学意义上的交集、并集等操作。

intersection 方法创建新集合，该集合为两个集合的公共部分。进行交集运算时集合的顺序不重要。"&" 也表示取交集。如图 3-4 所示，代码如下。

```
>>> s1 = set([1, 2, 3])
>>> s2 = set([2, 3, 4])
```

```
>>> s1.intersection(s2)
{2, 3}
>>> s1 & s2
{2, 3}
```

（2）并集

union 方法创建新集合，该集合包含两个集合中所有的元素。并集运算中两个集合的顺序也不重要。"|"也表示取并集。如图 3-5 所示，代码如下。

```
>>> s1.union(s2)
{1, 2, 3, 4}
>>> s1 | s2
{1, 2, 3, 4}
```

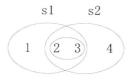　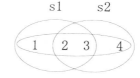

图 3-4　集合[1,2,3]和集合[2,3,4]的交集　　图 3-5　集合[1,2,3]和集合[2,3,4]的并集

（3）差集

difference 方法收集在调用集合但不在参数集合中的元素。不同于其他运算，差集运算是不可交换的（与整数减法的不可交换性相似）。也就是说，s1.difference(s2)与 s2.difference(s1)是不同的。"–"也表示取差集。如图 3-6 所示，代码如下。

```
>>> s1.difference(s2)
{1}
>>> s2.difference(s1)
{4}
>>> s1-s2
{1}
>>> s2-s1
{4}
```

（4）对称差

symmetric_difference 方法与交集相反，它收集两个集合那些不共享的元素。对称差运算中集合的顺序不重要。如图 3-7 所示，代码如下。

```
>>> s1.symmetric_difference(s2)
{1, 4}
>>> s2.symmetric_difference(s1)
{1, 4}
```

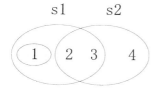　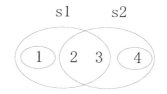

图 3-6　集合[1,2,3]和集合[2,3,4]的差集　　图 3-7　集合[1,2,3]和集合[2,3,4]的对称差

（5）子集和超集

如果集合 A 的每一个元素都是集合 B 中的元素，则称集合 A 是集合 B 的子集。超集是相反

的意思，仅当集合 B 是集合 A 的一个子集，集合 A 才是集合 B 的一个超集。在上述运算中，集合运算的顺序是很重要的，即运算是不可交换的。如图 3-8 所示，代码如下。

```
>>> sSet=set([1,2,3])
>>> bSet=set([1,2,3,4,5,6])
>>> sSet.issubset(bSet)
True
>>> bSet.issubset(sSet)
False
>>> sSet.issuperset(bSet)
False
>>> bSet.issuperset(sSet)
True
>>> sSet.issubset(sSet)
True
>>> sSet.issuperset(sSet)
True
```

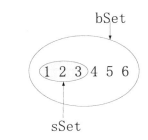

图 3-8　集合[1,2,3]是集合[1,2,3,4,5,6]的子集

set 和 dict 的唯一区别仅在于没有存储对应的 value，但是，set 的原理和 dict 一样，所以，同样不可以放入可变对象，因为无法判断两个可变对象是否相等，也就无法保证 set 内部"不会有重复元素"。试试把 list 放入 set，看看是否会报错。

3.4.2　集合的常用函数

前一小节集合的常用操作已经把集合的用法介绍得差不多了，这里就补充几个集合的常用函数，如表 3-2 所示。

表 3-2　　　　　　　　　　　　　　　　　集合的常用函数

语　法	描　述
s.copy()	返回一个新集合，它是集合 s 的浅拷贝
s.update(t)	用 t 中的元素修改 s，即 s 现在包含 s 或 t 的成员
s.intersection_update(t)	s 中的成员是共同属于 s 和 t 的元素
s.symmetric_difference_update(t)	s 中的成员更新为那些包含在 s 或 t 中，但不是 s 和 t 共有的元素

3.5　组合数据类型的高级特性

3.5.1　切片

1. 切片

取一个 list 或 tuple 的部分元素是非常常见的操作。例如：

```
>>> L = ['Michael', 'Sarah', 'Tracy', 'Bob', 'Jack']
```

当要取 list 的前 N 个元素时，通常通过循环遍历该 list，然后取出索引在 0～（$N-1$）范围内的元素，例如：

```
>>> r = []
>>> n = 3
>>> for i in range(n):
    r.append(L[i])
```

```
>>> r
['Michael', 'Sarah', 'Tracy']
```

对这种经常取指定索引范围的操作，用循环十分繁琐，因此，Python 提供了切片（Slice）操作符，能大大简化这种操作。

对应上面的问题，取前 3 个元素，用一行代码就可以完成切片。

```
>>> L[0:3]
['Michael', 'Sarah', 'Tracy']
```

L[a:b]表示从索引 a 开始取，直到索引 b 为止，但不包括索引 b。

如果第一个索引是 0，还可以省略为：

```
>>> L[:3]
['Michael', 'Sarah', 'Tracy']
```

也可以从索引 1 开始，取出 2 个元素：

```
>>> L[1:3]
['Sarah', 'Tracy']
```

2. 倒数切片

既然 Python 支持 L[−1]取倒数第一个元素，那么它同样支持倒数切片。

```
>>> L[-2:]
['Bob', 'Jack']
>>> L[-2:-1]
['Bob']
```

记住倒数第一个元素的索引是−1。

3. 切片的简单应用

切片操作十分有用。我们先创建一个 0~99 的数列。

```
>>> L = list(range(100))
>>> L
[0, 1, 2, 3, …, 99]
```

可以通过切片轻松取出某一段数列。比如前 10 个数：

```
>>> L[:10]
[0, 1, 2, 3, 4, 5, 6, 7, 8, 9]
```

后 10 个数：

```
>>> L[-10:]
[90, 91, 92, 93, 94, 95, 96, 97, 98, 99]
```

前 11~20 个数：

```
>>> L[10:20]
[10, 11, 12, 13, 14, 15, 16, 17, 18, 19]
```

前 10 个数，每两个取一个：

```
>>> L[:10:2]
[0, 2, 4, 6, 8]
```

所有数，每 5 个取一个：

```
>>> L[::5]
[0, 5, 10, 15, 20, 25, 30, 35, 40, 45, 50, 55, 60, 65, 70, 75, 80, 85, 90, 95]
```

甚至什么都不写，只写[:]就可以原样复制一个 list。

```
>>> L=[0, 1, 2, 3, …, 99]
>>> L[:]
[0, 1, 2, 3,…, 99]
```

4. Tuple 切片

tuple 也是一种 list，唯一区别是 tuple 不可变。因此，tuple 也可以用切片操作，只是操作的结果仍是 tuple。

```
>>> (0, 1, 2, 3, 4, 5)[:3]
(0, 1, 2)
```

5. 字符串切片

字符串'xxx'也可以看成是一种 list，每个元素就是一个字符。因此，字符串也可以用切片操作，只是操作结果仍是字符串。

```
>>> 'ABCDEFG'[:3]
'ABC'
>>> 'ABCDEFG'[::2]
'ACEG'
```

在很多编程语言中，针对字符串提供了很多各种截取函数（例如 substring），其实目的就是对字符串切片。Python 没有针对字符串的截取函数，只需要切片一个操作就可以完成，非常简单。

列表和元组是有序的，所以可以进行切片操作。字典和集合是无序的，不能使用下标索引，也不能进行切片操作。

3.5.2　迭代

对于一个给定的 list 或 tuple，我们可以通过 for 循环来遍历这个 list 或 tuple，这种遍历我们称为迭代（Iteration）。在 Python 中，迭代是通过 for…in 来完成的，而很多语言，比如 C 或者 Java，迭代 list 是通过下标完成的，例如如下 Java 代码。

```
for (i=0; i<list.length; i++) {
    n = list[i];
}
```

Python 的 for 循环在抽象程度上要高于 Java 的 for 循环，这是由于 Python 的 for 循环不仅可以用在 list 或 tuple 上，还可以作用在其他可迭代对象上。

1. 可迭代对象的迭代

列表这种数据类型有下标，但很多其他数据类型是没有下标的，但是，只要是可迭代对象，无论有无下标，都可以迭代。

（1）字典的迭代

```
>>> d = {'a': 1, 'b': 2, 'c': 3}
>>> for key in d:
    print(key)

a
c
b
```

由于字典是无序的，因此迭代出的结果顺序可能与上述结果不一样。

默认情况下，dict 迭代的是 key。如果要迭代 value，可以用 for value in d.values()，如果要同时迭代 key 和 value，可以用 for k, v in d.items()。例如：

```
>>> for k, v in d.items():
        print(k,v)
```

```
a 1
c 3
b 2
```

（2）集合的迭代

```
>>> s=set([1,2,3,4])
>>> s
{1, 2, 3, 4}
>>> for x in s:
        print(x)


1
2
3
4
```

（3）字符串的迭代

由于字符串也是可迭代对象，因此，也可以作用于 for 循环：

```
>>> for ch in 'ABC':
        print(ch)


A
B
C
```

所以，当我们使用 for 循环时，只要作用于一个可迭代对象，for 循环就可以正常运行，而我们不用太关心该对象究竟是 list 还是其他数据类型。

2. Iterable 类型判断是否为一个可迭代对象

对于一个对象，通常是通过 collections 模块的 Iterable 类型判断该对象是否是一个可迭代的对象，如：

```
>>> from collections import Iterable
>>> isinstance('abc', Iterable)    # str 是否可迭代
True
>>> isinstance([1,2,3], Iterable) # list 是否可迭代
True
>>> isinstance(123, Iterable)       # 整数是否可迭代
False
```

3. 列表实现下标循环

如果要对 list 实现类似 Java 那样的下标循环，要怎么办呢？Python 内置的 enumerate 函数可以把一个 list 变成索引—元素对，这样就可以在 for 循环中同时迭代索引和元素本身。

```
>>> for i, value in enumerate(['A', 'B', 'C']):
        print(i, value)


0 A
1 B
2 C
```

上面的 for 循环里，同时引用了两个变量，在 Python 里是很常见的。例如：

```
>>> for x, y in [(1, 1), (2, 4), (3, 9)]:
    print(x, y)
```

```
1 1
2 4
3 9
```

3.5.3　列表生成式

列表生成式即 List Comprehensions，是 Python 内置的非常简单却强大的可以用来创建 list 的生成式。

1. 一层循环

要生成 list [1, 2, 3, 4, 5, 6, 7, 8, 9, 10]，可以用 list(range(1, 11))：

```
>>> list(range(1, 11))
[1, 2, 3, 4, 5, 6, 7, 8, 9, 10]
```

但如果要生成[1×1, 2×2, 3×3,···, 10×10]，可使用下列语句。

```
>>> L = []
>>> for x in range(1, 11):
    L.append(x * x)

>>> L
[1, 4, 9, 16, 25, 36, 49, 64, 81, 100]
```

利用列表生成式可以用一行语句代替循环生成上面的 list。

```
>>> [x * x for x in range(1, 11)]
[1, 4, 9, 16, 25, 36, 49, 64, 81, 100]
```

写列表生成式时，把要生成的元素 x * x 放到前面，后面跟 for 循环，就可以把 list 创建出来。for 循环后面还可以加上 if 判断，这样我们就可以筛选出仅偶数的平方。

```
>>> [x * x for x in range(1, 11) if x % 2 == 0]
[4, 16, 36, 64, 100]
```

另外，也可把一个 list 中所有的字符串变成小写：

```
>>> L = ['Hello', 'World', 'IBM', 'Apple']
>>> [s.lower() for s in L]
['hello', 'world', 'ibm', 'apple']
```

2. 使用两层循环，生成全排列

下面看一个两层循环的例子。

```
>>> [m + n for m in 'ABC' for n in 'XYZ']
['AX', 'AY', 'AZ', 'BX', 'BY', 'BZ', 'CX', 'CY', 'CZ']
```

上例同时执行 for m in 'ABC'循环和 for n in 'XYZ'循环，然后再执行 $m+n$。

运用列表生成式，可以写出非常简洁的代码。for 循环可以同时使用两个甚至多个变量，比如 dict 的 items()可以同时迭代 key 和 value。

```
>>> d = {'x': 'A', 'y': 'B', 'z': 'C' }
>>> for k, v in d.items():
    print(k, '=', v)

y = B
x = A
z = C
```

因此，列表生成式也可以使用两个变量来生成 list。

```
>>> d = {'x': 'A', 'y': 'B', 'z': 'C' }
>>> [k + '=' + v for k, v in d.items()]
['y=B', 'x=A', 'z=C']
```

3.5.4　生成器

生成器是 Python 新引入的概念，也叫简单生成器。它和迭代器是 Python 近几年来引入的最强大的两个特性。但是生成器的概念则要更高级一些，需要花些功夫才能理解它是如何工作的，以及它有什么好处。总地来说，生成器是一种用普通的函数语法定义的迭代器。生成器可以帮助读者写出非常优雅的代码，当然，编写任何程序时不使用生成器也是可以的。

通过列表生成式，我们可以直接创建一个列表。但由于计算机内存有限，当生成一个列表时，由于受到计算机内存容量的限制，我们需要使用合理的方法生成列表。例如，对于一个包含百万数目的列表，无法直接创建该列表。如果该列表元素可以按照某种算法推算出来，那我们是否可以在循环的过程中不断推算出后续的元素呢？答案是肯定的，而这样做的好处是不必创建完整的 list，可以节省大量的空间。

在 Python 中，这种一边循环一边计算的机制，称为生成器（generator）。

1. 简单生成器

要创建一个 generator，有很多种方法。

第一种方法很简单，只要把一个列表生成式的[]改成()，就创建了一个 generator。

```
>>> L = [x * x for x in range(10)]
>>> L
[0, 1, 4, 9, 16, 25, 36, 49, 64, 81]
>>> g = (x * x for x in range(10))
>>> g
<generator object <genexpr> at 0x1022ef630>
```

创建 L 和 g 的区别仅在于最外层的[]和()，L 是一个 list，而 g 是一个 generator。一般推荐大家使用列表生成式，但如果读者希望生成大量可迭代对象，那么最好不要使用列表生成式，因为它会立即实例化一个列表，从而丧失迭代的优势。

生成器的更妙之处在于生成器可以在当前的圆括号内直接使用，例如可以直接用在函数调用中，示例如下。

```
>>> sum(x * x for x in range(10))
285
```

我们可以直接打印出 list 的每一个元素，但我们怎么打印出 generator 的每一个元素呢？

如果要一个一个打印出来，可以通过 next()函数获得 generator 的下一个返回值。

```
>>> next(g)
0
>>> next(g)
1
>>> next(g)
4
>>> next(g)
9
>>> next(g)
16
>>> next(g)
```

```
25
>>> next(g)
36
>>> next(g)
49
>>> next(g)
64
>>> next(g)
81
>>> next(g)
Traceback (most recent call last):
  File "<stdin>", line 1, in <module>
StopIteration
```

generator 保存的是算法，每次调用 next(g)，就计算出 g 的下一个元素的值，直到计算到最后一个元素，没有更多的元素时，抛出 StopIteration 的错误。

当然，上面这种不断调用 next(g)的方法实在是太笨了，正确的方法是使用 for 循环，因为 generator 也是可迭代对象。

```
>>> g = (x * x for x in range(10))
>>> for n in g:
      print(n)

0
1
4
9
16
25
36
49
64
81
```

所以，我们创建了一个 generator 后，基本上永远不会调用 next()，而是通过 for 循环来迭代它，因此也不用关心 StopIteration 的错误。

2. 带 yield 语句的生成器

如果推算的算法比较复杂，用类似列表生成式的 for 循环无法实现的时候，还可以用函数来实现。比如，著名的斐波拉契数列（Fibonacci），除第一个和第二个数外，任意一个数都可由前两个数相加得到。

```
1, 1, 2, 3, 5, 8, 13, 21, 34……
```

斐波拉契数列用列表生成式写不出来，但是，用函数把它打印出来却很容易。

```
def fib(max):
    n, a, b = 0, 0, 1
    while n < max:
        print(b)
        a, b = b, a + b
        n = n + 1
    return 'done'
```

注意，赋值语句：

```
a, b = b, a + b
```

相当于：

```
t = (b, a + b)          #t 是一个 tuple
a = t[0]
b = t[1]
```

但不必显式写出临时变量 t 就可以赋值。

下面的函数可以输出斐波那契数列的前 *n* 个数。

```
>>> fib(6)
1
1
2
3
5
8
'done'
```

仔细观察，可以看出，fib 函数实际上是定义了斐波拉契数列的推算规则，可以从第一个元素开始，推算出后续任意的元素，这种逻辑其实非常类似 generator。

也就是说，上面的函数和 generator 仅一步之遥。要把 fib 函数变成 generator，只需要把 print(b) 改为 yield b 就可以了。

```
def fib(max):
    n, a, b = 0, 0, 1
    while n < max:
        yield b
        a, b = b, a + b
        n = n + 1
    return 'done'
```

这就是定义 generator 的另一种方法。如果一个函数定义中包含 yield 关键字，那么这个函数就不再是一个普通函数，而是一个 generator。

```
>>> f = fib(6)
>>> f
<generator object fib at 0x104feaaa0>
```

这里最难理解的就是 generator 和函数的执行流程不一样。函数是顺序执行，遇到 return 语句或者最后一行函数语句就返回。而 generator 函数，在每次调用 next() 的时候执行，遇到 yield 语句返回，再次执行时从上次返回的 yield 语句处继续执行。

举个简单的例子，定义一个 generator，依次返回数字 1、3、5。

```
def odd():
    print('step 1')
    yield(1)
    print('step 2')
    yield(3)
    print('step 3')
    yield(5)
```

调用该 generator 时，首先要生成一个 generator 对象，然后用 next() 函数不断获得下一个返回值。

```
>>> o = odd()
>>> next(o)
step 1
```

```
1
>>> next(o)
step 2
3
>>> next(o)
step 3
5
>>> next(o)
Traceback (most recent call last):
  File "<stdin>", line 1, in <module>
StopIteration
```

可以看到，odd 不是普通函数，而是 generator，在执行过程中，遇到 yield 就中断，下次又继续执行。执行 3 次 yield 后，已经没有 yield 可以执行了，所以第 4 次调用 next(o)就报错。

回到 fib 的例子，我们在循环过程中不断调用 yield，就会不断中断。当然要给循环设置一个条件来退出循环，不然就会产生一个无限数列出来。

同样的，把函数改成 generator 后，我们基本上从来不会用 next()来获取下一个返回值，而是直接使用 for 循环来迭代。

```
>>> for n in fib(6):
    print(n)


1
1
2
3
5
8
```

但是用 for 循环调用 generator 时，发现拿不到 generator 的 return 语句的返回值。如果想要拿到返回值，必须捕获 StopIteration 错误，返回值包含在 StopIteration 的 value 中。

```
>>> g = fib(6)
>>> while True:
    try:
        x = next(g)
    except StopIteration as e:
        print('Generator return value:', e.value)
        break

g: 1
g: 1
g: 2
g: 3
g: 5
g: 8
Generator return value: done
```

3. 递归生成器

如果要处理任意层的嵌套怎么办？每层嵌套需要增加一个 for 循环，但不知道有几层嵌套，所以必须把解决方案变得更灵活。

```
>>> def flatten(nested):
    try:
        for sublist in nested:
```

```
            for element in flatten(sublist):
                yield element
    except TypeError:
        yield nested
```

当 flatten 被调用的时候，有两种可能性（处理递归时大部分是有两种情况）——基本情况和需要递归的情况。在基本情况中，函数被告知展开一个元素（比如一个数字），这种情况下，for 循环会引发一个 TypeError 异常（因为试图对一个数字进行迭代），生成器会产生一个元素。

如果展开的是一个列表（或者其他可迭代对象），那么就要进行特殊操作。程序必须遍历所有的子列表（一些可能不是列表），并对它们调用 flatten。然后使用另一个 for 循环来产生被展开的子列表中的所有元素。

```
>>> list(flatten([[[1],2],3,4,[5,[6,7]],8]))
[1, 2, 3, 4, 5, 6, 7, 8]
```

这么做只有一个问题：如果嵌套的（nested）是一个类似于字符串的对象（字符串、Unicode、UserString，等等），那么它就是一个序列，不会引发 TypeError。但是我们不想对这样的对象进行迭代有两个原因，首先，需要实现的是将类似于字符串的对象当成原子值，而不是当成被展开的序列；其次，对它们进行迭代实际上会导致无穷递归，因为一个字符串的第一个元素就是另一个长度为 1 的字符串，而长度为 1 的字符串的第一个元素就是字符串本身。

为了处理这种情况，必须在生成器的开始处添加一个检查语句。试着将传入的对象和一个字符串拼接，看看会不会出现一个 TypeError，这是检查一个对象是不是类似于字符串的最简单、最快速的方法。下面是加入了检查语句的生成器。

```
>>> def flatten(nested):
    try:
        #不要迭代类似字符串的对象
        try:nested+''
        except TypeError:pass
        else:raise TypeError
        for sublist in nested:
            for element in flatten(sublist):
                yield element
    except TypeError:
        yield nested
```

如果表达式 "nested+" 引发了一个 TypeError，它就会被忽略。然而如果没有引发 TypeError，那么内层 try 语句中的 else 子句就会引发一个它自己的 TypeError 异常。这就会按照原来的样子生成类似于字符串的对象（在 except 子句的外面）。

下面的例子展示了这个版本的类应用于字符串的情况。

```
>>> list(flatten(['Mike',['kelly',['John']]]))
['Mike', 'kelly', 'John']
```

上面的代码没有执行类型检查。这里没有测试 nested 是否是一个字符串（可以使用 isinstance 函数完成检查），而只是检查 nested 的行为是不是像一个字符串（通过和字符串拼接来检查）。

4. 生成器方法

生成器的新属性是在开始运行后为生成器提供值的能力。表现为生成器和"外部世界"进行交流的渠道，要注意下面两点。

● 　外部作用域访问生成器的 send 方法，就像访问 next 方法一样，只不过前者使用一个参数（要发送的"消息"——任意对象）。

● 在内部则挂起生成器，yield 现在作为表达式而不是语句使用，换句话说，当生成器重新运行的时候，yield 方法返回一个值，也就是外部通过 send 方法发送的值。如果 next 方法被使用，那么 yield 方法返回 None。

注意，使用 send 方法（而不是 next 方法）只有在生成器挂起之后才有意义（也就是说在 yield 函数第一次被执行之后，如果真对想刚刚启动的生成器使用 send 方法，那么可以将 None 作为其参数进行调用）。如果在此之前需要给生成器提供更多信息，那么只需使用生成器函数的参数。

下面是一个非常简单的例子，可以说明这种机制。

```
>>> def repeater(value):
        while True:
            new=(yield value)
            if new is not None:value=new
```

使用方法如下。

```
>>> r=repeater(42)
>>> next(r)
42
>>> r.send("Hello,world!")
'Hello,world!'
```

注意看 yield 表达式周围的括号的使用。虽然并未严格要求，但在使用返回值的时候，安全起见还是要闭合 yield 表达式。

生成器还有其他两个方法（在 Python 2.5 及以后的版本中）。

● throw 方法（使用异常类型调用，还有可选的值以及回溯对象）用于在生成器内引发一个异常（在 yield 表达式中）。

● close 方法（调用时不用参数）用于停止生成器。

close 方法（在需要的时候也会由 Python 垃圾收集器调用）也是建立在异常的基础上的。它在 yield 运行处引发一个 GeneratorExit 异常，所以如果需要在生成器内进行代码清理的话，则可以将 yield 语句放在 try/finally 语句中。如果需要的话，还可以捕捉 GeneratorExit 异常，但随后必需将其重新引发（可能在清理之后）、引发另外一个异常或者直接返回。试着在生成器的 close 方法被调用后再通过生成器生成一个值则会导致 RuntimeError 异常。

5. 模拟生成器

下面介绍如何使用普通的函数模拟生成器。先从生成器的代码开始，首先将下面语句放在函数体的开始处。

```
result=[]
```

如果代码已经使用了 result 这个名字，那么应该用其他名字代替（使用一个更具描述性的名字是一个好主意），然后将下面这种形式的代码。

```
yield some expression
```

用下面的语句替换。

```
result.append(some_expression)
```

最后，在函数的末尾添加下面这条语句。

```
return result
```

尽管这个版本可能不适用于所有生成器，但对大多数生成器来说是可行的（比如，它不能用于一个无限的生成器，当然不能把它的值放入列表中）。

下面是 flatten 生成器用普通的函数重写的版本。

```
>>> def flatten(nested):
        result=[]
        try:
            try:nested+''
            except TypeError:pass
            else:raise TypeError
            for sublist in nested:
                for element in flatten(sublist):
                    result.append(element)
        except TypeError:
            result.append(nested)
        return result
```

3.5.5　迭代器

迭代的意思是重复做一些事很多次——就像在循环中做的那样。我们已经知道，可以直接作用于 for 循环的数据类型有以下两种。

- 一类是集合数据类型，如 list、tuple、dict、set、str 等；
- 一类是 generator，包括生成器和带 yield 的 generator function。

这些可以直接作用于 for 循环的对象统称为可迭代对象 Iterable。

可以使用 isinstance() 判断一个对象是否是 Iterable 对象。

```
>>> from collections import Iterable
>>> isinstance([], Iterable)
True
>>> isinstance({}, Iterable)
True
>>> isinstance('abc', Iterable)
True
>>> isinstance((x for x in range(10)), Iterable)
True
>>> isinstance(100, Iterable)
False
```

Python 的 for 循环本质上就是通过不断调用 next() 函数实现的，例如：

```
for x in [1, 2, 3, 4, 5]:
    pass
```

实际上完全等价于：

```
# 首先获得 Iterator 对象:
it = iter([1, 2, 3, 4, 5])
# 循环:
while True:
    try:
        # 获得下一个值:
        x = next(it)
    except StopIteration:
        # 遇到 StopIteration 就退出循环
        break
```

迭代器（Iterator）就是具有 next 方法（这个方法在调用时不需要任何参数）的对象。在调用 next 方法时，迭代器会返回它的下一个值。如果 next 方法被调用，但迭代器没有值可以返回，就会引发一个 StopIteration 异常。

可以使用 isinstance()判断一个对象是否是 Iterator 对象。

```
>>> from collections import Iterator
>>> isinstance((x for x in range(10)), Iterator)
True
>>> isinstance([], Iterator)
False
>>> isinstance({}, Iterator)
False
>>> isinstance('abc', Iterator)
False
```

生成器都是 Iterator 对象，但 list、dict、str 虽然是 Iterable，却不是 Iterator。

把 list、dict、str 等 Iterable 变成 Iterator，可以使用 iter()函数。

```
>>> isinstance(iter([]), Iterator)
True
>>> isinstance(iter('abc'), Iterator)
True
```

你可能会问，为什么 list、dict、str 等数据类型不是 Iterator？迭代的关键是什么？为什么不使用列表？

这是因为 Python 的 Iterator 对象表示的是一个数据流，Iterator 对象可以被 next()函数调用并不断返回下一个数据，直到没有数据时抛出 StopIteration 错误。可以把这个数据流看作是一个有序序列，但我们却不能提前知道序列的长度，只能不断通过 next()函数实现按需计算下一个数据，所以 Iterator 的计算是惰性的，只有在需要返回下一个数据时它才会计算。

Iterator 甚至可以表示一个无限大的数据流，例如全体自然数。而使用 list 是永远不可能存储全体自然数的。迭代器可以计算一个值时获取一个值，而列表只能一次性获取所有值。如果有很多值，列表就会占用太多的内存。使用迭代器更加简单、更优雅。

3.6　本章小结

本章先详细介绍了 Python 中的组合数据类型（包括列表、元组、字典和集合）的常用操作和常用函数。然后介绍了组合数据类型的高级特性，包括切片、迭代、列表生成式、生成器和迭代器。

● 列表：list 是处理一组有序项目的数据结构，即你可以在一个列表中存储一个序列的项目。列表中的项目应该包括在方括号中，这样 python 就知道你是在指明一个列表。一旦你创建了一个列表，你就可以添加，删除，或者是搜索列表中的项目。列表是可变的数据类型，并且列表是可以嵌套的。

● 元组：元祖和列表十分相似，元组是有序的，不过元组是不可变的，即你不能修改元组。元组通过圆括号中用逗号分隔的项目定义。元组通常用在使语句或用户定义的函数能够安全地采用一组值的时候，即被使用的元组的值不会改变。元组可以嵌套。

● 字典：类似于你通过联系人名称查找联系人详细情况的地址簿，即把键（名字）和值（详细情况）联系在一起。注意，键必须是唯一的，就像如果有两个人恰巧同名的话，你无法找到正确的信息。注意：键—值对用冒号分割，而各个键—值对用逗号分割，所有这些都包括在花括号中。另外，记住字典中的键—值对是没有顺序的。如果你想要一个特定的顺序，那么你应该在使用前自己对它们排序。

● 集合：集合是一个无序不重复元素集，所有元素项都包括在花括号里，各个项用逗号隔开。基本功能包括关系测试和消除重复元素。

● 切片：有了切片操作，很多地方循环就不再需要了。Python 的切片非常灵活，一行代码就可以实现很多行循环才能完成的操作。只有有序数据类型才能进行切片操作，如列表和元组。字典和集合不能进行切片操作。

● 迭代：任何可迭代对象都可以作用于 for 循环，包括我们自定义的数据类型，只要符合迭代条件，就可以使用 for 循环。

● 列表生成式：运用列表生成式，可以快速生成 list，可以通过一个 list 推导出另一个 list，而代码却十分简洁。

● 生成器：在 Python 中，可以简单地把列表生成式改成 generator，也可以通过函数实现复杂逻辑的 generator。要理解 generator 的工作原理，它是在 for 循环的过程中不断计算出下一个元素，并在适当的条件结束 for 循环。对于函数改成的 generator 来说，遇到 return 语句或者执行到函数体最后一行语句，就是结束 generator 的指令，for 循环随之结束。请注意区分普通函数和 generator 函数，普通函数调用直接返回结果，generator 函数的"调用"实际返回一个 generator 对象。

● 迭代器：凡是可作用于 for 循环的对象都是 Iterator 类型，凡是可作用于 next()函数的对象都是 Iterator 类型，它们表示一个惰性计算的序列。集合数据类型如 list、dict、str 等是 Iterable 但不是 Iterator，不过可以通过 iter()函数获得一个 Iterator 对象。

3.7　本章习题

1. 编写一个名为 list_sum 的函数，接收一个数字的列表，返回累计和；也就是说，返回一个新的列表，其中第 i 个元素是原先列表的前 i+1 个元素的和。例如：

```
>>> t=[1,2,3,4,5]
>>> list_sum(t)
[1, 3, 6, 10, 15]
```

2. 设计一个字典，并编写程序，用户输入内容作为键，然后输出字典中对应的值，如果用户输入的键不存在，则输出"您输入的键不存在！"。

3. 编写程序，生成 20 个 0 到 100 随机数的列表，然后将前 10 个元素升序排列，后 10 个元素降序排列，并输出结果。

4. 编写程序，生成包含 50 个 0～10 的随机整数，并统计每个元素的出现次数（使用集合）。

5. 猴子吃桃问题：猴子第一天摘下若干个桃子，当即吃了一半，还不过瘾，又多吃了一个。第二天早上又将剩下的桃子吃掉一半，又多吃了一个。以后每天早上都吃了前一天剩下的一半零一个。到第十天早上再想吃时，发现就只剩一个桃子了。求第一天共摘了多少个桃子？

6. 统计 2000 年至 2050 年中有多少闰年（使用列表生成式）。

第4章
控制语句与函数

本章内容提要：

● 控制语句

● 函数

上一章主要介绍了组合数据类型，主要包括列表、元组、字典、集合以及一些组合数据类型的高级特性。本章我们要着重讨论一下控制语句以及函数的调用。

在学习本章之前必须先了解一下以下名词，以便更好地理解本章内容。

分支：在计算机科学中，分支是在计算机程序中的一段序列程式码。它会视情况而执行，主要看控制流程在这个情况下是否决定执行它。

循环结构：循环结构可以减少源程序重复书写的工作量，用来描述重复执行某段算法的问题，这是程序设计中最能发挥计算机特长的程序结构。

函数：计算机的函数是一个固定的程序段，或称其为一个子程序，它在可以实现固定运算功能的同时，还带有一个入口和一个出口，所谓的入口，就是函数所带的各个参数，我们可以通过这个入口把函数的参数值代入子程序，供计算机处理；所谓出口，就是指函数的函数值，在函数部分运行完毕之后，由此出口带回给调用它的程序。

4.1 控制语句

Python 中的控制语句主要有条件判断 if，while 和 for 语句，还有与之搭配的 else，elif，break，continue 和 pass 语句，以及 input() 输入。在本节，我们将对上述语句进行深入解析。

4.1.1 条件分支

计算机之所以能完成很多自动化的任务，是因为它可以自己进行条件判断。最简单的分支结构是二选一分支，即执行某一条语句或另一条语句。这种简单选择非常适用于计算机硬件，因为选择本身可以用 0（false）或 1（true）来表示。更复杂的选择则可以由简单分支结构的组合来构成。条件分支的流程图如图 4-1 所示。

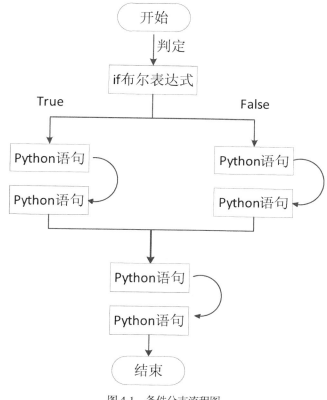

图 4-1 条件分支流程图

假设在执行一系列指令后，到达一个判定点。这就像来到了一个岔路口，必须选择其中一条路。如果满足其中某个分支，则选择执行该分支中的语句；如果不满足条件，则执行另一个分支中的语句。随后，继续按顺序逐条执行程序中的其他语句。

1. 基本的 if 语句

下面我们从基本的 if 语句开始学习。最基本的 if 语句包含一个用于条件判定的布尔表达式，由布尔表达式的结果选择接下来会发生什么。

```
If Boolean Expression:
    #suite of Python statements
    #rest of the Python program
```

基本的 if 语句执行流程如下。

（1）对布尔表达式进行判定，得到结果为真（True）或假（False）。

（2）如果布尔表达式的值为真。

① 执行 if 后缩进的 Python 语句。

② 缩进的代码执行完后，继续执行 if 的后续语句（紧跟在 if 后，与 if 有同样的缩进语句）。

（3）如果布尔表达式的值为假。

① 忽略 if 下方的缩进代码（即不执行）。

② 继续执行 if 的后续语句（紧跟在 if 后，与 if 有同样缩进的语句）。

2. if-else 语句

if-else 语句是对基本 if 语句的形式稍作变化得到的，使得布尔表达式的值为假时也能执行一些操作。

```
if Boolean Expression:
    #suite executed for a True boolean result
else:
    #suite executed for a False boolean result
#rest of the Python program
```

if-else 语句执行流程如下：

（1）对布尔表达式进行判定，得到结果真或假。

（2）如果布尔表达式的值为真。

①　执行 if 从句，即在 if 下面缩进的语句。

②　继续执行程序的其他部分。

（3）如果布尔表达式的值为假。

①　执行 else 从句，即在 else 下面缩进的语句。

②　继续执行程序余下的内容。

比如输入用户年龄，根据年龄打印不同的内容，在 Python 程序中，用 if 语句可以实现。

```
age = 20
if age >= 18:
    print('Your age is',age)
    print('Adult!')
```

输出结果：

```
Your age is 20
Adult!
```

根据 Python 的缩进规则，如果 if 语句判断是 True，就把缩进的两行 print 语句执行了，否则，什么也不做。当然，我们也可以给 if 语句增加一个 else 语句与之搭配，它的意思是如果 if 语句的条件表达式结果的布尔值为假，那么程序将执行 else 语句后的代码。例如：

```
age = 3
if age >= 18:
    print('Your age is',age)
    print('Adult')
else:
    print('Your age is',age)
    print('Teenager!')
```

输出结果：

```
Your age is 3
Teenager!
```

不要忘记写 if 和 else 后面的冒号。

在 C 语言中，如果把 if(c == 1)写成 if(c = 1)，那么程序就会完全不按照程序员原本的目的去执行，但是在 Python 中这是行不通的，它会发生语法上的错误。Python 不允许在 if 条件中赋值，所以如果写成 if(c = 1)，那么 Python 就会自动报错。

3. elif 语句（即 else-if 语句的缩写）

elif 语句是 Python 的 else-if 语句，它检查多个表达式是否为真，并在判断结果为真时执行特定代码块中的代码。和 else 不同的是，if 语句后最多只能有一个 else 语句，但可以有任意数量的 elif 语句。所以 elif 的完整形式如下。

```
if <条件判断1>:
    <执行1>
elif <条件判断2>:
    <执行2>
elif <条件判断3>:
    <执行3>
else:
    <执行4>
```

if 语句在执行过程中，是从上往下进行判断，如果在某个判断上是 True，则执行该判断对应的语句，而后忽略剩下的 elif 和 else。就如上例，如果第一个条件判断为 True，那么就执行第一条判断语句后面的语句，忽略剩下的 elif 和 else。如果第一条条件判断为 False，那么就接着依次判断剩下的 elif 和 else。请测试并解释下列程序打印的结果。

```
age = 20
if age >= 6:
    print('teenager')
elif age >= 18:
    print('adult')
else:
    print('kid')
```

输出结果：

```
teenager
```

在上述程序中，age = 20，执行第一条判断，因为 20 > 6，所以输出 teenager，忽略剩下的 elif 和 else，不对 elif 和 else 语句进行操作。

if 判断条件还可以简写，例如：

```
if x:
    print('True')
```

只要 x 是非 0 数值、非空字符串、非空 list 等，就判断为 True，否则判断为 False。

4. input 输入

最后看一个有问题的条件判断。很多读者会用 input() 来读取用户的输入，这样可以自己输入，使得程序的运行变得更有意思，例如：

```
>>> xx = input("请输入 x 的值: ")
请输入 x 的值: 999
>>> yy = input("请输入 y 的值: ")
请输入 y 的值: 111
>>> xx+ yy
'999111'
```

这个在 Python 2.7 里面相加是 1100，为什么到 Python 3 里面就改变了？因为在 Python 3 里面 input 默认接收到的是 str 类型，所以你输入的数值 999 和 111 被 Python 默认为是字符串 999 和字符串 111，而字符串+字符串的结果就是 999111 了。但在 Python 2.7 里面却认为是 int 类型，相加才会是 1100。所以当你用以下方式编译程序时则会报错。

```
birth = input('birth: ')
if birth < 2000:
    print('00 前')
else:
    print('00 后')
```

输入 1993 后，结果报错：

```
Traceback (most recent call last):
  File "C:\Users\Administrator.RIOTGBZRWRJNJ2H\Desktop\222.py", line 2, in <module>
if birth < 2000:
TypeError: unorderable types: str() < int()
```

这就是因为 input() 返回的数据类型是 str，str 不能直接和整数比较，必须先把 str 转换成整数。Python 3 提供了 int() 函数来完成这件事情。

```
s = input('birth: ')
birth = int(s)
if birth < 2000:
    print('00 前')
else:
    print('00 后')
```

再次运行，就可以得到正确的结果。但是，如果输入 abc 呢？那样又会得到一个错误信息。

```
Traceback (most recent call last):
  File "<stdin>", line 1, in <module>
ValueError: invalid literal for int() with base 10: 'abc'
```

原来当 int() 函数发现输入的一个字符串并不是合法的数字时就会报错，程序就退出了。如何检查并捕获运行期的错误呢？在本书后面的调试及异常中我们会详细介绍。

4.1.2　循环

先来看一个例子。

要计算 1+2+3，我们可以直接写表达式：

```
>>> 1 + 2 + 3
6
```

如果我们要计算 1+2+3+…+100 也能勉强写出来，但是如果我们要计算 1+2+…+10000，直接写表达式就不太可能了，为了让计算机能计算成千上万次的重复语句，我们就需要循环语句，本节着重讨论两种循环，一种是 while 循环，另一种就是 for 循环。

1. while 循环

Python 中的 while 是本章遇到的第一个循环语句。事实上它是一个条件循环语句。与 if 相比，如果 if 后的条件为真，就会执行一次相应的代码块；而如果 while 后的条件为真，就会执行一次相应的代码块后返回 while 后的条件继续判断，以此一直循环进行，直到循环的条件不再为真。所以 while 循环的语法如下。

```
while <条件判断>:
    <执行代码块>
```

图 4-2 显示了 while 循环的控制语句。

while 循环的执行代码块会一直地循环执行，直到条件判断的布尔值为假时跳出循环，这种类型的循环机制常常用在计数循环中。

让我们来看一个简单的例子，即输出数字 0~9。

```
#simple while
x_int = 0
#test loop-control variable at beginning of loop
while x_int < 10:
    print(x_int)
    x_int = x_int + 1
print('Final value of x_int:',x_int)
```

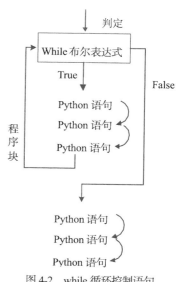

图 4-2　while 循环控制语句

运行结果：

```
0
1
2
3
4
5
6
7
8
9
Final value of x_int:10
```

下面我们来逐行解读以上代码。

第 2 行：首先，初始化循环控制变量（x_int = 0）。while 循环开始时，需要给布尔表达式中的变量 x_int 赋值。

第 4 行：判断布尔表达式中循环控制变量的值：while x_int < 10。x_int 的初始值为 0，所以当 x_int 的值为 0、1、2、3、4、5、6、7、8、9 时，布尔表达式的值都为真；当 x_int 为 10 或比 10 更大时，布尔表达式的值为假。此外，循环控制语句 while x_int <= 9 也可以达到同样的结果。

第 5 行：语句 print(x_int)，在屏幕上输出变量的值。

第 6 行：循环体内的最后一条指令用来改变循环控制变量的值。在这种情况下，让它的值增加 1，重新给变量赋值。如果忘记改变循环控制变量的值，则布尔表达式的判定结果不会改变，永远产生真值，循环将永不停止。

第 7 行：while 循环体结束后，将输出 x_int 的值，显示出 while 循环结束的条件。输出的值是 10，也就是说当循环结束后，x_int == 10，使得布尔表达式为假，这就是 while 循环会结束的原因。

如果我们要计算 100 以内所有奇数的和，可以用 while 语句来实现。

```
sum = 0
n = 99
while n > 0:
    sum = sum + n
    n = n - 2
print(sum)
```

运行结果：

```
2500
```

在循环内部变量 n 不断自减，直到变为-1 时，不再满足 while 条件，循环退出，输出循环后求得的和。

2. 使用 range 函数生成序列

通常我们可以使用 Python 提供的内置函数 range()很方便地生成一个数字的集合(实际是一个序列)。内置的意思是这个函数式 Python 本身就有的。它实际上是生成列表的一种方式,生成递增的整数列表。

range 函数生成整数序列,由参数决定序列的大小和范围。它最多需要三个参数——起始值、终值、步长或值之间的间隔。函数生成一个半开区间,不包括序列的终值。在 Python 中,当使用 range 确定范围时,通常假定得到半开范围。

起始值是序列中包含的第一个值,如果不提供,则默认值为 0。终值用于确定该序列的最终值。再次提醒,终值本身并没有包含在序列中,但是终值是必须的参数。步长值是序列中的每个元素之间的差,如果不提供,默认值为 1。如果只提供一个参数,那它就是终值。在只有一个参数的情况下(终值),起始值假定为 0,步长值假定为 1。如果提供两个参数,第一个参数是起始值,第二个参数是终值。只有提供了三个参数时,才有步长值。

下面是一些使用 range 的例子。请在 Python shell 中用这些例子做实验,理解 range()函数是如何工作的。

```
>>> list(range(5))
[0,1,2,3,4]
>>> list(range(3,10))
[3,4,5,6,7,8,9]
>>> list(range(1,20,3))
[1,4,7,10,13,16,19]
>>> list(range(1,20,4))
[1,5,9,13,17]
```

3. for 循环

for 循环依次把列表或元组中的每个元素迭代出来,接下来我们就来介绍 for 循环语句,如下所示。

```
sum = 0
for i in range(10):
    sum = sum + I
    print(sum)
```

输出结果:

```
0
1
3
6
10
15
21
28
36
45
```

我们一开始定义了变量 sum 的初值为 0,有两种方法可以形象化地看待变量,常用的方法是把它们看成是存储单元(这样未必恰当,但有时候考虑起来会容易些),但在 Python 中,正确的方法是把它们看成是指向某样东西。那么如果把它们看成是存储单元,那么一开始 sum 这个存储单元里面的值为 0,但实际情况是变量 sum 现在指向一个存放在存储器里某个存储单元的实数 0。

接下来我们进入 for 循环，for 循环说的是把 range(10)生成的元素不断地赋值给 i，range(10)会生成这样的一个列表[0,1,2,3,4,5,6,7,8,9]，接着我们进行第一次 for 循环，我们可以用两种方法进行考虑。第一种方法，我们以存储单元的方式来考虑，我们有个变量 i，它只能在这个 for 里面使用，如果把它看成一个存储单元，第一次迭代就是把列表的第一项赋值给 i，所以 i 就等于 0。第二种方法是第一次循环的时候 i 指向列表中的元素 0。然后循环内部有语句是 "sum = sum + i"，sum 为 0，i 也等于 0，两者相加的值给 sum，此时 sum 仍然等于 0，或者说它指向 0。然后我们进行下一行的语句，输出 sum。

随后我们进行第二次循环，第二循环时 i 的值等于 1，而后执行 "sum = sum + i"，sum 的值就变成 1，输出 sum。之后我们不断地进入循环，i 一直改变它的指向，只要还有更多的值，可以由 i 进行指向，那么循环就会一直进行，我们不断地增加 i，使它等于列表中的各值，最后 i 等于 9，我们也对它进行求值。最后 for 循环问："嘿，列表里面还有别的值赋值给 i 吗？"这时候程序会发现已经没有值赋给 i 了，列表的值已经全部都用过了，这样循环就结束了，随后我们跳出循环，程序也就停止了。

为了方便理解，我们再举一个著名数学家高斯在读小学时解决的一个著名的例子：计算 1~100之和。老师布置好任务后，其他学生都忙个不停，高斯却立即得到了答案。代码如下。

```
#simple for
#find the sum of the numbers from 1 to 100

theSum = 0

for number in range(1,101):
    theSum = theSum + number

print('Sum is:',theSum)
```

具体做法如下。

第 4 行：变量 theSum 初始化为 0，作为 for 循环的起点。

第 6 行：range(1,101)返回 1~100 的数字序列。使用 for 循环，一次一个值，将序列与变量 number 关联起来。

第 7 行：在 for 循环体内，将 number 的值与 theSum 的值相加，然后赋值给 theSum。

第 9 行：循环结束后，输出 theSum 的值。

该代码显示输出 5050。高斯发现能采用更方便的方式进行计算，他得到了公式：n(n+1)/2。

有人可能会想在上面的代码中使用变量名 sum。实际上，sum 是被 Python 预定义的函数！当使用 IDLE 或任何其他编译器时，通常将 Python 预定义的变量用不同的颜色表示。

有趣的是，如果给 sum 赋值，Python 将愉快地照办，只是 sum 现在不是函数了！但是这种改变不是永久的。如果犯了这类错误，只需重新启动 Python，所有 Python 默认值就能恢复其正常值。

4. while 与 for 等价

编写程序时，可以让 while 循环达到像 for 循环一样所运行的效果，然而，并非每个 while 循环都可以表示为 for 循环。

以使用 range(5)生成的序列的简单 for 循环为例：

```
for i in range(5):
    print(i)
```

写出等价的 while 循环如下：

```
i = 0
while i < 5:
    print(i)
    i += 1
```

for 循环更易于阅读和理解，但它仅通过迭代器在对象的元素间移动。幸运的是，在 Python 中，有很多的对象都带有迭代器，因此一般情况都可以使用 for 循环。

5. break 语句

break 语句会立刻离开循环。因为碰到 break 时，位于其后的循环代码都不会执行。所以有时可以引入 break 来避免嵌套化。例如，以下是最简单的交互模式下的循环，通过 input 输入数据，而当用户在输入请求的 name 处输入 "stop" 时就结束。

```
while True:
    name = input('Enter name:')
    if name == 'stop':
        break
    age = input('Enter age:')
    print('Hello',name,'->',int(age) **2)


Enter name:mel
Enter age:40
Hello mel -> 1600
Enter name:bob
Enter age:30
Hello bob -> 900
Enter name:stop
>>>
```

注意

这个程序在计算平方前，先把年龄值通过 int 转换为整数。回想一下这是有必要的，因为在 Python 3 中，input 是以字符串返回用户的输入数据的。

6. continue 语句

continue 语句会立即跳到循环的前端。此外，偶尔也会用于避免语句的嵌套。下面的例子使用 continue 跳过奇数。这个程序代码会打印所有小于 10 并大于或等于 0 的偶数。记住，0 是假值，而%是求余数。所以，这个循环会倒数到 0，跳过不是 2 的倍数的数字（它会打印出 8 6 4 2 0）。

```
x = 10
while x:
    x = x - 1
    if x % 2 != 0:
        continue
    print(x , end = ' ')
```

continue 会跳到循环的开头，只有当 continue 不执行时，才运行到 print。这有点类似其他语言中的 "goto"。Python 没有 goto 语句，但因为 continue 让程序执行时实现跳跃，所以有关使用 goto 所面临的许多关于可读性和可维护性的警告都可能会出现。但是 continue 应该少用，尤其是刚开始使用 Python 的时候。例如，如果 print 是位于 if 下面，那么上一个例子这样会更加清楚点。

```
x = 10
while x:
    x = x - 1
    if x % 2 == 0:
        print(x , end = ' ')
```

7. pass 语句

pass 语句是无运算的占位符。当语法需要语句并且还没有任何实用的语句可写时，就可以使用 pass 语句。它通常用于为复合语句编写一个空的主体。例如，如果想写个无限循环，每次迭代时什么也不做，就写个 pass。

```
while True:
    pass
```

因为主体只是空语句，Python 陷入了死循环。就语句而言，pass 差不多就像对象中的 None 一样，表示什么也没有。注意：在冒号之后，while 循环主体和首行处在同一行上；如同 if 语句，只有当主体不是复合语句时，才可以这么做。

这个例子永远什么也不做，这可能不是什么有用的 Python 程序。不过以后我们会看到它更有意义的用处，例如，忽略 try 语句所捕获的异常，以及定义带属性的空类对象，而该类实现的对象行为就像其他语言的结构和记录。pass 有时指的是"以后会填上"，只是暂时用于填充函数主体而已。例如：

```
def fun1():
    pass                    #add real code here later
def fun2():
    pass
```

我们无法保持函数体为空而不产生语法错误，因此，可以使用 pass 来替代。

8. 嵌套

前面已经提到和使用过多次嵌套，但值得对此再进行更深入的探讨。在任何控制结构（if、while、for）中，都可以插入另一控制结构（if、while、for）。在插入的控制结构中，还可以再插入一个又一个其他的控制结构。嵌套可以是无限制的（实际上是有限制的，如果嵌套太多，代码会变得难以阅读，需要进行改写）。每嵌套一个控制结构，语句块需要缩进一次。缩进增加了可读性，但如果代码嵌套太多，即使缩进也将难以阅读。在这种情况下，应该改写代码，以便能继续阅读。本章第二部分我们将会介绍一个工具（函数），它能够将一些缩进的内容封装到一个函数中，增加代码的可读性。

4.2　函数

什么是函数？所谓函数是对程序逻辑进行结构化或过程化的一种编程方法。能够将整块代码巧妙地分离成易于管理的多个小块，把重复代码放到函数中而不是进行大量的复制——这样既能节省空间，也能有助于保持代码的一致性，你只需改变单个的函数而无需去寻找然后再修改大量复制的代码。比如我们知道圆的面积公式为 $S = \pi r^2$ 当我们知道半径 r 的值时，就可以根据公式计算出面积。假设我们需要计算 3 个不同大小的圆的面积。

```
r1 = 12
r2 = 9
r3 = 70
s1 = 3.14 * r1 * r1
s2 = 3.14 * r2 * r2
s3 = 3.14 * r3 * r3
```

当代码出现有规律的重复的时候，你就需要当心了，每次写 3.14 * x * x 不仅很麻烦，而且如果我们要把 3.14 换成 3.141592653 的时候，就得全部替换，这会使得工作量大大增加。有了函数，我们就不再每次写 s = 3.14 * x * x，而是写成更有意义的函数调用 s = area_of_circle(x)，而函数 area_of_circle 本身只需要写一次，就可以多次调用。基本上所有的高级语言都支持函数，Python 也不例外。Python 不但能非常灵活地定义函数，而且本身内置了很多有用的函数，可以直接调用。

Python 中函数的基础部分与你熟悉的其他语言没有什么不同。本节我们将着重讨论函数的定义、函数的调用、函数的参数以及递归函数的使用。

4.2.1 调用函数

1. 调用

我们在调用函数之前，必须先创建它。你可以使用 def 关键字进行函数的定义，可以通过在交互模式下输入，也可以通过在一个模块文件中编写好该函数，然后导入需要使用该函数的文件。在 Python 中内置了很多有用的函数，这些函数我们可以直接调用。要调用一个函数，需要知道函数的名称和参数，比如转换一个字符串或一个整数为浮点数的函数 abs，它只有一个参数。这些信息可以直接从 Python 的官方网站查看文档：http://docs.python.org/3/library/functions.html#abs，也可以在交互式命令行通过 help（abs）查看 abs 函数的帮助信息。例如：

```
#abs()
print(abs(11.56))
print(abs(-234))
print(abs(123))
```

输出结果为：

```
11.56
234
123
```

在我们调用函数的时候，如果我们传入参数的数量不对，那么程序会报 TypeError 的错误，并且 Python 会明确地告诉你：abs()有且仅有一个参数，但你却给了两个参数。

```
>>> abs(1,2)
Traceback (most recent call last):
  File "<stdin>", line 1, in <module>
TypeError: abs() takes exactly one argument (2 given)
```

如果我们传入参数的个数是正确的，但是传入的格式发生错误，那么程序依然会报 TypeError 的错误，并且给出错误信息：str 是错误的参数类型。

```
>>> abs('a')
Traceback (most recent call last):
  File "<stdin>", line 1, in <module>
TypeError: bad operand type for abs(): 'str'
```

而求 max 值的函数 max()和求 min 值的函数 min()都可以传入多个参数，max()返回最大的那个值，min()返回最小的那个值。

```
>>> max(2 , 3 , 1 , -5)
3
>>> min(1 , 2 , 3 , 4)
1
```

2. 数据类型的转换

Python 内置的常用函数还包括数据类型转换函数，比如 int()函数可以把其他数据类型转换为整数。

```
>>> int('123')
123
>>> int('12.56')
12
>>> float('11.34')
11.34
>>> str(123)
'123'
>>> str(3.65)
'3.65'
>>> bool(1)
True
>>>  bool('')
False
>>> bool('')
True
```

函数名其实就是指向一个函数对象的引用，完全可以把函数名赋给一个变量，相当于给这个函数起了一个"别名"。

```
>>> a = abs      #变量 a 指向 abs 函数
>>> a(-5)        #所以也可以通过 a 调用 abs 函数
5
```

3. 没有 return 语句的情况

有时候编写的函数没有 return 语句，这种不返回值的函数通常称为过程。

在这种情况下，如果有返回值的话，返回的是什么？如果程序员不提供 return 语句，在默认情况下，将返回一个特殊的 Python 值 None。None 是个奇特的 Python 值，它代表没有值，这也是一种无限值。

使用过程有很多好处，其中之一就是特殊格式的输出。格式化使输出看起来更"美观"，但操作起来比较费力和复杂。因此显示过程就是实现这类输出的好办法。过程将所有的格式化输出分离出来，也不需要返回值。其他实例可能需要改变程序状态，例如打开或关闭图形模式，或改变网络连接模式。这些元素最好都隔离到过程中，如果使用函数则不需要返回值。

下面我们来编写一个简单的显示参数的函数，以此来了解"过程"。我们将函数的结果赋给变量，当显示变量的值时，可以看到输出 None。

```
>>> def formattedOutput(myString,myInt):
    print("The result of the processing for %s was %d" %(myString,myInt))
    #no return statement
...
>>> formattedOutput('Bill',100)
The result of the processing for bill was 100
>>> result = formattedOutput('Fred',75)   #capture the implicit return
The result of the processing for Fred was 75
>>> print(result)
None                                #return value was None
```

4. 有多条 return 语句的情况

如果有多个 return 语句，第一个 return 语句将结束函数的执行。看下面的例子，它将根据参数值返回 "positive" "negative" 或 "zero"。

```
>>> def positiveNegativeZero(number):
    if number > 0:
        return'positive'
    if number < 0:
        return'negative'
    else:  #number == 0
        return'zero'
>>> positiveNegativeZero(5)       #test all three possible cases
'positive'
>>> positiveNegativeZero(-2)
'negative'
>>> positiveNegativeZero(0)
'zero'
```

多个返回值使得函数中的控制语句非常复杂。如果可能，最好采用尽可能少的返回值，这样读者可以更清楚地理解函数。

4.2.2　定义函数

1. 定义

在 Python 中，定义一个函数要使用 def 语句，依次写出函数名、括号、括号中的参数和冒号，然后，在缩进块中编写函数体，函数的返回值用 return 语句返回。下面，我们来定义一个名为 multiplication 的函数，这个函数将返回两个参数的乘积。

```
>>> def multiplication(x,y):      #Create and assign function
        codes block               #Body executed when called
return x * y
```

当 Python 运行到这里并执行了 def 语句，它会创建一个新的函数对象，封装这个函数的代码并将这个对象赋值给变量名 multiplication。典型的情况是，这样一个语句编写在一个模块文件之中，当这个文件导入的时候运行。在这里，对于这么小的一个程序，用交互提示模式已经足够了。

下面，我们再自定义一个求绝对值的 my_abs 函数的例子。

```
>>> def my_abs(x):
    if x >= 0:
        return x
    else:
        return -x
>>>  my_abs(-2)
2
>>> my_abs(4)
4
```

请注意，函数体内部的语句在执行时，一旦执行到 return 时，函数就执行完毕，并将结果返回。因此，函数内部通过条件判断和循环可以实现非常复杂的逻辑。如果没有 return 语句，函数执行完毕后也会返回结果，只是结果为 None。return None 可以简写为 return。

2. 参数检查

调用函数时，如果参数个数不对，Python 解释器会自动检查出来，并抛出 TypeError。

```
>>> my_abs(1, 2)
Traceback (most recent call last):
  File "<stdin>", line 1, in <module>
TypeError: my_abs() takes 1 positional argument but 2 were given
```

但是如果参数类型不对，Python 解释器就无法帮我们检查。看看下面 my_abs 和内置函数 abs 的差别。

```
>>> my_abs('A')
Traceback (most recent call last):
  File "<stdin>", line 1, in <module>
  File "<stdin>", line 2, in my_abs
TypeError: unorderable types: str() >= int()
>>> abs('A')
Traceback (most recent call last):
  File "<stdin>", line 1, in <module>
TypeError: bad operand type for abs(): 'str'
```

当传入了不恰当的参数时，内置函数 abs 会检查出参数错误，而我们定义的 my_abs 没有参数检查，会导致 if 语句出错，出错信息和 abs 不一样。所以，这个函数定义不够完善。

让我们修改一下 my_abs 的定义，对参数类型做检查，只允许整数和浮点数类型的参数。数据类型检查可以用内置函数 isinstance()实现。

```
def my_abs(x):
    if not isinstance(x, (int, float)):
        raise TypeError('bad operand type')
    if x >= 0:
        return x
    else:
        return -x
```

添加了参数类型检查后，如果传入错误的参数类型，函数就可以抛出一个错误：

```
>>> my_abs('A')
Traceback (most recent call last):
  File "<stdin>", line 1, in <module>
  File "<stdin>", line 3, in my_abs
TypeError: bad operand type
```

有关错误和异常的处理，我们会在后续的章节中讲到。

3. 返回多个值

函数可以返回多个值吗？答案是肯定的。

比如在游戏中经常需要从一个点移动到另一个点。给出坐标、位移和角度，就可以计算出新的坐标。

```
import math
def move(x, y, step, angle=0):
    nx = x + step * math.cos(angle)
    ny = y - step * math.sin(angle)
    return nx, ny
```

import math 语句表示导入 math 包，并允许后续代码引用 math 包里的 sin、cos 等函数。然后，我们就可以同时获得返回值：

```
>>> x, y = move(100, 100, 60, math.pi / 6)
>>> print(x, y)
```

```
151.96152422706632 70.0
```

但其实这只是一种假象，Python 函数返回的仍然是单一值：

```
>>> r = move(100, 100, 60, math.pi / 6)
>>> print(r)
(151.96152422706632, 70.0)
```

返回值是一个元组。但是，在语法上，返回一个元组可以省略括号，而多个变量可以同时接收一个元组，按位置赋给对应的值。所以，Python 的函数返回多值其实就是返回一个元组，但写起来更方便。

所以当我们定义函数时，首先需要确定函数名和参数个数，如果有必要，可以先对参数的数据类型做检查。在函数体内部可以用 return 随时返回函数结果，函数执行完毕也没有 return 语句时，自动 return None。在 Python 中，函数可以同时返回多个值，但其实就是一个元组。

4.2.3 函数的参数

定义函数的时候，我们把参数的名字和位置确定下来，函数的接口定义就完成了。对于函数的调用者来说，只需要知道如何传递正确的参数，以及函数将返回什么样的值就够了，函数内部的复杂逻辑被封装起来，调用者无需了解。

Python 的函数定义非常简单，但灵活度却非常大。除了正常定义的必选参数外，还可以使用默认参数、可变参数和关键字参数，使得函数定义出来的接口不但能处理复杂的参数，还可以简化调用者的代码。

1．位置参数

我们先用程序写一个 x^2 的函数：

```
def power(x):
    return x*x
```

对于 power(x)函数来说，参数 x 就是一个位置参数。当我们调用 power 函数的时候，必须传入且仅有的一个参数 x，运行后如下所示。

```
>>> power(5)
25
>>> power(15)
225
```

现在，如果我们要计算 x^3 时，那我们应该怎么办呢？我们可以再定义一个 power3 函数。

```
def power(x):
    return x*x*x
```

但是我们如果要计算 x^4、x^5……那我们应该怎么办？我们不可能定义无限多个函数。也许你想到了，我们可以把 power(x)修改为 power(x,n)，用来计算 x^n，代码如下。

```
def power(x,n):
    s = 1
    while n > 0:
        n = n - 1
        s = s * x
    return s
```

对于这个修改后的 power(x, n)函数，可以计算任意 n 次方：

```
>>> power(5, 2)
25
>>> power(5, 3)
125
```

修改后的 power(x, n)函数有两个参数：x 和 n，这两个参数都是位置参数，调用函数时，传入的两个值按照位置顺序依次赋给参数 x 和 n。

2. 默认参数

我们修改后，新的 power(x,n)函数定义没有问题，但是，旧的调用代码却失败了，原因是我们增加了一个参数，导致旧的代码因为缺少一个参数而无法正常调用，即：

```
>>> power(5)
Traceback (most recent call last):
  File "<stdin>", line 1, in <module>
TypeError: power() missing 1 required positional argument: 'n'
```

从上面的错误信息我们可以看到：调用的 power()缺少了一个位置参数 n。这个时候，默认参数就排上用场了。由于我们经常计算 x^2，所以，完全可以把第二个参数 n 的默认值设定为 2。

```
def power(x,n=2):
    s = 1
    while n>0:
        n = n - 1
        s = s * x
    return s
```

这样的话，如果我们调用 power(5)的时候，由于没有传入参数 n 的值，所以 n 默认为 2，相当于调用 power(5,2)，代码运行后如下所示。

```
>>> power(5)
25
>>> power(5, 2)
25
```

但是对于 n > 2 的其他情况，就必须明确地传入 n，比如 power(5,3)。

综合上面的例子可以看出，默认参数可以简化函数的调用。设置默认参数时，有以下几点需要我们注意。

一是必选参数在前，默认参数在后，否则 Python 的解释器会报错（思考一下为什么默认参数不能放在必选参数前面）。

其实原因很简单，比如下面这个程序：

```
>>> def foo(p1, p2=6, p3):
        return 0
```

直接定义这样的函数时，Python 会报错。

```
SyntaxError: non-default argument follows default argument
```

因为这样调用函数时可能会产生歧义，比如调用上面的函数 foo(1,2)，是该调用 foo(1,6,2)呢？还是该调用 foo(1,6)呢？或者其他的什么呢？

二是如何对默认参数进行设置。当函数有多个参数时，把变化大的参数放在前面，变化小的参数放在后面。变化小的参数就可以作为默认参数。

使用默认参数有什么好处呢？最大的好处就是能降低函数调用的难度。举例来说，我们写一个学生注册的函数，需要传入 name 和 gender 两个参数。

```
def enroll(name, gender):
    print('name:',name)
    print('gender:',gender)
```

这样，在调用 enroll()函数只需要传入两个参数。

```
>>> enroll('Sarah','F')
name:Sarah
```

如果要继续传入年龄、城市等信息怎么办？这样会使得调用函数的复杂度大大增加。所以，我们可以把年龄和城市设为默认参数。

```
def enroll(name,gender,age=6,city='Chongqing'):
    print('name:',name)
    print('gender:',gender)
    print('age:',age)
    print('city:',city)
>>> enroll('Sarah','F')
name:Sarah
gender:F
age:6
city:Chongqing
```

这样，对于大多数学生来说，注册时如果是重庆的 6 岁学生，只需要提供姓名和性别两个参数，不需要提供年龄和城市。只有与默认参数不符的学生才需要提供额外的信息，即：

```
>>> enroll('Bob','M',7)
name:Bob
gender:M
age:7
city:Chongqing
>>> enroll('Lucy','F',city='Chongqing')
name:Lucy
gender:F
age:6
city:Chongqing
```

由上述例子可见，默认参数降低了函数调用的难度，而一旦需要更复杂的调用时，可以传递更多的参数来实现。无论是简单调用还是复杂调用，函数只需要定义一个。

有多个默认参数时，调用的时候，既可以按顺序提供默认参数，比如调用 enroll('Bob','M',7)，意思是除了 name、gender 这两个参数外，最后一个参数应该用在参数 age 上，city 参数由于没有提供值，故仍然使用默认值。当然，我们也可以不按顺序提供部分默认参数。当不按顺序提供部分默认参数时，需要把参数名写上。比如调用 enroll('Adam', 'M', city='Tianjin')，意思是将新传进去的值赋值给 city 参数，其他默认参数继续使用默认值。

默认参数很有用，但使用不当也会掉到陷阱里。默认参数最大的陷阱演示如下。

先定义一个函数，传入一个 list，添加一个 END 再返回。

```
def add_end(L = []):
    L.append('END')
    return L
```

当你正常调用时，结果似乎不错。

```
>>> add_end([1,2,3])
```

```
[1,2,3,'END']
>>> add_end(['x','y','z'])
['x','y','z','END']
```

当你使用默认参数调用时，一开始结果也是对的。

```
>>> add_end()
['END']
```

但是，再次调用 add_end()时，结果就不对了。

```
>>> add_end()
['END','END']
```

很多初学者可能会很疑惑，默认参数是[ ]，但是函数似乎每次都"记住了"上次添加了'END'后的 list。这是什么原因导致的呢？

原因很简单：Python 函数在定义的时候，默认参数 L 的值就被计算出来了，即[ ]，因为默认参数 L 也是一个变量，它指向对象[ ]，每次调用该函数，如果改变了 L 的内容，则下次调用的时候，默认参数的内容就变了，不再是函数定义时的[ ]了。所以，我们在定义默认参数时要牢记一点：默认参数必须指向不变的对象！

如果要修改上面的例子，我们可以用 None 这个不变对象来实现。

```
def add_end(L = None):
    if L is None:
        L = []
    L.append('END')
    return L
```

现在无论调用多少次，都不会有问题。

```
>>> add_end()
['END']
>>> add_end()
['END']
```

为什么要设计 str、None 这样的不变对象呢？因为不变对象一旦创建，对象内部的数据就不能修改，这样就减少了由于修改数据导致的错误。此外，由于对象不变，多任务环境下同时读取对象不需要加锁，同时读取对象就一点问题都没有。我们在编写程序时，如果可以设计一个不变对象，那就尽量设计成不变对象。

3. 可变参数

在 Python 函数中，还可以定义可变参数。顾名思义，可变参数就是传入的参数个数是可变的，可以是 1 个、2 个或者任意多个，也可以是 0 个。下面，我们用一个数学的例子引出我们这一小节的内容。

给定一组数字 a，b，c…，请计算 $a^2 + b^2 + c^2 + \cdots$。要定义出这个函数，我们必须确定输入的参数。由于参数个数不确定，我们首先想到可以把 a，b，c…作为一个列表或元组传进来，这样，函数可以定义如下。

```
def calc(number):
    sum = 0
    for n in number:
        sum = sum + n*n
    return sum
```

但是调用的时候，需要先组装出一个列表或元组。

```
>>> calc([1,2,3])
14
>>> calc((1,3,5,7))
84
```

如果利用可变参数，调用函数的方式可以简化成这样。

```
>>> calc(1,2,3)
14
>>> calc(1,3,5,7)
84
```

所以，我们把函数的参数改为可变参数。

```
def calc(*number):
    sum = 0
    for n in number:
        sum = sum + n*n
    return sum
```

定义可变参数和定义一个列表或元组参数相比，仅仅在参数前面加了一个*号。在函数内部，参数 numbers 接收到的是一个元组，因此，函数代码完全不变。但是，调用该函数时，可以传入任意个参数，包括 0 个参数。

```
>>> calc(1,2)
5
>>> calc()
0
```

如果已经有一个列表或者元组，要调用一个可变参数怎么办？可以这样做：

```
>>> nums = [1,2,3]
>>> calc(nums[0],nums[1],nums[2])
14
```

这种写法当然是可行的，问题是太繁琐，所以 Python 允许你在列表或元组前面加一个*号，把列表或元组的元素变成可变参数传进去。

```
>>> nums = [1,2,3]
>>> calc(*nums)
14
```

*nums 表示把 nums 这个列表的所有元素作为可变参数传进去。这种写法相当有用，而且很常见。

4. 关键字参数

可变参数允许你传入 0 个或任意个参数，这些可变参数在函数调用时自动组装为一个元组。而关键字参数允许你传入 0 个或任意个含参数名的参数，这些关键字参数在函数内部自动组装为一个字典。例如：

```
def person(name, age, **kw):
    print('name:', name, 'age:', age, 'other:', kw)
```

函数 person 除了必选参数 name 和 age 外，还接受关键字参数 kw。在调用该函数时，可以只传入必选参数。

```
>>> person('Michael', 30)
name: Michael age: 30 other: {}
```

也可以传入任意个数的关键字参数。

```
>>> person('Bob', 35, city='Chongqing')
name: Bob age: 35 other: {'city': 'Chongqing'}
>>> person('Adam', 45, gender='M', job='Engineer')
name: Adam age: 45 other: {'gender': 'M', 'job': 'Engineer'}
```

关键字参数有什么用？它可以扩展函数的功能。比如，在 person 函数里，我们保证能接收到 name 和 age 这两个参数，但是，如果调用者愿意提供更多的参数，我们也能收到。试想你正在做一个用户注册的功能，除了用户名和年龄是必填项外，其他都是可选项，利用关键字参数来定义这个函数就能满足注册的需求。

和可变参数类似，也可以先组装出一个字典，然后把该字典转换为关键字参数传进去。

```
>>> extra = {'city': 'Chongqing', 'job': 'Engineer'}
>>> person('Jack', 24, city=extra['city'], job=extra['job'])
name: Jack age: 24 other: {'city': 'Chongqing', 'job': 'Engineer'}
```

当然，上面复杂的调用可以用简化的写法：

```
>>> extra = {'city': 'Chongqing', 'job': 'Engineer'}
>>> person('Jack', 24, **extra)
name: Jack age: 24 other: {'city': 'Chongqing', 'job': 'Engineer'}
```

**extra 表示把 extra 这个字典的所有 key-value 用关键字参数传入到函数的 **kw 参数，kw 将获得一个字典，注意 kw 获得的字典是 extra 的一份副本，对 kw 的改动不会影响到函数外的 extra。

5. 命名关键字参数

对于关键字参数，函数的调用者可以传入任意不受限制的关键字参数。至于到底传入了哪些，就需要在函数内部通过 kw 检查。下面我们仍以 person()函数为例，我们希望检查是否有 city 和 job 参数。

```
def person(name, age, **kw):
    if 'city' in kw:                    # 有city参数
        pass
    if 'job' in kw:                     # 有job参数
        pass
    print('name:', name, 'age:', age, 'other:', kw)
```

但是调用者仍可以传入不受限制的关键字参数。

```
>>> person('Jack',24,city='Chongqing',addr='Chaoyang',zipcode=123456)
```

如果要限制关键字参数的名字，就可以用命名关键字参数，例如，只接收 city 和 job 作为关键字参数。这种方式定义的函数如下。

```
def person(name, age, *, city, job):
    print(name, age, city, job)
```

和关键字参数**kw 不同，命名关键字参数需要一个特殊分隔符*，*后面的参数被视为命名关键字参数。调用方式如下。

```
>>> person('Jack', 24, city='Chongqing', job='Engineer')
Jack 24 Chongqing Engineer
```

如果函数定义中已经有了一个可变参数，后面跟着的命名关键字参数就不再需要一个特殊分隔符*。

```
def person(name, age, *args, city, job):
    print(name, age, args, city, job)
```

命名关键字参数必须传入参数名，这和位置参数不同。如果没有传入参数名，调用将报错。

```
>>> person('Jack', 24, 'Chongqing', 'Engineer')
Traceback (most recent call last):
  File "<stdin>", line 1, in <module>
TypeError: person() takes 2 positional arguments but 4 were given
```

由于调用时缺少参数名 city 和 job，Python 解释器把这 4 个参数均视为位置参数，但 person() 函数仅接受 2 个位置参数。命名关键字参数可以有缺省值，从而简化调用。

```
def person(name, age, *, city='Chongqing', job):
    print(name, age, city, job)
```

由于命名关键字参数 city 具有默认值，调用时可不传入 city 参数。

```
>>> person('Jack', 24, job='Engineer')
Jack 24 Chongqing Engineer
```

使用命名关键字参数时要特别注意，如果没有可变参数，就必须加一个*作为特殊分隔符。如果缺少*，Python 解释器将无法识别位置参数和命名关键字参数。

```
def person(name, age, city, job):    #缺少*, city 和 job 被视为位置参数
    pass
```

6. 参数组合

在 Python 中定义函数，可以用必选参数、默认参数、可变参数、关键字参数和命名关键字参数，这 5 种参数都可以组合使用。但是请注意，参数定义的顺序必须是：必选参数、默认参数、可变参数、命名关键字参数和关键字参数。比如定义一个函数，包含上述若干种参数。

```
def f1(a, b, c=0, *args, **kw):
    print('a =', a, 'b =', b, 'c =', c, 'args =', args, 'kw =', kw)
def f2(a, b, c=0, *, d, **kw):
    print('a =', a, 'b =', b, 'c =', c, 'd =', d, 'kw =', kw)
```

在函数调用的时候，Python 解释器自动按照参数位置和参数名把对应的参数传进去。

```
>>> f1(1, 2)
a=1  b=2  c=0  args=()  kw={}
>>> f1(1, 2, c=3)
a=1  b=2  c=3  args=()  kw={}
>>> f1(1, 2, 3, 'a', 'b')
a=1  b=2  c=3  args=('a', 'b')  kw={}
>>> f1(1, 2, 3, 'a', 'b', x=99)
a=1  b=2  c=3  args=('a', 'b')  kw={'x':99}
>>> f2(1, 2, d=99, ext=None)
a=1  b=2  c=0  d=99  kw={'ext': None}
```

最神奇的是通过一个 tuple 和 dict，你也可以调用上述函数。

```
>>> args = (1, 2, 3, 4)
>>> kw = {'d':99, 'x':'#'}
>>> f1(*args, **kw)
```

```
a=1  b=2  c=3  args=(4,)  kw={'d': 99, 'x': '#'}
>>> args = (1, 2, 3)
>>> kw = {'d': 88, 'x': '#'}
>>> f2(*args, **kw)
a=1  b=2  c=3  d=88  kw={'x': '#'}
```

所以，对于任意函数，都可以通过类似 func(*args, **kw)的形式调用它，无论它的参数是如何定义的。

4.2.4　递归函数

前面已经介绍了很多关于创建和调用函数的知识。函数可以调用其他函数，令人惊讶的是函数还可以调用自身，下面将对此进行介绍。递归这个词对于没有接触过程序设计的人来说可能会比较陌生。简单说来就是引用（或者调用）自身的意思。

一个类似递归的定义如下。

```
def recursion():
    return recursion()
```

理论上讲此递归会永远运行下去。然而每次调用函数都会用掉一点内存，在足够多次数的函数调用发生后（在之前的调用返回后），空间就不够了，程序会以一个"超过最大递归深度"的错误信息结束。

这类递归叫作无穷递归，类似于以 while true 开始的无穷循环，由于没有 break 或者 return 语句，理论上讲它永远不会结束。我们想要的是能做一些有用的事情的递归函数。有用的递归函数包含以下两部分。

● 　当函数直接返回值时有基本实例（最小可能性问题）；

● 　递归实例，包括一个或者多个问题最小部分的递归调用。

这里的关键就是将问题分解为小部分，递归不能永远继续下去，因为它总是以最小可能性问题结束，而这些问题存储在基本实例中。

所以才会让函数调用自身。就像之前提到的那样，每次函数被调用时，针对这个调用的新命名空间会被创建，意味着当函数调用"自身"时，实际上运行的是两个不同的函数（或者说是同一个函数具有两个不同的命名空间）。

1. 用递归求和

让我们来看一些例子。对一个数字列表（或者其他序列）求和，我们可以使用内置的 sum 函数，或者自己编写一个更加定制化的版本。这里是用递归编写的一个定制求和函数的示例。

```
>>> def mysum(L):
        if not L:
            return 0
        else:
            return L[0] + mysum(L[1:])        #Call myself
>>> mysum([1,2,3,4,5])
15
```

在每一层，这个函数都是递归地调用自己来计算列表剩余的值的和，这个和随后加到前面的一项中。当列表变为空的时候，递归循环结束并返回 0。当像这样使用递归的时候，对函数调用的每一个打开的层级，在运行调用堆栈上都有自己的一个函数本地作用域的副本，也就是说，这意味着 L 在每个层级都是不同的。

如果这很难理解（对于新程序员来说，它常常是难以理解的），尝试给函数添加一个 L 的打印并在此运行它，从而在每个调用层级记录下当前的列表。

```
>>> def mysum(L):
        print(L)                        #Trace trcursive levels
        if not L:                       #L shorter at each level
            return 0
        else:
            return L[0] + mysum(L[1:])
>>> mysum([1,2,3,4,5])
[1,2,3,4,5]
[2,3,4,5]
[3,4,5]
[4,5]
[5]
[]
15
```

正如你所看到的，在每个递归层级上，要加和的列表变得越来越小，直到它变为空——递归循环结束。加和随着递归调用的展开而计算出来。

2. 两个经典递归函数——求阶乘和幂

本节中，我们会看到两个经典的递归函数。首先，计算数 n 的阶乘。n 的阶乘定义为 $n \times (n-1) \times (n-2) \times \cdots \times 1$。很多数学应用中都会用到它（比如计算将 n 个人排为一行共有多少种方法）。那么怎么计算呢？可以使用以下循环。

```
def factorial(n):
    result = n
    for i in range(1,n):
        result *= i
    return result
```

这个方法可行而且很容易实现。它的过程主要是：首先，将 result 赋到 n 上，然后 result 依次与 $1\sim n-1$ 的数相乘，最后返回结果。下面来看看使用递归的版本。关键在于阶乘的数学定义，如下所示。

● 1 的阶乘是 1；

● 大于 1 的数 n 的阶乘是 $n \times (n-1)$ 的阶乘。

可以看到，这个定义完全符合刚才所介绍的递归的两个条件。

现在考虑如何将定义实现为函数。理解了定义本身以后，实现其实很简单。

```
def factorial(n):
    if n == 1:
        return 1
    else:
        return n * factorial(n-1)
```

这就是定义的直接实现。只要记住函数调用 factorial(n)是和调用 factorial(n-1)不同的实体就行。

考虑另外一个例子——计算幂，就像内建的 pow 函数或者**运算符一样。可以用很多种方法定义一个数的（整数）幂。先看一个简单的例子：power(x,n)（ x 为 n 的幂次）是 x 自乘 $n-1$ 次的结果（所以 x 用作乘数 n 次）。所以 power(2,3)是 2 乘自身两次：$2 \times 2 \times 2 = 8$。

实现很简单：

```
def power(x,n):
```

```
result = 1
for i in range(n):
    result *= x
return result
```

程序很小巧，接下来把它改变为递归版本。

● 对于任意数字 x 来说，power(x,0)是 1；

● 对于任何大于 0 的数来说，power(x,n)是 x 乘以(x,n-1)的结果。

同样，可以看到这与简单版本的递归定义的结果相同。

理解定义是最困难的部分，实现起来就简单了。

```
def power(x,n):
    if n == 0:
        return 1
    else:
        return x * power(x,n-1)
```

文字描述的定义再次被转换为了程序语言（Python 代码）。

（提示：如果函数或算法很复杂而且难懂的话，在实现前用自己的话明确地定义一下是很有帮助的。这类使用"准程序语言"编写的程序称为"伪代码"。）

那么递归有什么用呢？就不能用循环代替吗？答案是肯定的，在大多数情况下可以使用循环，而且大多数情况下还会更有效率（至少会高效一些）。但是在多数情况下，递归更加易读——有时会大大提高可读性——尤其当读程序的人懂得递归函数的定义的时候。尽管可以避免编写使用递归的程序，但作为程序员来说还是要理解递归算法以及其他人写的递归程序，这也是最基本的。

3. 另外一个经典递归函数——二元查找

作为递归实践的最后一个例子，来看看这个叫作二元查找（binary search）的算法例子。

知道那个问 20 个是或不是这样的问题，然后猜别人在想什么的游戏吗？对于大多数问题来说，都可以将可能性（或多或少）减半。比如已经知道答案：是个人，那么可以问："你是不是在想一个男人？"显然，提问者不会上来就问"你是不是在想马云？" ——除非提问者会读心术。这个游戏的数学版本就是猜数字。例如，被提问者可能在想一个 1~100 的数字，提问者需要猜中它。当然，提问者可以耐心地猜上 100 次，但是真正需要猜多少次呢？

答案就是只需要问 7 次即可。第一个问题类似于"数字是否大于 50？"，如果被提问者回答说数字大于 50，那么就问"是否大于 75"，然后继续将满足条件的值等分（排除不满足条件的值），直到找到正确答案。这个不需要太多考虑就能解答出来。

很多其他问题上也能用同样的方法解决。一个很普遍的问题就是查找一个数字是否存在于一个（排过序）的序列中，还要找到具体位置。"这个数字是否在序列正中间的右边？"如果不是的话，"那么是否在第二个 1/4 范围内（左侧靠右）？"然后这样继续下去。提问者对数字可能存在位置的上下限心里有数，然后用每个问题继续切分可能的距离。

这个算法的本身就是递归的定义，亦可用递归实现。让我们首先来看看定义，以保证知道自己在做什么。

● 如果上下限相同，那么就是数字所在的位置，返回。

● 否则找到两者的中点（上下限的平均值），查找数字是在左侧还是在右侧，继续查找数字所在的那半部分。

这个递归例子的关键就是顺序，所以当找到中间元素的时候，只需要比较它和所查找的数字，如果要查找数字较大，那么该数字一定在右侧，反之在左侧。递归部分就是 "继续查找数字所在的那半部分"，因为搜索的具体实现可能会和定义中完全相同。（注意搜索的算法返回的是数字应该在的位置——如果它本身不在序列中，那么所返回位置上的其实是其他数字。）

下面来实现一个二元搜索。

```
def search(sequence,number,lower,upper):
    if lower == upper:
        assert number == sequence[upper]
        return upper
    else:
        middle = (lower + upper)//2
        if number > sequence[middle]:
            return search(sequence,number,middle+1,upper)
        else:
            return search(sequence,number,lower,middle)
```

完全符合定义。如果 lower == upper，并返回 upper，也就是上限。注意程序假设（断言）所查找的数字一定会被找到（ number == sequence[upper] ）。如果没有到达基本实例的话，先找到 middle，检查数字是在左边还是在右边，然后使用新的上下限继续调用递归过程。也可以将限制设为可选以方便用。只要在函数定义的开始部分加入下面的条件语句即可。

```
def search(sequence,number,lower=0,upper=None):
    if upper is None:
        upper = len(sequence) - 1
    ...
```

现在如果不提供限制，程序会自动为整个序列设定查找范围。

```
>>> seq = [34,67,8,123,4,100,95]
>>> seq.sort()
>>> seq()
[4,8,34,67,95,100,123]
>>> search(seq,34)
2
>>> search(seq,100)
5
```

但不必这么麻烦，一则可以直接使用列表方法 index，如果想要自己实现的话，只要从程序的开始处循环迭代直到找到数字就行了。使用 index 没问题，只是使用循环可能效率有点低。刚才说过查找 100 以内的一个数（或位置）只需要 7 个问题即可。用循环的话，在最糟糕的情况下要问 100 个问题。"没什么大不了的。" 有人可能会这样想。但是如果列表有 100 000 000 000 000 000 000 000 000 000 000 000 个元素，要循环这么多次，可能对于 Python 的列表来说这个大小有些不现实，而二元查找法只需要问 117 个问题。

4. 循环语句 VS 递归

尽管递归对于前面求和的例子有效，但在那种环境中，它可能过于追求技巧了。实际上，递归在 Python 中并不像在 prolog 或 Lisp 这样更加深奥的语言中那样常用，因为 Python 强调像循环这样简单的过程式语句，循环语句通常更为自然。例如，while 常常使得事情更为具体一些，并且它不需要定义一个支持递归调用的函数。

```
>>> L = [1,2,3,4,5]
>>> sum = 0
>>> while L:
```

```
        sum += L[0]
        L = L[1:]
```

```
>>> sum
15
```

更好的情况，for 循环为我们自动迭代，使得在大多数情况下不必使用递归（并且很可能，递归在内存空间和执行时间方面效率较低）。

```
>>> L = [1,2,3,4,5]
>>> sum = 0
>>> for x in L:
        sum += x
...
>>> sum
15
```

有了循环语句，我们不需要再调用堆栈上针对每次迭代都有一个本地作用域的副本，并且，我们避免了考虑一般会与函数调用相关的速度成本问题。

5. 处理任意结构

另一方面，递归可以要求遍历任意形状的结构。作为递归在这种环境中应用的一个简单例子，可以考虑像下面这样一个任务：计算一个嵌套的子列表结构中所有数字的总和。

```
[1,[2,[3,4],5],6,[7,8]]          #Arbitrarily nested sublists
```

简单的循环语句在这里不起作用，因为这不是一个线性迭代。嵌套的循环语句也不够用，因为子列表可能嵌套到任意的深度并且以任意的形式嵌套。此时可以使用递归来对付这种一般性的嵌套，以便顺序访问子列表。

```
def sumtree(L):
    tot = 0
    for x in L:                          #For each item at this level
        if not isinstance(x,list):
            tot +=                       #Add numbers directly
        else:
            tot += sumtree(x)            #Recur for sublists
    return tot
L = [1,[2,[3,4],5],6,[7,8]]             #Arbitrary nesting
print(sumtree(L))                        #Prints 36

#Pathological cases
print(sumtree([1,[2,[3,[4,[5]]]]]))      #Prints 15(right-heavy)
print(sumtree([[[[[1],2],3],4],5]))      #Print 15(left-heavy)
```

留意这段代码末尾的测试案例，看看递归是如何遍历其嵌套的列表的。尽管这个例子是人为编写的，它是一类更大的程序的代表，例如，继承树和模块导入链可以展示类似的通用结构。

尽管出于高效率的目的，线性迭代通常应该使用循环语句而不是递归，但是我们还是会发现像后面的部分示例依然需要递归。

此外，有时候需要意识到程序中无意的递归的潜在性。正如你将在本书后面看到，类中的一些运算符重载方法，例如__setattr__和__getattribute__，如果使用不正确的话，都有可能导致递归的循环，使程序无法结束。递归是一种强大的工具，但使用时也需要多加注意，避免不必要的错误发生。

4.3 本章小结

本章主要介绍了 Python 中两个主要的控制语句——条件判断语句和循环语句，条件判断语句主要是 if 语句，而循环语句则分为 for 循环和 while 循环。通过选择（判断）和重复（一遍又一遍做同样的事情）来控制程序的执行顺序，使得我们能够使用控制语句，编写出任何我们想要的程序。

然后，我们学习了函数的概念，为什么我们要使用函数？这是由于随着编程学习的不断深入，我们将从基本编程元素的学习进入到重要编程元素的学习。条件判断 if 语句以及 for 循环、while 循环是最基本的编程结构，不使用这两个基本结构，难以写出功能性很完善的程序。而函数能够帮助我们写出更好的、更具可读性的代码。此外，由于函数将程序分成了许多很小的程序段，因此我们能够使用分治策略解决问题。通过这种方式，函数使程序编写更加容易。最后，一旦编写完函数，它可以被其他人共享和使用。因此，函数提供了强大的构造方式，让程序更易于阅读、编写和维护。本章主要讲述了函数的定义、函数的调用、函数参数的设置以及递归函数，并展示了函数如何在 Python 中运行，希望读者对函数有一个比较深刻的理解和认识。

最后再回顾一遍本章的重要知识点。

- if 语句：用来判定所给定的条件是否满足，根据判定的结果（真或假）决定执行给出的操作之一。
- 循环语句 while 和 for：循环的意思就是让程序重复地执行某些语句，while 循环是循环结构的一种，当事先不知道循环该执行多少次时，就要用到 while 循环。除了 while 循环外也有 for 循环。
- 函数：函数是对程序逻辑进行结构化或过程化的一种编程方法。使用函数能使程序更加简洁，我们可以将重复的代码放入函数中以达到节约程序空间，使程序达成一致性的目的。
- 递归：程序调用自身的编程技巧称为递归。递归作为一种算法在程序设计语言中广泛应用。一个递归过程或函数是在其定义或说明中有直接或间接调用自身的一种方法，它通常把一个大型复杂的问题层层转化为一个与原问题相似的规模较小的问题来求解，递归策略只需少量的程序就可描述出解题过程所需要的多次重复执行，大大地减少了程序的代码量。

4.4 本章习题

1. 下面的循环会打印多少次"I Love Python"？

```
for i in range(0,10,2):
    print('I Love Python')
```

2. 以下代码会打印多少次"I Love Python"？

```
while ' ':
    print('I Love Python')
```

3. 下面的循环会打印多少次"I Love Python"？

```
for i in 5:
    print('I Love Python')
```

4．目测一下以下程序会打印什么内容。

```
while True:
    while True:
        break
        print(1)
    print(2)
    break
print(3)
```

5．编写一个程序，找出所有的水仙花数（所谓水仙花数，就是一个 3 位数等于各位数字的立方和，则称这个数为水仙花数。例如：$153 = 1^3 + 5^3 + 3^3$）。

6．对于同样功能的代码，为什么要使用函数，而不使用简单的复制粘贴呢？

7．Python 的函数可以嵌套，但要注意访问的作用域问题，请问以下代码存在什么问题呢？

```
def outside():
    print('I am outside!')
    def inside():
        print('I am inside!')
inside()
```

8．请问以下函数有多少个参数？

```
def MyFun((x,y),(a,b)):
    return x*y - a*b
```

9．请问下面这个函数有返回值吗？

```
>>> def hello():
    print('Hello!')
```

10．目测一下以下程序会打印什么内容。

```
def fun(var):
    var = 2013
    print(var,end = ' ')
var = 520
fun(var)
print(var)
```

11．爱因斯坦曾出过这样一道有趣的数学题：有一个长阶梯，若每步上 2 阶，最后剩 1 阶；若每步上 3 阶，最后剩 2 阶；若每步上 5 阶，最后剩 4 阶；若每步上 6 阶，最后剩 5 阶；只有每步上 7 阶，最后刚好一阶也不剩。请编程求解该阶梯至少有多少阶。

12．设计一个验证用户密码程序，用户只有三次机会输入错误，不过如果用户输入的内容中包含 "*" 则不计算在内。

13．Python 中使用 if、elif、else 在大多数情况下效率要比全部使用 if 要高，但根据一般的统计规律，一个班的成绩一般服从正态分布，也就是说平均成绩一般集中在 70~80 分之间，请根据此统计规律，完成下面程序的编写：按照 100 分制，90 分及以上成绩为 A，80 到 90（不包括90）为 B，60 到 80（不包括80）为 C，60 以下为 D，写一个程序，当用户输入分数，自动转换为 ABCD 的形式打印。

14．编写一个函数，判断传入的字符串参数是否为 "回文联"（回文联即用回文形式写成的对联，即可顺读，也可倒读。例如：上海自来水来自海上）。

第5章
模块和包

本章内容提要:
- 什么是模块
- 为什么使用模块
- 如何使用模块
- 包以及实例

有过 C 语言编程经验的朋友都知道,在 C 语言中如果要引用 sqrt 这个函数,必须用语句 "#include<math.h>"引入 math.h 这个头文件,否则是无法正常进行调用的。那么在 Python 中,如果要引用一些内置的函数,该怎么处理呢? 在 Python 中有一个概念叫作模块 (module),这个和 C 语言中的头文件以及 Java 中的包很类似,比如在 Python 中要调用 sqrt 函数,必须用 import 关键字引入 math 这个模块,下面就来了解一下 Python 中的模块。

5.1　为什么使用模块

Python 模块是一个包含 Python 代码的文件,文件的名字就是模块名加上.py 扩展名。使用 Python 模块,有以下好处。
- 首先,提高了代码的可维护性。因为在计算机程序的开发过程中,随着程序代码越写越多,在一个文件里的代码就会越来越长,越来越不容易维护,而模块就很好地解决了这个问题。
- 其次,提高了代码的可重用性。一个模块中的函数,可以被其他程序使用,这些模块包括 Python 内置的模块和来自第三方的模块。
- 最后,避免了函数名和变量名冲突。相同名字的函数和变量可以分别存在于不同模块中,因此,我们自己在编写模块时,不必考虑名字会与其他模块冲突。但是也要注意,尽量不要与内置函数名字冲突。

从抽象的视角来看,模块至少有三个角色,如下所示。

1. 代码的重用

模块是保存 Python 代码的基本逻辑单位,编写好的 Python 代码以模块的形式保存起来,方便调用。除此之外,模块也是定义变量名的空间,可以看作是属性,能够被多个外部的客户端引用。

2. 系统命名空间的划分
模块是 Python 中最高级别的程序组织单元,是变量名的软件包。模块将变量名封装进了自包含的软件包，使得变量名具有很好的局部性，只有通过精确导入文件，该文件中的变量名对外才可见。事实上，所有的一切都"存在于"模块文件中，执行的代码以及创建的对象都封装在模块之中。正是由于这一点，模块是组织系统组件的天然的工具。

3. 服务和数据的共享

从操作的角度来看，使用模块之后，只需要一个副本即可方便实现跨系统共享组件。例如，如果应用程序需要一个全局对象被一个以上的函数或文件使用，则将该对象编写在一个模块中即可。

5.2　模块的创建与使用

5.2.1　Python 程序架构

1. Python 程序

通常的 Python 程序的架构是指：将一个程序分割为源代码文件的集合以及将这些部分连接在一起的方法。一个 Python 程序架构实例如图 5-1 所示：有三个文件，分别是 a.py，b.py 和 c.py。a.py 是顶层文件，它是一个含有语句的简单文本文件，在运行时这些语句将会顺序执行。文件 b.py 和 c.py 是模块，其中定义了一些工具，它们也是含有语句的简单文本文件，但是它们通常并不是直接运行，而是被其他文件导入，导入这些模块的文件便可以使用模块中所定义的工具。下面将举例进行详细的介绍。

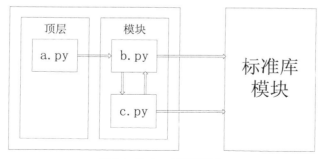

图 5-1　Python 的程序架构

假设图 5-1 中的文件 b.py 定义了一个名为 spam 的函数，如下所示。

```
def spam(text):
    print(text,'spam')
```

现在，假设 a .py 想要使用 spam，为了实现这个目标，a.py 中包含如下 Python 语句。

```
import b
b.spam('gumby')
```

程序解析：import 语句给文件 a.py 提供了由文件 b.py 在顶层所定义的访问权限，通俗来说就是："a.py 通过 import 语句载入文件 b.py，并能够通过变量 b 获取它的所有的属性"，而且 import（以及我们之后会见到的 from）语句可以在运行时载入其他的文件。同时，我们需要了解以下两点：一是在 Python 中，导入语句中的模块名起到两个作用：识别加载外部文档和赋值给被载入模块的变量。二是在 import 执行时，模块定义的对象也会创建。比如 import 会在一次运行目标程序中的语句之后，创建对象。

a.py 中的第二行语句调用了模块 b 中所定义的函教 spam，使用了对象属性（object. attribute）语法。代码 b.spam 指的是"取出存储对象 b 中变量名为 spam 的值"。在这个例子中，spam 是个可调用的函数，我们往小括号内导入字符串（'gumby'），执行 a.py，"gumby""spam"这些字符串就会被打印出来。需要注意的是导入的概念，在 Python 之中任何文件都能从任何其他文件中导入它定义的工具。例如，文件 a.py 可以导入 b. py 从而调用其中定义的函数，b.py 也可以导入 c.py 以利用在其中定义的工具，导入链可以无限深，在这个例子中，模块 a 可导入 b，而 b 可导入 c，c 可再导入 b，诸如此类。

除了作为最高级别的组织结构外，模块以及模块包也是 Python 中程序代码重用的最高层次。在模块文件中编写组件，可让原先的程序以及其他可能编写的任何程序得以使用。例如，编写图5-l 中的程序后，函数 b.spam 将成为通用的工具，可在完全不同的程序中再次使用，我们所需要做的，就是从其他程序文件中再次导入文件 b.py。

2. 模块

- 程序和模块：Python 中，程序是作为一个主体的、顶层的文件来构造的，配合零个或多个支持文件，这些支持文件都可以称作模块（顶层的文件也可以作为模块使用，但一般情况不作为模块）。
- 顶层文件：包含了程序的主要的控制流程，即需要运行来启动应用的文件。
- 模块文件：可看作是工具的仓库，这些仓库是用来收集顶层文件（或其他可能的地方）使用的组件。
- 顶层文件与模块文件：顶层文件使用了在模块文件中定义的工具，这些模块文件也使用了其他模块所定义的工具。
- 模块的执行环境：模块包含变量、函数、类以及其他的模块（如果导入的话），而函数也有自己的本地变量。图 5-2 描述了模块内的情况以及与其他模块的交互，即模块的执行环境。
- 模块间的关系：模块可以被导入，但模块也会导入和使用其他模块，这些模块可以用 Python或其他语言（如 C 语言）写成。

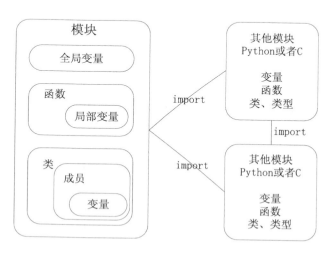

图 5-2　模块构成以及工作原理

3. 模块导入

一个文件可通过加载一个模块（文件），从而读取这个模块（文件）的内容，即导入。

（1）模块导入的三种方式。

● import X：导入模块 X，并在当前命名空间（namespace）创建该模块的引用。可以使用 X.name 引用定义在模块 X 中的属性。

● from X import *：导入模块 X，并在当前命名空间创建该模块中所有公共对象（名字不以_开头）的引用。即你能使用普通名字（直接是 name）去引用模块 X 中的属性，但是如果 X 本身没有定义，则不能使用 X.name。如果命名空间中原来有同名的 name 定义时，它将会被新的 name 取代。

● from X import a, b, c：导入模块 X，并在当前命名空间创建该模块给定对象的引用。X = _import_('X')，类似 import X，区别在于：该方式显示指定了 X 为当前命名空间中的变量。使用方法一致。

（2）导入模块时，Python 都做了哪些事情？

首先，Python 解释器会检查系统模块（sys.modules）中的注册表（module registry）部分，查看是否该模块先前就已经导入 sys.modules 中，如果存在（即已注册），则使用当前存在的模块对象即可，如果 sys.modules 中还不存在，则：

① 创建一个新的、空的 module 对象（本质上是一个字典）。

② 在 sys.modules 字典中插入该模块对象。

③ 加载该模块代码所对应的对象，如果需要，可以先编译好（编成位码），然后在新的模块命名空间执行该模块代码对象（code object）。所有由该代码指定的变量均可以通过该模块对象引用。

上述步骤只有在模块第一次执行时才会执行。在这之后，导入相同模块时，会跳过这些步骤，而只提取内存中已加载的模块对象。这是个有意设计的结果，因为导入（找文件，将其编译成字节码，运行代码）是一个开销很大的操作以至于每个程序运行不能够重复多于一次。若想要 Python 在同一次会话中再次运行文件（不停止和重新启动会话），需要调用内置的 reload（重载）函数（该函数返回值为一个 Python 模块对象）。

（3）导入模块时的路径搜索顺序。

① 程序的主目录：即程序（顶层）文件所在的目录，而非启动程序所在的目录（当前工作目录），应注意这二者是不一样的。

② 环境变量（PYTHONPATH）目录。

③ 标准链接库目录。

④ 任何.pth 文件的内容（如果存在的话），在安装目录下找到该文件，以行的形式加入所需要的目录即可。

以上四个组件组合起来就变成了 sys.path，其保存了模块搜索路径在机器上的实际配置，可以通过打印内置的 sys.path 列表来查看这些路径。导入时，Python 会由左至右搜索列表中的每个目录，直到找到对应的 module 为止。其中搜索路径的①、③是系统自动定义的，而②、④可以用于拓展路径，从而加入自己的源代码目录。

另外，也可以使用 sys.path 在 Python 程序运行时临时修改模块搜索路径。如：

```
import sys
sys.path.append('C:\\mydir')
```

以上 sys.path 的设置方法只是在程序运行时临时生效的，一旦程序结束，不会被保留下来，而前面介绍的四种路径配置方式则会在操作系统中永久保存下来。

5.2.2 模块搜索路径

1. 模块搜索路径

正如前面所提到的，通常对程序员来说，导入过程最重要的部分是最早的部分，也就是定位要导入的文件（搜索部分）。因为我们需要告诉 Python 到何处去找到要导入的文件，我们需要知道如何输入其搜索路径以扩展它。

在大多数情况下，可以依赖模块导入搜索路径的自动特性，完全不需要配置这些路径。不过，如果你想在用户间定义目录边界来导入文件，就需要知道搜索路径是如何运作的，并予以调整。概括地讲，Python 的模块搜索路径是这些主要组件组合而成的结果，其中有些进行了预先定义，而其中有些你可以进行调整来告诉 Python 去哪里搜索。

当导入一个模块时，解释器先在当前包中查找模块，若找不到，然后在内置的 built-in 模块中查找，找不到则按 sys.path 给定的路径找对应的模块文件（模块名为.py）。

sys.path 的初始值来自于以下地方。

● 包含脚本的当前路径。

● PYTHONPATH。

● 默认安装路径。

● 编译过的 Python 文件（.pyc 文件）。

● built-in 模块。

当然，模块搜索路径远比这介绍的要复杂，相关细节可以参考 Python 标准库手册，尤其是标准库模块网站的说明文档。

2. 配置搜索路径

搜索路径的 PYTHONPATH 和路径文件部分允许我们调整导入查找文件的地方。设置环境变量的方法以及存储路径文件的位置随着每种平台而变化。以下列举三种常用的方法。

● 方法一：添加环境变量 PYTHONPATH。

python 会添加此路径下的模块，在.bashrc 文件（这个文件主要保存一些个性化设置，如命令别名，路径等）中添加如下类似行。

```
export PYTHONPATH=$PYTHONPATH:/usr/local/lib/python3.0/
site-packages
```

● 方法二：在包内添加。

在 site-packages 添加一个路径文件，如 mypkpath.pth，必须以.pth 为后缀，写上你要加入的模块文件所在的目录名称。

① windows

　　c:\python3.0\site-packages

② linux(ubuntu)

　　/usr/local/lib/python3.0/dist-packages

③ linux(redhat)

　　/usr/lib/python3.0/site-packages

- 方法三：函数添加。

sys.path.append() 函数添加搜索路径，参数值即为要添加的路径。

① import sys

② 查看 sys.path

③ 添加 sys.path.append("c:\\")

3. 搜索路径的变动

前面对模块搜索路径的说明已很精确，但只算一般性说明，搜索路径的配置可能随平台以及 Python 版本而异。例如，Python 可能会把当前的工作目录也加进来（也就是启动程序所在的目录），放在搜索路径 PYTHONPATH 之后，标准库之前。在从命令行启动时，当前工作目录和顶层文件的主目录（也就是程序文件所在的目录）不一定相同。因为每次程序执行时，当前工作目录可能都会变，所以一般不依赖某个值进行导入。

想要知道 Python 在平台上配置的模块搜索路径，可以查看 sys.path。一般步骤为打印内置的 sys.path 列表（也就是标准库模块 sys 的 path 属性）来查看这个路径。目录名称字符串列表就是 Python 内部实际搜索路径，导入时，Python 会由左向右搜索这个列表的每个目录。

其实，sys.path 是模块搜索的路径集。Python 在程序启动时进行配置，自动将顶级文件的主目录（或者指定当前工作目录的一个空字符串），任何 PYTHONPATH 目录，已经创建的任何.pth 文件路径的内容，以及标准库目录合并。最后 sys.path 路径集变成：Python 每次导入一个新文件时所查找的目录名的字符串的列表。

Python 描述此列表的原因有两个。首先，提供一种方式来确认所做的搜索路径的设置值：如果在列表中看不到设置值，就需要重新检查设置。例如，如下是一个模块搜索路径在 Windows 的 Python 3.0 中的样子。其中该 PYTHONPATH 设置为 C:\users，并列出 C:\users\mark 路径文件，其余的部分是标准库目录和文件。

```
import sys
sys.path
['','C: \\users','
C:\\Windows\\system32\\python3.0.zip','
C:\\Python3.0\\DLLs','
C:\\Python3.0\\lib','
C:\\Python3.0\\lib\\plat-win','
C:\\Python3.0','
C:\\users\\Mark','
C:\\Python3.0\\lib\\site-packages']
```

其次，这个列表也提供一种方式，让脚本手动调整其搜索路径,通过修改 sys.path 这个列表，可以修改将来导入的搜索路径。然而，这种修改只会在脚本存在期间保持而已，如果想要更加持久地改变，可以用 PYTHONPATH 和.pth 文件提供的修改路径方法。

5.2.3　模块导入语句

1. import 语句

在 python 中所有加载到内存中的模块都存在于 sys.modules 之中，当 import 一个模块时首先会在这个列表中查找是否已经加载了此模块。如果加载了，则只是将模块的名字加入到正在调用 import 的模块的 Local 名字空间中。如果没有加载，则从 sys.path 目录中按照模块名称查找模块文件，模块文件可以是 py、pyc、pyd，找到后将模块载入内存，并加到 sys.modules 中，并将名称导入到当前的 Local 名字空间。一个模块不会重复载入，多个不同的模块都可以用 import 引入同一个模块到自己的 Local 名字空间，而其实际调用对象（PyModuleObject）只有一个。

- import 导入为绝对导入。
- import 只能导入模块，不能导入模块中的对象（类、函数、变量等）。

2. 嵌套 import

（1）顺序嵌套

例如：本模块导入 A 模块（import A），A 中又 import B，B 模块还可以 import 其他模块。

各个模块的 Local 名字空间是独立的。

对于上面的例子，本模块 import A 之后只能访问模块 A，不能访问模块 B 及其他模块，虽然模块 B 已经加载到内存了，如果访问还是要在本模块中 import B。

（2）循环嵌套

```
#A.py
from B import D
class C:pass
文件[ B.py ]
from A import C
class D:pass
```

为什么执行 A 的时候不能加载 D 呢？

如果将 A.py 改为：import B 就可以了。这是怎么回事呢？这跟 Python 内部 import 的机制是有关的，具体到 from B import D，Python 内部会分成以下几个步骤（具体如图 5-3（a）所示）。

① 在 sys.modules 中查找符号 "B"。

② 如果符号 "B" 存在，则获得符号 "B" 对应的 module 对象。从<module B> 的 __dict__ 中获得符号 "D" 对应的对象，如果 "D" 不存在，则抛出异常。

③ 如果符号 "B" 不存在，则创建一个新的 module 对象<module B>，注意，此时，module 对象的 __dict__ 为空。执行 B.py 中的表达式，填充 <module B> 的 __dict__ 从 <module B> 的 __dict__ 中获得 "D" 对应的对象，如果 "D" 不存在，则抛出异常结束。

所以这个例子的执行顺序如下（具体如图 5-3（b）所示）。

① 执行 A.py 中的 from B import D，由于是执行的 A.py，所以在 sys.modules 中并没有<module B>存在。那么首先就要为 B.py 创建一个 module 对象 <module B>，注意，这时创建的这个 module 对象是空的，里边什么也没有，在 Python 内部创建了这个 module 对象之后，就会解析执行 B.py，其目的是填充 <module B> 的 __dict__。

② 执行 B.py 中的 from A import C，在执行 B.py 的过程中，首先检查 sys.modules 这个 module 缓存中是否已经存在<module A>了，如果缓存中还没有<module A>，类似地，Python 内部会为 A.py 创建一个 module 对象<module A>，然后执行 A.py 中的语句。

③ 再次执行 A.py 中的 from B import D，这时，由于在第①步时，创建的<module B>对象已经缓存在了 sys.modules 中，所以直接就得到了<module B>。但是，从整个过程来看，我们知道，这时<module B>还是一个空的对象，里面什么也没有，所以从这个 module 中获得符号 "D" 的操作就会抛出异常。如果这里只是 import B，由于 "B" 这个符号在 sys.modules 中已经存在，所以

是不会抛出异常的。

图 5-3 所示的即是执行顺序的流程图。

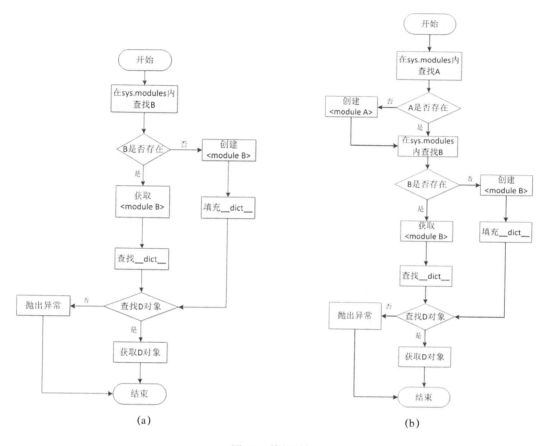

图 5-3　执行顺序

3. from 语句

因为 from 会把变量名复制到另外一个作用域，所以它就可以直接在脚本中使用复制后的变量名，而不需要通过模块（例如 printer）。

```
>>> from module1 import printer   #复制一个变量
>>> printer('Hello world!')
```

这和上一个例子有着相同的效果，但是 from 语句出现时，导入的变量会复制到作用域内，在脚本中使用该变量名就可少输入一些，直接使用变量名而无须在嵌套模块名称之后。

from 语句其实只是稍稍扩展了 import 语句而已。它照常导入了模块文件，但是多了一个步骤，将文件中的一个或多个变量名从文件中复制了出来。

4. from *语句

还有另外一种方法能够取得和上面相同的效果，那就是使用 from *形式。当使用 from *时，会取得模块顶层所有赋了值的变量名。在脚本中就可以直接使用得到的变量名 printer，而不需要通过模块名。

```
>>> from module1 import *  #复制所有变量
```

```
>>> print('Hello world!')
Hello world!
```

从技术角度来说，import 和 from 语句都会使用相同的导入操作。from *形式只是多加一个步骤，把模块中所有变量名复制到了进行导入的作用域之内。从根本上来说，这就是把一个模块的命名空间融入另一个模块之中，实际效果就是可以让我们少输入一些，这样模块使用起来就变得很容易。为了进一步了解定义和使用模块时，究竟会发生什么，下面我们需要详细地看一下它们的某些特性。

在 Python 3.0 中，这里所描述的 from…*语句形式只能用在一个模块文件的顶部，不能用于一个函数中，而 Python 2.6 允许它用在一个函数中，但会给出一个警告。实际上，它用于函数中的情况是非常少见的，当出现的时候，可能是 Python 为了在函数运行之前静态地去检查变量。

5. 导入只发生一次

使用模块时，初学者最常问的问题之一似乎就是："为什么我的导入不是一直有效？"他们时常报告说，第一次导入运作良好，但是在交互式会话模式（或程序运行）期间之后的导入似乎就没有效果。事实上，Python 确实如此，原因如下。

模块会在第一次 import 或 from 时载入并执行，并且只在第一次如此，在默认的情况下，Python 只对每个文件的每个进程做一次操作，之后的导入操作都只会取出已加载的模块对象，因为模块文件中的顶层程序代码通常只执行一次，你可以凭借这种特性对变量进行初始化。例如，考虑下面文件 simple.py。

```
print('hello')
spam=1                    #初始化变量
```

此例中，print 在模块第一次导入时执行，变量 spam 也在此时初始化。

```
%python
>>> import simple         #第一次导入：文件的装载和运行代码
hello
>>> simple.spam           #给属性赋值
1
```

第二次和其后的导入并不会重新执行此模块的代码，只是从 Python 内部模块表中取出已创建的模块对象，因此，变量 spam 不会再进行初始化。

```
>>> simple.spam=2         #在模块中更改属性值
>>> import simple
>>> simple.spam
2
```

当然，有时需要一个模块的代码通过某种导入后再一次运行，我们将会在本章稍后介绍如何使用内置函数 reload 实现这种操作。

6. import 和 from 是赋值语句

就像 def 一样，from 是可执行的语句，而不是编译期间的声明。而且它们可以嵌套在 if 测试中，出现在任意函数 def 之中，直到程序运行过程中，Python 执行到这些语句，才会进行解析。换句话来说，被导入的模块和变量名，直到它们所对应的 from 语句执行后，才可以使用。此外，就像 def 一样，import 和 from 都是隐性的赋值语句。

（1）from 将一个或多个变量名赋值给另一个模块中同名的对象

前面谈过的关于赋值语句方面的内容，也适用于模块的读取。例如，以 from 复制的变量名会变成对共享对象的引用。就像函数的参数，对已取出的变量名重新赋值，对于其复制之处的模块并没有影响，但是修改一个已取出的可变对象，则会影响导入的模块内的对象。为了解释清楚，考虑下面的文件 small.py。

```
x=1
y=[1,2]
%python
>>> from small import x,y          #复制两个变量
>>> x=42                           #修改 x 值
>>> y[0]=42                        #修改共享变量
```

对于赋值语句和引用之间的图形关系，只要在心中把"调用者"和"函数"换成"被导入模块"和"导入者"即可，实际效果是相同的，只不过我们现在面对的是模块内的变量名，而不是函数，在 Python 中，赋值语句的工作方式都是一样的。

（2）文件变量名的改变

回忆前边的例子中，在交互会话模式下对 x 的赋值运算，只会修改该作用域内的变量 x，而不是这个文件内的 x。以 from 复制而来的变量名和其来源的文件之间并没有联系，如果要修改另一个文件中的全局变量名，必须使用 import。

```
>>> from small import x
>>> x=42                           #仅仅改变 x 的值
>>> x
42
>>> import small
>>> small.x
1
>>> small.x=42                     #改变 small 模块内 x 的值
>>> small.x
42
>>> from small import x
>>> x
42                                 #从这里可以看出，模块中的 x 的值已经改变
```

像这样修改其他模块内的变量是常常困惑开发人员的原因之一（通常也是不良的设计选择），所以编程的时候应注意避免。（1）和（2）中对 x 的修改是不同的，这里修改的是一个对象，而不是一个变量名。

（3）import 和 from 的对等性

在上一个例子中，我们需要在 from 后执行 import 语句，来获取 small 模块的变量名。from 只是把变量名从一个模块复制到另一个模块，并不会对模块名本身进行赋值。至少从概念上来说，一个像这样的 from 语句：

```
from module import name1,name2     #复制两个变量
```

与下面这些语句是等效的：

```
import module                      #获取模块对象
name1=module.name1                 #赋值
```

```
name2=module.name2
del module                              #删除模块名
```

就像所有赋值语句一样，from 语句会往导入者中创建新变量，而那些变量初始化时引用了导入文件中的同名对象。不过，只有变量名被复制出来，而非模块本身，当我们使用语句 from *这种形式时（from module import *），等效的写法是一样的，只不过是模块中所有的顶层变量名都会以这种方式复制到进行导入的作用域中。

from 的第一步骤也是普通的导入操作，因此，from 总是会把整个模块导入到内存中（如果还没被导入的话）。无论是从这个文件中复制出多少变量名，只加载模块文件的一部分（例如一个函数）是不可能的，但是模块在 Python 之中是字节码而不是机器码，通常可以忽略效率的问题。

7. from 语句潜在的陷阱

因为 from 语句会让变量位置更隐秘和模糊（与 module.name 相比，name 对读者而言意义不大），有些 Python 用户多数时候习惯使用 import 而不是 from，即使 from 得到广泛的应用，也没造成太多不好的结果。在现实的程序中，每次想使用模块的工具时，省略输入模块的变量名通常是很方便的，对于提供很多属性的大型模块而言更是如此。例如，标准库中的 Tkinter GUI 模块。

从理论上讲，from 语句有破坏命名空间的"潜质"。如果使用 from 导入变量，而那些变量碰巧和作用域中现有变量同名，变量就会被悄悄地覆盖掉。使用简单 import 语句时就不存在这种问题，因为你一定得通过模块名才能获取其内容（module.attr 不会和你的作用域内的名为 attr 的变量相冲突）。再者，from module import *形式的确可能破坏命名空间，让变量名难以理解，尤其是在导入一个以上的文件时，在这种情况下，没有办法看出一个变量名来自哪个模块，只能搜索外部的源代码文件。事实上，from *形式会把一个命名空间融入到另外一个，所以会使得模块的命名空间的分割特性失效。不过，只要在使用 from 时，了解并预料到可能发生这种事，尤其当你明确地列出导入的变量名时（例如，from module import x,y,z），则可以避免发生变量冲突的现象。

另一方面，和 reload 调用同时使用时，from 语句有比较严重的问题，因为导入的变量名可能引用之前版本的对象。

这里建议：简单模块一般倾向于使用 import，而不是 from。多数的 from 语句是用于明确列举出想要的变量，而且限制每个文件中只用一次 from *形式。这样一来，任何无定义的变量名都可认为是存在于 from *所引用的模块内。

读到这里，读者可能有些困惑，到底何时使用 import 呢？当你必须使用两个不同模块内定义的相同变量名的变量时，才必须使用 import，这种情况下不能用 from。例如，如果两个文件以不同方式定义相同变量名的情况。

```
#M.py
def func():
    do something…
#N.py
def func():
    do something else…
```

如果想在程序中使用这两个版本的变量名,from 语句就不能用了,作用域内一个变量名只能有一个赋值语句。

```
#O.py
from M import func
from N import func        #重写来自 M 中的变量 func
func()                    #仅仅回调 N 中的 func
```

这时，只用一个 import 就可以，因为把所在模块变量名加进来，会让两个变量名都是唯一的，下面是正确写法：

```
#O.py
import M,N               #获取整个模块，而不是它们的名字
M.func()                 #通过模块的.属性使其唯一
N.func()
```

在实际中，这种情况不太可能遇见，如果这么做，import 允许避免名字冲突。

5.2.4　模块命名空间

模块最好理解为变量名的封装，也就是定义想让系统其余部分看见变量名的场所。从技术上来讲，模块通常对应于文件，而 Python 会建立模块对象，用以包含模块文件内所赋值的所有变量名。简而言之，模块就是命名空间（变量名建立所在的场所），而存在于模块之内的变量名就是模块对象的属性。我们会在本节讨论这是如何运作的。

1. 文件生成命名空间

那么，文件如何变成命名空间的呢？简而言之，在模块文件顶层（也就是不在函数或类的主体内）每一个赋值了的变量名都会变成该模块的属性。

例如，假设模块文件 M.py 的顶层有一个像 x=l 这样的赋值语句，而变量名 x 会变成 M 的属性，我们可在模块外以 M.x 的方式对它进行引用。变量名 x 对 M.py 内其他程序而言也会变成全局变量，下面我们通过阐述模块加载和作用域的概念来了解其原因。

● 　模块语句会在首次导入时执行。系统中，模块第一次导入时无论在什么地方，Python 都会建立空的模块对象，并依照文件从头到尾的顺序逐一执行该模块文件内的语句。

● 　顶层的赋值语句会创建模块属性。在导入时，文件顶层（不在 def 或 class 之内）赋值变量的语句（例如=和 def），会建立模块对象的属性，赋值的变量名会存储在模块的命名空间内。

● 　模块的命名空间能通过属性__dict__或 dir(M)获取。由导入而建立的模块的命名空间是字典，可通过模块对象相关联的内置的__dict__属性来读取，而且能通过 dir 函数查看。dir 函数大致与对象的__dict__属性的键值排序后的列表相等，但是它还包含了类继承的变量名。

模块是一个独立的作用域（本地变量就是全局变量）。模块顶层变量名遵循和函数内变量名相同的引用/赋值规则，但是本地作用域和全局作用域相同（更正式的说法是，遵循 LEGB 范围规则，但是没有 L 和 E 搜索层次）。在模块中，模块范围会在模块加载后变成模块对象的属性辞典，和函数不同的是（本地变量名只在函数执行时才存在），导入后，模块文件的作用域就变成了模块对象的属性的命名空间。

LEGB（用来规定命名空间查找顺序的规则）含义解释如下。

● 　L-Local(function)：函数内的名字空间。

● 　E-Enclosing function locals：外部嵌套函数的名字空间（例如 closure）。

● 　G-Global(module)：函数定义所在模块（文件）的名字空间。

● 　B-Builtin(Python)：Python 内置模块的名字空间。

以下是这些概念的示范说明。假设往文本编辑器中建立如下的模块文件，并将其命名为module2.py。

```
print('starting to load...')
import sys
name=42
def func():
    pass                    #定义一个空函数，pass 是占位符
class klass:
    pass                    #定义一个空类，pass 是占位符
print('done loading.')
```

这个模块首次导入时（或者作为程序执行时），Python 会从头到尾执行其中的语句。有些语句会在模块命名空间内创建变量名，也就是副作用，而其他的语句在导入进行时则会做些实际工作。例如，此文件中的两个 print 语句会在导入时执行。

```
>>> import module2
starting to load...
done loading.
```

但是，一旦模块加载后，它的作用域就变成模块对象（由 import 取得）的属性的命名空间，然后可以结合其模块名，通过它来获取命名空间内的属性。

```
>>> module2.sys
<module 'sys' (built-in)>
>>> module2.name
42
>>> module2.func
<function func at ox026D3BBB>
>>> module2.klass
<class 'module2.klass'>
```

此处，sys、name、func 以及 klass 都是在模块语句执行时赋值的，所以在导入后都变成了属性。但是请注意 sys 属性：import 语句其实是把模块对象赋值给变量名，而文件顶层对任意类型赋值了的变量名，都会产生模块属性。

在内部模块命名空间是作为字典对象进行储存的，有通用的字典方法可以使用。可以通过模块的__dict__属性获取模块命名空间字典（别忘了在 Python 3.0 中将其包含到一个 list 调用中——它是一个视图对象）：

```
>>> list(module2._dict_.keys())
['name','_builtins_','_file_','_package_','sys','klass','fune', '_name_','_doc_']
```

在模块文件中赋值的变量名，在内部成为字典的键，因此这里多数的变量名都反映了文件中的顶层的赋值语句。然而，Python 也会在模块命名空间内加一些变量名。例如，_file_指明模块从哪个文件加载，而_name_指明导入者的名称（没有.py 扩展名和目录路径）。

2. 属性名的点号运算

现在我们熟悉了模块的基本知识，接下来应该深入探讨变量名点号运算（notion of name qualification）的概念。在 Python 中，可以使用点号运算语法 object.attribute 获取任意的 object 的 attribute 属性。

点号运算其实就是表达式，传回和对象相配的属性名的值。例如，上一个例子中，表达式 module2.sys 会取出 module2 中赋值给 sys 的值。同样地，如果我们有内置的列表对象 L，而 L.append()

会返回和该列表相关联的 append() 方法对象。

那么，属性的点号运算和作用域法则有什么关系呢？其实，二者没有关系，这是两个不相关的概念。当使用点号运算来读取变量名时，就把明确的对象提供给 Python，从其中取出赋值的变量名，LEGB 规则只适用于无点号运算的纯变量名。其规则如下。

- 简单变量。X 是指在当前作用域内搜索变量名 X（遵循 LEGB 规则）。
- 点号运算。X.Y 是指在当前范围内搜索 X，然后搜索对象 X 之中的属性 Y（而非在作用域内）。多层点号运算 X.Y.Z 指的是寻常对象 X 之中的变量名 Y，然后再找对象 X.Y 中的 Z。
- 通用性。点号运算可用于任何具有属性的对象：模块、类、C 扩展类型等。其实点号运算对类的意义多一点，但一般而言，此处所列举的规则适用于 Python 中所有的变量名。

3. 导入和作用域

正如我们所学过的，不导入一个文件，就无法存取该文件内所定义的变量名，也就是说，不可能自动看见另一个文件内的变量名。无论程序中的导入结构或函数调用的结构是什么情况，变量的含义一定是由源代码中的赋值语句的位置决定的，而属性总是伴随着对对象的请求。

例如，考虑以下两个简单模块，第一个模块 moda.py 只在其文件中定义一个全局变量 X 以及一个可修改全局变量 X 的函数。

```
X=88               #定义一个变量 X 并赋值
def f():
    global X       #global 语句用于修改全局变量，在这里重新定义 X
    X=99           #X 赋值为 99，这时候是全局变量
```

第二个模块 modb.py 定义自己的全局变量 X，导入并调用了第一个模块的函数。

```
X=11
import moda  #调用模块
print(X,moda.X)
```

执行时，moda.f 修改 moda 中的 X，而不是 modb 中的 X，moda.f 的全局作用域一定是其所在的文件，无论这个函数是由哪个文件调用的：

```
>>> import modb.py
11 99
```

换句话说，导入操作不会赋予被导入文件中的代码对上层代码的可见度。被导入文件无法看见进行导入的文件内的变量名，更确切的说法如下。

- 函数绝对无法看见其他函数内的变量名，除非它们从物理上处于这个函数内。
- 模块程序代码绝对无法看见其他模块内的变量名，除非明确地进行了导入。

这类行为是语法作用域范畴的一部分：在 Python 中，一段程序的作用域完全由程序所处的文件中实际位置决定。作用域绝不会被函数调用或模块导入影响。

4. 命名空间的嵌套

虽然模块导入不会使命名空间发生向上的嵌套，但会发生向下的嵌套。利用属性的点号运算路径，有可能深入到任意嵌套的模块中并读取其属性。例如，考虑下列三个文件，mod3.py 以赋值语句定义了一个全局变量名和属性。

```
X=3
```

接着，mod2.py 定义本文件内的 X，然后导入 mod3，使用点号运算来取所导入的模块的属性。

```
X=2
import mod3
print(X,end=' ')
print(mod3.X)
```

modl.py 也定义本文件内的 X，然后导入 mod2，并取出第一和第二个文件内的属性。

```
X=1
import mod2
print(X, end=' ')
print(mod2.X,end=' ')
print(mod2.mod3.X)
```

实际上，当这里的 mod1 导入 mod2 时，会创建一个两层的命名空间的嵌套，利用 mod2.mod3.X 变量名路径，就可深入到所导入的 mod2 内嵌套的 mod3，结果就是 mod1 可以看见三个文件内的 X，因此，可以读取这 3 个全局变量。

```
>>> import mod1.py
2 3
1 2 3
```

然而，反过来讲，就不一样了：mod3 无法看见 mod2 内的变量名，mod2 无法看见 mod1 内的变量名。如果不以命名空间和作用域的观点思考，而是把焦点集中在牵涉到的对象，这个例子就会比较容易掌握。在 mod1 中，mod2 只是变量名，引用带有属性的对象，而该对象的某些属性可能又引用其他带有属性的对象（import 是赋值语句）。对于 mod2.rnod3.X 这类路径而言，Python 只会由左至右进行计算，沿着这样的路径取出对象的属性。

注意　mod1 可以通过 import mod2 导入 mod2，然后通过 mod2.mod3.X 存取 mod3 的 X，但是，无法通过 import.mod2.mod3 导入 mod3。这个语法牵涉所谓的包（目录）导入。包导入也会形成模块命名空间嵌套，但是，其导入语句会反映目录树结构，而非简单的导入链。

5.2.5　reload

在 python 中，每一个以.py 结尾的 Python 文件都是一个模块，其他的文件可以通过导入一个模块来读取该模块的内容。导入从本质上来讲，就是载入另一个文件，并能够读取那个文件的内容。一个模块的内容通过这样的属性能够被外部世界使用，这种基于模块的方式使模块变成了 Python 程序架构的一个核心概念。更大的程序往往以多个模块文件的形式出现，并且导入了其他模块文件的工具。其中的一个模块文件被设计成主文件，或叫作顶层文件（就是那个启动后能够运行整个程序的文件）。

默认情况下，模块在第一次被导入之后，其他的导入都不再有效。如果此时在另一个窗口中改变并保存了模块的源代码文件，也无法在导入该模块的代码处使用更新后的模块。这样设计的原因在于，导入是一个开销很大的操作（导入必须找到文件，将其编译成字节码，并且运行代码），以至于每个文件、每个程序不能够重复运行。那么想要使得 Python 在同一次会话中再次运行文件，该怎么办呢？这就需要调用 imp 标准库模块中的 reload 函数。

reload 与 import 和 from 的不同之处如下。

- reload 是 Python *的内置函数，而不是语句。
- 传给 reload 的是已经存在的模块对象，而不是变量名。
- reload 在 Python 3.0 中位于模块之中，并且必须导入自己。

因为 reload 期望得到的是对象，在重载之前，模块一定是已经预先成功导入了（如果因为语法或其他错误使得导入没成功，你得继续试下去，否则将无法重载）。此外，import 语句和 reload 调用的语法并不相同，reload 需要小括号，但 import 不需要。重载如下所示。

```
import module                    #初始导入
use module.attributes           #使用模块
from imp import reload           #获取重载函数
reload(module)                   #重载模块
use module.attributes…
```

一般的用法是：导入一个模块，在文本编辑器内修改其原代码，然后将其重载。当调用 reload 时，Python 会重读模块文件的源代码，重新执行其顶层语句。也许有关 reload 所需要知道的最重要的事情就是，reload 会在适当的地方修改模块对象，reload 并不会删除并重建模块对象。因此，程序重载任何引用该模块对象的地方，自动会受到 reload 的影响，下面是一些细节。

● reload 会在模块当前命名空间内执行模块文件的新代码。重新执行模块文件的代码会覆盖其现有的命名空间，并非进行删除而进行重建。

● 文件中顶层赋值语句会使得变量名换成新值。例如，重新执行的 def 语句会因重新赋值函数变量名而取代模块命名空间内该函数之前的版本。

● 重载会影响所有使用 import 读取了模块的客户端。因为使用 import 的客户端需要通过点号运算取出属性，在重载后，它们会发现模块对象中变成了新的值。

● 重载只会对以后使用 from 的客户端造成影响。之前使用 from 来读取属性的客户端并不会受到重载的影响，那些客户端引用的依然是重载前所取出的旧对象。

如下所示：

```
from imp import reload
reload(MyModule)
```

这样就可以重新加载 MyModule 模块，使得修改有效。

reload 函数希望获得的参数是一个已经加载的模块对象的名称，所以在重载之前，请确保已经成功地导入了这个模块。

Python 3.0 把 reload 内置函数移到了 imp 标准库模块中。它仍然像以前一样重载文件，但是必须导入它才能使用。在 Python 3.0 中，运行 import imp 并使用 imp.reload(M)，或者像上面所示的，运行 from imp import 并使用 reload(M)。

5.3　包导入实例

Python 的程序由包（package）、模块（module）和函数组成。包是由一系列模块组成的集合，模块是处理某一类问题的函数和类的集合，它们之间的关系如图 5-4 所示。

包就是一个完成特定任务的工具箱，Python 提供了许多有用的工具包，如字符串处理、图形用户接口、Web 应用、图形图像处理等。这些自带的工具包和模块安装在 Python 的安装目录下的 Lib 子目录中。

包就是一个至少包含 __int__.py 文件的文件夹。Python 包和 Java 包的作用是相同的，都是为了实现程序的重用。把实现一个常用功能的代码组合到一个包中，调用包提供的服务从而实现重用。包的具体组成如下所示。

首先定义一个包 parent，在 parent 包中创建两个子包 pack 和 pack2，pack 包中定义一个模块 myModule，pack2 包中定义一个模块 myModule2。最后在包 parent 中定义一个模块 main，调用子包 pack 和 pack2，树形图如图 5-5 所示。

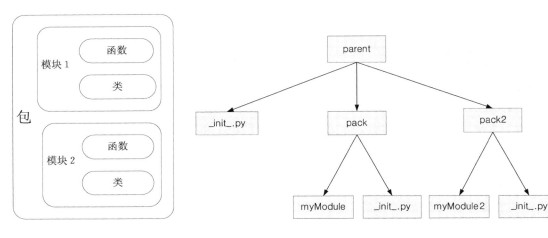

图 5-4 包的组成　　　　　　　　　　　图 5-5 包与模块的树形图

- 包 pack 的 __int__.py 程序如下所示。

```
if _name_=='_main_':
    print('作为主程序运行')
else:
    print('pack 初始化')
```

这段代码初始化 pack 包，直接输出一段字符串。当 pack 包将其他模块调用时，将输出 "pack 初始化"。

- 包 pack 的 myModule 模块如下所示。

```
def func():
    print("pack.myModule.func()")
if _name_=='_main_':
    print('作为主程序运行')
else:
    print('pack 初始化')
```

当 pack2 包被其他模块调用时，将首先执行 __int__.py 文件。

- pack2 包的 __int__.py 程序如下所示。

```
if _name_=='_main_':
    print('作为主程序运行')
else:
    print('pack2 初始化')
```

- 包 pack2 的 myModule2 模块如下所示。

```
def func2():
    print("pack2.myModule2.func()")
if _name_=='_main_':
    print('作为主程序运行')
else:
    print('pack2 初始化')
```

- 下面的 main 模块调用了 pack、pack2 包中的函数。

```
from pack import myModule
from pack2 import myModule2
myModule.func()
myModule2.func2()
```

init.py 也可以用于提供当前包的模块列表。

例如，在 pack 包的_init_.py 文件前面添加一行代码。

```
_all_=["myModule"]
```

_all_用于记录当前 pack 包所包含的模块。其中方括号中的内容是模块名的列表，如果模块数量超过两个，使用逗号分开。同理，在 pack2 包也添加一行类似的代码：

```
_all_=["myModule2"]
```

这样就可以在 main 模块中一次导入 pack、pack2 包中所有的模块。

- 修改后的 main 模块如下所示。

```
from pack import *
from pack2 import *
myModule.func()
myModule2.func2()
```

5.4　本章小结

本章重点介绍了 Python 程序架构的核心——import（导入）操作和模块。较大程序可分为几个文件，利用导入在运行时连接在一起，导入会使用模块搜索路径来寻找文件，模块定义了属性，供外部使用。当然，导入和模块就是为程序提供结构，让程序将其逻辑分割成一些独立完备的组件，组件中没有文件可以看到另外一个文件中定义的变量名，除非明确地运行 import 语句，因此，模块最小化了程序内不同部分之间的变量名冲突。

本章还深入讨论了模块编码工具的基础知识——import 和 from 语句，以及 reload 调用。from 语句比 import 语句只多了一个步骤，在文件导入之后，将文件的变量名复制出来。也学习了 reload 如何在不停止并重启 Python 的前提下使文件再次导入。接下来我们还研究了命名空间的概念，学习了当导入嵌套时会发生什么，探索了文件转换为模块的命名空间的过程，并学习了 from 语句潜在的一些陷阱。

本章最后介绍了 Python 的包导入模型，这是可选的但相当有用的方式，可以明确列出目录路径的部分从而找到模块。包导入依然与模块导入搜索路径上的一个目录有一定的关系，但是，不是依赖 Python 去手动遍历搜索路径，而是由脚本明确指出模块路径的其余部分。正如我们所见到的，包不仅让导入在较大系统中更有意义，也简化了导入搜索路径设置（如果所有跨目录的导入都在共同的根目录下），而且当同名的模块有一个以上时，也可解决模糊性（通过包导入所引入的模块所在的目录名称来区分），由于它只是与包中的代码相关，我们在这里也介绍了新的相对导入模式。这种方法在一个 from 前用点号，从而导入包文件以选择同一包中的模块，而不是依赖于较旧的隐式包搜索规则。

5.5　本章习题

1. 模块源代码文件是怎样变成模块对象的？
2. 为什么需要设置 PYTHONPATH 环境变量？
3. 举出模块导入搜索路径的四个主要组件。
4. 举出 Python 可能载入的能够响应 import 操作的四种文件类型。
5. 什么是命名空间？模块的命名空间包含了什么？
6. 怎样创建模块？
7. from 语句和 import 语句有什么关系？
8. reload 函数和导入有什么关系？
9. 什么时候必须使用 import，不能使用 from？
10. 请列举出 from 语句的三种潜在陷阱。
11. 模块包目录内的_init_.py 文件有何用途？
12. 每次引用包的内容时，如何避免重复包的完整路径？
13. 哪些目录需要_init_.py 文件？
14. 在什么情况下必须通过 import 而不能通过 from 使用包？
15. from mypkg import spam 和 from.import spam 有什么差别？

第6章
类和继承

本章内容提要:

- 类和对象
- 实例属性和类属性
- 类的方法
- 构造函数
- 析构函数
- 运算符重载
- 继承

　　面向对象编程(Object Oriented Programming, OOP),是一种程序设计思想。作为程序的基本单元,一个对象包含了数据和操作数据的函数。OOP 把计算机程序视为一组对象的集合,而每个对象都可以接收其他对象发过来的消息,并处理这些消息,计算机程序的执行就是一系列消息在各个对象之间传递。概括地讲,类的设计是为了创建和管理新的对象,并且它们也支持继承。本章将结合面向对象程序设计的基本概念和 Python 特性来讲解面向对象程序设计。在本书的这一部分内容中,我们将会一直讨论 OOP 的基础内容。OOP 提供了一种不同寻常而往往更有效的检查程序的方法,利用这种设计方法,我们分解代码,把代码的冗余度降至最低,并且通过定制现有的代码来编写新的程序,而不是在原处进行修改。

6.1　类和对象

　　在 Python 中,类的建立使用了一条新的语句——class 语句。类是 Python 所提供的最有用的工具之一,当合理使用类时,可以大量减少开发的时间。在 Python 中,所有数据类型都可以视为对象,当然也可以自定义对象。自定义的对象数据类型就是面向对象中的类(class)的概念,把具有相同属性和方法的对象归为一个类(class)。类是对象的模板或蓝图,是对象的抽象化,对象是类的实例化。类不代表具体的事物,而对象表示具体的事物。

　　Python 中使用 class 保留字来定义类,类名的首字母一般要大写,例如:

```
class Myclass(object):
    def infor(self):
        print("this is a class")
```

  class 后面紧接着类名，即 Myclass，类名通常是大写开头的单词，紧接着是(object)，表示该类是从哪个类继承下来的，继承的概念我们后面再讲。通常，如果没有合适的继承类，就使用 object 类，这是所有类最终都会继承的类。类 Myclass 中只有一个方法 infor，类的方法至少有一个参数 self，self 代表将来要创建的对象本身。

  当 class 语句执行时，这只是赋值给对象的变量，而对象可以用任何普通表达式引用。例如，Firstclass 是写在模块文件内，而不是在交互模式下输入的，就可将其导入，在类开头的那行可以正常地使用它的名称。

```
from text import Firstclass
class Secondclass(Firstclass):
    def display(self):
        ...
```

或者，其等效写法如下。

```
import text
class Secondclass(text.Firstclass):
    def display(self):
        ...
```

  就像其他事物一样，类名总是存在于模块中，单一模块文件可以有一个以上的类，class 语句会在导入时执行已定义的变量名，而这些变量名会变成独立的模块属性。更通用的情况是，每个模块可以混合任意数量的变量、函数以及类，而模块内的所有变量名的行为都相同。例如，文件 food.py 如下。

```
#food.py
var=1
def func():
    ...
class spam:
    ...
class ham:
    ...
class eggs:
    ...
```

如果模块和类碰巧有相同的名称，也符合此规则。例如，文件 person.py:

```
class person:
    ...
```

需要像往常一样通过模块获取类:

```
import person
x=person.person()
```

虽然这个路径看起来是多余的，但却是必需的。person.person 指的是 person 模块内的 person 类，只写 person 只会取得模块，而不是类，除非使用 from 语句。

```
from person import person
x=person()
```

就像其他的变量一样，没有预先导入，并且从其所在文件中将其取出，我们是无法看见文件中的类的。虽然类和模块都是附加属性的命名空间，但它们是非常不同的源代码结构：模块反应了整个文件，而类只是文件内的语句。

创建对象的过程称为实例化，当一个对象被创建后，可通过对象名来访问对象的属性和方法。Python 的 OOP 模型中有两种对象——类对象和实例对象。类对象提供默认行为，是实例对象的工厂；实例对象是程序处理的实际对象，各自都有独立的命名空间，但是继承创建该实例的类中的变量名。类对象来自于语句，而实例对象来自于调用。每次调用一个类，就会得到这个类的新的实例。

从更具体的程序设计观点来看，类是 Python 的程序组成单元，就像函数和模块一样，类是封装逻辑和数据的另一种方法。实际上，类也定义新的命名空间，在很大程度上就像模块。但是，和我们已见过的其他程序组成单元相比，类有三个重要的独到之处，使其在建立新对象时更为有用。

（1）多重实例

类基本上就是产生对象的工厂。每次调用一个类，就会产生一个有独立命名空间的新对象。每个由类产生的对象都能读取类的属性，并获得自己的命名空间来储存数据，这些数据对于每个对象来说都不同。

（2）通过继承进行定制

类也支持 OOP 的继承的概念。我们可以在类的外部重新定义其属性从而扩充这个类。更通用的是，类可以建立命名空间的层次结构，而这种层次结构可以定义该结构中类创建的对象所使用的变量名。

（3）运算符重载

通过提供特定的协议方法，类可以定义对象来响应在内置类型上的几种运算。例如，通过类创建的对象可以进行切片、级联和索引运算。

面向对象的优势之一是如果我们有一个类，就可以对其进行专有化，这意味着创建一个新类，新类继承原始类的所有属性（数据与方法），通常可以添加或替换原始类中的某些方法，或添加更多的实例变量。我们可以对任何 Python 类进行子类化，而不管这个 Python 类是内置的，来自标准库的，或者是我们自己的自定义类。进行子类化的能力是面向对象程序设计提供的巨大优势之一，因为通过这种方法，可以直接使用现有类作为新类的基础，并根据需要对原始类进行扩充，以非常干净而直接的方式添加新的数据属性与功能，并且可以将新类的对象传递给为原始类而写的函数与方法，并且正确工作。

我们使用术语基类来指定那些被继承的类，基类可以是直接的父类，也可以位于继承树中向上回溯较多的位置。另一个用于基类的术语是超级类。我们使用术语子类、衍生类、衍生来描述某个类是从其他类继承的情况。在 Python 中，每个内置的类、库类以及我们创建的每个类都直接或间接地从最顶层的基类——object 衍生而来。图 6-1 勾勒了继承树体系以及一些相关术语。

在子类中，任何方法都可能被重写，也就是说重新实现。如果有一个 MyDict（继承自 dict 的类）类的对象，并调用同时由 dict 与 MyDict 定义的方法，Python 将正确地调用 MyDict 版本的方法——这也就是所谓的动态方法绑定，也称为多态性。如果我们在重新实现后的方法内部调用该方法的基类版本，就可以使用内置的 super()函数方法。

图 6-1　一些面向对象术语

6.2　实例属性和类属性

属性有两种，一种是实例属性，另一种是类属性。实例属性是在构造函数 __init__ 中定义的，定义时以 self 作为前缀；类属性是在类中方法之外定义的。实例属性属于实例（对象），只能通过对象名访问；类属性属于类，可通过类名访问（尽管也可通过对象访问，但不建议这样做，因为会造成类属性值不一致）。类属性还可以在类定义结束之后，在程序中通过类名增加。

1.　类对象提供默认行为

执行 class 语句，就会得到类对象。以下是 Python 类主要特性的要点。

● 　class 语句创建类对象并将其赋值给变量名。就像函数 def 语句，Python class 语句也是可执行语句。执行时，会产生新的类对象，并将其赋值给 class 头部的变量名。此外，就像 def 应用，class 语句一般是在其所在文件导入时执行的。

● 　class 语句内的赋值语句会创建类的属性。就像模块文件一样，class 语句内的顶层的赋值语句（不是在 def 之内）会产生类对象中的属性。从技术角度来讲，class 语句的作用域会变成类对象的属性的命名空间，就像模块的全局作用域一样。执行 class 语句后，类放入属性可由变量名点号运算获取 object.name。

● 　类属性提供对象的状态和行为。类对象的属性记录状态信息和行为，可由这个类所创建的所有实例共享。位于类中的函数 def 语句会生成方法，方法将会处理实例。

2.　实例对象是具体的元素

当调用类对象时，我们得到了实例对象。以下是类的实例的重点概要。

● 　像函数那样调用类对象会创建新的实例对象。每次调用时，都会建立并返回新的实例对象。实例代表了程序域中的具体元素。

● 　每个实例对象继承类的属性并获得了自己的命名空间。由类所创建的实例对象是新命名空间。一开始是空的，但是会继承创建该实例的类对象内的属性。

● 　在方法内对 self 属性做赋值运算会产生每个实例自己的属性。在类方法函数内，第一个参数会引用正处理的实例对象。对 self 的属性做赋值运算，会创建或修改实例内的数据，而不是类的数据。

以下举例说明这些概念在实际中是如何工作的，首先定义一个类，通过交互模式运行 Python class 语句：

```
>>> class Firstclass:
```

```
    def setdata(self,value):
        self.data=value
    def display(self):
        print(self.data)
```

这里是在交互模式下工作的，一般来说，这种语句应该是当其所在的模块文件导入时运行的。就像通过 def 建立的函数，这个类在 Python 抵达并执行语句前是不会存在的。就像所有复合语句一样，class 开头一样会列出类的名称，后面再接一个或多个内嵌并且缩进的语句主体。在这里，嵌套的语句是 def，定义类要实现导出的行为的函数。def 其实是赋值运算，在这里是把函数对象赋值给变量名 setdata，而且 display 位于语句范围内，因此会产生附加在类上的属性：Firstclass.setdata 和 Firstclass.display。事实上，在类嵌套的代码块中顶层的赋值的任何变量名，都会变成类的属性。

位于类中的函数通常称为方法，方法是普通 def，支持先前学过的函数的所有内容，在方法函数中，调用时，第一个参数自动接收隐含的实例对象——调用的主体。我们需要建立一些实例来理解其是如何工作的。

```
>>> x=Firstclass()
>>> y=Firstclass()
```

以此方式调用类时，会产生实例对象，也就是可读取类属性的命名空间，确切来说，此时有三个对象：两个实例和一个类。以 oop 观点来看，我们说 x 是一个 Firstclass 对象，y 也是。这两个实例一开始是空的，但是它们被连接到创建它们的类。如果对实例以及类对象内的属性名称进行点号运算，Python 会通过继承搜索从类取得变量名。

```
>>> x.setdata("red")
>>> y.setdata(23)
```

x 和 y 本身都没有 setdata 属性，为了寻找这个属性，Python 会顺着实例到类的线索查找。而这就是 Python 的继承：继承是在属性点号运算时发生的，而且只与查找连接对象内的变量名有关。

在 Firstclass 的 setdata 函数中，传入的值会赋给 self.data。在方法中，self 会自动引用正在处理的实例，所以赋值语句会把值储存在实例的命名空间，而不是类的命名空间。因为类会产生多个实例，方法必须经过 self 参数才能获取正在处理的实例。当调用类的 display 方法来打印 self.data 时，会发现每个实例的值都不同。另外，变量名 display 在 x 和 y 之内都相同，因为它是来自于类的。

```
>>> x.display()
red
>>> y.display()
23
```

在类内时，可以通过方法内对 self 进行赋值运算；而在类外时，则可以通过对实例对象进行赋值运算。

```
>>> x.data="new"
>>> x.display()
new
```

下面通过完整举例说明属性问题。程序代码如下。

```
class Product:
    price=100                          #定义类属性
    def __init__(self,c):
```

```
        self.color=c                    #定义实例属性
#主程序
Product1=Product("red")
Product2=Product("Yellow")
print(Product1.color,Product2.color)
Product.price=120                       #修改类属性
Product.name='shoes'                    #增加类属性
Product1.color="black"                  #修改实例属性
print(Product1.color,Product.price,Product.name)
print(Product2.color,Product.price,Product.name)
```

程序运行结果如下。

```
redYellow
black 120 shoes
Yellow 120 shoes
```

如果属性名以＿＿（双下划线）开头则是私有属性，否则是公有属性。私有属性在类外不能直接访问。Python 提供了访问私有属性的方式，可用于程序的测试和调试，访问方式如下。

```
对象名.＿类名+私有成员名
class Food:
    def __init__(self):
        self.__color='red'
        self.price=10
apple=Food()
apple.price=20
print(apple.price,apple._Food__color)      #访问私有成员
apple.(_)Food__color="Blue"
print(apple.price,apple._Food__color)
print(apple.__color)                       #不能直接访问私有属性
```

程序运行结果如下。

```
20 red
20 Blue
print(apple.__color)                       #不能直接访问私有属性
```

6.3 类的方法

在 Python 中，类有 3 种方法——实例方法，类方法，静态方法。实例方法一般由被类所生成的实例所调用，唯一需要注意的是在定义实例方法的时候，和其他面向对象语言的实例方法使用的时候差不多，实例方法内部逻辑是否需要使用参数，形参列表第一个参数都要定义且最好命名为 self，形参列表的第一个参数 self 代表的是实例化的类对象的引用。静态方法其实就是类中的一个普通函数，它并没有默认传递的参数，在创建静态方法的时候，需要用到内置函数：staticmethod()，要在类中使用静态方法，需在类成员函数前面加上@staticmethod 标记符，以表示下面的成员函数是静态函数。使用静态方法的好处是，不需要定义实例即可使用这个方法，另外，多个实例共享此静态方法。类方法其实和实例方法类似，不过其第一个参数一般是 cls（约定俗成）

而不是 self, 一个类方法就是可以通过类或它的实例来调用的方法, 不管你是用类来调用这个方法还是类实例调用这个方法, 该方法的第一个参数总是定义该方法的类对象。

程序如下。

```
class A(object):
    def foo(self,x):
        #类实例方法
        print('executing foo(%s,%s)'%(self,x))
    @classmethod#声明类方法
    defclass_foo(cls,x):
        #类方法
        print('executing class_foo(%s,%s)'%(cls,x))
    @staticmethod#声明静态方法
    defstatic_foo(x):
        #静态方法
        print('executing static_foo(%s)'%x)
```

主程序如下。

```
a=A()
a.foo(1)
a.class_foo(1)
A.class_foo(1)
a.static_foo(1)
A.static_foo(1)
```

程序运行结果如下。

```
executing foo(<__main__.A object at 0x02415390>,1)
executingclass_foo(<class '__main__.A'>,1)
executingclass_foo(<class '__main__.A'>,1)
executingstatic_foo(1)
executingstatic_foo(1)
```

类方法和静态方法都可以被类和类实例调用, 类实例方法仅可以被类实例调用。

如果方法名以两个下划线 (__) 开头, 则表示此方法为私有方法, 私有方法和公有方法都属于对象, 每个对象都有自己的公有方法和私有方法; 公有方法通过对象名调用, 私有方法不能通过对象名调用, 只能在属于对象的方法中通过 self 调用。静态方法只能通过类名调用, 静态方法中不能访问属于对象的成员, 只能访问属于类的成员。

程序代码如下。

```
class Fruit:
    price=0
    def __init__(self):
        self.__color='red'              #定义和设置私有属性color
        self.__city='Kunming'           #定义和设置私有属性city
    def __outputColor(self):            #定义私有方法outputColor
        print(self.__color)             #访问私有属性color
    def __outputCity(self):             #定义私有方法outputColor
        print(self.__city)              #访问私有属性city
def output(self):                       #定义公有方法output
self.__outputColor()                    #调用私有方法outputColor
```

```
        self.__outputCity()                      #调用私有方法 outputCity
    @staticmethod
    def getprice():                              #定义静态方法 getprice
            return Fruit.price
    @staticmethod
    def setprice(p):                             #定义静态方法 setprice
            Fruit.price=p
```

主程序如下。

```
apple=Fruit()
apple.output()
print(Fruit.getprice())
Fruit.setprice(9)
print(Fruit.getprice())
```

程序运行结果如下。

```
red
Kunming
0
9
```

6.4 构造函数

Python 中类的构造函数是__init__（开始和结束都是双下划线）。用来为属性设置初始值，在建立对象时自动执行。如果用户未设计构造函数，Python 将提供一个默认的构造函数。构造函数属于对象，每个对象都有自己的构造函数。要创建一个对象，需要两个必要的步骤。首先要创建一个原始的或未初始化的对象，之后必须对该对象进行初始化，以备使用。Python 在创建对象时，首先调用特殊方法__new__()创建该对象，之后调用特殊方法__init__()对其进行初始化。在实际的编程中，我们创建的几乎所有 Python 类都只需要重新实现__init__()方法，因为如果我们不提供自己的__new__()方法，Python 会自动调用 object.__new__()方法。

```
class Student(object):
    def __init__(self,first='',last='',id=0):
        self.firstnamestr=first
        self.lastnamestr=last
        self.idint=id
```

Student 类有三个属性——firstnamestr、lastnamestr 和 idint。方法__init__初始化类，通过提供__init__方法，类设计者可以将属性添加到这个类的任何实例中。因为点标记赋值会创建属性，要给每个属性赋值，只有赋值才能生成值属性的方法。例如，在类 Student 类的__init__中，self.firstnamestr=first。

```
>>> s1=Student()
>>> print(s1.firstnamestr)
>>> s2=Student(last='Python',first='Hello')
>>> print(s2.lastnamestr)
Python
```

这里生成了 Student 类的两个实例——s1 和 s2。s1 调用构造函数时生成，没有带任何参数，即 Student()。生成第二个实例 s2 时，给出了参数中的两个，即 Student(last='Python',first='Hello')。每个实例都带有三个属性的副本，因为它们是在__init__方法中由赋值语句产生的，是实例命名空间的一部分。

6.5 析构函数

Python 中类的析构函数是__del__（开始和结束都是双下划线），用来释放对象占用的资源，在 Python 收回对象空间之前自动执行。如果用户未设计析构函数，Python 将提供默认的析构函数。析构函数属于对象，每个对象都有自己的析构函数。

```
class Car:
    def __init__(self,n):
        self.num=n
      print('编号为',self.num,'的对象出生了')
    def __del__(self):
      print('编号为',self.num,'的对象死了')
car1=Car(1)
car2=Car(2)
del car1
del car2
```

程序运行结果如下。

编号为 1 的对象出生了
编号为 2 的对象出生了
编号为 1 的对象死了
编号为 2 的对象死了

python 没有提供任何内部机制来跟踪一个类有多少个实例被创建了，或者记录这些实例是什么东西。如果需要这些功能，可以显式加入一些代码到类定义或者__init__()和__del__()中去。最好的方式是使用一个静态成员来记录实例的个数。靠保存它们的引用来跟踪实例对象是很危险的，因为你必须合理管理这些引用，不然你的引用可能没办法释放（因为还有其他的引用）。

```
class InstCt(object):
    count = 0
    def __init__(self):
        InstCt.count += 1
    def __del__(self):
        InstCt.count -= 1
    def howMany(self):
        return InstCt.count

a = InstCt()
b = InstCt()
print (b.howMany())
print (a.howMany())
del b
print (a.howMany())
del a
print (InstCt.count)
```

程序运行结果如下：

```
2
2
1
0
```

6.6 运算符的重载

在 Python 中可通过重载运算符来实现对象之间的运算。Python 把运算符与类的方法关联起来，每个运算符都对应一个函数。运算符重载就是让用类写成的对象可截取并响应用在内置类型上的运算（加法、切片、打印和点号运算符等）。虽然我们把所有类行为实现为方法函数，运算符重载则让对象和 Python 的对象模型更加紧密地结合在一起。此外，因为运算符重载，让我们自己的对象行为就像内置对象那样，这可促进对象接口更加一致并更易于学习，而且可让类对象由预期的内置类型接口的代码处理。以下是重载运算符的一些概念。

● 以双下划线命名的方法（__x__）是比较特殊的。Python 运算符重载的实现是提供特殊命名的方法来拦截运算。Python 语言为每种运算和特殊命名的方法之间定义了固定不变的映射关系。

● 当实例出现在内置运算时，这类方法会自动调用。例如，如果实例对象继承了__add__方法。当对象出现在+表达式内时，该方法就会调用。该方法的返回值会变成相应表达式的结果。

● 类可覆盖多数内置类型运算。有十几种特殊运算符重载的方法名称，几乎可以截获并实现内置类型的所有运算。它不仅包括了表达式，而且像打印和对象建立这类基本运算也包括在内。

● 运算符覆盖方法没有默认值，而且也不需要。如果类没有定义或继承运算符重载方法，就是说相应的运算在类实例中并不支持。例如，如果没有__add__，+表示式就会引发异常。

● 运算符可让类与 Python 的对象模型相集成。重载运算符时，以类实现的用户定义对象的行为就会像内置对象一样，因此，提供了一致性，以及与预期接口的兼容性。

举一个简单的重载例子，例如，Number 类提供一个方法来拦截实例的构造函数（__init__），此外还有一个方法捕捉减法表达式（__sub__）。这种特殊的方法可与内置运算相绑定。

```
class Number:
    def __init__(self,start):
        self.data=start
    def __sub__(self,other):
        return Number(self.data-other)
>>> x=Number(5)
>>> y=x-2
>>> y.data
3
```

__init__构造函数是 Python 中最常用的运算符重载方法，它存在于绝大多数类中。它把左侧的实例对象传给__add__中的 self 参数，而把右边的值传给 other，__add__返回的内容成为表达式的结果。

在类中，对内置对象（例如，整数和列表）所能做的事，几乎都有相应的特殊名称的重载方法。表 6-1 列出其中一些最常用的重载方法。

表6-1　　　　　　　　　　　　　　　　　　常见的运算符重载方法

方法	重载	调用
__init__	构造函数	对象创建：X = Class(args)
__del__	析构函数	X 对象收回
__add__	运算符+	如果没有_iadd_，X+Y，X+=Y
__or__	运算符|	如果没有_ior_，X|Y，X|=Y
_repr__，__str__	打印，转换	print(X)，repr(X)，str(X)
__call__	函数调用	X(*args, **kwargs)
__getattr__	点号运算	X.undefined
__setattr__	属性赋值语句	X.any=value
__delattr__	属性删除	del X.any
__getattribute__	属性获取	X.any
__getitem__	索引运算	X[key]，X[i:j]
__setitem__	索引赋值语句	X[key]，X[i:j]=sequence
__delitem__	索引和分片删除	del X[key]，del X[i:j]
__len__	长度	len(X)，如果没有__bool__，真值测试
__bool__	布尔测试	bool(X)
__lt__，__gt__，__le__，__ge__，__eq__，__ne__	特定的比较	X<Y，X>Y，X<=Y，X>=Y，X==Y，X!=Y（lt：小于，gt：大于，Le：小于等于，ge：大于等于，eq：等于，ne：不等于）
__radd__	右侧加法	other+X
__iadd__	实地（增强的）加法	X+=Y(or else __add__)
__iter__，__next__	迭代环境	I=iter(X)，next()
__contains__	成员关系测试	item in X（任何可迭代）
__index__	整数值	hex(X)，bin(X)，oct(X)
__enter__，__exit__	环境管理器	with obj as var:
__get__，__set__，__delete__	描述符属性	X.attr, X.attr=value, del X.attr
__new__	创建	在__init__之前创建对象

所有重载方法的名称前后都有两个下划线字符，以便把同类中定义的变量名区别开来。特殊方法名称和表达式或运算的映射关系，是由 Python 语言预先定义好的（在标准语言手册中有说

明）。例如，名称__add__按照 Python 语言的定义，无论__add__方法的代码实际上在做些什么，总是对应了表达式+。

多数重载方法只用在需要对象行为表现得就像内置类型一样的高级程序中。然而，__init__构造函数常出现在绝大多数类中。我们已经见到过__init__初始设定构造函数，以及表 6-1 中一些其他的方法。下面通过一些例子来说明表中的其他方法。

1. 索引和分片：__getitem__和__setitem__

如果类中定义了（或继承了）的话，则对于实例的索引运算，会自动调用__getitem__。当实例 x 出现在 x[i]这样的索引运算中，Python 会调用这个实例继承的__getitem__方法，把 x 作为第一个参数传递，并将方括号内的索引值传给第二个参数。例如，下面的类将返回索引值。

```
>>> class Index:
        def __getitem__(self,index):
            return index
...
>>> x=Index()
>>> x[3]
3
>>> fori in range(6):
        print(x[i],end=' ')
...
0 1 2 3 4 5
```

2. 拦截分片

除了索引，对于分片表达式也调用__getitem__。正式地讲，内置类型以同样的方式处理分片。例如，下面是在一个内置列表上工作的分片，使用了上边界和下边界以及一个 stride。

```
>>> L=[2,3,4,5,6]
>>> L[2:4]
[4, 5]
>>> L[1:]
[3, 4, 5, 6]
>>> L[:-1]
[2, 3, 4, 5]
```

实际上，分片边界绑定到了一个分片对象中，并且传递给索引的列表实现。实际上，我们总是可以手动地传递一个分片对象——分片语法主要是用一个分片对象进行索引的语法。

```
>>> L[slice(2,4)]
[4, 5]
>>> L[slice(1,None)]
[3, 4, 5, 6]
>>> L[slice(None,-1)]
[2, 3, 4, 5]
```

对于带有一个__getitem__的类，该方法针对基本索引调用，又针对分片调用。我们前面的类没有处理分片，因为它的数学假设传递了整数索引，但是，如下类将会处理分片。当针对索引调用的时候，参数像前面一样是一个整数。

```
>>> class Index:
        data=[2,3,4,5,6]
        def __getitem__(self,index):
            print('getitem:',index)
```

```
                returnself.data[index]
...
>>> x=Index()
>>> x[0]
getitem: 0
2
>>> x[1]
getitem: 1
3
>>> x[-1]
getitem: -1
6
```

然而，当针对分片调用的时候，方法接受一个分片对象，它在一个新的索引表达式中直接传递给嵌套的列表索引。

```
>>> x[2:4]
getitem: slice(2, 4, None)
[4, 5]
>>> x[1:]
getitem: slice(1, None, None)
[3, 4, 5, 6]
>>> x[:-1]
getitem: slice(None, -1, None)
[2, 3, 4, 5]
```

如果使用的话，__setitem__ 索引赋值方法类似地拦截索引和分片赋值——它为后者接收了一个分片对象，它可能以同样的方式传递给另一个索引赋值中。

```
>>> def __setitem__(self,index,value):
        self.data[index]=value
>>> x.data[0]=0
```

3. 索引迭代：__getitem__

for 语句的作用是从 0 到更大的索引值，重复对序列进行索引运算，直到检测到超出边界的异常。__getitem__ 也可以是 Python 中一种重载迭代的方式。如果定义了这个方法，for 循环每次循环时都会调用类的__getitem__。并持续搭配有更高的偏移值。

```
>>> class Stepper:
        def __getitem__(self,i):
            returnself.data[i]
...
>>> x=Stepper()
>>> x.data='spam'
>>> x[1]
'p'
>>> for item in x:
        print(item,end=' ')
...
s p a m
```

4. 迭代器对象：__iter__和__next__

上一节__getitem__是有效的，但它是迭代退而求其次的方法。Python 所有的迭代环境会有优先尝试__iter__的方法，再尝试__getitem__。从技术角度上讲，迭代环境是通过 iter 去尝试寻找__iter__方法来实现，而这种方法返回一个迭代器对象。如果已经提供了，python 会重复调用迭代器对象的 next()方法,直到发生 StopIteration 异常。如果没有找到__iter__,python 会使用__getitem__机制。

```
class Squares:
    def __init__(self,start,stop):
        self.value=start-1
        self.stop=stop
    def __iter__(self):
        return self
    def __next__(self):
        if self.value==self.stop:
            raiseStopIteration
            self.value+=1
            returnself.value**2
>>> fori in Squares(1,5):
        print(i,end=' ')
...
1 4 9 16 25
```

5. 属性引用:__getattr__和__setattr__

__getattr__方法是拦截属性点号运算。更确切地说,当通过对未定义属性名称和实例进行点号运算时,就会用属性名称作为字符串调用的方法。如果 Python 可通过其继承树搜索流程找到这个属性,该方法就不会被调用。因为这种情况,所以__getattr__可以通过通用的方式响应属性要求。例如:

```
>>> class Empty:
    def __getattr__(self,attrname):
        if attrname=='age':
            return 40
        else:
            raiseAttributeError,attrname
...
>>> x=Empty()
>>> x.age
40
>>> x.name
...error text omitted...
AttributeError:name
```

在这里,Empty 类和其他实例 x 本身并没有属性,所以对 x.age 的存取会转至__getattr__方法,self 则赋值为实例 (x),而 attrname 则赋值为未定义的属性名称字符串 ("age")。这个类传回一个实际值作为 x.age 点号表达式的结果 (40),让 age 看起来像实际的属性。实际上 age 变成了动态计算的属性。对于类不知道该如何处理的属性,这个__getattr__会引发内置的 AttributeError 异常,告诉 Python,那是未定义的属性名。请求 x.name 时,会引发错误。

有个相关的重载方法__setattr__会拦截所有属性的赋值语句。如果定义了这个方法,self.attr=value 会变成 self.__setattr__('attr',value)。因为在__setattr__中对任何 self 属性做赋值,都会调用__setattr__,导致了无穷递归循环。

```
class Accesscontrol:
    def __setattr__(self,attr,value):
        if attr=='age':
            self.__dict__[attr]=value
```

```
        else:
                raise(AttributeError,attr+'not allowed')
...
>>> x=Accesscontrol()
>>> x.age=40
>>> x.age
40
>>> x.name='mel'
...text omitted...
AttributeError:name not allowed
```

6. __repr__和__str__会返回字符串表达形式

下一个例子是__init__构造函数和__add__重载方法，本例也会定义返回实例的字符串表达形式的__repr__方法。字符串格式把 self.data 转化为字符串。如果定义了的话，当类的实例打印或转换成字符串时__repr__就会自动调用。这些方法可替代对象定义更好地显示格式，而不是使用默认的实例显示。

实例对象的默认显示既无用也不好看。

```
>>> class Adder:
        def __init__(self,value=0):
            self.data=value
        def __add__(self,other):
            self.data+=other
...
>>> x=Adder()
>>> print(x)
<__main__.Adder object at 0x01F69390>
>>> x
<__main__.Adder object at 0x01F69390>
```

但是，编写或继承字符串表示方法允许我们定制显示：

```
>>> class Addrepr(Adder):
        def __repr__(self):
            return 'Addrepr(%s)'%self.data
    ...
>>> x=Addrepr(2)                          #Runs__init__
>>> x+1                                    #Runs__add__
>>> x                                      #Runs__repr__
Addrepr(3)
>>> print(x)                               #Runs__repr__
Addrepr(3)
>>> str(x),repr(x)          #Runs__repr__for both
('Addrepr(3)', 'Addrepr(3)')
```

● 打印操作会首先尝试__str__和 str 内置函数。它通常应该返回一个友好的显示。

● __repr__用于所有其他的环境中：用于交互模式下提示回应以及 repr 函数，如果没有使用__str__，会使用 print 和 str。它通常应该返回一个编码字符串，可以用来重新创建对象，或者给开发者一个详细的显示。

总而言之，如果定义了一个__str__，当使用 print 和 str 则会调用__str__，如果没有定义__str__，则调用__repr__，即__repr__用于任何地方。

```
>>> class Addboth(Adder):
        def __str__(self):
```

```
            return '[value:%s]'%self.data
        def __repr__(self):
            return 'Addboth(%s)'%self.data
        ...
>>> x=Addboth(4)
>>> x+1
>>> x
Addboth(5)
>>> print(x)
[value:5]
>>> str(x),repr(x)
('[value:5]', 'Addboth(5)')
```

7. 右侧加法和原处加法：__radd__和__iadd__

从技术方面来讲，前面例子中出现的__add__方法并不支持+运算符右侧使用实例对象。要实现这类表达式，而支持可互换的运算符，可以一并编写__radd__方法。只有当+右侧的对象是类实例，而左边对象不是类实例时，Python 才会调用__radd__方法。在其他所有情况下，则由左侧对象调用__add__方法。

```
>>> class Comuter:
        def __init__(self,val):
            self.val=val
        def __add__(self,other):
            print('add',self.val,other)
            return self.val+other
        def __radd__(self,other):
            print('radd',self.val,other)
            return other+self.val
        ...
>>> x=Comuter(8)
>>> y=Comuter(9)
>>> x+1
add 8 1
9
>>> 1+y
radd 9 1
10
>>> x+y
add 8 <__main__.Comuter object at 0x02110310>
radd 9 8
17
```

注意，__radd__中的顺序与之相反：self 是在+的右侧，而 other 是在左侧。此外，注意 x 和 y 是同一个类的实例。当不同类的实例混合出现在表达式中时，Python 优先选择左侧的那个类。当我们把两个实例相加的时候，Python 运行__add__，它反过来通过简化左边的运算数来触发__radd__。

8. 原处加法

为了实现+=原处扩展相加，下面我们编写一个__iadd__或__add__。如果前者空缺的话，使用后者。

```
>>> class Number:
        def __init__(self,val):
            self.val=val
```

```
        def __iadd__(self,other):
            self.val+=other
            return self
    ...
>>> x=Number(5)
>>> x+=1
>>> x+=1
>>> x.val
7
>>> class Number:
        def __init__(self,val):
            self.val=val
        def __add__(self,other):
            return Number(self.val+other)
    ...
>>> x=Number(5)
>>> x+=1
>>> x+=1
>>> x.val
7
```

9. Call 表达式：__call__

当函数调用时，使用__call__方法，一旦定义了，Python 就会为实例应用函数调用表达式运行__call__方法。这样可以让类实例的外观和用法类似于函数。

```
>>> class Callee:
        def __call__(self, *pargs, **kargs):
            print('called',pargs,kargs)
    ...
>>> c=Callee()
>>> c(1,2,3)
called (1, 2, 3) {}
>>> c(2,3,4,x=1,y=2,z=3)
called (2, 3, 4) {'y': 2, 'x': 1, 'z': 3}
```

10. 布尔测试：__bool__和__len__

在布尔环境中，Python 首先尝试__bool__来获取一个直接的布尔值，然后，如果没有该方法，就尝试__len__类根据对象的长度确定一个真值。通常，首先使用对象状态或其他信息来生成一个布尔结果。

```
>>> class Truth:
        def __bool__(self):return True
    ...
>>> x=Truth()
>>> if x:print('yes')
...
yes
>>> class Truth:
        def __bool__(self):return False
    ...
>>> x=Truth()
>>> bool(x)
False
```

如果没有这个方法，Python 会求其长度，因为一个非空对象看作是真。

```
>>> class Truth:
        def __len__(self):return 0
    ...
>>> x=Truth()
>>> if not x:print('no')
...
no
```

如果两个方法都有，Python 会调用__bool__，因为它更加具体：

```
>>> class Truth:
        def __bool__(self):return True
        def __len__(self):return 0
    ...
>>> x=Truth()
>>> if x:print('yes')
...
yes
```

如果没有定义真的方法，对象看作真：

```
>>> class Truth:
        pass
...
>>> x=Truth()
>>> bool(x)
True
```

作为一名类的设计者，你可以选择使用或不使用运算重载符。你的抉择取决于有多想让对象的用法和外观看起来更像内置类型。如果省略运算符重载方法，并且不从超类中继承该方法，实例就不支持相应的运算；如果试着使用这个实例进行运算，就会抛出异常（或者使用标准的默认值）。坦白地讲，只有在实现本质为数学的对象时，才会用到许多运算符重载方法。例如，向量或矩阵类可以重载加法运算符，但员工类可能就不用。就较简单的类而言，可能根本就不会用到重载，而应该利用明确的方法调用来实现对象的行为。

几乎每个实际的类似乎都会出现的一个重载方法是：__init__构造函数。因为这可让类立即在其新建的实例内添加属性，对于每种你可能会写的类而言，构造函数都是有用的。事实上，虽然Python 不会对实例的属性进行声明，但通常也可以通过找到类的__init__方法的代码而了解实例有哪些属性。

6.7　继承

面向对象编程具有三个特性——封装性、多态性、继承性。继承是为代码重用而设计的，当我们设计一个新类时，为了代码重用可以继承一个已设计好的类。在继承关系中，原来设计好的类称为父类，新设计的类称为子类。继承允许基于类的特点创建另一个类，完成这个步骤需要两个步骤。首先，在类上增加关联，类似于实例和类之间的关联。其次，这种关联关系能够"继承"位于关系方案上层的类的属性。通过继承这些属性，可以实现代码共享。

在 Python 中，当对对象进行点号运算时，就会发生继承，而且涉及了搜索属性定义树（一个或多个命名空间）。每次使用 object.attr 形式的表达式时（object 是实例或类对象），python 会从头至尾搜索命名空间树，先从对象开始，寻找所能找到的第一个 attr。这包括在方法中对 self 属性的引用。因为树中较低的定义会覆盖较高的定义，继承构成了专有化的基础。

子类继承父类时用 class 子类名（父类名）来表示。子类能继承父类的所有公有成员。在需要的时候，在子类中可通过 super() 来调用父类的构造函数，也可通过父类名来调用父类的构造函数。

1. 属性树的构造

图 6-2 总结了命名空间树构造以及填入变量名的方法。

- 实例属性是由对方法内 self 属性进行赋值运算而生成的。
- 类属性是通过 class 语句内的语句（赋值语句）而生成的。
- 超类的连接是通过 class 语句首行的括号内列出类而生成的。

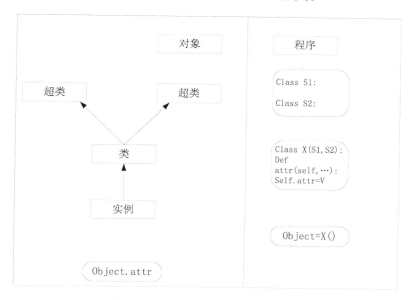

图 6-2　命名空间树及填入变量名的方法

图 6-2 对应的程序代码会在内存中创建对象树，这个树是通过属性继承搜索的。调用类会创建记忆了这个类的新的实例。执行 class 语句会创建新的类，而列在 class 语句首行括号内的类则成为超类。self 属性位于类的方法内每个属性引用，都会触发由下至上的树搜索。

结果就是连接实例的属性命名空间树，到产生它的类、再到类首行中所列出的所有超类。每次以点号运算从实例对象取出属性名称时，Python 会向上搜索树，从实例直到超类。

2. 继承方法的专业化

上文谈到了继承树搜索模式，是将系统专有化的最好方法。因为继承会先在子类寻找变量名，然后才查找超类，子类就可以对超类的属性重新定义来取代默认的行为。实际上，你可以把整个系统做出类的层次，再新增外部的子类来对其进行扩展，而不是在原处修改已经存在的逻辑。

重新定义继承变量名的概念引出了各种专有化技术。例如，子类可以完全取代继承的属性，提供超类可以找到的属性，并且通过已覆盖的方法回调超类来扩展超类的方法。我们已经看到过实际中取代的做法。下面是如何扩展的例子。

```
>>> class Super:
```

```
        def method(self):
            print('in Super.method')
        ...
>>> class Sub(Super):
        def method(self):
            print('starting Sub.method')
            Super.method(self)
            print('ending Sub.method')
```

直接调用超类方法是这里的重点。Sub 类以其专有化的版本取代了 Super 的方法函数。但是，取代时，Sub 又回调了 Super 所导出的版本，从而实现了默认的行为。换句话说，Sub.method 只是扩展了 Super.method 的行为，而不是完全取代了它。

```
>>> X=Super()
>>> X.method()
in Super.method

>>> X=Sub()
>>> X.method()
starting Sub.method
in Super.method
ending Sub.method
>>> X=Super()
>>> X.method()
```

3. 类接口技术

扩展只是一种与超类接口的方式。下面所展示的 specialize.py 文件定义了多个类，示范了一些常用技巧。

- Super：定义一个 method 函数以及在子类中期待一个动作的 delegate。
- Inheritor：没有提供任何新的变量名，因此会获得 Super 中定义的一切内容。
- Replacer：用自己的版本覆盖 Super 的 method。
- Extender：覆盖并回调默认 method。从而定制 Super 的 method。
- Provider：实现 Super 的 delegate 方法预期的 action 方法。

下面通过研究这些子类来了解它们定制的共同的超类的不同途径。

```
class Super:
    def method(self):
        print('in Suoer.method')
    def delegate(self):
        self.action()

class Inheritor(Super):
    pass

class Replacer(Super):
    def method(self):
        print('in Replacer.method')

class Extender(Super):
    def method(self):
        print('starting Extender.method')
        Super.method(self)
        print('ending Extender.method')
```

```
class Provider(Super):
    def action(self):
        print('in Provider.action')

if __name__=='__main__':
    for k in (Inheritor,Replacer,Extender):
        print('\n'+k.__name__+'...')
        k().method()
    print('\nProvider...')
    X=Provider()
    X.delegate()
```

　　这个例子末尾的自我测试程序代码会在 for 循环中建立三个不同类实例。因为类是对象，可将它们放在元组中，并可以通过通用方法创建实例。类也有特殊的__name__属性，就像模块。它默认为类首行中的类名称的字符串。以下是执行这个文件的结果。

```
Inheritor...
in Super.method

Replacer...
in Replacer.method

Extender...
starting Extender.method
in Super.method
ending Extender.method

Provider...
in Provider.action
```

4.　抽象超类

　　注意上一个例子中的 Provider 类是如何工作的。当通过 Provider 实例调用 delegate 方法时，有两个独立的继承搜索会发生。

- 在最初 X.delegate 的调用中，Python 会搜索 Provider 实例和它上层的对象，知道在 Super 中找到 delegate 的方法。实例 X 会像往常一样传递给这个方法的 self 参数。
- 在 Super.delegate 方法中，self.action 会对 self 以及它上层的对象启动新的独立继承搜索。因为 self 指的是 Provider 实例，在 Provider 子类中就会找到 action 方法。

　　从 delegate 方法的角度来看，这个例子中的超类有时也称作为抽象超类——也就是类的部分行为默认是由其子类所提供的。如果预期的方法没有在子类中定义，当继承搜索失败时，Python 会引发未定义变量名的异常。类的编写者偶尔会使用 assert 语句，使这种子类需求更为明显，或者引发内置的异常 NotImplementedError。下面是 assert 方法的实例应用示例：

```
class Super:
    def delegate(self):
        self.action()
    def action(self):
        assert False,'action must be defined!'

>>> X=Super()
>>> X.delegate()
AssertionError: action must be defined!
```

　　对于 assert，如果其表达式运算结构为假，就会引发带有出错信息的异常。在这里，表达式总是为假（0）。因此，如果没有方法重新定义，继承就会找到这里的版本，触发出错信息。此外，有些类只在该类的不完整方法中直接产生 NotImplemented 异常。

```
class Super:
    def delegate(self):
        self.action()
    def action(self):
      #assert False,'action must be defined!'
      raise NotImplementedError('action must be defined!')
```

```
>>> X=Super()
>>> X.delegate()
NotImplementedError: action must be defined!
```

对于子类的实例，我们将会得到异常，除非子类提供了其他的方法来替代超类中的默认方法。

```
>>> class Sub(Super):pass
>>> X=Sub()
>>> X.delegate()
NotImplementedError: action must be defined!
```

```
>>> class Sub(Super):
      def action(self): print('spam')
>>> X=Sub()
>>> X.delegate()
spam
```

下面通过一个例子来展示子类与父类之间的关系。程序代码如下。

```
class Person(object):
    sex='male'
    def __init__(self, s1, s2):
        self.age=s1
        self.name=s2
        print ('__init__(self) of Person')
    def hello(self, friend):
        print ('hello, ', friend)

class Student(Person):                     #子类 Student，父类 Person
    def __init__(self, num):
        self.number=num

    def fun(self):
        print (self.age, self.name, self.number, Student.sex)

class Worker(Person):                       #子类 Teachert，父类 Person
    def __init__(self, t, s1, s2):
        self.company=t
        super(Worker,self).__init__(s1, s2)   #调用父类的构造函数
      #也可通过父类名来调用父类的构造函数: Person.__init__(self,s1,s2)
    def fun(self):
        print (self.age, self.name, self.company, Worker.sex)

stud1=Student('201601')
stud1.name='li si'
stud1.age=21
```

```
stud1.fun()
stud1.hello('li')
worker=Worker('alibaba',23,'zhang san')
Worker.sex='female'
worker.fun()
worker.hello('zhang')
```

程序运行结果如下。

```
21 li si 201601 male
hello, li
__init__(self) of Person
23 zhang san alibaba female
hello, zhang
```

5. 使用特性进行属性存取控制

下面的代码中，列举了 Circle 类和 Point 类，Circle 类继承自 Point 类，Point 类包含了一个 distance_from_origin()方法，Circle 类包含 area()、circumference()与 edge_distance_from_original() 等方法。所有这些方法返回的都是一个单独的 float 值，因此，从用户的角度看，这些类可以当作数据属性来使用，当然，是只读的。

```
#shape.py
class Point:
    def __init__(self,x=0,y=0):
      self.x=x
      self.y=y
    def distance_from_origin(self):
        return math.hypot(self.x,self.y)

class Circle(Point):
    def __init__(self,radius,x=0,y=0):
        super().__init__(x,y)
      self.radius=radius
    def edge_distance_from_origin(self):
        return abs(self.distance_from_origin()-self.radius)
    def area(self):
        return math.pi* (self.radius**2)

>>> import math
>>> circle=Circle(5,28,45)
>>> circle.radius
5
>>> circle.edge_distance_from_origin()
48.0
```

在 shape.py 文件中，提供了 Point 类与 Circle 类的替代实现方案——这里提及的所有方法都是作为特性提供的。下面给出 area 与 edge_distance_from_origin 这两个特性的获取者方法的实现。

```
@property
def edge_distance_from_origin(self):
    return abs(self.distance_from_origin()-self.radius)

@property
def area(self):
    return math.pi*(self.radius**2)
```

```
>>> import math
>>> circle=Circle(5,28,45)
>>> circle.radius
5
>>> circle.edge_distance_from_origin
48.0
```

如果我们只是像上面所做的提供获取者方法，那么特性是只读的。用于 area 特性的代码与前面的 area()方法是相同的，edge_distance_from_origin 的代码则与以前的有些不同，因为现在存取的是基类的 distance_from_origin 特性，而不是调用 distance_from_origin()方法。两者最显著的差别就是特性修饰器。修饰器是一个函数，该函数以一个函数或方法为参数，并返回参数的"修饰后"版本，也就是对该函数或方法进行修改后的版本。

property()修饰器函数是一个内置函数，至多可以接受 4 个参数：一个获取者函数、一个设置者函数、一个删除者函数以及一个 docstring。使用@property 的效果与仅使用一个参数（获取者函数）调用 property()的效果是相同，我们可以使用如下方法创建 area 特性。

```
def area(self):
return math.pi*(self.radius**2)
area=property(area)
```

我们很少使用这种语法，因为使用修饰器所需要的代码更短，也更加清晰。

在上文中，我们注意到，对 Circle 的 radius 属性没有进行验证，但通过将 radius 转换为特性，就可以对其进行验证。这并不需要对 Circle.__init__()方法进行任何改变，存取 Circle.radius 属性的任何代码仍然可以正常工作而不需要改变——只不过现在 radius 在设置时就会进行验证。

Python 程序员通常使用特性，而非在其他面向对象程序设计语言中通常使用的显示的获取者函数与设置者函数（比如 getRadius()与 setRadius()函数），这是因为将数据属性转变为特性非常容易，而又不影响该类的有效使用。

为将属性转换为可读/可写的特性，我们必须创建一个私有的属性，其中实际上存放了数据，并提供获取者方法与设置方法。下面给出的是属性 radius 的获取者、设置者以及 docstring 的完整版。

```
@property
def radius(self):
"""The circle's radius

    >>> circle=Circle(-2)
    Traceback(most recent call last):
    ...
    AssertionError:radius must be nonzero and non_negative
    >>> circle=Circle(4)
    >>> circle.radius=-1
    Traceback(most recent call last):
    ...
    AssertionError:radius must be nonzero and non_negative
    >>> circle.radius=6
    """
    return self.__radius
@radius.setter
def radius(self,radius):
    assert.radius>0,"radius must be nonzero and non-negative"
```

```
self.__radius=radius
```

我们使用 assert 语句来确保 radius 的取值为非 0 以及非负值，并将该值存储于私有属性 self.__radius 中。需要注意的是，获取者与设置者有同样的名称——用于对其进行区分的是修饰器，修饰器会适当地对其进行重命名，从而避免发生名冲突。

用于设置者的修饰器最初看起来有些奇怪。每个创建的特性都包含 getter、setter、deleter 等属性，因此，在使用@property 创建了 radius 特性之后，radius.getter、radius.setter 以及 radius.deleter 等属性就都是可用的了。radius.getter 被设置为@property 修饰器的获取者方法，其他两个属性由 Python 设置，以便其不进行任何操作（因此这两个属性不能写或删除），除非用作修饰器，这种情况下，他们实际上使用自己用于修饰的方法来替代了自身。

Circle 的初始化程序（Circle.__init__()）包括 self.radius=radius 语句，将调用 radius 特性的设置者方法，因此，如果创建 Circle 时给定了无效的 radius 值，就会产生一个 AssertionError 异常。类似地，如果试图将现有 Circle 设置为无效值，仍然会调用设置者方法并产生异常。docstring 中包含了 doctests，以便测试在这些情况下是否正确地产生了异常。

6.8　本章小结

本章介绍了面向对象程序设计的基本概念和基本方法。我们了解了类和对象的概念，类是客观世界中事物的抽象，是一种数据类型而不是变量，对象是类实例化后的变量。属性分为两种，一种是实例属性，属于实例对象，通过对象名访问；另一种是类属性，属于类，通过类名访问。在 Python 中，类有 3 种方法——实例方法，类方法，静态方法。Python 把运算符与类的方法关联起来，每个运算符都对应一个函数，重载运算符就是实现函数。也学习了如何继承类并为其添加额外的数据属性与方法。

6.9　本章习题

1．简述类和对象的含义及关系。

2．按照以下提示尝试定义一个 Person 类并生成类实例对象。

属性：姓名（默认姓名为“张三”）。

方法：打印姓名。

提示：方法中对属性的引用形式需加上 self，如 self.name。

3．如果我们不希望对象的属性或方法被外部直接引用，我们可以怎么做，请举例说明。

4．什么情况下我们需要在类中明确写出__init__方法？

5．__del__方法什么时候被调用？

6．我们都知道在 Python 中，两个字符串相加会自动拼接字符串，但遗憾的是两个字符串相减却抛出异常。现在我们要求定义一个 Nstr 类，支持字符串的相减操作：A-B，即从 A 中去除所有 B 的子字符串。请编写相应的程序。

示例：

```
>>> a = Nstr('I love Python!iiiiiiii')
```

```
>>> b = Nstr('i')
>>> a - b
'I love Python! '
```

7.请问以下代码的作用是什么？这样写正确吗？（如果不正确，请改正。）

```
def __setattr__(self,name,value):
    self.name = value + 1
```

8. 要求写一个方法：当访问一个不存在的属性时，不报错且提示"该属性不存在！"（提示：应用 getattr()方法。）

9. 按照以下要求，定义一个类实现摄氏度到华氏度的转换。（转换公式：华氏度 = 摄氏度×1.8 + 32。）

要求：我们希望这个类尽量简练地实现功能，如下：

```
>>> print(C2F(32))
89.6
```

10. 定义一个类继承于 int 类型，并实现一个特殊功能：当传入的参数是字符串的时候，返回该字符串中所有字符的 ASCII 码的和（使用 ord()获得一个字符的 ASCII 码值）。

实现如下：

```
>>> print(Nint(123))
123
>>> print(Nint(1.5))
1
>>> print(Nint('A'))
65
>>> print(Nint('Aa'))
162
```

11. 定义一个单词（Word）类继承字符串，重写比较操作符，当两个 Word 类对象进行比较时，根据单词的长度来比较大小。要求：实例化时如果传入的是带空格的字符串，则取第一个空格前的单词作为参数。

第7章
文件和I/O

本章内容提要：
- 什么是文件
- 怎样操作文件
- 怎样操作目录

本章将介绍各种不同类型文件的处理方法，包括文本和二进制文件的处理、文件编码及其他一些相关内容，以及关于程序的输入和输出内容。

7.1 文件基础知识

7.1.1 什么是文件

文件是存储在外部介质上的数据集合，与文件名相关联。文件的基本单位是字节，文件所含的字节数就是文件的长度。文件所含的字节是从文件头到文件结束，每个字节有 1 个默认的位置，位置从 0 开始。如 file.txt 含有的数据是 A4SSSS3GGG，由于 1 个英文字符在文件中占有 1 个字节，该文件长度为 11 字节，则 A 的位置是 0，4 的位置是 1······最后 1 个字符 G 的位置是 9，文件头的位置是 0，文件尾（文件末尾）的位置是文件内容结束后的第 1 个空位置，该位置没有文件内容，上述文件的文件尾的位置是 10。

按文件中数据的组织形式可以把文件分为文本文件和二进制文件两类。

（1）文本文件

文本文件存储的是常规字符串，由文本行组成，通常以换行符'\n'结尾，只能读写常规字符串。文本文件可以用字处理软件如 gedit、记事本进行编辑。常规字符串是指文本编辑器能正常显示、编辑的字符串。例如，英文字母串、汉字串、数字串（不是数字）。

（2）二进制文件

二进制文件按照对象在内存中的内容以字节串（bytes）进行存储，不能用字处理软件进行编辑。

7.1.2 文件的打开或创建

Python 中文件操作语句格式如下。

文件变量名=open(文件名[，打开方式[，缓冲区]])

● 文件名指定了被打开的文件名称。

● 打开方式指定了打开文件后的处理方式，如表 7-1 所示。

● 缓冲区指定了读写文件的缓存模式，0 表示不缓存，1 表示缓存，如大于 1 则表示缓冲区的大小，默认值是缓存模式。

● open()函数返回 1 个文件对象，该对象可以对文件进行各种操作。

示例如下。

```
f1=open('file1.txt', 'r')
f2=open('file2.txt', 'w')
```

表 7-1   文件的打开方式

mode	说　明	注　意
'r'	只读方式打开	文件必须存在
'w'	只写方式打开	文件不存在则创建文件 文件存在则清空文件内容
'a'	追加方式打开	文件不存在则创建文件
'r+'/'w+'	读写方式打开	
'a+'	追加和读写方式打开	
'rb'、'wb'、'ab'、'wb+'、'ab+'：二进制文件的打开方式，具体方式同上		

● 文件的最小单位是字节，文件自动维护 1 个文件指针，文件指针指定了读写的位置。在'r'、'r+'、'rb'、'rb+'、'w'、'w+'、'wb'、'wb+'模式，刚打开文件时，文件指针指向开始处，随着读写的进行指针自动移动。在'a'、'a+'、'ab'和'ab+'模式下，刚打开文件时，文件指针指向文件尾，随着读写的进行，指针自动移动。

● r 或者 a 开头的模式是安全模式，因为不会删除原来的内容。w 开头的模式是有风险的模式，因为会删除原来的内容。

● 可用 seek()函数移动文件指针，将在本章后面介绍。

文件对象建立之后可以使用其属性和方法。文件对象的常用属性如表 7-2 所示，文件对象的常用方法如表 7-3 所示。

表 7-2   文件对象的常用属性

属　性	说　明
Closed	判断文件是否关闭。若文件被关闭，则返回 True
Mode	返回文件的打开模式
Name	返回文件的名称

表 7-3   文件对象的常用方法

方　法	说　明
flush()	把缓冲区的内容写入磁盘，不关闭文件
close()	把缓冲区的内容写入磁盘，关闭文件，释放文件对象
read([size])	从文件中读取 size 个字节的内容作为结果返回，若省略 size 则读取整个文件的内容作为结果返回

续表

方　法	说　明
readline()	从文本文件中读取 1 行作为字符串返回
readlines()	把文本文件中的每行作为字符串插入列表中，返回该列表
seek(offset[,whence])	把文件指针移到新的位置，Offset 表示相对于 whence 的位置，whence 用于设置相对位置的起点。0 表示从文件开头开始计算，1 表示从当前位置开始计算，2 表示从文件末尾开始计算。若 whence 省略，offset 表示相对文件开头的位置，常用的是 seek(n)指针移到位置 n,seek(0,2)指针移到文件末尾
tell()	返回当前文件指针的位置
truncate([size])	删除从当前指针位置到文件末尾的内容。若指定了 size，则不论指针在什么位置都留下前 size 个字节，其余的删除
write(s)	把字符串 s 的内容写入文本文件或写入二进制文件
writelines(sequenceofstrings)	把字符串列表写入文本文件，不会添加换行符

7.1.3　字符编码

编码是用数字来表示符号和文字的一种方式，是符号、文字存储和显示的基础。下面我们给出比较容易理解的例子。古代打仗，击鼓进攻、鸣金收兵，这就是编码。把要传达给士兵的命令对应为一定的其他形式，比如命令"进攻"，会经过如下的信息传递。

长官下达进攻命令，传令员将这个命令编码为鼓声（如果复杂点，鼓响声数量分别对应什么进攻方式）。鼓声在空气中传播，比传令员的嗓子吼出来的声音传播得更远，士兵听到后也不会引起歧义，这就是"进攻"命令被编码成鼓声之后的优势所在。

士兵听到鼓声，就是接收到信息之后，如果接受过训练或者有人告诉过他们，他们就知道鼓声的意义是发起进攻，这个士兵把鼓声转化成具体指令的过程就是解码。所以，编码方案要有两套，一套在信息发出者那里，另外一套在信息接收者这里。经过解码之后，士兵明白了收到信息的含义，才采取相应的行动。具体如图 7-1 所示。

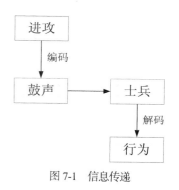

图 7-1　信息传递

最早的编码是美国标准信息交换码 ASCII，仅对 10 个数字、26 个大写字英文字母、26 个小写字英文字母及一些其它常用符号进行了编码。ASCII 采用 8 位即 1 个字节，因此最多只能对 256 个字符进行编码。随着信息技术的发展，各国的文字都需要进行编码。常见的编码有 UTF-8、GB2312、GBK、CP936、Unicode。

注意　　采用不同的编码意味着把同一字符存入文件时，写入的内容可能不同。

UTF-8 编码是国际通用的编码，以 8 位，即 1 字节表示英语（兼容 ASCII），以 24 位即 3 字节表示中文及其他语言，UTF-8 对全世界所有国家需要用到的字符进行了编码。若软件使用了 UTF-8 编码，在任何平台下（如英文操作系统、俄语操作系统等）都可以显示汉字以及其他国家的文字。

GB2312 编码是中国制定的中文编码，以 8 位（1 字节）表示英语，以 16 位（2 字节）表示中文。GBK 是对 GB2312 的扩充，CP936 是微软在 GBK 基础上完成的编码，因此 GBK 编码、GB2312 编码和 CP936 编码都是用 2 字节来表示中文。

Unicode 是国际组织制定的可以容纳世界上所有文字和符号的字符编码方案。Unicode 用数字 0~0x10FFFF 来给字符编码，最多可以容纳 1 114 112 个字符。Unicode 是编码转换的基础，在需要进行编码转换时，先把一种编码的字符串转换成 Unicode 编码的字符串，然后再转换成另一种编码的字符串。在进行 Python 编程时，在常量字符串前加 u 可以表示 Unicode 编码的字符串。如 u"德意志"表示这三个汉字的 Unicode 编码。

注意事项：

● 在 GBK 编码中，1 个汉字占 2 个字符。

● 在 UTF-8 编码中，1 个汉字占 3 个字符。

● 在 Unicode 编码中，1 个汉字占 1 个字符。

7.1.4 文件的写入

1．文本文件的写入

以下两种方法可以进行文本文件的写入。

● write(str)：将字符串 str 写入文件。

● writelines(sequence_of_strings)：写多行到文件，其中 sequence_of_strings 是由字符串所组成的列表，或者迭代器。

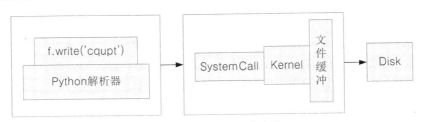

图 7-2 文件的写过程与存储

图 7-2 展示了将字符串写入文件的整个写入过程，当调用 write 函数的时候，write 函数被 Python 解释器所解释，然后系统调用（SystemCall）就会调用写函数，将数据写入内核（Kernel）中。内核中有一个缓冲机制，数据存储在缓冲文件中。当调用 close()将文件关闭的时候，会进行系统调用，内核会将缓冲区中的数据写到磁盘（Disk）上。所以这就可能导致了一个问题，即写的内容和磁盘内容不一致。一般会采用以下方法解决。

● 主动调用 close()或者 flush 方法，写缓冲同步到磁盘。

● 写入数据大于或者等于写缓存，写缓存会自动同步到磁盘。

下面就各种写入文件的方式给出示例。

把字符串"重庆邮电大学 123@cqupt"写入文件 F7_1.txt 中，采用 GBK 编码，显示文件的长度（总字节），默认采用的是 GBK 编码。

```
#Exp7_1.py
#coding=GBK
f=open('F7_1.txt','w')
f.write('重庆邮电大学123@cqupt')
```

```
f.seek(0,2)                    #把文件指针移到文件尾
length=f.tell()                #会返回文件尾的位置，其值刚好等于文件长度
f.close()
print ('文件长度=',length)
```

程序运行结果如下：

文件长度=21

在 Windows 系统中，把字符串"重庆邮电大学 123@cqupt "用 UTF-8 编码写入文件 F7_2.txt 中，并显示文件的长度（总字节数）。

```
import codecs                  #自然语言编码转换模块
#Exp7_2.py
#coding=UTF-8
s='重庆邮电大学 123@cqupt'
f=codecs.open('F7_2.txt','w','UTF-8')          #UTF-8 编码方式
f.write(s)
f.seek(0,2)                    #把文件指针移到文件尾
length=f.tell()                #文件尾的位置，其值刚好等于文件长度（字节数）
f.close()
print('文件长度=',length)
```

程序运行结果如下：

文件长度= 27

在文件 F7_2.txt 末尾追加两行内容。

分析：要在一个已存在的文件末尾追加新内容，打开文件时需要 "a+" 模式，或 "r+" 模式。

```
#Exp7_3.py
f=open('F7_2.txt','a+')
s='重邮在山上\n 重邮景色很美\n'
f.write(s)
f.close()
```

2.　二进制文件的写入

有时候需要读写二进制数据，比如图像、声音文件等。写入二进制数据时，很重要的一点是所有的数据必须以对象的形式来提供，而且该对象可以将数据以字节形式显示出来。二进制文件的写入有以下两种方法。

● 　一种是通过 struct 模块的 pack() 方法把数字和布尔值转换成字节串（以字节为单位的字符串），然后用 write() 方法写入二进制文件中，字符串则可直接写入二进制文件中。

● 　另外一种是用 pickle 模块的 dump() 方法直接把对象转换为字节串（bytes）并存入文件中。

（1）通过代码把数据转换为字节串然后写入文件。

pack() 方法的语法是：pack（格式串，数字对象表）。

格式串中的格式字符如表 7-4 所示。

表 7-4　　　　　　　　　　　　　　　　格式字符

格式字符	C 语言类型	Python 的类型	字节数
x	pad byte	no value	1
c	char	string of length1	1
b	signed char	integer	1
B	unsigned char	integer	1
?	bool	bool	1
h	short	integer	2
H	unsigned short	integer	2
i	int	integer	4
I	unsigned int	integer or long	4
l	long	integer	4
L	unsigned long	long	4
q	long long	long	8
Q	unsigned long long	long	8
f	float	float	4
d	double	float	8
s	char[]	string	1
p	char[]	string	1
P	void *	long	与操作系统位数有关

示例如下。

把 1 个整数、1 个浮点数、1 个布尔型对象、1 个字符串存入二进制文件 F7_4.dat 中。

分析：需要用 pack()方法把这些变量转换为字节串才能存入二进制文件中，根据表 7-4 所示的格式字符来调用 pack()方法，然后调用 write()方法来完成写入。

```
#Exp7_4.py
#coding=UTF-8
import struct
n=102400000
x=10.24
b=True
s='重庆邮电大学 123@cqupt'
sn=struct.pack('if?', n, x, b)
#把整数n、浮点数x、布尔对象b依次转换为字节串
f=open('F7_4.dat','wb')
f.write(sn)                    #写入字节串
f.write(s)                     #字符串可直接写入
f.close()
```

（2）使用 pickle 模块的 dump()方法。

使用 pickle 模块的 dump(object,f)来完成二进制文件的写入，第 1 个参数 object 是对象名,第 2 个参数 f 是文件对象。示例如下。

把 1 个整数、1 个浮点数、1 个字符串、1 个列表、1 个元组、1 个集合、1 个字典存入二进制

文件 F7_5.dat 中。

分析：该问题需要存储的数据比较复杂，使用 pickle 模块的 dump()方法比较方便。

```
#Exp7_5.py
#coding=UTF-8
import pickle
f=open('F7_5.dat','wb')
n=7
i=102400000
a=10.24
s='中国人民123abc'
lst=[[1,2,3],[4,5,6J,[7,8,9]]
tu=(-5,10,8)
coll={4,5,6}
dic={'a':'apple','b':'banana','g':'grape','o':'orange'}
try:
    pickle.dump(n,f)          #表示后面将要写入的数据个数
    pickle.dump(i,f)          #把整数 i 转换为字节串，并写入文件
    pickle.dump(a,f)
    pickle.dump(lst,f)
    pickle.dump(i,f)
    pickle.dump(tu,f)
    pickle.dump(coll,f)
    pickle.dump(dic,f)
except:
                 print('写文件异常!')   #如果写文件异常则跳到此处执行
f.close()
```

该示例还使用了 try-except 来处理异常。

7.1.5　文件的读取

1. 文本文件的读取

文件写入后，如果想读取出来，Python 提供了如下 3 个方法。

● read([size])：读取文件，如果文件大于 size 个字节，则只读取 size 个字节；如果小于 size 个字节，则读取完；如果不设置 size，则默认读取全部。

● readline([size])：读取一行。

● readlines([size])：读取完文件（这里有一个细节，就是说如果文件非常大，超过了缓存的大小，则会读取缓存的一个近似值大小的文件，如果文件没有缓存大，则读取整个文件。如果想真正读取整个文件，则要使用迭代器 iter()），返回一个由每一行所组成的列表，这样我们就可以用访问列表的方式访问文件。但是这个文件有一个弊端，就是文件很大的时候，如果一次性全部读取完，会占据很大的内存空间，所以一般不推荐使用。

下面是各种文本文件读取方法的示例。

读取文件 F7_1.txt 的前 8 个字节，并显示：

```
#Exp7_6.py
f=open('F7_1.txt','r')
s=f.read(11)#读取文件的前 11 个字节
f.close()
print('s=',s)
```

```
print('字符串 s 的长度(字符个数)=', len(s))
```

程序运行结果如下。

```
s=重庆邮电大学 123@c
字符串 s 的长度(字符个数)= 11
```

读取文件 F7_1.txt 的全部内容，并显示：

```
#Exp7_7.py
f=open('F7_1.txt','r')
s=f.read()#读取文件全部内容
f.close()
print('s=',s)
```

程序运行结果如下。

```
s=重庆邮电大学 123@cqupt
```

使用 readline()读取文件 F7_2.txt 的每一行，并显示：

```
#Exp7_8.py
f=open('F7_2.txt','r')
while True:
        line=f.readline()
        if line=='':
                    break
print(line),
#逗号不会产生换行符，但文件中有换行符，因此会换行
f.close()
```

程序运行结果如下。

```
重庆邮电大学 123@cqupt
重邮在山上
重邮景色很美
```

使用 readlines()读取文件 F7_2.txt 的每一行，并显示：

```
#Exp7_9.py
f=open('F7_2.txt','r')
s=f.readlines()
for line in s:
    print(line),
    #逗号不会产生换行符，但文件中有换行符，因此会换行
    f.close()
```

程序运行结果如下。

```
重庆邮电大学 123@cqupt
重邮在山上
重邮景色很美
```

2. 二进制文件的读取

二进制文件的读取应根据写入时的方法采取相应的方法进行读取。

● 用 struct 模块的 pack()方法完成转换而写的文件，应该用 read()方法读出相应数据的字节串，然后通过代码还原数据。字符串不用还原。

● 用 pickle 模块的 dump() 方法完成转换而写的文件，应该用 pickle 模块的 load() 方法还原对象。

（1）使用 read() 方法

字符串可以直接读出，数字和布尔对象需要用 struct 模块的 unpack() 方法还原。

unpack() 方法的语法是：unpack(格式串, 字符串表)。

格式串中的格式字符如表 7-4 所示。

unpack() 方法返回 1 个元组，元组的分量就是还原后的数据。

示例如下。

读取二进制文件 F7_4.dat 中的数据，并显示：

分析：F7_4.dat 中存储的是字节串，需要准确读出每个数据的字节串，然后进行还原，这样才能显示。

```
#Exp7_10.py
import struct
f=open('F7_4.dat','rb')
sn=f.read(9)
tu=struct.unpack('if?',sn)
```

#从字节串 sn 中还原出 1 个整数、1 个浮点数和 1 个布尔值，并返回元组

```
print(tu)
n=tu[0]
x=tu[1]
bl=tu[2]
print('n=',n)
print('x=',x)
print('bl=',bl)
s=f.read(9)
f.close()
print('s=',s)
```

程序运行结果如下。

```
(102400000,10.239999771118164,True)
n=102400000
x=10.239999771118164
bl=True
s='重庆邮电大学 123@cqupt'
```

（2）使用 pickle 模块的 load() 方法

pickle 模块的 load(f) 方法可以从二进制文件中读取对象的字节串并还原对象，使用起来非常方便。参数 f 是文件对象，该方法返回还原后的对象。

读取二进制文件 F7_5.dat 中的数据，并显示：

分析：二进制文件 F7_5.dat 中存有 7 个数据，包括 1 个整数、1 个浮点数、1 个字符串、1 个列表、1 个元组、1 个集合、1 个字典，因此使用 load() 方法就能顺利地读出文件中的数据。

```
#Exp7_11.py
import pickle
f=open('F7_5.dat','rb')
n=pickle.load(f)          #读取文件的数据个数
i=0
while i<n:
```

```
        x=pickle.load(f)
        print(x)
        i=i+1
f.close()
```

程序运行结果如下。

```
102400000
10.24
中国人民123abc
[1,2,3],[4,5,6J,[7,8,9]
(-5,10,8)
set([4,5,6])
{'a':'apple','b':'banana','g':'grape','o':'orange'}
```

3. 文件指针的移动

在 Python 写入和读取的过程中，都会涉及指针的移动。

● 写入文件后，必须打开才能读取写入的内容。

● 读取文件后，无法再次读取读过的内容。如图 7-3 所示，假如首先调用 open()函数，那么文件默认从开始打开。紧接着又调用了 read(3)，读取 3 个字节，那么指针就会向后移动 3 个字节。如果再调用 write()，则会继续往后移动,如果没有任何其他的操作，那么指针是不会重新定位到第一个字节的。为了能做到在文件的任何位置读写内容，需要用 seek()方法移动文件指针。

● seek(n)，其中 n>=0，seek(0)表示文件指针移到文件头；n>0 时，表示移动到文件头之后的位置，从任意位置读取内容时或从任意位置覆盖内容时需要这样做。

● seek(0, 2)表示把文件指针移到文件尾，在追加新内容时需要这样做。

 不论是二进制文件还是文本文件，指针的相对位置的计算都是以字节为单位。

示例如下。

把文件 F7_1.txt 中的"大"替换为"小"，再把"1"替换为"9"，最后在文件末尾增加"软件学院"。

```
#Exp7_12.py
#coding=GBK
f=open('F7_1.txt','r+')
f.seek(5)              #文件指针移到'大'的首字节上
f.write('小')          #用'小'覆盖'大'
f.seek(1)              #文件指针移到'1'上
f.write('9')           #用'9'覆盖'1'
f.seek(0,2)            #文件指针移到文件尾
f.write('软件学院')    #增加新内容
f.close()
```

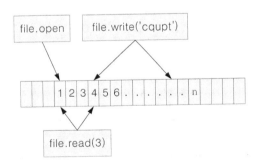

图 7-3　Python 写入和读取位置问题

4. 文件的关闭

为什么要关闭文件呢？原因有下面 3 点。

● 将写缓存同步到磁盘。

● 操作系统每个进程打开文件的个数是有限的。

● 如果打开文件数到了系统限制，再打开文件就会失败。

最常用的方法就是，调用 close()显式地关闭文件。一旦我们关闭了文件，该文件对象依然存在，但是我们无法通过它来读取文件内容了，而且文件对象返回的可打印内容也表明文件已经被关闭了。

7.1.6　文件基础知识的应用

1. 统计文件中各种字符的出现次数

问题描述：统计文本文件中大写字母、小写字母、数字字符及其他字符出现的次数。

分析：该问题需要每次读出 1 个字符作为字符串返回，并进行判断，根据判断结果进行计数，这些字符都只占 1 个字节，因此每次只需读 1 个字节。具体的流程图如图 7-4 所示。

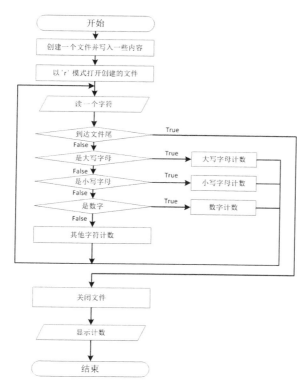

图 7-4　文件中不同字符的统计

```
#Exp7_12.py
#首先创建 1 个文本文件
f=open('F7_12.txt','w')
s='''>Hi AaBbHi CcDdoO0Ll1a2a3a4a@#$Hi a>A Hi peach!=banana'''
f.write(s)
f.close()
#进行统计
f=open('F7_12.txt','r')
nA=0
na=0
n0=0
nr=0
while True:
```

```
        x=f.read(1)              #每次读 1 个字符作为字符串返回
        if x=='':                #上一行读到文件尾时会返回空串，在此作为结束循环的条件
            break
        if x.isupper():          #判断 x 是否由 1 个大写字母构成
                nA=nA+1
        elif x.islower():        #判断 x 是否由 1 个小写字母构成
                na=na+1
        elif x.isdigit():        #判断 x 是否由 1 个数字构成
                n0=n0+1
        else:                    #其他字符处理
                nr=nr+1
f.close()
print('na=',na)
print('nA=',nA)
print('n0=',n0)
print('nr=',nr)
```

程序运行结果如下：

```
na=26
nA=11
n0=5
nr=12
```

2. 替换文件中的某些内容

问题描述：替换文本文件中的 'Hi' 为 'Hello'，把结果存入另外一个文本文件中。

分析：需要每次从文本文件中读出 2 个字符，如果等于 'Hi' 就把 'Hello' 写入另一个文本文件中。如果不相等，就把这 2 个字符中的第 1 个写入另一个文件中，文本指针后退一个字符，重新读出 2 个字符。具体的流程图如图 7-5 所示。

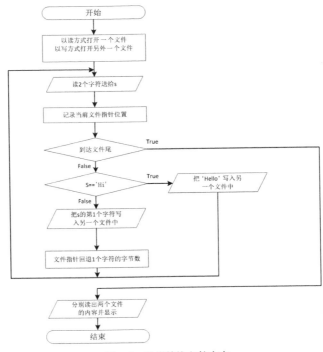

图 7-5　查找替换文件内容

```
#Exp7_13.py
#codiing=GBK
def FileCopy(tar_File,res_File):
#定义 1 个函数以完成文件的复制
try:
    a=open(res_File,'rb')
    a2=open(tar_File,'wb')
except:
    print('打开文件异常! ')
    return -1
s=a.read()
a2.write(s)
a.close()
a2.close()
return 0
try:
    FileCopy('F7_12_2.txt','F7_12.txt')
    #通过复制产生文件 F7_12_2.txt 以便处理
    f=open('F7_12_2.txt','r')
    f2=open('F7_12_3.txt','w+')          #创建 1 个新文件待写入
except:
    print('打开文件异常! ')
while True:
    s=f.read(2)            #读 2 个字符
    point=f.tell()         #存储文件指针的当前位置
    if len(s)<2:           #如果剩下的字符不足 2 个就退出循环
        break
    if s=='Hi':
        f2.write('Hello')              #把'Hello'存入文件 F7_12_3.txt 中
    else:
        f2.write(s[0])                 #把 s 的第 1 个字符写入文件 F7_12_3.txt 中
        f.seek(point-1)
#把文件指针后退 1 个字符的字节数, 英文字符占 1 个字节
f.seek (0)
s=f.read()
f2.flush()              #清除内部缓冲区
f2.seek(0)
s2=f2.read()
f.close()
f2.close()
print(s)
print('='*len(s))
print(s2)
```

程序运行结果如下。

```
>Hi AaBb Hi CcDdoO0Ll1a2a3a4a@#$ Hi a>A Hi peach!=banana
========================================================
>Hello AaBb Hello CcDdoO0Ll1a2a3a4a@#$ Hello a>A Hello peach!=banan
```

3. 将结构化数据写入文件并做相关的处理

用计算机处理文件中的数据时,首先规定一种数据结构,存储和读取都按照这种数据结构进行

才能正确地处理数据,否则无法处理,这是建立 MIS 系统（管理信息系统）的基本原理。

问题描述：定义一个新的数据结构,文件中第一个数据是记录数,接下来是表头,含有学号、姓名、高等数学、线性代数和计算机编程导论共 5 个字符串,接下来是各条记录,每条记录由学生的学号、姓名、高等数学成绩、线性代数成绩和计算机编程导论成绩组成。按照上面定义的数据结构存储学生数据,并存入 F7_14.dat 中。

```
#coding=UTF-8
import struct
f=open('F7_14.dat','wb')
n=input('请输入学生人数: ')
s=struct.pack('i',int(n))
f.write(s)
s2='学号 姓名 高等数学 线性代数 计算机编程导论'
f.write(bytes(s2,'UTF-8'))
i=0
while i<int(n):
    #键盘输入
    num=input('请输入第'+str(i+1)+'人的学号(2位): ')
    name=input('请输入姓名(3个汉字): ')
    a1=input('请输入高等数学成绩: ')
    a2=input('请输入线性代数成绩: ')
    a3=input('请输入计算机编程导论成绩: ')
    #对输入的数据进行编码
    s=num+name
    s=s+struct.pack('fff',a1,a2,a3)
    #把记录写入文件
    f.write(s) #写11+3*2+3*4共29字节
    i=i+1
f.close()
```

程序运行结果如下。

```
请输入学生人数: 5
请输入第1人的学号(2位): 11
请输入姓名(3个汉字): 高渐离
请输入高等数学成绩: 96
请输入线性代数成绩: 86.4
请输入计算机编程导论成绩: 78
请输入第2人的学号(2位): 15
请输入姓名(3个汉字): 流川枫
请输入高等数学成绩: 86
请输入线性代数成绩: 85.5
请输入计算机编程导论成绩: 74
请输入第3人的学号(2位): 21
请输入姓名(3个汉字): 白居易
请输入高等数学成绩: 74
请输入线性代数成绩: 65.6
请输入计算机编程导论成绩: 84
```

请输入第 4 人的学号(2 位)：24

请输入姓名(3 个汉字)：徐悲鸿

请输入高等数学成绩：96.3

请输入线性代数成绩：99

请输入计算机编程导论成绩：89

请输入第 5 人的学号(2 位)：27

请输入姓名(3 个汉字)：柳如是

请输入高等数学成绩：92

请输入线性代数成绩：88.5

请输入计算机编程导论成绩：75

程序的流程图如图 7-6 所示。

问题描述：按照上面定义的数据结构从文件 F7_14.dat 中读出数据，计算个人平均分，并显示成绩表。

分析：根据上面定义的数据结构，首先应该读取学生人数 n，然后逐条读出记录。读出的数据都是字节串，需要代码分别转换为字符串和数字才能进行正确的处理。

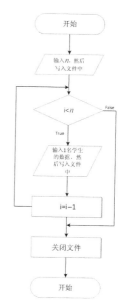

图 7-6　把结构化数据写入文件

```python
#Exp7_15.py
#coding=GBK
import struct
f=open('F7_14.dat','rb')
s=f.read(4)                        #读出人数所占的 4 个字节
n=struct.unpack('i', s)
print('n=',n)                      #观察人数是否正确
head=f.read(40*2)                  #读出表头
i=0
#读出记录存入列表中
li=[]
while i<n:
    i=i+1;
    s=f.read(11)                   #读出学号
    num=s
    s=f.read(3*2)                  #读出姓名
    name=s
    s=f.read(4*3)                  #读出 3 门成绩
    a1,a2,a3=struct.unpack('fff', s)
    a4=(a1+a2+a3)/3                #计算平均分
    li2=[num,name,a1,a2,a3,a4]
    li.append(li2)
#输出成绩表
i=0
j=0
print (head+'平均分')
while i<n:
    s2=(li[i][0]+'')
    s2=s2+li[i][1]+''*4
    j=2
    while j<6:
```

```
        s='%-13.2f'%li[i][j]
        j=j+1
        s2=s2+s
    print(s2)
    i=i+1
```

程序运行结果如下。

学号	姓名	高等数学	线性代数	计算机编程导论	平均分
11	高渐离	96	86.4	78	86.81
15	流川枫	86	85.5	74	81.8
21	白居易	74	65.6	84	74.53
24	徐悲鸿	96.3	99	89	94.77
27	柳如是	92	88.5	75	85.17

7.2 文件操作

7.2.1 常用的文件操作函数

一般而言，文件的基本操作都需要 os 模块和 os.path 模块。表 7-5 和表 7-6 列出了 os.path 与 os 模块常用的函数。

表 7-5　　　　　　　　　　　os.path 模块常用的文件处理函数

函数名	使用说明
abspath(path)	返回 path 所在的绝对路径
dirname(path)	返回目录的路径
exists(path)	判断文件是否存在
getatime(filename)	返回指定文件最近的访问时间
getctime(filename)	返回指定文件的创建时间
getmtime(filename)	返回指定文件最新的修改时间
getsize(filename)	返回指定文件的大小，单位是字节
isabs(path)	判断指定路径是否为绝对路径
isdir(path)	判断指定路径是否存在且是一个目录
isfile(path)	判断指定路径是否存在且是一个文件
split(path)	分割文件名与路径，并以列表方式返回
splitext(path)	从路径中分割文件的扩展名
splitdrive(path)	从路径中分割驱动器的名称
walk(top, func, arg)	遍历目录数

表 7-6　　　　　　　　　　　os 模块常用的文件处理函数

函数名	使用说明
access(path)	按照 mode 指定的权限访问文件

续表

函数名	使用说明
chmod()	改变文件的访问权限。mode 的设置以 UNIX 系统的权限表示一致
fatat(path)	返回打开的文件的所有属性
listdir(path)	返回 path 指定下的文件和目录
open(filename, flag[, mode=0777])	按照 mode 指定的权限打开文件。默认为可读、可写、可执行的权限，即 mode=0777
remove(path)	删除文件
rename(old, new)	将文件 old 重命名为 new
stat(path)	返回 path 指定文件的所有属性

7.2.2　文件的复制

对文件的操作中，一个非常重要的方面就是文件的复制。在 Python 中，复制文件有以下两种方法。

● 　无论是二进制文件还是文本文件，文件中的内容都以字节为单位，读写都以字节为单位进行。因此，文件一旦生成，如果仅进行文件复制，就可以把二进制文件和文本文件都当作二进制文件处理，这样复制文件的方法就统一了。文件复制可可以用 read() 与 write() 方法来实现。

● 　另外还可以用 shutil 模块实现文件的复制，shutil 模块是另外一个文件、目录的管理接口，该模块的 copyfile() 函数就可以实现文件的复制。

示例如下。

编写一个用来复制文件的函数。

```
#Exp7_16.py
#coding=GBK
def FileCopy(tar_File,res_File):
#定义 1 个函数以完成文件的复制
try:
    f=open(res_File,'rb')
    f2=open(tar_File,'wb')
except:
    print('打开文件异常！')
return -1
s=f.read()
f2.write(s)
f.close()
f2.close()
return 0
```

用 FileCopy() 函数把文本文件 F7_1.txt 复制到文件 F7_1_2.txt 中，把二进制文件 F7_9.dat 复制到 F7_9_2.dat 中。

```
#Exp7_17.py
from Exp7_16 import import FileCopy
#导入文件 Exp7_16.py 的方法 FileCopy
FileCopy('F7_9_2.dat','F7_9.dat')
#调用导入的 FileCopy 方法
FileCopy('F7_1_2.txt','F7_1.txt')
```

```
#调用导入的 FileCopy 方法
```

用 shutil 模块实现 7_17.py 的功能。

```
#Exp7_18.py
import shutil
shutil.copyfile('F7_9_2.dat','F7_9.dat')
#复制文件 F7_9.dat 到 F7_9_2.dat
shutil.copyfile('F7_1_2.txt','F7_1.txt')
#复制文件 F7_1.txt 到 F7_1_2.txt
```

7.2.3　文件的删除

文件的删除，需要调用 os 模块的 remove()函数实现，我们使用 os.path 模块的 exists()函数来确保被删除文件存在。示例如下。

```
import os,os.path
filename='test1.txt'
file(filename,'w')
if os.path.exists(filename):     #确认文件是否存在
    os.remove(filename)  #如果存在则删除
else:
    print('%s does not exist!'%filename)
```

7.2.4　文件的重命名

使用 os 模块的 rename()函数可实现对文件或者目录的重命名。

```
os.listdir(".")                          #列出当前目录的所有文件
os.rename("hi.txt","hello.txt")          #重命名文件
```

示例 7_19 问题描述：若当前目录存在文件名为 test1.txt 的文件，将其重新命名为 mytest1.txt，若 mytest1.txt 已存在，则给出是否需要继续更名的提示。若不要，则提示更名不成功，退出程序；若要，则再次输入更名信息，检测新名是否已经存在，不存在则执行更名操作，输出更名成功提示信息，若存在，则再次询问是否更名。具体的流程图如图 7-7 所示。

```
#Exp7_19.py
import os,os.path
filename='test1.txt'
rename='mytest1.txt'
file_list=os.listdir('.')
print(file_list)
if filename in file_list:          #判断需要重命名的文件是否存在
    while(rename in file_list):    #更名是否存在
        choice=input('有重命名，继续吗?（Y/N）: ')
        if choice in ['Y','y']:
            rename=input('请重新输入更新文件名: ')
        else:
            break
    else:                          #更名不存在，则进行更名
        os.rename(filename,rename)
        print('重命名成功')
else:
```

```
print('需要更名的文件不存在！')
```

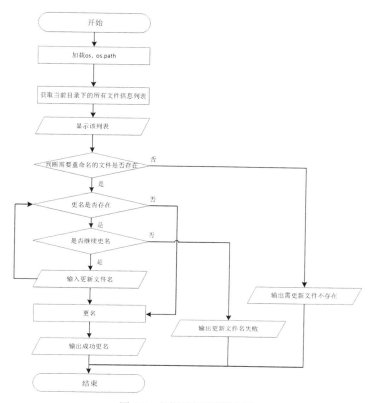

图 7-7　文件更名程序流程图

程序运行结果如下。

```
['7-1.py', 'F7_1.txt', 'F7_14.dat', 'F7_1_2.txt', 'F7_2.txt', 'F7_4.dat', 'jp.py',
'mytest1.txt', 'ps.py', 'README.txt', 'test1.txt', 'test7-1.txt', 'test7-2.txt', 'Untitled 1',
'__pycache__']
```
有重命名，继续吗？（Y/N）：y
请重新输入更新文件名：ee.txt
重命名成功

示例 7_20 问题描述：将当前目录下的所有后缀名为"html"的文件的后缀修改为"htm"。

分析：利用 os.listdir 函数获取当前目录下的所有文件名信息，文件名的格式为：文件主名.文件扩展名，分隔符号"."前为文件主名，其后为扩展名。用 find() 函数找到"."的索引位置信息存于 pos，利用 pos 区分文件主名和扩展名。文件主名的位置信息：从开头到 pos—1，文件扩展名位置信息：从 pos+1 到结束。具体的流程图如图 7-8 所示。

```
#Exp7_20.py
import os
files=os.listdir(".")                           #采集当前目录文件列表
print(files)
for filename in files:                          #将文件导入
```

```
    pos=filename.find(".")
#搜索 "." 所在位置
    if filename[pos + 1:]=="html":
#将文件位置+1后，切片判断是否为html
        Newname=filename[:pos + 1] + "htm"
            #如果是则将更改为htm
    os.rename(filename,newname)          #同上
        print(filename+'更名为: '+newname)
```

程序运行结果如下。

```
['7-1.py', 'ee.txt', 'F7_1.txt', 'F7_14.dat',
'F7_1_2.txt', 'F7_2.txt', 'F7_4.dat', 'jp.py',
'mytest1.txt', 'ps.py', 'README.txt', 'test1.html',
'test7-1.txt', 'test7-2.txt', 'Untitled 1', '__
pycache__']
        test1.html 更名为: test1.htm
```

我们也可以利用 os.path 模块中的 splitext() 函数实现对文件主名和扩展名的分离，splitext() 函数将返回一个元组类型('文件主名','.文件扩展名')。则上述示例的程序可改写为：

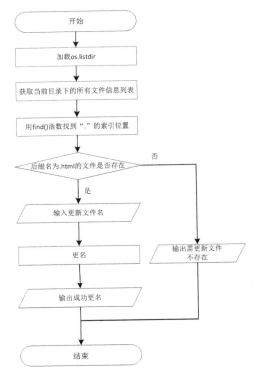

图7-8 利用文件名分隔符实现扩展名更名的程序流程图

```
#Exp7_21.py
import os
files=os.listdir(".")
print(files)
for filename in files:
    li=os.path.splitext(filename)
    #对文件名进行切分，小数点前面与后面切分
    if li[1]==".html":              #如果后面的是.html
        newname=li[0]+".htm"        #则修改为.htm
        os.rename(filename,newname)
print(filename+'更名为: '+newname)
```

程序运行结果如下。

```
    ['7-1.py', 'ee.txt', 'F7_1.txt', 'F7_14.dat', 'F7_1_2.txt', 'F7_2.txt', 'F7_4.dat',
'jp.py', 'ps.py', 'README.txt', 'test2.html', 'test7-1.txt', 'test7-2.txt', 'Untitled 1',
'__pycache__']
        test2.html 更名为: test2.htm
```

7.2.5 文件的比较

前面说明了文件内容的查找统计与内容的替换，这里将介绍如何利用 difflib 模块实现对序列或文件的比较。

比较两文件 hello. txt 和 hi.txt 的异同，代码如下。

```
hello.txt 的内容为: helloworld
hi.txt 的内容为: hihello
#Exp7_22.py
import difflib
import os
```

```
A=open('hello.txt','r')
B=open('hi.txt','r')
contextA=A.read()
contextB=B.read()
s=difflib.SequenceMatcher(lambda x:x=="",contextA,contextB)
result=s.get_opcodes()
for tag,i1,i2,j1,j2 in result:
    print("%s contextA[%d:%d]=%s contextB[%d:%d]=%s"%\
        (tag,i1,i2,contextA[i1:i2],j1,j2,contextB[j1:j2]))
```

程序运行结果如下。

```
insert contextA[0:0]= contextB[0:3]=hi
equal contextA[0:5]=hello contextB[3:8]=hello
delete contextA[5:11]= world contextB[8:8]=
```

文件内容与索引位置对照表如表 7-7 所示。

表 7-7　　　　　　　　　　　　　文件内容与索引位置对照表

索引号	0	1	2	3	4	5	6	7	8	9	10	11
内容 A	h	e	l	l	o		w	o	r	l	d	
内容 B	h	i		h	e	l	l	o				

根据该对照表，两文件进行比较是以 contextA 的内容为参考进行比较的，contextB 中的"hi"为插入字符，相同字符串为"hello"，遗漏字符串为"world"。

7.3　目录操作

上面对文件的操作进行了描述，本节主要介绍目录的基本操作：目录的创建、删除与遍历。

7.3.1　目录的创建

（1）用 mkdir(path)创建一个指定目录。

```
>>> import os
>>> os.listdir('f:/')
['$RECYCLE.BIN', '3600wnloads', 'KuGou', 'SogouDownLoad', 'System Volume Information',
'Youku Files']
>>> os.mkdir('f:/mynewdir')　#创建 mynewdir 目录
>>> os.listdir('f:/')
['$RECYCLE.BIN', '3600Downloads', 'KuGou', 'mynewdir', 'SogouDownLoad', 'System Volume
Information', 'Youku Files']
>>>
```

（2）用 makedirs(path1/path2…)创建多个目录。

```
>>> os.mkdir('./Newdir/subdir')　#试图用 mkdir 创建两级目录：Newdir 与下级目录 subdir
Traceback(most recent call last):
   File "<stdin>", line 1. in <module>
FileNotFoundError: [WinError 3] 系统找不到指定的路径。: './Newdir/subdir'
>>> os.makedirs('./Newdir/subdir')　#用 makedirs 成功创建两级目录
>>>
```

7.3.2　目录的删除

删除目录的函数有以下两个。

- os.rmdir("dir")：只能删除空目录。

- shutil.rmtree("dir")：空目录、有内容的目录都可以删除。

（1）用 rmdir(path)删除一个目录。

```
>>> import os
>>> os.listdir('f://')                   #检查 F 盘下的目录与文件信息
['$RECYCLE.BIN', '360Downloads', 'KuGou', 'mynewdir', 'SogouDownLoad', 'System Volume
Information', 'Youku Files']
>>> os.rmdir('f://mynewdir')             #删除 mynewdir 目录
>>> os.listdir('f://')                   #检查是否已经删除
['$RECYCLE.BIN', '360Downloads', 'KuGou', 'SogouDownLoad', 'System Volume Information',
'Youku Files']
>>>
```

（2）用 removedirs(path1/path2/…)删除多级目录。

```
>>> os.removedirs('./Newdir/subdir')        #用 removedirs 成功删除两级目录
```

7.3.3　目录的遍历

用 listdir(path)函数可以查看指定路径下的目录及文件信息，如果我们希望查看指定路径下全部子目录的所有目录和文件信息，就需要进行目录的遍历。递归法和 os.walk()函数为实现目录的遍历的两种常见方法。

为了说明目录的遍历，这里先建立一个测试目录 F:\TEST，目录结构如下。

```
----------------------------------------------------------------
F: \TEST
|--A
|   |--A-A
|   |   |--A-A-A.txt
|   |--A-B.txt
|   |--A-C
|   |   |--A-B-A.txt
|   |--A-D.txt
|--B.txt
|--C
|   |--C-A.txt
|   |--C-B.txt
|--D.txt
|--E
----------------------------------------------------------------
```

下面将分别采用两种方法显示测试目录 F:\TEST 下所有目录的文件名。

1．递归法

分析：采用 os.path.join 函数获取文件或者目录的完整信息，并输出显示，然后判断该信息是否为目录，若是，则依据该目录进行递归，获取其下一级目录及文件的信息。具体的流程图如图7-9 所示。

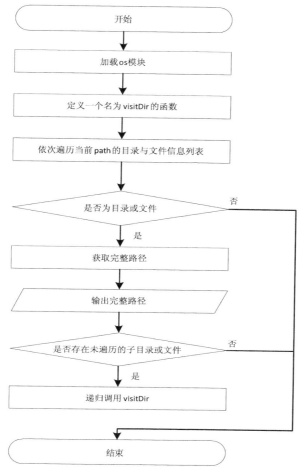

图 7-9　利用递归方法实现目录遍历的程序流程图

```python
#Exp7_23.py
#-*-coding:utf-8-*-
import os
def visitDir(path):
    for lists in os.listdir(path):
    #依次遍历当前 path 的目录与文件信息列表
        sub_path=os.path.join(path,lists)    #获取完整路径
        print(sub_path)
        if os.path.isdir(sub_path):          #判断是否为目录
            visitDir(sub_path)               #若是，则进行递归
visitDir('F:\TEST')
```

程序运行结果如下。

```
F:\TEST\A
F:\TEST\A\A-A
F:\TEST\A\A-A\A-A-A.txt
F:\TEST\A\A-B.txt
F:\TEST\A\A-C
F:\TEST\A\A-C\A-B-A.txt
F:\TEST\A\A-D.txt
```

```
F:\TEST\B.txt
F:\TEST\C
F:\TEST\C\C-A.txt
F:\TEST\C\C-B.txt
F:\TEST\D.txt
F:\TEST\E
```

2. os.walk()函数法

分析：os.walk()函数将返回该路径下的所有文件及子目录信息元组，将该信息列表分成文件、目录逐行进行显示。程序具体的流程图如图 7-10 所示。

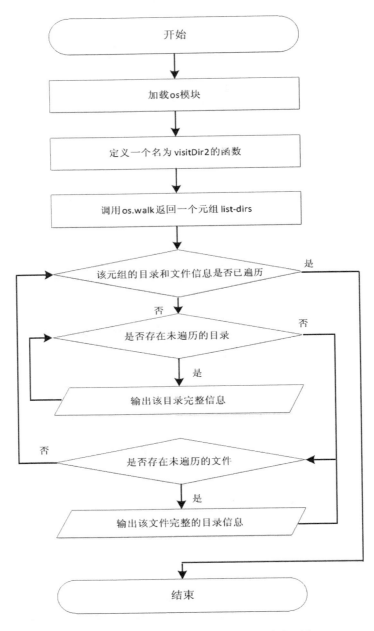

图 7-10　利用 os.walk()实现目录遍历的程序流程图

```
#Exp7_24.py
#-*-coding:utf-8-*-
import os
def visitDir2(path):
    list_dirs=os.walk(path)
#os.walk 返回一个元组，包括 3 个元素：所有路径名、所有目录列表与文件列表
for root,dirs,files in list_dirs:
#遍历该元组的目录和文件信息
    for d in dirs:
        print(os.path.join(root,d))   #获取目录的完整路径
    for f in files:
        print(os.path.join(root,f))#获取文件的完整路径
visitDir2('F:\TEST')
```

程序运行结果如下。

```
F:\TEST\A
F:\TEST\C
F:\TEST\E
F:\TEST\B.txt
F:\TEST\D.txt
F:\TEST\A\A-A
F:\TEST\A\A-C
F:\TEST\A\A-B.txt
F:\TEST\A\A-D.txt
F:\TEST\A\A-A\A-A-A.txt
F:\TEST\A\A-C\A-B-A.txt
F:\TEST\C\C-A.txt
F:\TEST\C\C-B.txt
```

讨论：可以看出对于 os.walk 方法，输出总是先文件夹后文件名的，对于递归方法，则是按照目录树结构以及按照首字母排序进行输出的。

关于目录的其他操作，请参看表 7-8。

表7-8　　　　　　　　　　os 模块常用的目录处理函数

函数	使用说明
mkdir(path[,mode=0777])	创建 path 指定的一个目录
makedirs(path1/path2···, mode=511)	创建多级目录
rmdir(path)	删除 path 指定的目录
removedirs(path1/path2)	删除多级目录
listdir(path)	返回 path 指定目录下所有文件信息
getcwd()	返回当前工作目录
chdir(path)	更改当前工作目录到 path

7.4　本章小结

本章主要探讨了文件的重要性和意义，介绍了文本文件的读写、二进制文件的读写、字符的编码方法、文件指针的移动等知识。

文本文件只能存储常规字符串，通常以换行符'\n'作为行的结束，可用文本编辑器进行编辑，而二进制文件可以直接读写字符串，读写其他对象时必须进行转换。特别注意的是复制文件时，可以把文本文件当作二进制文件处理。

用 open()函数打开文件时，模式'r'、'r+'、'w'、'w+'、'a'、'a+'打开的是文本文件，模式'rb'、'rb+'、'wb'、'wb+'、'ab'、'ab+'打开的是二进制文件。'+'意味着可读可写，带'w'的模式会修改原文件的内容，能创建新文件的模式有'w'、'w+'、'a'、'a+'、'wb'、'wb+'、'ab'、'ab+'。

打开文件之后，带'a'的模式下，文件指针位于文件尾，这时写入（可写时）就是增加新内容，读出时将得到空串；不带'a'的模式下，文件指针位于文件头，这时写入（可写时）就是覆盖原内容，读出时(可读时)，如果文件不为空就不会得到空串,读、写内容都会自动移动文件指针。文件指针到达文件尾时，进行读操作将会得到空串，设计程序时正是根据这一点来结束循环，移动文件指针用 seek()函数，常用的格式如下。

```
seek (0)        #把文件指针移到文件头
seek (m)        #m>0，把文件指针移到位置 m
seek(0,2)       #把文件指针移到文件尾
```

把数字、逻辑值转换为字节串的方法是 struct.pack()，这个过程也称编码，常见的编码规范有 UTF-8、GB2312、GBK、CP936 和 Unicode；把字节串还原为数字或逻辑值的方法是 struct.unpack()，这个过程也称解码，要注意 struct.unpack()返回的是元组；把任何对象转换为字节串并存储在二进制文件中的方法是 pickle.dump()；把任何对象的字节串读出并还原的方法是 pickle.load()；

7.5　本章习题

1. 假设有一个英文文本文件，编写程序读取其内容，并将其中的大写字母变为小写字母，小写字母变为大写字母。

2. 编写程序，将包含学生成绩的字典保存为二进制文件，然后再读取内容并显示。

3. 使用 shutil 模块中的 move()方法进行文件移动。

4. 简单解释文本文件与二进制文件的区别。

5. 编写代码，将当前工作目录修改为"c:\"，并验证，最后将当前工作目录恢复为原来的目录。

6. 编写程序，用户输入一个目录和一个文件名，搜索该目录及其子目录中是否存在该文件。

第8章
程序开发进阶

本章内容提要：

● 面向对象程序设计进阶

● 函数式编程

● 多线程编程

本章我们会继续学习更多的程序设计技术，并介绍一些附加的、通常也是更高级的 Python 语法。需要说明的是，高级的技术通常很少有机会能够使用，读者可以先粗略了解这些技术的用途，并在确实需要时再仔细阅读相应内容。

本章首先将更加深入地讲解了 Python 面向对象程序设计的内容，接下来介绍 Python 中函数型程序设计的一些基本概念，最后简要介绍 Python 中使用多线程的方法。设置本章的目的，是为了使读者升华到对优秀程序设计方法的学习和掌握，进而去追求并创造出质量更高的代码的阶段。

8.1 面向对象程序设计进阶

在这一节中，我们将更深入地学习 Python 对面向对象的支持，学习一些技术以合理减少必须编写的代码总量，并扩展程序功能。我们首先从一个非常简单的新功能开始，下面是 Point 类定义的开头，该类同之前第 6 章创建的版本拥有完全相同的功能。

```
class Point:
    __slots__ = ("x", "y")
    def __init__(self, x=0, y=0):
        self.x = x
        self.y = y
```

当我们创建一个类而没有使用__slots__属性时，Python 会隐含地为每一个实例创建一个名为__dict__的私有字典，该字典存放着每个实例的数据属性。这是我们能够向对象中增加属性或从中移除属性的原因。如果对于某个对象，我们只需要访问其原始属性，而不需要增加或移除属性，那么可以创建不包含私有字典__dict__的类。这可以通过定义一个名为__slots__的类属性来实现，其值是个包含类中属性名的元组，这样的类不能添加或移除属性。这种对象比常规的对象消耗更少的内存，对这种对象的处理速度也较快，若应用程序创建了大量这种对象，执行速度和所占空间将会有较为明显的改善。

8.1.1　控制属性存取

有时候，类属性的值在运算时被计算出来要比预先存储更加方便，下面给出一个这种类的完整实现。

```
class Ord:
    def __getattr__(self, char):
        return ord(char)
```

ord()是一个 Python 内置函数，返回代表一个 Unicode 字符的数字值。当 Ord 类被定义后，我们可以创建一个实例，ord = Ord()，这样我们就得到了内置 ord()函数的替代品。例如，ord.a 返回 97，ord.A 返回 65。（但 ord.!以及类似的用法会出现语法错误。）

要注意的是，如果直接在 Python 运行环境，如 IDLE 中输入 Ord 类的定义，之后试图执行 ord = Ord()，则不能正确工作。这是因为实例与 Ord 类中使用的 ord()内置函数重名，因此，ord()调用实际上变成了对 ord 实例的调用，并导致 TypeError 异常。但如果我们引入包含 Ord 类的模块，则不会出现这个问题。因为交互式创建的 ord 对象与 Ord 类使用的 ord()函数分别存在于两个模块中，彼此不会互相替代。如果我们确实要交互式地创建一个类并需要重用某个内置对象的名称，就必须确保该类调用的是内置对象，这里可以通过导入 builtins 模块来提供对所有内置函数无歧义的访问。在代码中调用 builtins.ord()来替代 ord()。

下面是另一个虽然小但完整的类。这个类允许我们创建"常数"。这里的常数是指属性值一旦被设定就不可更改，虽然仍可以通过某些方法改变属性的值，但这个类至少能够避免简单的错误。

```
class Const:
    def __setattr__(self, name, value):
        if name in self.__dict__:
            raise ValueError("cannot change a const attribute")
        self.__dict__[name] = value
    def __delattr__(self, name):
        if name in self.__dict__:
            raise ValueError("cannot delete a const attribute")
        raise AttributeError("'{0}' object has no attribute '{1}'"
.format(self.__class__.__name__, name))
```

使用该类可以创建常数对象，例如 const = Const()，然后我们可以为这个对象设置任意属性，例如，const.limit = 591。一旦一个属性被设置，这个属性就不能被更改或删除，试图更改或删除这个属性会导致一个 ValueError 异常。我们没有重新实现__getattr__()方法，因为基类 object 类的__getattr__()可以完成这一任务——返回给定属性的值或者在没有该属性时产生 AttributeError 异常。在__delattr__()方法中，对于不存在的属性，我们模仿__getattr__()方法的处理办法。这个类可以正常工作，因为我们使用了对象的私有字典__dict__，就正如同基类中__getattr__()、__setattr__()和__delattr__()方法所使用的那样。对于属性的访问的特殊方法在表 8-1 中列出。

表 8-1　　　　　　　　　　　　　　　　　属性存取的特殊方法

特殊方法	调　用	功　　能
__delattr__(self,name)	del x.n	删除对象 x 的属性 n
__dir__(self)	dir(x)	返回一个 x 中属性名的列表

特殊方法	调　用	功　能
__getattr__(self,name)	v = x.n	返回 x 的 n 属性值（如果没有直接找到）
__getattribute__(self,name)	v = x.n	返回对象 x 的 n 属性
__setattr__(self,name,value)	x.n = v	将对象 x 的 n 属性的值设置为 v

还有另外一种获取常数的方法——使用命名元组（Named Tuples）。下面给出两个例子。

```
Const = collections.namedtuple("_", "min max")(100, 591)
Const.min, Const.max                    #返回: (100, 591)

Offset = collections.namedtuple("_", "id name description")(*range(3))
Offset.id, Offset.name, Offset.description        #返回: (0, 1, 2)
```

在这两个例子中，我们都为命名元组使用了一个临时的名称，因为我们每次只需要一个命名的元组实例，而不需要用于创建命名元组实例的元组子类。虽然 Python 不支持枚举数据类型，我们仍可以使用命名元组实现类似的效果。

8.1.2　函子

在计算机科学中，函子（Functor）是指一个对象，该对象可以像普通的函数一样被调用。由于 Python 的函数本身就是对象，所以在 Python 中，函子可以被理解为另外一种函数对象。任何含有__call()__特殊方法的类都是函子。使用函子的主要好处是，可以维护一些状态信息。

下面的示例创建了一个函子，功能是除去字符串末尾的基本标点符号。其创建和使用格式如下。

```
strip_punctuation = Strip(",;:.!?")
strip_punctuation("whoops!") #返回: 'whoops'
```

这里我们创建了一个 Strip 函子的实例，并用值 ",;:.!?" 将其初始化。当这个实例被调用时，都会返回作为参数的字符串，并除去其末尾的标点符号。下面给出 Strip 类的完整实现。

```
class Strip:
    def __init__(self, characters):
        self.characters = characters
    def __call__(self, string):
        return string.strip(self.characters)
```

我们也可以用普通函数完成同样的任务，但如果我们同时需要存储一些状态信息，或者进行更复杂的处理，函子通常是正确的选择。

函子的典型用例是为排序程序提供 key 函数，下面给出一个典型的 SortKey 函子类。

```
class SortKey:
    def __init__(self, *attribute_names):
        self.attribute_names = attribute_names
    def __call__(self, instance):
        values = []
        for attribute_name in self.attribute_names:
            values.append(getattr(instance, attribute_name))
        return values
```

当一个 SortKey 对象被创建时，该对象将保存对其初始化时使用的属性名构成的元组。当这个对象被调用时，会创建一个属性值列表，用于该对象被传递到的实例，其顺序与 SortKey 被初始化时的顺序相同。考虑对下面的 Person 类进行排序。

```
class Person:
    def __init__(self, forename, surname):
        self.forename = forename
        self.surname = surname
```

假设有一个 people 列表，列表中的元素为 Person 对象，我们可以使用类似：people.sort(key = SortKey('surname'))的语句对列表按姓氏进行排序，但如果列表中包含大量的人，就可能存在多个人具有相同的姓氏，因此我们可以先根据姓氏排序，然后在相同姓氏的人群中根据名字排序。实现的语句类似：people.sort(key=SortKey("surname", "forename"))。当然，我们也可以先根据名字再根据姓氏进行排序，这都可以通过改变赋予 SortKey 函子的属性名顺序来实现。

与其他支持函子的语言相比，Python 中函子的使用并没有那么频繁，因为 Python 中有其他方法可以完成同样的任务——例如使用闭包或属性获取器。

8.1.3　上下文管理器

使用上下文管理器（Context Manager）可以简化代码，这是通过确保某些操作在特定代码块执行前与执行后再进行来实现的。之所以能实现这种操作，是因为上下文管理器定义了两个特殊的方法——__enter__()和__exit__()，在 with 语句的范围类，Python 会对其进行特别处理。当一个上下文管理器在 with 语句中创建时，它的__enter__()方法会自动被调用。当上下文管理器超出其作用范围时，到了 with 语句之外时，其__exit__()方法将自动被调用。

我们可以自定义上下文管理器，或者使用预定义的上下文管理器。调用内置的 open()函数所返回的文件对象就是上下文管理器。使用上下文管理器的语法如下：

```
with expression as variable:
    suite
```

代码中的 expression 部分必须本身就是上下文管理器，或者能够生成一个上下文管理器。as variable 部分是可选的，如果指定了这一部分，那么该变量被设置为对上下文管理器__enter__()方法所返回对象的引用（通常是上下文管理器本身）。由于上下文管理器可以确保即使在产生异常的情况下也能执行其"退出"代码，因此，通常使用上下文管理器后就不再需要使用 finally 块了。

有些 Python 语言内置的类型本身就上下文管理器，例如，所有 open()方法返回的文件对象。因此，在进行文件处理时，我们就不再需要使用 finally 语句块，如下面的两个等价的代码段所示（process()是在别处定义的函数）。

```
f1 = None
try:
    f1 = open(filename)
    for line in f1:
        process(line)
except EnvironmentError as err:
    print(err)
finally:
    if f1 is not None:
    f1.close()
```

```
try:
    with open(filename) as f2:
        for line in f2:
            process(line)
except EnvironmentError as err:
    print(err)
```

　　文件对象是一个上下文管理器，其退出代码总是可以关闭文件。无论是否发生异常，退出代码总是可以执行，但在产生异常的情况下，异常会被传播，这可以确保文件被关闭的同时我们仍能够对任何错误进行处理。在上例中，是为用户打印一条信息。

　　事实上，上下文管理器并不是必须要传播异常，但不这样做会掩盖任何异常，这必然是一种编码错误。所有内置和标准库中的上下文管理器都可以传播异常。

　　有时候，我们需要同时使用不只一个上下文管理器，例如：

```
try:
    with open(source) as fin:
        with open(target, "w") as fout:
            for line in fin:
                fout.write(process(line))
    except EnvironmentError as err:
            print(err)
```

这里我们从源文件中读入一些行，并将其处理后的版本写入目标文件。

　　使用嵌套的 with 语句很快就会导致大量的缩排，标准库的 contextlib 模块提供了一些对上下文管理器的附加支持，例如 contextlib.nested()函数，该函数允许在同一个 with 语句内处理两个或更多的上下文管理器，而不需要使用嵌套的 with 语句。但只有在 Python 3.0 中使用 contextlib.nested()才是必要的，从 Python 3.1 开始，这一函数就被废弃了，因为 Python 3.1 可以在一个单独的 with 语句中处理多个上下文管理器。下面给出的是同一个实例，并省略了其中的无关代码：

```
try:
    with open(source) as fin, open(target, "w") as fout:
        for line in fin:
            do something...
```

　　使用这一语法，可以在保持上下文管理器及其关联的变量在一起的情况下，与多个 with 语句一起或使用。与使用 contextlib.nested()相比，这种做法使得 with 语句更具可读性。

　　不仅只有文件对象是上下文管理器，一些线程相关的类（用于锁机制）也是上下文管理器。上下文管理器也可以用于 decimal.Decimal 数字，如果需要在某些设置（比如特定的精度）生效的情况下执行运算，那么使用上下文管理器是很有帮助的。

　　如果需要创建自定义的上下文管理器，就必须创建一个类，该类必须提供两个方法：__enter__()和__exit__()。任何时候将 with 语句用于该类的实例时，都会调用__enter__()方法，并将其返回值用于可选的 as variable（如果没有这个变量，就丢掉返回值）。在控制权离开 with 语句的作用范围后，会调用__exit__()方法（如果有异常发生，就将异常的详细资料作为参数传递）。

　　假定需要以原子操作（要么执行所有操作，要么一个也不执行）的方式在列表上进行某些操作，以保证结果列表总是处于已知的状态，这时也可以用上下文管理器来实现。比如，有一个整数列表，需要添加一个整数、删除一个整数、改变两个整数，所有这些操作在一个原子操作内完成，就可以使用下面的代码。

```
try:
    with AtomicList(items) as atomic:
        atomic.append(58)
        del atomic[3]
        atomic[8] = 81
        atomic[index] = 32
    except (AttributeError, IndexError, ValueError) as err:
```

```
        print("no changes applied:", err)
```

如果没有异常产生，那么所有操作都应用于原始列表（项）。如果有异常产生，那么没有任何操作会进行。下面给出上下文管理器 AtomicList 的代码。

```
class AtomicList:
    def __init__(self, alist, shallow_copy=True):
        self.original = alist
        self.shallow_copy = shallow_copy
    def __enter__(self):
        self.modified = (self.original[:] if self.shallow_copy
                            else copy.deepcopy(self.original))
        return self.modified
    def __exit__(self, exc_type, exc_val, exc_tb):
        if exc_type is None:
            self.original[:] = self.modified
```

创建 AtomicList 对象时，我们保存了对原始列表的引用，并注意是否使用了浅拷贝（对于数字列表或字符串列表，使用浅拷贝是可以的；但对于列表中包含列表或其他组合类型的情况，使用浅拷贝是不够的）。之后，在 with 语句中使用上下文管理器 AtomicList 对象时，其__enter__() 方法会被调用。这里，我们复制了原始列表，并返回其副本，因此所有改动都在副本上进行。在到达 with 语句作用范围的末尾时，__ exit__()方法将会被调用。如果没有异常产生，那么 exc_type（"异常类型"）将为 None，此时可以安全地使用修改后的列表副本中的项对原始列表中的项进行替代（注意不能简单地使用 self.original = self.modified，因为这将只是对对象引用进行替换，而并不会真正影响原始列表），如果有异常产生，就不对原始列表进行任何操作，并将修改后的列表副本丢弃。__ exit__()的返回值用于表明是否需要对产生的任何异常进行传播，该值为 True，意味着已经处理了任何异常，因此不需要再进行传播。通常，我们总是返回 False（或布尔上下文中可以评估为 False 的对象），以便任何异常都可以传播。这里我们不显式地给定返回值，则__ exit__() 方法将返回 None，并评估为 False，从而正确地传播所有异常。

8.1.4 描述符

描述符（Descriptor）也是类，用于为其他类的属性提供访问控制。实现了一个或多个描述符特殊方法（例如__get__(), __set__()和__delete__()）的任何类都可以被称为（也可以用作）描述符。

内置的 property()与 classmethod()函数都是使用描述符实现的。理解描述符的关键是：尽管在类中创建描述符的实例时将其作为一个类属性，但是 Python 在访问描述符时是通过类的实例进行的。

为了更清晰地说明这个问题，这里假定有一个类，其实例存放一些字符串。我们需要使用通常的方式存取这些字符串，比如，作为一种特性（property），但我们也希望在需要的时候可以获取字符串的 XML 转义处理后的版本。为此，一种简单的方法是在创建字符串的同时立即创建该字符串的一个 XML 转义处理后的副本。但如果有数千个这样的字符串，而实际上只需要其中少数字符串的 XML 转义处理后的版本，则会没有任何意义地浪费大量的处理器与内存资源去对字符串进行转义。因此，我们创建一个描述符，以便根据需要提供 XML 转义处理后的字符串，而又不需要对其进行存储。我们首先来看客户端（所有者）的类，即使用描述符的类：

```
class Product:
    __slots__ = ("__name", "__description", "__price")
```

```
name_as_xml = XmlShadow("name")
description_as_xml = XmlShadow("description")

def __init__(self, name, description, price):
    self.__name = name
    self.description = description
    self.price = price
```

这里唯一没有展示的代码是特性，name 拥有只读的特性，description 和 price 有可读写的特性，这些属性都以通常的方式创建。我们使用__slots__变量来保证整个类不使用私有字典__dict__，并只可以存储三种指定的私有属性，需要注意的是，这与描述符的使用并不相关，也并非必要。类属性 name_as_xml 和 description_as_xml 设置为 XmlShadow 描述符的实例，尽管 Product 对象并没有拥有 name_as_xml 或 description_as_xml 属性，但借助于描述符，我们却可以编写类似于下面的代码。

```
>>> product = Product("Chisel <3cm>", "Chisel & cap", 45.25)
>>> product.name, product.name_as_xml, product.description\
_as_xml
('Chisel <3cm>', 'Chisel &lt;3cm&gt;', 'Chisel &amp; cap')
```

这种方式能够正常工作，当访问 name_as_xml 属性时，Python 发现 Product 类有一个使用该名称的描述符，因此可以使用该描述符获取属性的值。下面给出描述符类 XmlShadow 的完整代码。

```
class XmlShadow:

    def __init__(self, attribute_name):
        self.attribute_name = attribute_name

    def __get__(self, instance, owner=None):
        return xml.sax.saxutils.escape(\
            getattr(instance, self.attribute_name))
```

创建 name_as_xml 对象与 description_as_xml 对象时，我们将 Product 类中的相应属性传递给 XmlShadow 初始化程序，以便描述符知道应该对哪些属性进行操作。之后，在查询 name_as_xml 或 description_as_xml 属性时，Python 调用描述符的__get__()方法。self 参数是描述符 XmlShadow 的实例，instance 参数是类 Product 的实例（即 product 的 self），owner 参数是所有者类（这里是 Product）。我们使用 getattr()函数来从 product 对象取回相关的属性（这里是相关的特性），并返回其 XML 转义版本。

如果只需要访问小部分产品对象的 XML 字符串，但这些字符串通常很长，并且同样的字符串会被频繁访问，那么可以使用缓存，例如：

```
class CachedXmlShadow:
    def __init__(self, attribute_name):
        self.attribute_name = attribute_name
        self.cache = {}
    def __get__(self, instance, owner=None):
        xml_text = self.cache.get(id(instance))
        if xml_text is not None:
            return xml_text
        return self.cache.setdefault(id(instance),
            xml.sax.saxutils.escape(
                getattr(instance, self.attribute_name)))
```

我们将实例的唯一性的身份标识（而不是实例本身）作为键进行存储，因为字典键必须是可进行散列运算的，但是我们并不把这种约束施加于使用 CachedXmlShadow 描述符的类。键是必要的，因为描述符是针对每个类创建的，而不是针对每个实例创建的。（dict. setdefault()方法可以方便地返回给定键的值，如果没有给定键对应的项，就使用该键与相应值创建新项，并返回该值。）

讨论了用于生成数据（而不必存储）的描述符后，现在我们考察另外一种描述符，该描述符可用于存储某个对象的所有属性数据，对象本身则不再需要存储任何内容。在该实例中，我们仅使用一个字典来进行存储，但在更现实的情况下，数据通常存储在文件或数据库中。下面给出使用了描述符修改后的 Point 类的开头。

```
class Point:
    __slots__ = ()
    x = ExternalStorage("x")
    y = ExternalStorage("y")

    def __init__(self, x=0, y=0):
        self.x = x
        self.y = y
```

通过将__slots__设置为一个空元组，可以保证类不会存储任何数据属性。在对 self.x 进行赋值时，Python 会发现有一个名为"x"的描述符，因此使用描述符的__set__()方法。上述代码并没有展示类的全部细节，这些细节与第 6 章中展示的 Point 类的其余部分相同。下面给出的是完整的 ExternalStorage 描述符类。

```
class ExternalStorage:
    __slots__ = ("attribute_name",)
    __storage = {}
    def __init__(self, attribute_name):
        self.attribute_name = attribute_name
    def __set__(self, instance, value):
        self.__storage[id(instance), self.attribute_name] = value
    def __get__(self, instance, owner=None):
        if instance is None:
            return self
        return self.__storage[id(instance), self.attribute_name]
```

每个 External Storage 对象都有一个单一的数据属性 attribute_name，其中存放着所有者类的数据属性的名称。任何时候，设置一个属性时，我们将其值存储在私有的类字典__storage 中。类似地，任何时候，取回一个属性时，也是从字典__storage 中取回的。像所有描述符方法一样，self 是描述符对象的实例，instance 是描述符的所有者对象的实例，因此，这里 self 是一个 ExternalStorage 对象，instance 是一个 Point 对象。

尽管__storage 是一个类属性，我们仍然可以使用 self.__storage 对其进行访问（就像我们可以使用 self.method()调用方法），因为 Python 首先将其作为实例属性进行查找，未找到再将其当作类属性进行查找。这种方法的一个不足是：如果某个类属性与实例属性重名，那么两者将互相掩盖。但如果这种情况确实存在，那么总是使用类来引用类属性（即 ExternaiStorage.__storage），可以避免互相掩盖问题。

特殊方法__get__()的实现比以前要稍复杂一些，因为我们提供了一种方法，使得 External Storage 实例自身可以被访问。比如，如果有 p = Point(3, 4)，就可以使用 p.x 访问 x 坐标，并可以使用 Point.x 访问存放所有 x 坐标的 ExternaiStorage 对象。

为了完整地讨论描述符，我们将创建 Property 描述符，该描述符模拟内置的 property()函数的行为，至少对于设置者（setter）与获取者（getter）是这样的。其代码在 Property.py 文件中。下面是使用该描述符的 NameAndExtension 类的完整实现。

```
class NameAndExtension:
    def __init__(self, name, extension):
        self.__name = name
        self.extension = extension

    @Property
    def name(self):
        return self.__name

    @Property
    def extension(self):
        return self.__extension
    @extension.setter                          # 使用自定义的类描述符
        def extension(self, extension):
            self.__extension = extension
```

其用法与内置的@property 修饰器以及@propertyName.setter 修饰器相同，下面给出 Property 描述符类实现的开头。

```
class Property:
    def __init__(self, getter, setter=None):
        self.__getter = getter
        self.__setter = setter
        self.__name__ = getter.__name__
```

该类的初始化程序接受一个或两个函数作为参数，如果将该类用作修饰器，就将只获取修饰的函数并变为 getter，setter 则被设置为 None。我们将 getter 的名称用作特性（property）的名称，因此对每个特性，一定都有一个 getter，可能还有一个 setter 以及一个 name。

```
def __get__(self, instance, owner=None):
    if instance is None:
        return self
    return self.__getter(instance)
```

在存取某个特性时，我们返回调用 getter 函数（将实例作为其第一个参数）的结果。初看之下，self.getter()像一个方法调用，但并不是这样的，实际上，self.getter 是一个属性，其中存放的是对传入的方法的对象引用。因此，实际上进行的处理是：首先我们取回属性（self.__getter），之后将其作为一个函数进行调用，由于并非作为方法进行调用，因此我们必须显式地传入相关的 self 对象，在使用描述符的情况下，self 对象（来自使用描述符的类）称为 instance（由于 self 是描述符对象）。同样的处理适用于__set__()方法。

```
def __set__(self, instance, value):
    if self.__setter is None:
        raise AttributeError("'{0}' is read-only".format(
            self.__name__))
        return self.__setter(instance, value)
```

如果没有指定 setter，就产生 AttributeError 异常，否则就使用实例与新值调用 setter()。

```
def setter(self, setter):
```

```
self.__ setter=setter
return self. __ setter
```

在解释器到达此处时，将调用此方法，比如@extension.setter，并以其修饰的函数作为 setter 的参数。给定的 setter 方法将被存放在修饰器中（现在可用在__set__()方法中），并返回 setter 方法，因为修饰器应该返回其修饰的函数或方法。

在上面的内容中，我们了解了 3 种描述符的使用场景。描述符是一种非常强大而又灵活的功能，可用于完成大量底层工作，而表面上看起来，我们则只是使用了客户端（所有者）类的简单属性。

8.1.5　抽象基类

抽象基类（Abstract Base Class）也是一个类，但这个类不能用于创建对象。使用抽象基类的目的是为了定义接口（Interface）。抽象基类会列出一些方法与特性，而继承自抽象基类的类必须对其进行实现。这是种很有用的机制，因为我们可以将抽象基类当作一种保证，确保任何自抽象基类衍生而来的类均会实现抽象基类指定的方法与特性。

抽象基类中包含至少一种抽象方法或特性，抽象方法在定义时可以不实现（其 suite 为 pass，或者产生一个 NotImplementedError 异常，以强制子类对其重新实现），也可以包含具体的实现。抽象基类也可以包含其他具体的（非抽象）方法与特性。

只有在实现了所有继承而来的抽象方法与抽象特性之后，从抽象基类衍生而来的类才可以创建实例。对与那些已经包含具体实现的抽象方法，衍生类可以简单地使用 super()来调用基类的实现版本。与通常一样，任何具体方法与特性都可以通过继承获取。所有抽象基类必须包含元类（Metaclass）abc.ABCMeta（来自 abc 模块），或来自其某个子类。后面我们会讲解元类的相关内容。

下面我们将讨论具体如何使用抽象基类，抽象基类把基类中的方法声明为抽象（Abstract）后，再在某个具体的子类实现。下面我们以定义一个抽象基类开始，这个类代表一个负责数据存储的插件的 API，保存在文件 abc_base.py 中。首先我们需要引入 abc 模块，然后在抽象的方法前作出声明。在 Python 中，我们通过把@abc.abstractmethod 放在抽象函数的上方来实现抽象方法的声明，例如：

```
#abc_base.py
import abc
class PluginBase(object):
        __metaclass__ = abc.ABCMeta

        @abc.abstractmethod              #声明抽象方法
        def load(self, input):
        """Retrieve data from the input source and return an object."""
            return

        @abc.abstractmethod              #声明抽象方法
        def save(self, output, data):
            """Save the data object to the output."""
            return
```

接下来我们有两种方法创建实现了抽象方法衍生类，第一种方法是使用 abc 模块注册（Register）一个类，假设代码保存在 abc_register.py 中，代码如下。

```
import abc
```

```
from abc_base import PluginBase

class RegisteredImplementation(object):

        def load(self, input):
            return input.read()

        def save(self, output, data):
            return output.write(data)

PluginBase.register(RegisteredImplementation)

if __name__ == '__main__':
    print('Subclass:',issubclass(RegisteredImplementation,Plug inBase))
    print('Instance:',isinstance(RegisteredImplementation(),PluginBase))
```

在上面的代码中，RegisteredImplementation 类并不是从 PluginBase 类派生而来的，但通过 PluginBase 类的 register()方法注册后，可以实现 PluginBase 类的方法。

第二种方法是直接继承抽象基类，这样就不需要显式地进行"注册"。

```
import abc
from abc_base import PluginBase

class SubclassImplementation(PluginBase):    #直接继承抽象基类

        def load(self, input):
            return input.read()

        def save(self, output, data):
            return output.write(data)

        if __name__ == '__main__':
            print('Subclass:',issubclass(SubclassImplementation,PluginBase))
            print('Instance:',isinstance(SubclassImplementation(),PluginBase))
```

这里假设代码保存在 abc_subclass.py 中。这两种方法 Python 都能正确地将我们的派生类识别为 PluginBase 的实现。

```
>>> python abc_subclass.py
Subclass: True
Instance: True

>>> python abc_register.py
Subclass: True
Instance: True
```

对于直接派生的类，有一个好处需要说明，我们可以使用 Python 类的功能找到其所有子类，下面是 abc_find_subclasses.py 文件的内容。

```
import abc
from abc_base import PluginBase
import abc_subclass
import abc_register

for sc in PluginBase.__subclasses__():
        print sc.__name__
```

接下来在 Python 解释器中输入如下代码。

```
>>> python abc_find_subclasses.py
SubclassImplementation
```

可以看到一个奇怪的现象，即便我们已经引入了 abc_register 模块，RegisteredImplementation 类仍然不在我们的抽象基类的子类列表中，因为它并不是真正从 PluginBase 派生而来的子类。

另一个直接派生抽象基类的好处是，我们所创建的子类在实现全部基类中的抽象方法前无法被实例化，这样可以避免在运行时调用那些忘记实现的抽象方法而产生异常。

在抽象基类中，除了声明抽象方法外，也可以声明已经具体实现的方法，使其子类可以通过 super()来进行调用，这能让我们把通用的功能放在抽象基类中，而可以强制子类通过覆盖（Override）来实现自定义功能。（如果不需要自定义功能，则直接调用 super()即可。）

```
import abc

class ABCWithConcreteImplementation(object):
        __metaclass__ = abc.ABCMeta

        @abc.abstractmethod
        def retrieve_values(self, input):
            print('base class reading data')
            return input.read()

class ConcreteOverride(ABCWithConcreteImplementation):

        def retrieve_values(self, input):
            base_data=super(ConcreteOverride,self).
                retrieve_values(input)
            print('subclass sorting data')
            response = sorted(base_data.splitlines())
            return response

input ='line one
line two
line three'

reader = ConcreteOverride()
print(reader.retrieve_values(input))
```

在上面的代码中类 ABCWithConcreteImplementation 是一个抽象基类，我们不能将其实例化并使用其中的方法。子类中必须覆盖 retrieve_values()方法。其运行结果如下。

```
>>> python abc_concrete_method.py

base class reading data
subclass sorting data
['line one', 'line three', 'line two']
```

Python 语言提供了两组抽象基类，一组在 collections 模块中，另一组在 numbers 模块中。这两个模块可用于对对象的相关属性进行查询，比如给定变量 x，使用 isinstance(x,collec-tions.MutableSequence)可以判断其是否是一个序列，也可以使用 isinstance(x,numbers .Inte-gral）来判断其是否是一个整数。由于 Python 支持动态类型机制（我们不必要知道或关心某个对象的类型，而只需要知道将要对其施加的操作是否可行），因此，这种查询功能是特别有用的。collections 模块和

numbers 模块的详细信息可以在 https://docs.python.org/3/library/collections.html 和 https://docs.python.org/3.5/library/numbers.html 上查到。

本小节仅对抽象基类的使用做了简单演示，在大规模程序、库以及应用程序框架中，抽象基类起到非常明显的作用，有助于确保在实现细节或作者有所差别时，类都可以协同工作，因为其提供的 API 都是由其抽象基类规范的。

8.1.6　多继承

多继承是指某个类继承自两个或多个类。Python 完全支持多继承，但有些语言（比如 Java）则不支持这种机制。多继承存在的问题是，可能导致同一个类被继承多次（比如一个类中某两个基类继承自同一个类）。这意味着，某个被调用的方法如果不在子类中，而是在两个或多个基类中（或基类的基类中），那么被调用方法的具体版本取决于方法的解析顺序，从而使得使用多继承得到的类存在模糊的可能。尽管如此，有些情况下使用多继承仍然可以提供非常方便的解决方案。

声明多继承的方式与单继承类似。

```python
class Base1:
        pass

class Base2:
        pass

class MultiDerived(Base1, Base2):
        pass
```

MultiDerived 类继承自类 Base1 和 Base2，并同时拥有这两个类的特性。为了保证多继承中调用方法的正确性，我们有必要考察 Python 中方法的解析顺序。首先需要明确的是，所有 Python 的类（无论是内置的还是自定义的），都是从 object 类派生的，所有类的对象都是 object 类的实例。在多继承的情景下，任何被指定的属性都首先在当前的类中搜索，如果没有找到，则开始在基类中寻找。在基类中寻找的顺序是，先在直接基类中搜索，按声明的顺序从左到右搜索，如果没有再到基类的基类中搜索，且每个类都只搜索一次。所以上面 MultiDerived 类的搜索顺序是 MultiDerived、Base1、Base2、object，这个顺序也被称为 MultiDerived 类的线性化（Linearization）。有一套规则用于找到类中方法的解析顺序，被称为方法解析顺序（MRO），MRO 保证一个类总是在它的基类之前出现。一个类的 MRO 可以通过 __mro__ 属性或 mro()方法查看，前者返回一个元组，后者返回一个列表。

```python
>>> MultiDerived.__mro__
(<class '__main__.MultiDerived'>,
 <class '__main__.Base1'>,
 <class '__main__.Base2'>,
 <class 'object'>)

>>> MultiDerived.mro()
[<class '__main__.MultiDerived'>,
<class '__main__.Base1'>,
<class '__main__.Base2'>,
<class 'object'>]
```

下面是一个更复杂的多继承的例子，并使用 MRO 给出了解析顺序。

```
class X: pass
class Y: pass
class Z: pass

class A(X,Y): pass
class B(Y,Z): pass

class M(B,A,Z): pass

print(M.mro())
```

输出结果如下：

```
[<class '__main__.M'>, <class '__main__.B'>, <class '__main__.A'>, <class '__main__.X'>,
<class '__main__.Y'>, <class '__main__.Z'>,
<class 'object'>]
```

使用多继承可以混合使用多个不同的类，而且大多数功能的方法都由基类提供了，而不需要我们再去实现。这是非常便利的，尤其在被继承的类中没有重叠的 API 时。

8.1.7　元类

元类之于类，就像类之于实例。也就是说，元类用于创建类，正如类用于创建实例一样。元类最简单的用途就是自定义抽象基类，正如我们在前面所看到的那样。

要理解元类，首先我们要对 Python 的类有更深入的了解。不同于很多编程语言，Python 的类也是对象，当使用关键字 class 后，Python 会执行它，并创建一个对象。下面的代码在内存中创建了一个名为"ObjectCreator"的类。

```
>>> class ObjectCreator(object):
        pass
```

这个类对象自身可以创建对象，即类的实例，但它本身是一个对象，所以我们可以对其进行赋值、添加属性或将其作为函数的参数。更进一步，我们能够动态创建类，就如同创建其他对象一样，我们可以用 class 关键字来创建类。

```
>>> def choose_class(name):
        if name == 'foo':
            class Foo(object):
                pass
            return Foo              #返回一个类而不是实例
        else:
            class Bar(object):
                pass
            return Bar

>>> MyClass = choose_class('foo')
>>> print(MyClass)                  #这个函数返回一个类
<class '__main__.Foo'>
>>> print(MyClass())                #创建一个对象
<__main__.Foo object at 0x89c6d4c>
```

因为类也是对象，所以必定存在一个工具，用来创建类。当我们使用 class 关键字时，Python 自动创建了对象，但正如许多 Python 的其他特性，有一种方法也可以让我们手动创建这个对象。type()函数用于告诉我们一个对象的类型是什么，但它还有一种完全不同的功能，即可以动态地创建类。我们可以将类的描述作为参数传递给 type()函数，然后得到一个类的返回值。type()的用法如下。

```
type(name of the class,
        tuple of the parent class (for inheritance, can be empty),
        dictionary containing attributes names and values)
```

所以，类：

```
>>> class MyClass(object):
        bar = True
```

可以用以下的方式创建。

```
>>> MyClass = type('MyClass ', (), {'bar':True})
```

并可以被当作普通的类使用：

```
>>> print(MyClass)
<class '__main__.MyClass '>
>>> print(MyClass.bar)
True
>>> c = MyClass()
>>> print(c)
<__main__.MyClass object at 0x8a9b84c>
>>> print(c.bar)
True
```

我们也可以动态地向其中添加方法（或属性）：

```
>>> def echo_bar(self):
        print('another method')

>>> MyClass.echo_bar = echo_bar
>>> hasattr(MyClass, ' echo_bar ')
True
```

这就是当我们输入关键字 class 时，Python 使用元类所做的工作，可以把元类看作"类的类"，type()函数本身就是一个内置的元类，它是 Python 用于在幕后创建其他类的工具，我们可以使用 __class__ 属性来查看一个对象所属的类，那么 __class__ 的 __class__ 属性是什么呢？我们在解释器中输入如下代码。

```
>>> someObject = 30
>>> someObject.__class__.__class__
<type 'type'>
```

这也说明了元类用来创建其他类的对象。除了使用 Python 内置的元类（如 type），我们也可以创建自定义的元类。在创建一个元类之前，我们首先讨论 __metaclass__ 属性。Python 会首先在类定义中搜索 __metaclass__ 属性，如果找到，则使用其创建类；如果没有找到该属性，则使用 type 创建类。为了自定义我们的元类，只需要将一个能创建类的东西放入 __metaclass__ ，即元类 type。使用自定义元类的主要目的是创建类时自动地修改类，下面举一个不太实际但有助于我们理解的例子，假设我们要让某个模块中所有类的属性名全部为大写字母。有许多方法可以做到，但使用 __metaclass__ 属性却能在模块级上实现这个功能。这个模块的所有类都使用该元类创建，我们只需要让元类返回大写字母的属性名即可。

```
def upper_attr(future_class_name, future_class_
```

```
        parents, future_class_attr):
            #让任意非使用 "__" 开头的属性名大写
            uppercase_attr = {}
            for name, val in future_class_attr.items():
                if not name.startswith('__'):
                    uppercase_attr[name.upper()] = val
                else:
                    uppercase_attr[name] = val

            #使用 type() 创建类
            return type(future_class_name, future_class_parents,
                    uppercase_attr)

__metaclass__ = upper_attr          #这会影响该模块中所有的类
class Foo():
            bar = 'bip'

        print(hasattr(Foo, 'bar'))
        #输出 False
        print(hasattr(Foo, 'BAR'))
        #输出 True

        f = Foo()
        print(f.BAR)
        #输出 'bip'
```

元类是一个复杂的概念，最典型的使用元类的情况是创建 API。当我们仅仅想对一个简单的类进行修改时，使用类修饰器则是更好的选择。并且，在实际应用中，也很少需要去动态修改已经存在的类。

8.2　函数式编程

函数是 Python 内建支持的一种封装，我们通过把大段代码拆成函数，通过一层一层的函数调用，就可以把复杂任务分解成多个简单的任务，这种分解可以称之为面向过程的程序设计。函数就是面向过程的程序设计的基本单元。

函数式编程（Functional Programming），其思想更接近数学计算，抽象度较高。通常越低级的语言，越贴近计算机，抽象程度低，执行效率高，比如汇编语言；越高级的语言，越贴近计算，抽象程度高，执行效率低，比如 Lisp 语言。

函数式编程就是一种抽象程度很高的编程范式，纯粹的函数式编程语言编写的函数没有变量，因此，对任意一个函数，只要输入是确定的，输出就是确定的，这种纯函数我们称之为没有"副作用"。而允许使用变量的程序设计语言，由于函数内部的变量状态不确定，同样的输入，可能得到不同的输出，因此，这种函数是有副作用的。函数式编程的一个特点就是，允许把函数本身作为参数传入另一个函数，甚至还允许返回一个函数。

Python 中一切都是对象（包括函数），所以 Python 对函数式编程也提供部分支持。但由于 Python 允许使用变量，因此，Python 不是纯函数式编程语言。

8.2.1　高阶函数

要理解高阶函数（Higher-order function），首先要对 Python 中的函数概念有正确的理解。由于 Python 中一切都是对象，所以可以让一个变量指向函数。以内置的求绝对值函数 abs()为例，在解释器输入如下代码。

```
>>> abs(-10)
10
>>> abs
<built-in function abs>
```

可以看到，abs(-10)是函数调用，而 abs 是函数对象本身，在 Python 中，我们不仅可以把函数调用的结果赋值给变量，也可以把函数本身赋值给变量。

```
>>> f = abs
>>> f
<built-in function abs>
```

然后通过这个变量来调用函数：

```
>>> f(-10)
10
```

这个结果表明变量 f 已经指向函数本身，调用 f()与调用 abs()效果相同。既然变量可以指向函数，函数的参数能接收变量，那么一个函数就可以接收另一个函数作为参数，这种函数就称之为高阶函数。一个简单的高阶函数代码如下。

```
def add(x, y, f):
return f(x) + f(y)
```

当我们调用 add(-2, 6, abs)时，参数 x，y 和 f 分别接收-2，6 和 abs，根据函数定义，我们知道实际的计算为：abs(-2)+abs(6) =2+6=8。可以输入以下代码进行验证。

```
>>> add(-2, 6, abs)
8
```

使用高阶函数，可以让函数接收别的函数作为参数。下面我们来看一个更实际的高阶函数应用。Python 中内置了 map()和 reduce()函数。其中 map()函数接收两个参数，一个是函数，另一个是可迭代对象（Iterable）。map()将传入的函数依次作用到可迭代对象的每个元素，并把结果作为新的迭代器（Iterator）返回。下面举个例子说明 map()函数的用法：假设我们有一个函数 f(x)，其功能是求 x 的平方（这里假设 x 为实数），现在要把这个函数作用在一个列表上，就可以用 map()函数实现如下。

```
>>> def f(x):
    return x * x

>>> r = map(f, [1, 2, 3, 4, 5, 6, 7, 8, 9])
>>> list(r)
[1, 4, 9, 16, 25, 36, 49, 64, 81]
```

map()传入的第一个参数是 f，即函数对象本身。由于结果 r 是一个迭代器，迭代器是惰性序列，因此通过 list()函数让它把整个序列都计算出来并返回一个 list。读者可能会想，不需要 map()

函数，写一个循环，也可以计算出结果，比如：

```
L = []
for n in [1, 2, 3, 4, 5, 6, 7, 8, 9]:
L.append(f(n))
print(L)
```

虽然循环也可以做到，但是从上面的循环代码，我们却不能一眼看出"把 f(x)作用在列表的每一个元素并把结果生成一个新的列表"这一功能。map()函数作为高阶函数，把运算规则进行了抽象，因此，我们不但可以计算简单的 $f(x)=x^2$，还可以计算任意复杂的函数，比如，把一个列表中所有数字转为字符。

```
>>> list(map(str, [1, 2, 3, 4, 5, 6, 7, 8, 9]))
['1', '2', '3', '4', '5', '6', '7', '8', '9']
```

下面我们再来看 reduce 的用法。reduce 可以把一个函数作用在一个序列[x1, x2, x3, …]上。与 map()函数相同，reduce()函数也接收两个参数：函数和可迭代对象，reduce()函数会首先使用传入的函数对序列中的第一个元素进行计算，然后把结果序列的下一个元素做累积计算，重复直到序列中每个元素都完成计算，其效果如下所示。

```
reduce(f, [x1, x2, x3, x4]) = f(f(f(x1, x2), x3), x4)
```

比如，我们想对一个列表里的数求和，就可以使用 reduce 实现：

```
>>> from functools import reduce
>>> def add(x, y):
        return x + y

>>> reduce(add, [1, 2, 3, 4, 5])
15
```

配合使用 map()函数，我们能实现一个将字符串转换为整数的函数（Python 内置的 int()函数也可以实现同样的功能）：

```
from functools import reduce

def str2int(s):
        def f(x, y):
                return x * 10 + y
        def char2num(s):
                return {'0': 0, '1': 1, '2': 2, '3': 3, '4': 4, '5': 5,
                    '6': 6, '7': 7, '8': 8, '9': 9}[s]
return reduce(f, map(char2num, s))
```

8.2.2　闭包

通常我们把定义在一个函数里的函数称为嵌套函数，下面是一个简单嵌套函数的定义。

```
def print_msg(msg):
        """This is the outer enclosing function"""

        def printer():
            """This is the nested function"""
            print(msg)

        returnprinter
```

我们将嵌套的 printer 函数作为返回值返回，然后我们尝试调用这个函数。

```
>>> f = print_msg("Hello")
>>> f()
Hello
```

print_msg()函数被调用，并接收参数"Hello"，返回的函数被赋值给 f。当我们调用 f()时，传入的参数"Hello"仍然被保存着，即使 print_msg()函数的执行已经结束。这很不寻常，在外部函数（Enclosing Function）作用域里的数据"Hello"，即便在超出作用域后仍然被保存着。这种把某些数据与函数关联在一起的技术在 Python 中被称为闭包（Closure）。下面给出创建一个闭包所需要具备的条件。

- 必须有一个嵌套函数。
- 嵌套函数必须应用一个在外部函数中定义的值。
- 外部函数必须将嵌套函数作为返回值返回。

闭包可以提供一些数据隐藏的方式，也可用来减少全局数据的使用。另外，闭包为一些问题提供了更符合面向对象思想的解决方案，当我们只需要在某些类中实现极少的（比如一个）方法时，闭包能够提供一个更优雅的替代方案。

下面这个例子展示了如何使用闭包替代一个简单类的功能。

```
def make_multiplier_of(n):
        def multiplier(x):
                return x * n
        return multiplier
```

我们可以这样来使用：

```
>>> times3 = make_multiplier_of(3)
>>> times5 = make_multiplier_of(5)
>>> times3(9)
27
>>> times5(3)
15
>>> times5(times3(2))
30
```

需要说明的一点是，我们可以知道保存在闭包中的值。事实上，每个函数对象都有一个 __closure__ 属性。如果该函数是闭包函数，这个属性将返回一个 cell 对象的元组，cell 对象有一个 cell_content 属性，存储了我们之前传递的参数。

```
>>> times3.__closure__[0].cell_contents
3
```

修饰器也是闭包功能的延伸，将在 8.2.4 节详细讨论。

8.2.3　匿名函数

当我们传入函数作为参数时，有些时候并不需要显式地定义函数，直接传入匿名函数更方便。匿名函数在 Python 中被称为 lambda 函数。

在 Python 中，对匿名函数提供了有限的支持。还是以 map()函数为例，为了计算 $f(x)=x^2$，除了定义一个 f(x)的函数外，还可以在参数中直接传入匿名函数：

```
>>> list(map(lambda x: x * x, [1, 2, 3, 4, 5, 6, 7, 8, 9]))
```

```
[1, 4, 9, 16, 25, 36, 49, 64, 81]
```

关键字 lambda 表示匿名函数，冒号前面的 x 表示函数参数。使用匿名函数会受到一些限制，只能有一个表达式，但也不用写 return，返回值就是该表达式的结果。因为函数没有名字，匿名函数也带来一个好处：不必担心函数名冲突。此外，匿名函数也是一个函数对象，也就是说可以把匿名函数赋值给一个变量，再利用变量来调用该函数：

```
>>> f = lambda x: x * x
>>> f
<function<lambda> at 0x101c6ef28>
>>> f(5)
25
```

同样，也可以把匿名函数作为返回值返回，比如：

```
def build(x, y):
return lambda: x * x + y * y
```

8.2.4　修饰器

在 Python 中，我们可以使用修饰器（Decorator）为现有的代码添加功能。这种使用一部分程序在编译时改变剩余部分程序的技术，被称为元编程（Metaprogramming）。为了理解修饰器，我们必须再次强调一个概念，即 Python 中一切都是对象，包括函数。所以函数也可以作为另一个函数的返回值或参数。

函数和方法通常被称为可调用对象（Callable），事实上，任何实现了__call__()方法的对象都是可调用对象。修饰器就是一个返回值是可调用对象的可调用对象。一个基本的修饰器接收一个函数，然后向其添加功能，最后返回这个函数。下面的代码中我们定义了一个简单的修饰器make_pretty：

```
def make_pretty(func):
    def inner():
        print("I got decorated")
        func()
    return inner

def ordinary():
    print("I am ordinary")
```

运行代码的结果如下：

```
>>> ordinary()
I am ordinary

>>> pretty = make_pretty(ordinary)
>>> pretty()
I got decorated
I am ordinary
```

在上面的例子中，ordinary()函数在操作 pretty = make_pretty(ordinary)时被"修饰"，返回的函数被命名为 pretty。我们可以看到修饰器为原来的函数增添了新的功能。这和包装礼物相似，修饰器就像外面的包装，虽然被修饰的函数本质没变，但它现在看起来更"漂亮"了。

通常我们会把原函数重新赋值为修饰器返回的函数：

```
ordinary = make_pretty(ordinary)
```

在 Python 中，有一个语法能简化这个操作，可以通过把@符号加修饰器的名称放在需要修饰的函数上方来实现，例如：

```
@make_pretty
def ordinary():
print("I am ordinary")
```

与下面的代码是等效的：

```
def ordinary():
print("I am ordinary")
ordinary = make_pretty(ordinary)
```

带有参数的函数也可以用修饰器进行修饰，下面的除法函数有两个参数 a 和 b，并且我们知道，当 b 为 0 时会产生错误。

```
def divide(a, b):
        return a/b
```

```
>>> divide(2,0)
Traceback (most recent call last):
...
ZeroDivisionError: division by zero
```

现在我们希望编写一个能检测到参数 b 为零的修饰器，其代码如下。

```
def smart_divide(func):
        def inner(a,b):
            print("I am going to divide",a,"and",b)
            if b == 0:
                print("Oops! cannot divide")
                return

            return func(a,b)
        return inner

@smart_divide
def divide(a,b):
    return a/b
```

运行这段代码的结果如下。

```
>>> divide(2,5)
I am going to divide 2 and 5
0.4

>>> divide(2,0)
I am going to divide 2 and 0
Oops! cannot divide
```

通过上面的例子，我们看到如何对有参数的函数使用修饰器。细心的读者可以发现，我们在嵌套函数 inner()中使用的参数正好与所修饰的函数 divide()一致。在 Python 中我们也可以在不知道原函数参数的情况下写出通用的修饰器。

```
def works_for_all(func):
        def inner(*args, **kwargs):
```

```
        print("I can decorate any function")
        return func(*args, **kwargs)
    return inner
```

如上例所示，我们使用 inner(*args, **kwargs)这一函数来适配所有的参数，args 是包含位置参数的元组，kwargs 是包含关键字参数的字典。

8.2.5　偏函数

偏函数（Partial Function）是指使用现存函数以及某些参数来创建函数，新建函数与原函数执行的功能相同，但是某些参数是固定的，因此调用者不需要传递这些参数。要注意的是，这里的偏函数和数学意义上的偏函数不一样。

Python 的 functools 模块提供了很多有用的功能，其中一个就是偏函数。在编写函数时，可以通过设定参数的默认值，降低函数调用的复杂度。使用偏函数也可以做到这一点。下面我们看一个简单的例子，int()函数可以把字符串转换为整数，默认按参数为十进制进行转换，并输出十进制的整数。

```
>>> int('1234')
1234
```

int()函数还提供额外的 base 参数，默认值为 10。如果传入 base 参数"base=N"就可以将参数字符串视为 N 进制数进行转换，并仍然输入十进制结果。

```
>>> int('1234', base=8)
668
>>> int('1234', 16)
4660
```

假设我们要转换大量的二进制字符串，但每次都传入 int(x, base=2)非常麻烦，此时我们就可以定义一个 int2()的函数，默认把 base=2 作为参数。

```
def int2(x, base=2):
return int(x, base)
```

这样，转换表示二进制数的字符串就非常方便了。使用 functools 模块的 partial()方法可以帮助我们创建一个偏函数，而不需要自定义 int2()函数，可以直接使用下面的代码创建一个新的函数 int2。

```
>>> import functools
>>> int2 = functools.partial(int, base=2)
>>> int2('100000')
32
```

由上例可以看到，functools.partial()的作用就是，把一个函数的某些参数给固定住（也就是设置默认值），而实现一个新的函数，直接调用这个新函数会更简单。

注意到上面的新的 int2 函数，虽然我们把 base 参数重新设定默认值为 2，但也可以在函数调用时传入其他值。

```
>>> int2('1000000', base=10)
1000000
```

在实际应用中，当函数的参数个数太多需要简化时，便可以使用 functools.partial()创建一个新的函数，这个新函数可以固定住原函数的部分参数，从而在调用时更简单。

8.3　多线程编程

在本节中，我们将讨论在一些在代码中进行并行处理的方法。首先我们会讨论进程和线程的概念以及两者的区别。接下来我们会介绍在 Python 中使用多线程编程的方法，并给出一些代码。在本章的最后，将介绍一个使用 threading 模块实现的 Python 多线程编程的例子。

8.3.1　多线程的编程动机

在多线程编程出现前，计算机程序被分成多个步骤，由 CPU 一步一步地按序执行。在需要保证一个任务中每步都按顺序执行时，这种方法是自然而合理的。然而当一个任务可以被分成多个子任务，并且这些子任务相互独立时，我们更希望这些任务能够并行执行，这样的并行处理可以大幅度地提升整个任务的效率。这就是多线程编程的目的。

考虑一个现实的问题，一个文本处理程序除了要处理用户输入外，还有很多其他的工作要做。假设这个文本处理程序只有一个线程，则必须顺序执行所有工作。例如程序需要定期检查 I/O 信道，以确定有没有用户输入，但是用户输入的到达时间又是不确定的，如果仅有的一个线程在检查 I/O 上耗费大量时间，就很难保证程序界面的用户体验，这样的程序一般控制流程都很复杂，且难以理解和维护。

将程序的任务以多线程的方式组织，可以降低程序的复杂度，并且能够以一种更加简洁、清晰、有效的方式来实现。一般情况下，分配到每个线程的任务都会更加简单，因为这些线程都有一个特定的工作需要做。我们仅仅需要设计好每一个线程，让它们做好自己的本职工作即可。

8.3.2　进程和线程

现代操作系统比如 OS X、UNIX、Linux 和 Windows 等，都是支持"多任务"的操作系统。目前，多核 CPU 已经非常普及了，但是，即使过去的单核 CPU，也可以执行多任务。单核 CPU 通过操作系统轮流让各个任务交替执行，例如任务 1 执行 0.1 秒，切换到任务 2，任务 2 执行 0.1 秒，切换到下一个任务，以此类推。从 CPU 的视角看，每个任务都是交替执行的，但是，由于 CPU 的执行速度非常快，我们感觉就像所有任务都在同时执行一样。

真正的并行执行多任务只能在多核 CPU 上实现，但是，由于任务数量远远多于 CPU 的核心数量，所以，操作系统也会自动把很多任务轮流调度到每个核心上执行。对于操作系统来说，一个正在执行的任务就是一个进程（Process），比如打开一个浏览器就是启动一个浏览器进程，打开一个记事本就启动了一个记事本进程。每个进程都有自己的地址空间、内存、数据栈以及其他记录其运行轨迹的辅助数据。操作系统管理在其上运行的所有进程，并为这些进程公平地分配时间。不过各个进程有自己的内存空间、数据栈等，所以只能使用进程间通信（Inter-Process Communication，IPC），而不能直接共享信息。

有些时候一个进程还不止同时干一件事，比如记事本，它除了要处理用户的文字输入，还要负责文字的排版和用户搜索等工作。在一个进程内部，要同时干几件事，就需要同时运行多个"子任务"，我们把进程内的这些"子任务"称为线程（Thread）。一个进程中的各个线程之间共享同一片数据空间，所以线程之间可以比进程之间更方便地共享数据以及相互通信。在进程的整个运行过程中，每个线程都只做自己的事，在需要的时候跟其他的线程共享运行的结果。当然，这样的共享并不是完全没有危险的。如果多个线程共同访问同一片数据，则由于数据访问的顺序不一样，有可能导致数据结果也不一致。这叫作竞争条件（Race Condition）。幸运的是，大多数线程库都带有一系列的同步原语，来控制线程的执行和数据的访问。

由于每个进程至少要干一件事，所以一个进程至少有一个线程。当然，一些复杂的进程可以有多个线程，多个线程可以同时执行，多线程的执行方式和多进程是一样的，也是由操作系统在多个线程之间快速切换，让每个线程都短暂地交替运行，看起来就像同时执行一样。然而，真正地同时执行多线程需要多核 CPU 才可能实现。

我们前面编写的所有的 Python 程序，都是执行单任务的进程，也就是只有一个线程，下一小节我们将开始介绍如何在 Python 中使用多线程。

8.3.3　线程与 Python

Python 代码的执行由 Python 虚拟机来控制（又称为解释器主循环）。Python 被设计为在主循环中，同时只有一个线程在执行，就像在单 CPU 的系统中运行多个进程那样，内存中可以存放多个程序，但任意时刻，只有一个程序在 CPU 中运行。同样地，虽然 Python 解释器中可以"运行"多个线程，但在任意时刻，只有一个线程在解释器中运行。对 Python 虚拟机的访问由全局解释器锁（Global Interpreter Lock，GIL）控制。这个锁保证了同时只有一个线程在运行。在多线程环境中，Python 虚拟机按以下方式执行：

● 　设置 GIL。
● 　切换到一个线程去运行。
● 　运行以下程序。
  ➢ 　指定数量的字节码指令；
  ➢ 　线程主动让出控制（可以调用 time.sleep(0)）。
● 　把线程设置为睡眠状态。
● 　解锁 GIL。
● 　再次重复以上所有步骤。

调用外部代码时（如内置的 C/C++扩展函数），GIL 会被锁定，直到这个函数执行结束。不过，编写扩展函数的程序员可以主动解锁 GIL，所以作为 Python 开发人员，不用担心我们的 Python 代码会被锁住。

举一个简单的例子，对所有使用 I/O 的（会调用内建的操作系统 C 代码的）程序来说，GIL 会在这个 I/O 调用之前被释放，以允许其他的线程在这个线程等待 I/O 的时候运行。而如果某线程并未使用很多 I/O 操作，它会在自己的时间片内一直占用处理器（和 GIL）。也就是说，I/O 密集型的 Python 程序比计算密集型的程序更能充分利用多线程环境的好处。

当一个线程结束了它的工作时，它就退出了。线程退出可以调用 thread.exit()之类的退出函数，也可以使用 Python 退出进程的标准方法，如 sys.exit()或抛出一个 SystemExit 异常等。不过，我们不可以直接"杀掉"一个线程。在接下来的小节中，我们将要讨论两个跟线程有关的模块 thread 和 threading 模块。在这两个模块中，我们不建议使用 thread 模块。这样做有很多原因，最重要的一个原因是，使用 thread 模块时，当主线程退出的时候，所有其他线程没有被清除就退出了。但另一个模块 threading 就能确保所有"重要的"子线程都退出后，进程才会结束。

主线程应该是一个好的管理者，它要了解每个线程都要做些什么事，线程都需要什么数据和什么参数，以及在线程结束的时候，它们都提供了什么结果。这样，主线程就可以把各个线程的结果组合成一个有意义的最后结果。

8.3.4　thread 模块

要创建一个新的线程，最简单且有效的方法是引入 Thread 模块，调用其 thread.start_new_thread (function, args，kwargs=None) 方法。这个方法会立即返回一个新线程，并调用作为参数的 function 函数，args 是包含位置参数的元组，使用空的元组说明调用 function 函数时不传递参数，kwargs 是可选的包含关键字参数的字典。当函数运行完成（即返回）时，这个新线程也将结束运行。下面是一个简单例子，用以说明使用 thread 模块创建新线程的方法。

```
import thread
import time

#定义每个线程中执行的函数：每隔delay时间便打印当前的时间
def print_time( threadName, delay):
    count = 0
    while count < 5:
time.sleep(delay)
count += 1
print("{}:{}".format(threadName, time.ctime(time.tine())))

#创建两个新线程
try:
    thread.start_new_thread( print_time, ("Thread-1", 2, ) )
    thread.start_new_thread( print_time, ("Thread-2", 4, ) )
except:
    print "Error: unable to start thread"

while 1:
    pass
```

当执行上述代码时，会得到类似下面的结果。

```
Thread-1: Thu Sep1 15:42:17 2016
Thread-1: Thu Sep1 15:42:19 2016
Thread-2: Thu Sep1 15:42:19 2016
Thread-1: Thu Sep1 15:42:21 2016
Thread-2: Thu Sep1 15:42:23 2016
Thread-1: Thu Sep1 15:42:23 2016
Thread-1: Thu Sep1 15:42:25 2016
Thread-2: Thu Sep1 15:42:27 2016
Thread-2: Thu Sep1 15:42:31 2016
Thread-2: Thu Sep1 15:42:35 2016
```

虽然 thread 模块能让我们快速有效地使用多线程，但其相对于更新的 threading 模块来说有较多的限制。我们使用 thread 模块仅是为了向读者演示如何进行多线程编程，在实际应用中，应该总是使用更高级的多线程模块——例如下一节我们将讨论的 threading 模块。

8.3.5　threading 模块

threading 模块在 Python 2.4 时被引入。相对于 thread 模块，threading 模块提供更强大也更高级的多线程支持。除了含有全部 thread 模块的方法外，threading 模块还添加了一些实用的新方法，下面是一些比较有代表性的新方法。

- threading.activeCount()：返回当前活动的线程对象数量。
- threading.currentThread()：返回当前线程对象。
- threading.enumerate()：返回当前活动线程的列表。

除了一些新方法外，threading 模块还包含了一个 Thread 类，用于创建线程。表 8-2 中给出 Thread 模块中一些常用的方法。

表 8-2　　　　　　　　　　　　　　　　Thread 模块的常用方法

方法名	作　用
run()	定义线程的功能函数（一般会被重写）
start()	开始线程的执行
join(timeout=None)	程序挂起，直到该线程结束
isAlive()	判断一个线程是否还在运行
getName()	返回线程的名字
setName(name)	设置线程的名字

为了创建一个新线程，首先需要定义一个继承自 Thread 类的子类，重写其 __init__()方法和 run()方法。当创建了一个新的 Thread 子类后，我们就可以将其实例化，并通过调用 start()方法来开始一个新线程，如下面的代码所示。

```python
import threading
import time

exitFlag = 0

class myThread (threading.Thread):
def __init__(self, threadID, name, counter):
threading.Thread.__init__(self)
self.threadID = threadID
self.name = name
self.counter = counter
def run(self):
print("Starting " + self.name)
print_time(self.name, self.counter, 5)
print("Exiting " + self.name)

def print_time(threadName, delay, counter):
while counter:
if exitFlag:
threadName.exit()
time.sleep(delay)
print("{}:{}".format(threadName, time.ctime(
        time.tine())))
counter -= 1

thread1 = myThread(1, "Thread-1", 1)
thread2 = myThread(2, "Thread-2", 2)

thread1.start()
thread2.start()

print("Exiting Main Thread")
```

执行上面的代码，结果如下。

```
Starting Thread-1
Starting Thread-2
Exiting Main Thread
Thread-1: Thu Sep 1 19:10:03 2016
Thread-1: Thu Sep 1 19:10:04 2016
Thread-2: Thu Sep 1 19:10:04 2016
Thread-1: Thu Sep 1 19:10:05 2016
Thread-1: Thu Sep 1 19:10:06 2016
Thread-2: Thu Sep 1 19:10:06 2016
Thread-1: Thu Sep 1 19:10:07 2016
Exiting Thread-1
Thread-2: Thu Sep 1 19:10:08 2016
Thread-2: Thu Sep 1 19:10:10 2016
Thread-2: Thu Sep 1 19:10:12 2016
Exiting Thread-2
```

　　我们可以看到，当开始了两个新线程后，主线程就立即执行完成了。但在很多时候，我们希望主线程能等待所有子线程执行完后再退出，因为主线程通常会需要使用子线程的运行结果来做一些工作；或者希望线程在访问某个文件时按照一定的顺序，以防止不同的访问顺序造成结果的不一致。为了实现这些目的，我们接下来介绍一种线程同步的方法。

　　threading 模块包含了一个易于实现的锁机制，可用于同步线程。可以通过调用 Lock()方法来创建一个新的锁，这个方法将返回一个锁对象。锁对象拥有一个 acquire(blocking)方法，可以强制线程进行同步的工作。其中可选的 blocking 参数能够控制线程在尝试获得锁时是否等待。blocking 参数设置为 0 时，线程若无法获得锁，则立即返回 0；blocking 设置为 1 时，线程若无法获得锁，则会被阻塞等待锁的释放。线程对象可以通过 release()方法来释放一个不再需要的锁。下面用一个例子来说明线程同步的实现方法，其中，主线程在线程 1 和线程 2 均运行结束后才退出。

```
import threading
import time

class myThread (threading.Thread):
def __init__(self, threadID, name, counter):
threading.Thread.__init__(self)
elf.threadID = threadID
self.name = name
self.counter = counter
def run(self):
print("Starting " + self.name)
#获得一个锁
threadLock.acquire()
print_time(self.name, self.counter, 3)
#运行完成后释放锁
threadLock.release()

def print_time(threadName, delay, counter):
while counter:
time.sleep(delay)
print("{}:{}".format(threadName, time.ctime(
    time.tine())))
counter -= 1
```

```
threadLock = threading.Lock()
threads = []

thread1 = myThread(1, "Thread-1", 1)
thread2 = myThread(2, "Thread-2", 2)

thread1.start()
thread2.start()

threads.append(thread1)
threads.append(thread2)

#等待所有的线程运行完成
for t in threads:
t.join()
print("Exiting Main Thread")
```

线程 1 和线程 2 按照其 start()方法的调用顺序依次运行，对线程调用 join()方法后，当前线程（主线程）会接在被调用 join 方法的线程之后运行，也就是主线程会等待线程 1 和线程 2 运行结束后再结束。运行结果如下。

```
Starting Thread-1
Starting Thread-2
Thread-1: Thu Sep 119:11:28 2016
Thread-1: Thu Sep 119:11:29 2016
Thread-1: Thu Sep 119:11:30 2016
Thread-2: Thu Sep 119:11:32 2016
Thread-2: Thu Sep 119:11:34 2016
Thread-2: Thu Sep 119:11:36 2016
Exiting Main Thread
```

下面一个例子将使用 Queue 模块创建一个队列（queue），队列可用于容纳数个元素，并有一组方法来对这些元素进行控制，队列的常用方法如表 8-3 所示。

表 8-3　　　　　　　　　　　　　队列的常用方法

方　法	作　　用
get()	从队列中移除一个元素，并将这个元素返回
put()	向队列中增加一个元素
qsize()	返回队列中元素的总数
empty()	判断队列是否为空，为空的话返回 Ture
full()	判断队列是否已满，如果已满返回 Ture

这个例子使用三个线程对队列中的元素进行操作，使用线程同步的机制确保操作能够正确进行。

```
import Queue
import threading
import time

exitFlag = 0

class myThread (threading.Thread):
        def __init__(self, threadID, name, q):
                threading.Thread.__init__(self)
```

```
            self.threadID = threadID
            self.name = name
            self.q = q
    def run(self):
            print("Starting " + self.name)
            process_data(self.name, self.q)
            print("Exiting " + self.name)


    def process_data(threadName, q):
            while not exitFlag:
                    queueLock.acquire()
                    if not workQueue.empty():
                            data = q.get()
                            queueLock.release()
                            print("{} processing {}".format(threadName, data))
                    else:
                            queueLock.release()
                    time.sleep(1)

            threadList = ["Thread-1", "Thread-2", "Thread-3"]
            nameList = ["One", "Two", "Three", "Four", "Five"]
            queueLock = threading.Lock()
            workQueue = Queue.Queue(10)
            threads = []
            threadID = 1

            for tName in threadList:
                    thread = myThread(threadID, tName, workQueue)
                    thread.start()
                    threads.append(thread)
                    threadID += 1

    #将元素装入队列
    queueLock.acquire()
    for word in nameList:
    workQueue.put(word)
    queueLock.release()

    #等待队列被清空
    while not workQueue.empty():
        pass

    #通知所有线程退出
    exitFlag = 1

    for t in threads:
        t.join()
    print("Exiting Main Thread")
```

运行上面的代码，结果如下：

```
Starting Thread-1
Starting Thread-2
Starting Thread-3
Thread-1 processing One
```

```
Thread-2 processing Two
Thread-3 processing Three
Thread-1 processing Four
Thread-2 processing Five
Exiting Thread-3
Exiting Thread-1
Exiting Thread-2
Exiting Main Thread
```

8.3.6　图书销量排名示例

这一小节我们将使用一个实际的例子来说明使用 Python 多线程编程。Amazon 是著名的购物网站，该网站销售的商品的介绍中，有一条信息是该商品在同类商品中的销量排名。下面的程序将通过图书的 ISBN 编号访问 Amazon 网站上相应图书的介绍页面，并获取其在所有图书中的销量排名。首先看一个没有使用多线程的例子，代码如下。

```python
import urllib.request
from re import compile
from time import ctime
from threading import Thread
from atexit import register

REGEX = compile('#([\d,]+) in Books ')
AMZN = 'http://amazon.com/dp/'
ISBNs = {
'1449355730': 'Learning Python',
'1530918154': 'Python: The Ultimate Beginner\'s Guide',
'1449340377': 'Python Cookbook'
}

def getRanking(isbn):
    opener = urllib.request.build_opener()
    opener.addheaders = [('User-agent', 'Mozilla/5.0')]
    response = opener.open(AMZN+isbn)
    data = response.read().decode('utf-8')
    return REGEX.findall(data)[0]

def showRanking(isbn):
    print('-{} ranked {}'.format(ISBNs[isbn], getRanking(isbn)))

def main():
    print('At {} on Amazon.com...'.format(ctime()))
    for isbn in ISBNs:
        showRanking(isbn)

@register
def _atexit():
    print('All done at {}'.format(ctime()))

if __name__ == '__main__':
    main()
```

我们引入了 atexit 模块，是为了在程序退出前这个特定的时间完成某些函数调用。不过，在单线程的情况下，这是不必要的，将打印时间的函数放在_main()函数最后也能达到目的，但那并不是一个很好的选择。程序运行的结果如下。

```
At Thu Sep 8 11:08:25 2016 on Amazon.com...
Learning Python ranked 4,912
Python: The Ultimate Beginner\'s Guide ranked 99,749
Python Cookbook ranked 43,427
All done at Thu Sep 8 11:09:13 2016
```

这个版本使用了近 50 秒执行完成，当然执行时间与网络连接的质量也有关。接下来我们为程序加入多线程的支持，只需要将_main()函数中对 showRanking()的调用改为：

```
Thread(target=showRanking, args=(isbn,)).start()
```

这里没有必要使用线程的 join()方法，atexit 模块能保证主线程在所有子线程都运行完后才退出。新版本程序运行结果如下。

```
At Thu Sep 8 11:10:31 2016 on Amazon.com...
Python: The Ultimate Beginner\'s Guide ranked 99,749
Learning Python ranked 4,912
Python Cookbook ranked 43,427
All done at Thu Sep 8 11:10:56 2016
```

新版的程序大概只需要原来一半的时间就能完成执行，但整体的运行时间还是由运行最慢的那个线程所决定的。另外我们注意到结果的打印顺序可能和单线程版本的程序不一样，因为每个线程的完成的时间并不是确定的。

8.4　本章小结

在本章中，我们学习了关于 Python 对面向对象程序设计所提供支持的大量知识与技术，初步了解了 Python 对函数型程序设计的支持，并讨论了在 Python 中使用多线程的方法。

在第一节中，我们学习了大量关于面向对象的不同的、更高级的技术。首先，我们了解了关于属性访问的大量知识，比如使用特殊方法__getattr__()，之后学习了函子，并了解了如何用其提供带状态的函数——也可以通过向函数添加特性或使用闭包实现，两者都在本章进行了讲解。我们学习了如何将 with 语句与上下文管理器一起使用，以及如何创建自定义的上下文管理器。由于Python 的文件对象也是上下文管理器，因此从现在开始，我们可以使用 try with…except 这种语句结构来进行文件处理，这种语句结构可以保证打开的文件被正确关闭，而不需要使用 finally 语句块。

接下来，从描述符开始继续讲解了一些更高级的面向对象特性。这些特性可以以非常广泛的方式使用，也是很多 Python 标准修饰器（比如@property)的底层技术。之后我们学习了 Python 对抽象基类、多继承和元类的支持，包括如何使得我们的自定义类符合 Python 的标准抽象基类，以及如何使用多继承将不同类的特性整合到一个单一的类中。在对元类的讲解中，我们了解了 type()函数的另一个作用（即创建类)，并学习了如何使用自定义的元类在创建并初始化类（而不是类的一个实例）时对其进行干预。

第二节介绍了 Python 用于支持函数型程序设计的一些函数与模块，我们学习了高阶函数的定义。在 Python 中一切都是对象，包括函数，所以函数也可以作为返回值返回，我们必须习惯这个概念。接下来讨论了闭包和匿名函数，闭包可以提供一些数据隐藏的方式，也可以为一些问题提供更符合面向对象思想的解决方案。Python 支持简单的匿名函数，可以在一些情况下避免函数名的冲突。最后两节介绍了修饰器和偏函数，修饰器能在不改变函数原始调用方法的情况下为函数添加新功能，而偏函数可以通过固定某些参数来使一个复杂函数调用简单化。

第三节中我们讨论了在 Python 中，使用多线程编程技术实现代码并行性的方法。在前面几节中，我们介绍了进程与线程的区别，以及 Python 中使用线程的一些特点，包括全局解释器锁（GIL）等等，然后介绍多线程编程的概念，并通过使用 thread 模块说明了一个最基本的多线程程序的实现，但要注意在实际应用中，应当避免使用 thread 模块而使用 threading 等更高级的模块。本章的最后几节用一些例子演示了在 Python 中如何使用 threading 和 Queue 模块来实现多线程编程，包括使用锁来让多个线程协同地进行工作。

到本章为止，对 Python 语言本身的讲解全部结束，需要说明的是，本章与前面的章节并不能涵盖 Python 语言的所有特性，但没有涵盖的都是比较隐晦或极少使用的。接下来的章节将不会再介绍 Python 语言的新特性，但仍然会使用到前面未描述的来自标准库的模块，并且某些技术要比前面的章节中展示得更加深入。

8.5　本章习题

1．扩展 AtomicList 类：请创建一个新的模块文件，并在其中定义上下文管理器类 Atomic，使其除了可以操作列表外，还能支持其他可变的组合类型（Mutable Collection），例如，字典与集合类型。__init__()方法应检查容器的适当性。不用再存储浅拷贝/深拷贝标记，而是通过一个参数标记为 self.copy 属性指定一个适合的拷贝函数，并在__enter__()方法中调用。__exit__()方法要稍微棘手一点，因为替换列表的内容与替换集合或字典是不同的。

2．利用 map()函数，把用户输入的不规范的英文名字，变为首字母大写，其他小写的规范英文名字。例如输入：['adam', 'LISA', 'barT']时，输出：['Adam', 'Lisa', 'Bart']。

3．Python 提供的 sum()函数可以接受一个列表并求其所有元素的和，请编写一个 prod()函数，可以接受一个列表并利用 reduce()函数求列表中所有元素之积。

4．请编写一个修饰器，能在函数调用的前后打印出类似于"Begin call"和"End call"的日志信息。

5．请简述线程与进程的主要区别。

6．在 Python 中，哪一种多线程的程序表现得更好，I/O 密集型的还是计算密集型的？为什么？

7．使用 Threading 和 Queue 模块编写一个模拟生产者-消费者模型的程序。使用一个线程作为生产者，每间隔 1 秒把一个递增的数字写入队列。使用另一个消费者线程，从队列中取出数字并打印。注意 Python 中的队列是线程安全的，从多个线程访问同一队列时无需加锁。

第9章
调试及异常

本章内容提要:

- 调试
- Python 中的异常类
- 捕获和处理异常
- 两种处理异常的特殊方法
- raise 语句
- 采用 sys 模块回溯最后的异常

编写程序是艺术、手艺和科学的混合体,由于程序是由人编写的,因此其中难免存在错误。幸运的是,存在一些技术可用于避免错误,而且还有一些技术可用于识别和修复程序中的错误,本章就 Python 的一些常见的异常和调试方法进行深入阐述。

9.1 调试

在本节中,我们首先描述 Python 在发现语法错误时的处理方式,之后了解 Python 在发现未处理异常时生成的回溯信息,最后讲解怎样将科学的方法用于调试。

9.1.1 处理错误

1. 处理编译时的错误

Python 是一门先编译后解释的语言。当我们在命令行中输入 python blocks.py 时,其实是激活了 Python 的"解释器",相当于告诉"解释器"你要开始工作了。可是在"解释"之前,其实执行的第一项工作和 Java 语言一样是编译。如果程序中存在语法错误,Python 编译器则会打印出文件名、行号、出错行等相关错误信息,并使用 ^ 标记在该行程序中检测出错的位置,下面是一个实例。

```
File "blocks.py", line 383
    if BlockOutput.save_blocks_as_svg(blocks, svg)
                                                  ^
SyntaxError:invalid syntax
```

出现这样问题的原因是我们忘记在 if 语句条件结尾处放置一个括号。下面给出另一个相当常见的错误实例，但是从中看不出明显的错误。

```
File "blocks.py", line 385
    except ValueError as err:
        ^
SyntaxError: invalid syntax
```

在上面指示的行中并没有语法错误，因此行号与 ^ 标记的位置都是错误的。通常，当我们确定指定行没有错误时，错误几乎总是出在该行的前一行。下面给出的是 Python 报告出错的那一段从 try 到 except 的代码——在阅读代码后面给出的解释之前，试一下自己能否定位到其中的错误：

```
try:
    blocks = parse(blocks)
    svg = file.replace(".blk", ".svg")
    if not BlockOutput.save_blocks_ as_ svg(blocks, svg):
            print("Error: failed to save {0}".format(svg)
except ValueError as err:
    ...
```

发现问题出在哪里了吗？当然，这个错误不太容易发现，出在 Python 报错的那一行的上一行。对 str.format()方法，使用了闭括号，但是 print()函数缺少闭括号，也就是说，该行代码最后缺少一个闭括号，但 Python 没有意识到这一错误，直到运行到下一行的 except 关键字时才发现。在一行代码中忘记最后的闭括号是相当常见的，尤其是在同时使用 print()和 str.format 的时候，但是错误经常在下一行才会报告出来。类似地，如果某个列表的闭括号或某组字典的闭括号缺失，Python 也会在下一个非空行报告这一错误。从好的方面看，类似于这样的语法错误是易于修复的。

2. 处理运行时的错误

（1）第 1 个例子

如果运行时发生了未处理的异常，Python 就将终止执行程序，并以堆栈回溯（Traceback，也称为向后追踪）的形式显示异常发生的上下文。下面给出一个未处理异常发生时打印出的回溯信息：

```
Traceback (most recent call last):
    File "blocks.py", line 392, in <module>
        main()
    File "blocks.py", line 381, in main
        blocks=parse(blocks)
    File "blocks.py", line 174, in recursive_ descent_parse
        return data.stack[1]
    IndexError: list index out of range
```

上述类型的回溯信息应该从最后一行向第一行进行查看。最后一行指定了未处理异常发生在何处，在这一行之上显示的是文件名、行号、函数名，之后跟随的是导致该异常的代码行（跨越了两行）。如果导致异常的函数被另一个函数调用，那么该调用函数的文件名、行号、函数名以及调用代码行也会在上面显示出来。如果调用函数被另外一个函数调用，那么这一过程将重复一遍，依此类推，直到调用栈的头部为止。

 回溯中的文件名是带路径的，但是大多数情况下，出于简洁的需要，给出的实例中都忽略了路径。

因此，这一实例中，发生了 IndexError 错误意味着 data.stack 是某种类型的序列，但在位置 1

处没有数据项。该错误发生在 blocks.py 程序 174 行的 recursive_ descent_parse()函数，该函数在 381 行被 main()函数调用。381 行函数名不同（是 parse()而非 recursive_ descent_parse()），原因在于 parse 变量被设置为几个不同函数名中的某一个，这依赖于赋予程序的命令行参数；在通常的情况下，名称总是匹配的。对 main 函数的调用是在 392 行进行的，程序的执行也是从该语句开始的。（这里由于代码太长无法给出，只是想让读者了解如何找到出错位置。）

尽管回溯信息初看之下让人困惑不解，但在理解了其结构之后我们会发现它是非常有用的。在上面的实例中，回溯信息告诉了我们应该去哪里寻找问题的根源，当然我们必须自己想办法去解决问题。

（2）第 2 个例子

```
Traceback (most recent call last):
    File "blocks.py", line 392, in <module>
        main()
    File "blocks.py", line 383, in main
        if BIockOutput.save_blocks_ as_svg(blocks, svg):
    File "BltickOutput.py", line 141, in save_blocks as_ svg
        widths, rows=compute_widths_ and_rows(cells, SCALE Bl}
    File "BIockOutput.py", line 95;in compute_widths_ and_rows
        width=len(cell.text)//cell.columns
ZeroDivisionError: integer division or modulo by zero
```

这里，问题出在 blocks.py 程序调用的 BlockOutput.py 模块中，这一回溯信息使得我们定位问题变得容易，但它并没有说明错误在哪里发生。第 95 行 BlockOutput.py 模块的 compute_widths_ and_rows ()函数中，cell.columns 的值明显是错误的。不管怎么说，这是导致 ZeroDivisionError 异常的问题所在，同时我们必须查看前面的错误信息来了解为什么 cell.columns 会被赋予错误的值。

9.1.2　科学的调试

如果程序可以运行，但程序行为和期待的或需要的结果不一致，就说明程序中存在一个 bug——必须清除的逻辑错误。清除这类错误的最好方法是首先使用 TDD（Test-Driven Development，测试驱动的开发）来防止发生这一类错误，然而，总会有些 bug 没有避免，因此，即便使用 TDD，调试也仍然是必须学习和掌握的技能。

在这一小节中，我们将简要介绍两种调试方法——pdb 调试与 IDLE 调试。这里对这两种方法进行了详细的解释，以至于看起来对“简单的”bug 来说，这种方法未免过于繁琐。然而，通过有意识地遵循这一过程，我们可以避免“随机”调试浪费的时间，并且，过一段时间之后，我们会将该过程内置于思维和开发过程中，并可以下意识地遵循该流程，从而加快开发速度。

无论使用什么样的调试手段，为清除一个 bug，一般来讲我们会遵循如下步骤。

- 再现 bug。
- 定位 bug。
- 修复 bug。
- 对修复进行测试。

1. 使用 pdb 调试

pdb 是 Python 自带的一个包，为 Python 程序提供了一种交互的源代码调试功能，主要特性包括设置断点、单步调试、进入函数调试、查看当前代码、查看栈片段、动态改变变量的值等。pdb 提供了一些常用的调试命令，详情如表 9-1 所示。

表 9-1   pdb 常用命令

命令	解释
break 或 b	设置断点
continue 或 c	继续执行程序
list 或 l	查看当前行的代码段
step 或 s	进入函数
return 或 r	执行代码直到从当前函数返回
exit 或 q	终止并退出
next 或 n	执行下一行
pp	打印变量的值
help	帮助

（1）测试代码示例

```
import pdb
a = "aaa"
pdb.set_trace()
b = "bbb"
c = "ccc"
final = a + b + c
print(final)
```

（2）利用 pdb 调试

```
[root@rcc-pok-idg-2255 ~]$ python epdb1.py
> /root/epdb1.py(4)?()
-> b = "bbb"
(Pdb) n
> /root/epdb1.py(5)?()
-> c = "ccc"
(Pdb)
> /root/epdb1.py(6)?()
-> final = a + b + c
(Pdb) list
1    import pdb
2    a = "aaa"
3    pdb.set_trace()
4    b = "bbb"
5    c = "ccc"
6 -> final = a + b + c
7    print(final)
[EOF]
(Pdb)
[EOF]
(Pdb) n
> /root/epdb1.py(7)?()
-> print(final)
(Pdb)
aaabbbccc
```

开始调试：直接运行脚本，会停留在 pdb.set_trace()处，选择 n+Enter 可以执行当前的 statement。在第一次按下了 n+Enter 之后可以直接按 Enter 表示重复执行上一条 debug 命令。

（3）退出 debug

```
[root@rcc-pok-idg-2255 ~]$ python epdb1.py
> /root/epdb1.py(4)?()
-> b = "bbb"
(Pdb) n
> /root/epdb1.py(5)?()
-> c = "ccc"
(Pdb) q
Traceback (most recent call last):
  File "epdb1.py", line 5, in ?
    c = "ccc"
  File "epdb1.py", line 5, in ?
    c = "ccc"
  File "/usr/lib64/python2.4/bdb.py", line 48, in trace_dispatch
    return self.dispatch_line(frame)
  File "/usr/lib64/python2.4/bdb.py", line 67, in dispatch_line
    if self.quitting: raise BdbQuit
bdb.BdbQuit
```

退出 debug：使用 quit 或者 q 可以退出当前的 debug，但是 quit 会以一种非常粗鲁的方式退出程序，其结果往往导致程序直接崩溃。

（4）debug 过程中打印变量

```
[root@rcc-pok-idg-2255 ~]$ python epdb1.py
> /root/epdb1.py(4)?()
-> b = "bbb"
(Pdb) n
> /root/epdb1.py(5)?()
-> c = "ccc"
(Pdb) p b
'bbb'
(Pdb)
'bbb'
(Pdb) n
> /root/epdb1.py(6)?()
-> final = a + b + c
(Pdb) p c
'ccc'
(Pdb) p final
*** NameError: <exceptions.NameError instance at 0x1551b710 >
(Pdb) n
> /root/epdb1.py(7)?()
-> print(final)
(Pdb) p final
'aaabbbccc'
(Pdb)
```

打印变量的值：如果需要在调试过程中打印变量的值，可以直接使用 p 加上变量名，但是需要注意的是打印仅仅在当前的 statement 已经被执行了之后才能看到具体的值，否则会报"NameError: < exceptions.NameError ……>"类型的错误。

（5）停止 debug 继续执行程序

```
[root@rcc-pok-idg-2255 ~]$ python epdb1.py
> /root/epdb1.py(4)?()
```

```
-> b = "bbb"
(Pdb) n
> /root/epdb1.py(5)?()
-> c = "ccc"
(Pdb) c
aaabbbccc
```

使用 c 可以停止当前的 debug 使程序继续执行。如果在下面的程序中继续有 set_statement() 的申明，则又会重新进入到 debug 的状态，读者可以在代码 print(final) 之前再加上 set_trace() 验证。

（6）debug 过程中显示代码

```
[root@rcc-pok-idg-2255 ~]$ python epdb1.py
> /root/epdb1.py(4)?()
-> b = "bbb"
(Pdb) list
1     import pdb
2     a = "aaa"
3     pdb.set_trace()
4  -> b = "bbb"
5     c = "ccc"
6     final = a + b + c
7     pdb.set_trace()
8     print(final)
[EOF]
(Pdb) c
> /root/epdb1.py(8)?()
-> print(final)
(Pdb) list
3     pdb.set_trace()
4     b = "bbb"
5     c = "ccc"
6     final = a + b + c
7     pdb.set_trace()
8  -> print(final)
[EOF]
(Pdb)
```

显示代码：在 debug 的时候不一定能记住当前的代码块，如要要查看具体的代码块，则可以通过使用 list 或者 l 命令显示。list 会用箭头 "→" 指向当前 debug 的语句。

（7）使用函数的例子

```
import pdb
def combine(s1,s2):              # 定义函数 combine()
    s3 = s1 + s2 + s1            # 将 s2 放在两个 s1 之间
    s3 = '"' + s3 +'"'          # 加上双引号
    return s3
a = "aaa"
pdb.set_trace()
b = "bbb"
c = "ccc"
final = combine(a,b)
print(final)
```

在使用函数的情况下进行 debug。

（8）对函数进行 debug

```
[root@rcc-pok-idg-2255 ~]$python epdb2.py
> /root/epdb2.py(10)?()
-> b = "bbb"
(Pdb) n
> /root/epdb2.py(11)?()
-> c = "ccc"
(Pdb) n
> /root/epdb2.py(12)?()
-> final = combine(a,b)
(Pdb) s
--Call--
> /root/epdb2.py(3)combine()
-> def combine(s1,s2):
(Pdb) n
> /root/epdb2.py(4)combine()
-> s3 = s1 + s2 + s1
(Pdb) list
  1      import pdb
  2
  3      def combine(s1,s2):
  4  ->      s3 = s1 + s2 + s1
  5          s3 = '"' + s3 +'"'
  6          return s3
  7
  8      a = "aaa"
  9      pdb.set_trace()
 10      b = "bbb"
 11      c = "ccc"
(Pdb) n
> /root/epdb2.py(5)combine()
-> s3 = '"' + s3 +'"'
(Pdb) n
> /root/epdb2.py(6)combine()
-> return s3
(Pdb) n
--Return--
> /root/epdb2.py(6)combine()->'"aaabbbaaa"'
-> return s3
(Pdb) n
> /root/epdb2.py(13)?()
-> print(final)
(Pdb)
"aaabbbaaa"
```

如果直接使用 n 进行 debug 则进行到 final=combine(a,b)这句的时候会将其当做普通的赋值语句处理，进入到 print(final)。如果想要对函数进行 debug，那么应如何处理呢?可以直接使用 s 进入函数块，函数里面的单步调试与上面的介绍类似。如果不想在函数里单步调试可以在断点处直接按 r 退出到调用的地方。

（9）在调试的时候动态改变值

```
[root@rcc-pok-idg-2255 ~]$python epdb2.py
> /root/epdb2.py(10)?()
-> b = "bbb"
```

```
(Pdb) var = "1234"
(Pdb) b = "avfe"
*** The specified object '= "avfe"' is not a function
or was not found along sys.path.
(Pdb) !b="afdfd"
(Pdb)
```

在调试的时候可以动态改变变量的值，需要注意的是上面有个错误，原因是 b 已经被赋值了，如果想重新改变 b 的赋值，则应该使用!b。

pdb 调试有个明显的缺陷就是对于多线程，远程调试等支持得不够好，同时没有较为直观的界面显示，不太适合大型的 python 项目。但在较大的 python 项目中，这些调试需求比较常见，所以需要使用更为高级的调试工具。

2. 使用 IDLE 调试

（1）介绍

IDLE 中提供了一个调试器，帮助开发人员来查找逻辑错误。下面简单介绍 IDLE 的调试器的使用方法。

在"Python Shell"窗口中单击"Debug"菜单中的"Debugger"菜单项，就可以启动 IDLE 的交互式调试器。这时，IDLE 会打开"Debug Control"窗口，如图 9-1 所示，并在"Python Shell"窗口中输出"[DEBUG ON]"并后跟一个">>>"提示符。这样，我们就能像平时那样使用这个"Python Shell"窗口了，只不过现在输入的任何命令都是允许在调试器下。我们可以在"Debug Control"窗口查看局部变量和全局变量等有关内容。如果要退出调试器的话，可以再次单击"Debug"菜单中的"Debugger"菜单项，IDLE 会关闭"Debug Control"窗口，并在"Python Shell"窗口中输出"[DEBUG OFF]"。

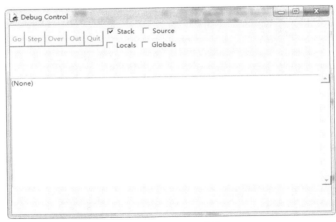

图 9-1　IDLE 调试器

（2）调试案例

① 先在 IDLE 中写入完整源码，代码如下。

```
#-coding:utf-8 -*-
#计算立方体的表面积和体积
class cube:                    #这些属性是作为类共享的，就像 C++中的静态变量
    def __init__(self):
        self.type=int
        self.surface=long
```

```
def __init__(self,l,w,h):
    self.l=l
    self.w=w
    self.h=h

def surface(self):
    l=self.l
    w=self.w
    h=self.h
    result=(l*w+l*h+w*h)*2
    print('the surface of cube is' + str(result))
    return result

def volumn(self):
    l=self.l
    w=self.w
    h=self.h
    result=l*w*h
    print('the volumn of cube is' + str(result))
    return result

def main():
    L= input('Plz input the length of the cube:')
    L=int(L)
    W= input('Plz enter the width of the cube:')
    W=int(W)
    H= input('Plz type in the height of the cube:')
    H=int(H)
    cube1=cube(L,W,H)
    cube1.surface()
    cube1.volumn()
```

②　编辑保存之后，单击"Run"→"Python Shell"，打开 Python Shell 窗口，在这个窗口菜单上，选择"Debug"→"Debuger"，打开"Debug Control"窗口。

③　接下来，在 IDLE 源码窗口中单击"Run"→"Run Module"或按 F5 键，可以看到在"Debug Control"窗口里正要调试运行的程序的__main__模块被选中，如图 9-2 所示。

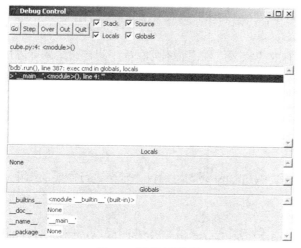

图 9-2　调试过程截图

④ 单击上面的"Step"按钮，就可以看到其一步一步的执行过程。从这个过程中，我们还可以看到，解释器是从上往下一个模块一个模块地扫描，它先找到名字为'_main_'中的模块，然后从其下面调用的函数处去执行。

9.2 Python 中的异常类

在这一节，我们将要面对异常，这是一种可以改变程序中控制流程的程序结构。在 Python 中，异常会根据错误自动地被触发，也能由代码触发和捕获。异常由四个相关语句进行处理，分别为：try、except、else 和 finally，接下来将对它们进行介绍。

9.2.1 什么是异常

当 Python 检测到一个错误时，解释器就会指出当前流已无法继续执行下去，这时候就出现了异常。异常是指因为程序出错而在正常控制流以外采取的行为。异常即是一个事件，该事件会在程序执行过程中发生，影响了程序的正常执行。异常处理器（try 语句）会留下标识，并可执行一些代码。程序前进到某处代码时，产生异常，因而会使 Python 立即跳到那个标识，而放弃留下该标识之后所调用的任何激活的函数。

异常分为两个阶段：第一个阶段是引起异常发生的错误；第二个阶段是检测并进行处理的阶段。

9.2.2 异常的角色

在 Python 中，异常通常可以用于各种用途。下面是它最常见的 5 种角色。

（1）错误处理

每当在运行过程中检测到程序错误时，Python 就会引发异常。可以在程序代码中捕捉和响应错误，或者忽略已发生的异常。但如果忽略错误，Python 默认的异常处理行为将启动；停止程序，打印出错误消息。如果不想启动这种默认行为，就要写 try 语句来捕捉异常并从异常中恢复，当检测到错误时，Python 会跳到 try 处理器，而程序在 try 之后会重新继续执行。

（2）事件通知

异常也可用于发出有效的状态信号，而不需在程序间传递结果标志位，或者刻意对其进行测试。例如，搜索的程序可能在失败时引发异常，而不是返回一个整数结果代码。

（3）特殊情况处理

有时，发生了某种很罕见的情况，很难调整代码去处理。通常会在异常处理器中处理这些罕见的情况，从而省去编写应对特殊情况的代码。

（4）终止行为

正如将要看到的一样，try/finally 语句可确保一定会进行需要的结束运算，无论程序中是否有异常。

（5）非常规控制流程

最后，因为异常是一种高级的"goto"语句，它可以作为实现非常规的控制流程的基础。Python 中没有"goto"语句，但是异常有时候可以充当类似的角色。

9.2.3　Python 的一些内建异常类

Python 的一些内建异常类，如表 9-2 所示。

表 9-2　　　　　　　　　　　　　　　　Python 的一些内建异常类

异常类名	描　　述
Exception	所有异常的基类
NameError	尝试访问一个没有申明的变量
ZeroDivisionError	除数为 0
SyntaxError	语法错误
IndexError	索引超出序列范围
KeyError	请求一个不存在的字典关键字
IOError	输入输出错误（比如你要读的文件不存在）
AttributeError	尝试访问未知的对象属性
ValueError	传给函数的参数类型不正确
EOFError	发现一个不期望的文件尾

9.3　捕获和处理异常

当程序出现异常时，Python 默认的异常处理行为将启动，停止程序并打印出错误消息。但往往这并不是我们想要的。例如，服务器程序一般需要在内部错误发生时依然保持工作。如果不希望默认的异常行为，就需要把调用包装在 try 语句中，自行捕捉异常。

9.3.1　try…except…语句

try 子句中的代码块放置可能出现异常的语句，except 子句中的代码块处理异常：

```
try:
    try 块          #被监控的语句
except Exception as e:
    except 块       #处理异常的语句
```

下面的代码显示了使用 try…except…语句诊断异常的过程。

```
list = ['China', 'America', 'England', 'France']
try:
    print(list[4])
except  IndexError as e:
    print('列表元素的下标越界')
```

运行结果如下。

列表元素的下标越界

当 try 语句启动时，Python 会标识当前的程序环境，这样一来，如果有异常发生时，才能返回这里。try 首行下的语句会先执行。接下来会发生什么事情，取决于 try 代码块语句执行时是否引发异常。

● 如果 try 代码块语句执行时的确发生了异常，Python 则回到 try 语句层，寻找后面是否有 except 语句。找到 except 语句后，会调用这个自定义的异常处理器。当 except 代码块执行后，控制权就会交到整个 try 语句后继续执行。

● 如果异常发生在 try 代码块内，没有符合的 except 子句，异常就会向上传递到当前程序之前进入的 try 中，或者如果它是第一条这样的语句，就传递到这个进程的顶层。

● 如果 try 首行底下执行的语句没有发生异常，控制权会在整个 try 语句下继续。

9.3.2　try…except…else…语句

如果 try 范围内捕获了异常，就执行 except 块；如果 try 范围内没有捕获异常，就执行 else 块。

下面的示例修改了上小节的例子，引入循环结构，可以实现重复输入字符串序号，直到检测序号不越界而输出相应的字符串。

```
#Exp9_1.py
list = ['China', 'America', 'England', 'France']
print('请输入字符串的序号')
while True:
    n = int(input( ))
    try:
        print(list[n])
    except IndexError as e:
        print('列表元素的下标越界，请重新输入字符串的序号')
    else:
        break
```

如果没有 else，是无法知道控制流程是否已经通过了 try 语句。在上面这个例子中，没有触发 IndexError，执行 else 语句，结束循环。

9.3.3　带有多个 except 的 try 语句

下面的语句是带有多个 except 的 try 语句。

```
try:
    try 块                      #被监控的语句
except Exception1 as e1:
    except 块 1                 #处理异常 1 的语句
exceptException2 as e2:
    except 块 2                 #处理异常 2 的语句
```

请看下面的例子：输入两数，求两数相除的结果。在数值输入时应检测输入的被除数和除数是否是数值，如果输入的是字符则视为无效。在进行除操作时，应检测除数是否为零。

```
#Exp9_2.py
try:
    x = float(input("请输入被除数: "))
    y = float(input("请输入除数: "))
    z = x / y
except ZeroDivisionError as e1:
    print("除数不能为零")
except ValueError as e2:
```

```
        print("被除数和除数应为数值类型")
    else:
        print(z)
```

这个例子中，Python 将检查不同类型的异常（ZeroDivisionError 或者 ValueError），一旦发生对应的异常，将匹配执行相应 except 中的代码。

9.3.4　捕获所有异常

BaseException 是所有内建异常的基类，通过它可以捕获所有类型的异常，KeyboardInterrupt、SystemExit 和 Exception 是从它直接派生出来的子类。按 Ctrl+C 会抛出 KeyboardInterrupt 类型的异常，sys 模块的 sys.exit()会抛出 SystemExit 类型的异常。其他所有的内建异常都是 Exception 的子类。如图 9-3 所示。

图 9-3　Python 内置异常类的层次结构

当程序需要捕获所有异常时，可以使用 BaseException，代码格式如下。

```
try:
        try 块
except BaseException as e:
        except 块 #处理所有错误
```

示例 Exp9_3.py 代码编写一个函数，将输入的参数值转换为 float 类型，转换时检测参数的有效性。

```
#Exp9_3.py
def safe_float(obj):
    try:
        retval = float(obj)
    except BaseException as e:
        print(e)
    else:
        print(retval)
safe_float('xyz')
safe_float(1)
safe_float("123")
safe_float({})
```

程序运行结果如下。

```
could not convert string to float: xyz
1.0
123.0
float( ) argument must be a string or a number, not 'dict'
```

9.3.5　finally 子句

1. try…finally…的语法格式

```
try:
    …
finally:
    …        #无论如何都会执行
```

下面的示例通过 try…finally…语句使得无论文件打开是否正确或是 readline()调用失败，都能够正常关闭文件。

```
#Exp9_4.py
try:
    f = open('test.txt', 'r')
    line = f.readline( )
    print(line)
finally:
    f.close( )
```

以上代码段尝试打开文件并读取数据，如果在此执行过程中发生一个错误，会执行 finally 语句块，正常关闭文件。如果在此过程中没有发生错误，也会执行 finally 语句块，正常关闭文件。

利用这个变体，Python 可先执行 try 首行下的代码块。接下来发生的事情，取决于 try 代码块中是否发生异常。

● 如果 try 代码块运行时没有发生异常，Python 会跳至执行 finally 代码块，然后在整个 try 语句后继续执行下去。

● 如果 try 代码块运行时有异常发生，Python 依然会回来运行 finally 代码块，但是接着会把异常向上传递到较高的 try 语句或顶层默认处理器。程序不会在 try 语句下继续执行。也就是说，即使发生了异常，finally 代码块还是会执行，和 except 不同的是，finally 不会终止异常，而是在 finally 代码块执行后，一直处于发生状态。

当想确定某些程序代码执行后，无论程序的异常行为如何，某个动作一定会发生，那么 try/finally 形式就很有用。在实际应用中，这可以让你定义必然会发生的动作，例如文件的关闭以及服务器断开连接等。

要注意，在 Python 2.4 和更早的版本中，finally 子句无法和 except、else 一起用在相同的 try 语句内，所以，如果用的是旧版，最好把 try/finally 想成是独特的语句形式。然而，到了 Python 2.5，finally 可以和 except 及 else 出现在相同语句内，所以现在其实只有一个 try 语句，但是有许多的子句。不过，无论选哪个版本，finally 子句依然具有相同的用途；指明一定要执行的"清理"动作，无论是否发生了异常。

2. 统一 try/except/finally 语句

现在，我们可以在同一个 try 语句中混合 finally、except 以及 else 子句。也就是说，我们现在可以编写下列形式的语句。

```
try:
    main-action
except Exception1 as e1:
    handler1
except Exception2 as e2:
    handler2
...
else:
    else-block
finally:
    finally-block
```

通常，这个语句中的 main-action 代码块会先执行。如果该程序代码引发异常，那么所有 except 代码块都会逐一测试，寻找与抛出的异常相符的语句。如果引发的异常是 Exception1，则会执行

handler1 代码块；如果引发的异常是 Exception2，则会执行 handler2 代码块；以此类推。如果没有引发异常，将会执行 else-block。

无论之前发生了什么，当 mian-action 代码块完成时，并且任何引发的异常都已处理后，finally-block 就会执行。事实上，即使异常处理器或者 else-block 内有错误发生而引起了新的异常，finally-block 内的程序代码依然会执行。

就像往常一样，finally 子句并没有终止异常；当 finally-block 执行时，如果异常还存在，就会在 finally-block 代码块执行后继续传递，而控制权会跳至其他地方（到另一个 try，或者默认的顶层处理器）。如果 finally 执行时，没有异常处于激活状态，控制权就会在整个 try 语句之后继续下去。

结果就是，无论发生如下哪种情况，finally 一定会执行。

● 　main-action 中是否发生异常并处理过。

● 　main-action 中是否发生异常并没有处理过。

● 　main-action 中是否没有发生异常。

● 　任意的处理器中是否引发新的异常。

finally 用于定义清理动作，无论异常是否引发或受到处理，都一定会在离开 try 前运行。

（1）统一 try 语句语法

当像这样组合的时候，try 语句必须有一个 except 或一个 finally，并且其顺序必须如下所示：

```
try->except->else->finally
```

其中，else 和 finally 是可选的，可能会有 0 个或多个 except，但是，如果出现一个 else 的话，必须有至少一个 except。实际上，该 try 语句包含两个部分：带有一个可选的 else 的 except，以及 finally。

实际上，下面的方式更准确地描述了这一组合的语句语法形式（方括号（[ ]）表示可选，星号（*）表示 0 个或多个）。

```
try:
    statements
[except [type[as value]]:
    statements]*
[else:
    statements]
[finally:
    statements]
try:
    statements
finally:
    statements
```

示例如下。

```
l=[1,2,3,4]
try:
    print(l[2] / 0)
except (IndexError, ZeroDivisionError) as e:
    print("Index or zero division error! ")
else:
    print("No error! ")        #未引发异常的情况
finally:
    print("Read end")          #不管有没有引发异常都会执行这一步
```

由于这些规则，只有至少有一个 except 的时候，else 才能够出现，并且总是可能混合 except 和 finally，而不管是否有一个 else。也可能混合 finally 和 else，但只有在一个 except 也出现的时候。如果违反了这些顺序规则中的任意一条，在代码运行之前，Python 将会引发一个语法错误异常。

（2）通过嵌套合并 finally 和 except

在 Python 2.5 之前，实际上在 try 中合并 finally 和 except 子句是可能的，也就是在 try/finall 语句的 try 代码块嵌套 try/except。实际上，下列写法和上一节所展示的合并后的新形式有相同的效果。

```
try:
    try:
        main-action
    except Exception1 as e1:
        handler1
    except Exception2 as e2:
        handler2
    ...
    else:
        no-error
finally:
    cleanup
```

此外，finally 代码块一定会执行，无论 main-action 发生什么，也无论嵌套的 try 中执行了什么样的异常处理器。既然一个 else 总是需要一个 except，嵌套形式甚至运用于前面小节概括的统一语句形式相同的混合约束。

然而，这种嵌套的对等形式比较难懂，而且与行的合并形式相比需要更多的代码。在同一个 try 语句中合并比较容易编写和读，因此，更倾向于使用合并的写法。

（3）合并 try 的例子

下面的例子示范了合并的 try 语句的执行情况。下面的文件 mergedexc.py 编写了 4 种常见场景，通过 print 语句来说明其意义。

```
sep = '-' * 32 + '\n'
print(sep+ 'EXCEPTION RAISED AND CAUGHT')
try:
    x='spam'[99]
except IndexError:
    print('except run')
finally:
    print('finally')
print('after run')

print(sep+'NO EXCEPTION RAISED')
try:
    x='spam'[3]
except IndexError:
    print('except run')
finally:
    print('finally run')
print('after run')

print(sep+'NO EXCEPTION RAISED, WITH ELSE')
try:
```

```
    x='spam'[3]
except IndexError:
    print('except run')
else:
    print('else run')
finally:
    print('finally run')
print('after run')

print(sep+'EXCEPTION RAISED BUT NOT CAUGHT')
try:
    x=1/0
except IndexError:
    print('except run')
finally:
    print('finally run')
print('after run')
```

当这段代码执行时，在 Python 3.0 中会产生下面的输出。我们通过代码来了解异常处理是如何产生这个测试的每种输出的。

```
-------------------------------
    EXCEPTION RAISED AND CAUGHT
    except run
    finally run
    after run
-------------------------------
    NO EXCEPTION RAISED
    finally run
    after run
-------------------------------
    NO EXCEPTION RAISED, WITH ELSE
    else run
    finally run
    after run
-------------------------------
    EXCEPTION RAISED BUT NOT CAUGHT
    finally run
    Traceback (most recent call last):
    File "C:\Users\Administrator\Desktop\mergedexc.py", line 33, in <module>
    x=1/0
    ZeroDivisionError: division by zero
```

这个例子使用 main-action 里的内置表达式来触发异常（或不触发），同时利用了 Python 总是会在代码运行时检查错误的机制。

9.4　两种处理异常的特殊方法

9.4.1　assert 语句

1. assert 基本介绍

assert（断言）语句的语法如下。

```
assert  expression[,  reason]
```

当判断表达式 expression 为真时，什么都不做；如果表达式为假，则抛出异常。

当其执行时，如同 raise 的如下使用效果（raise 的用法见 9.5.1 小节）。

```
if _debug_:
    if not <test>:
        raise AssertionError(<data>)
```

换句话说，如果 test 计算为假，Python 就会引发异常：data 项（如果提供的话）是异常的额外数据。就像所有异常，引发的 AssertinError 异常如果没被 try 捕捉，就会终止程序，在此情况下数据项将作为出错消息的一部分显示。

assert 语句是附加的功能，如果使用-0 Python 命令行标志位，就会从程序编译后的字节码中移除，从而优化程序。AssertionError 是内置异常，而_debug_标志位是内置变量名，除非有使用–0 标志，否则自动设为 1（真值）。使用类似 python-0 main.py 的一个命令行来在优化模式中运行，并且关闭 assert。

```
>>> assert  1==1
>>> assert  2*1==2+1
Traceback (most  recent  call  last):
    File  "<pyshell#5>",  line  1,  in  <module>
    assert  2*1==2+1
AssertionError
```

2. assert 语句示例

以下程序段举例说明了 assert 语句的用法。

```
#Exp9_5.py
try:
    assert 1 == 3 , "1 is not equal 2!"
except AssertionError as reason:
    print("%s:%s"%(reason.__class__.__name__, reason))
```

程序运行结果如下。

```
AssertionError:1 is not equal 2!
```

3. 收集约束条件

assert 语句通常是用于验证开发期间程序状况的。显示时，其出错消息正文会自动包括源代码的行消息，以及列在 assert 语句中的值。参考文件 asserter.py。

```
def f(x):
    assert x < 0, 'x must be negative'
    return x **2
$ python
>>> import asserter
>>> asserter.f(1)
Traceback (most recent call last):
    File "<stdin>", line 1, in <module>
    File "asserter.py",line 2, in f
        assert x < 0, 'x must be negative'
AssertionError: x must be negative
```

牢记这一点很重要：assert 几乎都是用来收集用户定义的约束条件，而不是捕捉内在的程序设计错误。因为 Python 会自行收集程序的设计错误，通常来说，没必要写 assert 去捕捉超出索引值、类型不匹配以及除数为零之类的事情。

```
def reciprocal(x):
    assert x! = 0
    return 1 / x
```

这类 assert 一般都是多余的，因为 Python 会在遇见错误时自动引发异常，让 Python 替你把事情做好就行了。

9.4.2 with···as 语句

1. 基本使用

with···as 语句的目的在于从流程图中把 try、except、finally 关键字和资源分配释放相关代码全部去掉，而不是像 try···except···finally 那样仅仅简化代码使之易于使用。with 语句的语法如下。

```
with context_expr [as var]:
    with-block
```

在这里 context_expr 要返回一个对象。如果选用的 as 子句存在，此对象也返回一个值，赋值给变量名 var。

var 并非赋值为 exception（异常）的结果。exception 的结果是对象，而 var 则是赋值为其他的东西。然后，exception 返回的对象可在 with-block 开始前，先执行启动程序，并且在该代码块完成后执行终止程序代码，无论该代码块是否引发异常。

有些内置的 Python 对象已得到强化，支持了环境管理协议，因此可以用于 with 语句。例如，可在 with 代码块后自动关闭文件，无论是否引发异常。

2. with···as 语句示例

假设在 D 盘根目录下有一个 test.txt 文件，该文件里面的内容如下。

How are you?

Fine, thank you.

执行以下程序段，观察运行结果，体会 with 语句的作用。程序代码如下。

```
#Exp9_6.py
with open('d:\\test.txt') as f:
    for line in f:
        print(line)
```

程序运行结果如下：

```
How are you?
Fine, thank you.
```

以上程序的功能如下。

（1）打开文件 d:\test.txt。

（2）将文件对象赋值给 f。

（3）依次输出文件中的所有行。

（4）无论代码是否出现异常，都关闭 test.txt 文件。

9.5 raise 语句

9.5.1 raise 语句

在 Python 中，要想引发异常，最简单的形式就是输入关键字 raise，后跟要引发的异常的名称。示例 Exp 9_7 是一个使用 raise 语句自行引发异常的例子。程序代码如下。

```
#Exp9_7.py
class ShortInputException(Exception):
#自定义的异常类。
    def __init__(self, length, atleast):
        Exception.__init__(self)
        self.length = length
        self.atleast = atleast
try:
    s = input('请输入  --> ')
    if len(s) <3:
        raise ShortInputException(len(s), 3)
except EOFError:
    print('你输入了一个结束标记EOF')      #Ctrl+d
except ShortInputException as x:
    print('ShortInputException: 输入的长度是%d, 长度至少应是%d'%(x.length,x.atleast))
else:
    print('没有异常发生。')
```

程序运行结果如下：

```
请输入-->
你输入了一个结束标记EOF
请输入-->df
ShortInputException: 输入的长度是2, 长度至少应是3
请输入--> sdfadfd
没有异常发生。
```

上面程序中自定义了一个异常类型，这个新的异常类型名为 ShortInputException，它有两个域：length 是给定输入的长度，atleast 是程序期望的最小长度。

当输入结束标志"Ctrl+D"时，except 捕获了 EOFError 类异常；当输入字符串的长度小于 3 时，由 raise 引发自定义的 ShortInputException 类异常。

9.5.2 raise…from 语句

Python 3.0（而不是 2.6）也允许 raise 语句拥有一个可选的 from 子句。

```
raise exception from otherexception
```

当使用 from 的时候，第二个表达式指定了另一个异常类或实例，它会附加到引发异常的 __cause__ 属性。如果引发的异常没有捕获，Python 把异常也作为标准出错消息的一部分打印出来：

```
try:
    1/0
```

```
except Exception as E:
    raise TypeError('Bad') from E
```

结果如下。

```
Tracback (most recent call last):
    file "<stdin>", line 2, in <module>
ZeroDivisionError: int division or modulo by zero
```

上面的异常是如下异常的直接原因。

```
Tracback (most recent call last):
    File "<stdin>", line 4, in <module>
TypeError: Bad!
```

当在一个异常处理器内部引发一个异常的时候，隐式地遵从类似的过程：前一个异常附加到新的异常的_context_属性，并且如果该异常未捕获的话，再次显示在标准出错消息中。

9.6　采用 sys 模块回溯最后的异常

9.6.1　关于 sys.exc_info

sys.exc_info 结果通常允许一个异常处理器获取对最近引发的异常的访问。当使用空的 except 子句来盲目地捕获每个异常以确定引发了什么的时候，将其放入 except 代码中会特别有用。

```
import sys
try:
    block
except:
    tuple = sys.exc_info()
print(tuple)
```

sys.exc_info()的返回值 tuple 是一个三元组(type, value/message, traceback)，这里的属性含义如下。
- type：常的类型。
- value/message：常的信息或者参数。
- traceback：含调用栈信息的对象。

9.6.2　使用 sys 模块的例子

sys 模块示例如下。

```
#Exp9_8.py
import sys
try:
    1/0
except:
    tuple = sys.exc_info()
print(tuple)
```

程序运行结果如下。

```
(<type 'exceptions.ZeroDivisionError'>, ZeroDivisionError('integer division or modulo by
zero',), <traceback object at 0x01222940>)
```

9.7　本章小结

概括来说，Python 异常是一种高级控制流设备。它们可能由 Python 引发，或者由你自己的程序引发。在这两种情况下，它们都可能被忽略（以触发默认的出错消息），或者由 try 语句捕获（由你的代码处理）。到 Python 2.5 为止，try 语句有两种逻辑形式，可以组合起来——一种处理异常，一种不管是否发生异常都执行最终代码。Python 的 raise 和 assert 语句根据需要触发异常（都是内置函数，并且都是我们用类定义的新异常），with/as 是一种替代方式，确保对它所支持的对象执行终结操作。

这一章详细地介绍了异常的处理，探索 Python 中有关异常的语句：try 是捕捉，raise 是触发，assert 是条件式引发，而 with 是把代码块包装在环境管理器中。

异常看起来可能是相当简单的工具，事实上也的确如此，唯一真正复杂的事就是如何识别异常。

9.8　本章习题

1. 简述 try 语句的用途。
2. try 语句的两个常见变体是什么？
3. raise 语句有什么用途？
4. try-except 和 try-finally 有什么不同？
5. 说出为异常对象指定出错消息的两种方法。
6. 如今为何不再使用基于字符串的异常？

第 10 章
正则表达式

本章内容提要：
- 正则表达式简介
- 编译与使用正则表达式
- 元字符
- 分组
- 字符串操作

正则表达式是一些由字符和特殊符号组成的字符串，它们描述了这些字符和字符的某种重复方式，因此能按某种模式匹配一个有相似特征的字符串的集合，也能按某模式匹配一系列有相似特征的字符串。换句话说，它们能匹配多个字符串——显一个只能匹配一个字符串的模式是乏味且毫无作用的。正则表达式提供了一种紧凑的表示法，可用于表示字符串的组合，其之所以功能如此强大，是因为一个单独的正则表达式可以表示无限数量的字符串，只要字符串满足正则表达式的需求即可。正则表达式为高级文本模式匹配，以及文本的搜索与替代等功能提供了基础。

本章首先介绍正则表达式的关键概念，之后展示如何在 Python 程序中使用正则表达式，包括编译和执行匹配的方法。最后将对正则表达式做更详尽的扩展介绍，例如更多的元字符、分组功能和字符串操作等。

10.1　简介

正则表达式（Regular Expressions），通常被简称为 REs 或 regexes，本质上是一种小型的、高度专业化的语言。通过这种小型语言，我们可以为想要匹配的相应字符串指定规则。例如，这个字符串是否含有英文语句、Email 地址等。当规则或者模式（Pattern）被指定后，就可得到如："这个字符串是否符合该模式？""字符串中是否有一部分是符合模式的？"之类问题的答案。正则表达式也可以用来修改或分隔一个字符串。

Python 中通过引入 re 模块来使用正则表达式。re 模块在 Python 1.5 版本被加入，提供 Perl 语言风格的正则表达式模式。

10.2　简单模式

由于正则表达式常用于字符串操作，我们就从最常见的任务——"字符匹配"开始学习。
有关正则表达式底层的计算机科学上的详细解释，读者可以查阅任何一本有关编译器的教材。

10.2.1　字符匹配

绝大多数字符会与自身匹配。例如，正则表达式 test 会和字符串"test"完全匹配。也可以使用大小写不敏感模式，它能让这个正则表达式匹配"Test"或"TEST"，稍后我们将会做更多的解释。

这个规则当然会有例外，有种字符比较特殊，我们把它们称作元字符（Metacharacters），它们和自身并不匹配，而是会和一些特殊的东西匹配，或者通过某种方式影响到正则表达式的其他部分。本章将用大量篇幅专门讨论各种元字符以及它们的作用。表 10-1 是一个元字符的完整列表，其含义会在本章余下部分进行讨论。

表 10-1　　　　　　　　　　　　　　　　元字符

. ^ $ * + ? { } [ ] \ | ( )

我们首先考察的元字符是"["与"]"。这两个字符用于指定一个字符类，所谓字符类就是你想匹配的一个字符集。字符可以单个列出，也可以用以"-"号分隔的两个给定字符来表示一个字符区间。举个简单的例子，[abc]将匹配"a""b"或"c"中的任意一个字符，使用区间[a-c]来表示同一字符集，可以达到与前者一样的目的。如果你只想匹配小写字母，那么正则表达式应写成[a-z]。

元字符在字符类里并不起作用。例如，[abc$]将匹配字符"a""b""c"或"$"中的任意一个，虽然"$"通常用作元字符，但在字符类里，其特性被除去，恢复成普通字符。

可以用补集来匹配不在区间范围内的字符。其做法是把"^"作为字符类的首个字符，其他地方的"^"字符只会简单匹配"^"字符本身。例如，[^5]将匹配除了"5"之外的任意字符，而[5^]只会匹配字符"5"和"^"。

另一个重要的元字符是反斜杠"\"，也许它是最重要的元字符。作为 Python 中的字符串转义字符，可以通过在反斜杠后面加不同的字符以表示不同特殊意义。它也可以用于取消所有的元字符，这样就能够在模式中匹配它们。举个例子，如果我们需要匹配字符"["或"\"，可以在它们之前用反斜杠来取消它们的特殊意义："\["或"\\"。一些用"\"开始的特殊字符表示预定义的字符集，例如数字集、字母集或其他非空字符集等。表 10-2 中列出了一些常见的预设特殊字符。

表 10-2　　　　　　　　　　　　　　　　预定义字符集

预设殊字符	说　明
\d	匹配任何十进制数，它相当于类 [0-9]
\D	匹配任何非数字字符，它相当于类[^0-9]
\s	匹配任何空白字符，它相当于类[\t\n\r\f\v]
\S	匹配任何非空白字符，它相当于类[^\t\n\r\f\v]
\w	匹配任何字母数字字符，它相当于类[a-zA-Z0-9_]
\W	匹配任何非字母数字字符，它相当于类[^a-zA-Z0-9_]

这些特殊的字符也可以被包括在一个字符类中。例如[\s,.]是一个字符类，可以匹配任何空白字符与 ","、"."。

本节最后要介绍的一个元字符是 "."，这个字符匹配除了换行符之外的任意字符。这里有一种替代模式，使用 re.DOTALL 可以匹配包括换行符的任意字符。

10.2.2　重复

能够匹配各种不同的字符集，是正则表达式所要达到的首要目标，这也是现有的字符串方法所不能做到的。不过，如果这是正则表达式唯一的附加功能的话，那么正则表达式也就不那么先进了。正则表达式的另一个功能是可以指定正则表达式的某一部分的重复次数。我们讨论的第一个具有重复功能的元字符是 "*"。"*" 并不匹配字符 "*"，它表示前一个字符可以被匹配任意次数，包括零次。

举个例子，"ca*t" 将匹配 "ct"（0 个 "a" 字符），"cat"（1 个 "a" 字符），"caaat"（3 个 "a" 字符）等。正则表达式引擎有各种来自 C 语言的整数类型大小的内部限制，以防止它匹配超过 20 亿个 "a" 字符，不过通常我们都没有足够的内存去存放那么大的字符串，所以一般不用担心这个限制。

像 "*" 这样的重复我们称作是贪婪的（Greedy）。当重复一个正则表达式时，匹配引擎会试图重复尽可能多的次数。如果模式的后面部分没有被匹配，匹配引擎将退回并再次尝试更小的重复。表 10-3 中的示例步骤可以使这个问题更加清晰。让我们考虑模式 a[bcd]*b。它首先匹配字母 "a"，然后零个或更多个来自字符类[bcd]中的字母，最后以 "b" 结尾。现在考虑该正则表达式对字符串 "abcbd" 的匹配。

表 10-3　　　　　　　　　　模式 a[bcd]*b 匹配字符串 "abcbd" 的过程

步　骤	匹配字符	注　解
1	a	匹配正则表达式中的 "a"
2	abcbd	引擎尽可能多地匹配 [bcd]中的字符，这里匹配到字符串的结尾
3	失败	引擎尝试匹配 "b"，但当前位置已经是字符的最后了，所以失败
4	abcb	退回，[bcd]*尝试少匹配一个字符
5	失败	再次尝次匹配 b，但在当前最后一位字符是 "d"
6	abc	再次退回，[bcd]*只匹配 "bc"
7	abcb	再次尝试匹配 "b"，当前位置上的字符正好是 "b"，匹配成功

正则表达式的结尾部分现在可以到达了，它匹配 "abcb"。这证明了匹配引擎一开始会尽可能多地进行匹配，如果没有匹配就逐步退回并反复尝试正则表达式剩下来的部分，直到它退回尝试匹配[bcd]到零次为止。如果仍然失败，那么匹配引擎就会认为该字符串根本无法匹配正则表达式。

另一个重复元字符是+，表示匹配一次或更多次，注意+要求所匹配的字符至少出现一次。用之前的例子，"ca+t" 就可以匹配 "cat"（1 个 "a"），"caaat"（3 个 "a"），但 "ct" 不能匹配。还有一些表示重复的元定符。问号?表示匹配一次或零次，我们可以将它用于标识某字符是可选的。例如："high-?tech" 匹配 "high-tech" 或 "hightech"。

最复杂的重复限定符是{m,n}，其中 m 和 n 是十进制整数。{m,n}表示某个匹配项至少需要重复 m 次，但不能超过 n 次。例如，a/{1,2}b 可以匹配 a/b 和 a//b，但不能匹配 ab 与 a///b。可以省略 m 和 n 中的任意一个，省略 m 表示重复下限为 0，而省略 n 则表示重复上限为无穷。（实际上会受到内部数据类型的限制，但正如前文提到的，可以将其视为无穷。）

细心的读者也许注意到其他三个限定符都可以用{m,n}这样方式来表示。{0,}等同于*，{1,}等同于+，而{0,1}则与?相同。但如果可以的话，最好还是使用*，+，或?。因为它们更短也更容易被理解。

10.3　使用正则表达式

我们已经学习了一些简单的正则表达式，这一节将讲解实际在 Python 中是如何使用正则表达式的。Python 中通过 re 模块提供了一个正则表达式引擎的接口，利用这个接口，我们可以将正则表达式编译成对象并用它们来进行匹配。

10.3.1　编译正则表达式

正则表达式被编译成正则表达式对象（Regular Expression Objects），可以为不同的操作提供方法，如模式匹配搜索或字符串替换。使用如下代码编译正则表达式对象：

```
>>> import re
>>> p = re.compile('ab*')
>>> p
re.compile('ab*')
```

re.compile()方法也接受可选的标志参数，这些参数常用来实现不同的特殊功能和语法变更。我们将在 10.3.5 节列出所有可用的参数设置，这里先只举一个例子。

```
>>> p = re.compile('ab*', re.IGNORECASE)
```

正如参数的字面意义，模式 p 将忽略匹配字符串的大小写。正则表达式被当作一个字符串发送给 re.compile()方法。正则表达式被处理成字符串是因为其并不是 Python 语言的核心部分，也没有为它创建特定的语法。并且 re 模块只是一个被 Python 包含的 C 扩展模块，就像 socket 模块一样。

将正则表达式看作字符串可以保证 Python 语言的简洁，但这样带来了一个麻烦，我们将在下一小节讲解。

10.3.2　反斜杠带来的麻烦

正则表达式用反斜杠字符"\"来表示特殊格式或在不触发其特殊方法的情况下使用特殊字符。这就与 Python 在字符串中起相同作用的反斜杠字符产生了冲突。

举例来说，我们打算写一个正则表达式以匹配字符串"\section"，为了在程序代码中正确地表达，需要在所有反斜杠字符和其他元字符前添加反斜杠来取消其特殊意义，即要匹配的字符串在程序中应该写成"\\section"。当把这个字符串作为参数传传递给 re.compile()时必须还是"\\section"。然而，作为 Python 的字符串值，"\\section"中的两个反斜杠还要再次使用反斜杠取消特殊意义，最后结果就变成了"\\\\section"。也就是说，为了匹配一个反斜杠，必须在正则表达式字符串中写四个反斜杠，因为正则表达式中反斜杠"\"必须用"\\"表示，而每个反斜杠在常规的 Python 字符串必须表示成"\\"。在正则表达式中若要匹配反斜杠会导致输入大量重复的反斜杠，而且所生成的字符串也很难理解。

解决的办法就是为正则表达式使用 Python 的原始（raw）字符串表示，在字符串前加上字符"r"，反斜杠就不会被任何特殊方式处理，所以 r"\n"就包含 "\" 和 "n"的两个字符，而 "\n" 则表示一个字符，即换行。正则表达式在 Python 代码中通常都是用这种原始字符串表示。如果想要匹配字符串 "\section"，其原始字符串的表示法应为：r"\\section"。

10.3.3　执行匹配

现在我们考虑如何使用 10.3.1 小节得到的正则表达式对象进行匹配。正则表达式对象含有许多方法与属性，本书中将着重讲解其中最重要的方法，完整的方法列表可参见 re 模块的相关文档。表 10-4 给出几个最常用的方法。

表 10-4　　　　　　　　　　　　　　　　　re 模块的常用方法

方　法	目　的
match()	判断从字符串开头是否匹配正则表达式
search()	搜索整个字符串，找到正则表达式匹配的位置
findall()	找到所有匹配正则表达式的子串，并将它们作为一个列表返回
finditer()	找到所有匹配正则表达式的子串，并将它们作为一个迭代器返回

如果匹配失败，match()和 search()将返回 None。如果匹配成功，就会返回一个 match 对象的实例，其中有此次匹配的信息：比如，匹配是从哪里开始在哪里结束，所匹配的子串等。

我们可以采用交互输入命令的方式来使用正则表达式。首先，运行 Python 解释器，导入 re 模块并编译一个正则表达式：

```
>>> importre
>>> p=re.compile('[a-z]+')
>>> p
re.compile('[a-z]+')
```

接下来，我们可以尝试使用正则表达式[a-z]+去匹配不同的字符串。一个空字符串将不能匹配，因为 + 的意思是"一次及以上的重复次数"。在这种情况下 match()方法将返回 None，导致解释器没有输出。我们也可以打印出 match()的结果来弄清这一点。

```
>>> p.match("")
>>> print(p.match(""))
None
```

现在，让我们尝试用它来匹配另一个字符串，例如 "regular"。这时，match()将返回一个 match 对象，我们将该结果存储在一个变量 m 中以备之后的使用。

```
>>> m=p.match('regular')
>>> m
<_sre.SRE_Match object; span=(0, 7), match='regular'>
```

现在我们可以查询 match 对象中匹配字符串的相关信息了。match 对象实例也许多几个方法和属性，最重要的那些如表 10-5 所示。

读者可尝试使用这些方法，很快就会弄清楚它们的作用了。

```
>>> m.group()
'regular'
>>> m.start(),m.end()
```

```
(0, 7)
>>> m.span()
(0, 7)
```

表 10-5   match 对象中重要的方法

方 法	目 的
group()	返回匹配正则表达式的字符串
start()	返回匹配字符串开始的位置
end()	返回匹配字符串结束的位置
span()	返回一个包含开始和结束位置的元组

group()返回正则表达式匹配的子串。start()和end()返回匹配开始和结束时的索引。span()则用单个元组把开始和结束时的索引一起返回。因为正则表达式对象的match()方法总是从字符串开头检查是否匹配，如果结果匹配，那么start()返回的值将总是零。而search()方法将扫描整个字符串，在这种情况下，匹配开始的位置就也许就不是零了。

在实际程序中，最常见的作法是将 match 对象保存在一个变量里，然后检查它是否为 None，通常如下所示：

```
p=re.compile(...)
m=p.match('Some string here')
ifm:
    print('Match found: ',m.group())
else:
    print('No match')
```

10.3.4   模块级函数

我们没有必要先创建一个正则表达式对象，再调用它的方法。re 模块也提供了顶级函数调用，例如 match()、search()、sub()等。这些函数使用正则表达式字符串作为第一个参数，而后面的参数则与相应正则表达式对象的方法参数相同，返回则要么是 None，要么是一个 match 对象的实例。

这些函数在后台生成一个正则表达式对象，并在其上调用相应的方法。这些函数在缓存里保存编译后的对象，因此在将来调用遇到相同的正则表达式时就会更快。

应该使用模块级函数还是调用正则表达式对象的方法取决于实际代码，如果在一个循环中使用正则表达式，预编译的正则表达式对象会节省少量函数调用操作。而不在循环中使用时，由于内部缓存的作用，两者并没有太大区别。

10.3.5   编译标志

使用编译标志可以修改正则表达式的一些运行方式。在 re 模块中编译标志可以使用两种形式表示，一是如同 IGNORECASE 的全名，另一种是一个字母的缩写形式，例如 IGNORECASE 缩写为 I。多个标志可以通过使用或符号"|"来分隔，如"re.I | re.M"表示同时设置 I 和 M 标志，该标志在编译正则表达式对象时，以参数的形式输入。表 10-6 是可用的标志表，每个标志后面都有详细的说明。

表 10-6　　　　　　　　　　　　　　　　　　编译标志

标　　志	含　　义
ASCII, A	使\w, \b 等只匹配 ASCII 字符
DOTALL, S	使字符 "." 匹配任意字符，包括换行符
IGNORECASE, I	使匹配对大小写不敏感
LOCALE, L	做本地化识别（locale-aware）匹配
MULTILINE, M	多行匹配，会影响
VERBOSE, X	能够使用正则表达式的 verbose 状态，使之更加清晰易懂

（1）A 或 ASCII

使\w, \W, \b, \B, \s 和\S 字符集只匹配 ASCII 字符而不是匹配 Unicode 字符。

（2）I 或 IGNORECASE

使匹配对大小写不敏感，字符类和字符串匹配字母时忽略大小写。举个例子，设置该标志后，[A-Z]也可以匹配小写字母，Spam 可以匹配 "Spam""spam" 或 "spAM"。

（3）L 或 LOCALE

使\w, \W, \b, 和\B 依赖于当前的区域设置。区域设置（Locales）是 C 语言库中的一项功能，设置这个功能是由于不同国家语言不同，编程时需考虑到这些不同。举个例子，如果我们需要处理法语文本，并打算用\w 来匹配字母，但\w 只匹配字符类[A-Za-z]，它并不能匹配 "é" 或 "ç" 之类的法语字符。但如果我们的系统设置正确且将区域设置为法语，那么内部的 C 函数将告诉程序 "é" 也应该被认为是一个字母。在编译正则表达式时设置 LOCALE 标志，会导致使用额外的 C 函数来处理那些非英文字符，虽然这会更慢，但能使正则表达式如我们希望的那样匹配法语文本。

（4）M 或 MULTILINE

我们将在 10.4.1 节详细介绍元字符 "^" 和 "$"，使用 "^" 通常只从字符串的开头开始匹配，而 "$" 则只在字符串的结尾即直接在换行符的前面开始匹配。当本标志指定后，"^" 将从每行字符串的开头匹配。同样的，"$" 元字符从每行字符串的结尾匹配。

（5）S 或 DOTALL

使 "." 特殊字符匹配任何字符，包括换行符；不使用这个标志时，"." 只匹配除了换行符外的任何字符。

（6）X 或 VERBOSE

VERBOSE 标志使正则表达式的格式更加灵活且更易于理解。当该标志被设置时，正则表达式字符串中的空白符被忽略，除非该空白符在字符类中或在反斜杠之后。这可以让我们更清晰地组织和缩进正则表达式。这个标志也允许我们在正则表达式中写入注释，注释用 "#" 号来标识，且不能位于字符类或反斜杠之后。

下面举一个简单例子，以说明使用 re.VERBOSE 标志的正则表达式更加易懂。

```
charref = re.compile(r"""
    &[#]                  #一个数字实体引用的开头
    (
0[0-7]+                   #八进制
    | [0-9]+              #十进制
    | x[0-9a-fA-F]+       #十六进制
    )
;                        #尾部的分号
```

```
""", re.VERBOSE)
```

而没有设置 VERBOSE 标志时，正则表达式会是这样：

```
charref = re.compile("&#(0[0-7]+"
                     "|[0-9]+"
                     "|x[0-9a-fA-F]+);")
```

在上面的例子里，Python 的字符串自动连接功能可以用来将正则表达式分成更小的部分，但它比用 re.VERBOSE 标志时更难懂。

10.4 更多模式功能

到目前为止，我们只讨论了正则表达式的一部分功能。在这一节中，我们将扩展讨论一些新的元字符，并使用分组功能来获取部分匹配的字符串。

10.4.1 更多的元字符

之前我们只讨论了部分元字符，剩下的元字符将在这一小节进行讨论。首先要讨论的元字符被称为零宽界定符（Zero-Width Assertions），包括\b 和\B。

1. \b

\b 表示单词边界。这是个零宽界定符，用以匹配单词的开头和结尾。之所以被称为零宽界定符，是因为它们如字面意思一样没有"宽度"，在正则表达式中，通常一个字符应对应匹配文本中的一个或数个字符，但零宽界定符不匹配任何字符。这个概念比较微妙，下面举一个具体的例子来帮助理解。下面的例子只匹配"class"整个单词；而当它被包含在其他单词中时不匹配。这里的单词被定义为仅包含字母和数字的字符串，因此词尾是用空白符或非字母或数字字符来表示。

```
>>> p = re.compile(r'\bclass\b')
>>> print(p.search('no class at all'))
<_sre.SRE_Match object; span=(3, 8), match='class'>
>>> print(p.search('the classified file'))
None
>>> print(p.search('one subclass is'))
None
```

当用这个特殊的元字符时应该注意到以下两个地方。

第一，是 Python 字符串和正则表达式之间的冲突。在 Python 字符串里，"\b"是回退符，ASCII 值是 8。如果不使用原始字符串，那么 Python 将会把"\b"转换成一个回退符，正则表达式也就不会像我们期望的那样进行匹配了。下面的例子看起来和我们前面使用一样的正则表达式，但在正则表达式字符串前少了一个"r"。

```
>>> p = re.compile('\bclass\b')          #表达式字符串前面没有 r
>>> print(p.search('no class at all'))
None
>>> print(p.search('\b' + 'class' + '\b'))
<_sre.SRE_Match object; span=(0, 7), match='\x08class\x08'>
```

第二，在字符类中，这个元字符不起作用，"\b"只表示回退符，与 Python 字符串保持一致。

2. \B

另一个零宽界定符，作用正好同"\b"相反，只在当前位置不是单词边界时才匹配。

3. |

"或"操作符。如果 A 和 B 均为正则表达式，那么 A|B 将匹配任何匹配了 A 或 B 的字符串。"Jump|Run"将匹配字符串"Jump"或"Run"。为了匹配字符"|"，可以使用反斜杠"\|"，或将其包含在字符类中，如"[|]"。

4. ^

用于匹配行首，除非设置了 MULTILINE 标志，否则只匹配字符串开头的部分。设置了MULTILINE 标志后，^可以匹配每一行的开头。例如，如果需要匹配在一行开头的"From"字符串，那么如下面的例子，正则表达式可以写成"^From"。

```
>>> print(re.search('^From','From Here to There'))
<_sre.SRE_Match object; span=(0, 4), match='From'>
>>> print(re.search('^From','Read From Memory'))
None
```

5. $

与上面的^正好相反，用于匹配行尾的字符串，行尾表示是一个字符串的结尾，或者任何后面紧跟着一个换行符的位置。为了匹配字符"$"，应使用反斜杠如"\$"或将其包含在字符类中，如"[$]"。

10.4.2　分组

除了知道正则表达式是否匹配，我们通常需要更多的信息，正则表达式也常用来分析字符串，我们可以编写一个正则表达式，匹配字符串中感兴趣的部分，并将其分成几个组（Group）。举个例子，一个电子邮件标准格式 RFC-822 头部（Header）使用冒号":"分隔出一个头部名和一个头部值，该头部如下面的代码所示。

```
From:author@example.com
User-Agent:Thunderbird1.5.0.9(X11/20061227)
MIME-Version:1.0
To:editor@example.com
```

可以通过编写一个正则表达式来分析整个头部，用一组匹配头部名（例如第一行的"From"），另一组匹配头部值（第一行的"author@example.com"）的方式来处理。分组是通过括号"("和")"元字符来标识的。位于它们之中的表达式组成一组。举个例子，我们可以用重复限制符，例如*、+、?以及{m,n}来重复组里的内容。比如(ab)*将匹配零或多个重复的"ab"。代码如下。

```
>>> p=re.compile('(ab)*')
>>> print(p.match('abababab').span())
(0, 10)
```

组用元字符"("和")"来指定，并且能得到其匹配字符串开始和结尾的索引，这可以通过向 match 对象的方法 group()、start()、end()和 span()传递一个参数来获取。分组总是从 0 开始计数的，而且第 0 组总是存在的，它就是不显式地使用分组时正则表达式所匹配的字符串，上述 match 对象的方法都把第 0 组作为它们的缺省参数。

```
>>> p=re.compile('(a)b')
>>> m=p.match('ab')
>>> m.group()
```

```
'ab'
>>> m.group(0)
'ab'
```

分组（Subgroups）是从 1 开始从左向右计数的。组可以被嵌套，计数的值可以通过从左向右计算括号"("的数目来确定，正如下面的代码所示，第 0 组即 group(0)是一个特殊的组，它是不采取分组时，正则表达式所匹配的字符串 abcd。abcd 被分为两个分组，分组 1 为 abc，在正则表达式中，它的左侧正好只有一个括号，而分组 2 为字符 b，它的左侧有两个括号。注意到字符 d并没有在括号之中，所以它不属于任何一个分组（当然第 0 组除外）。

```
>>> p=re.compile('(a(b)c)d')
>>> m=p.match('abcd')
>>> m.group(0)
'abcd'
>>> m.group(1)
'abc'
>>> m.group(2)
'b'
```

可以一次输入多个组号作为 group()方法的参数，在这种情况下，该方法将返回一个包含参数中那些组所对应值的元组。

```
>>> m.group(2,1,2)
('b', 'abc', 'b')
```

groups()方法返回一个包含所有分组字符串的元组，从分组 1 开始。

```
>>> m.groups()
('abc', 'b')
```

一个匹配模式中的逆向引用（Backreferences）允许我们指定一个先前分组所获得的内容，并且该内容在当前位置也能找到。用法为反斜杠后紧跟一个分组号。例如，我们有一个逆向引用"\1"，用于指定分组 1，假设分组 1 的内容为一个单词"book"，如果在逆向应用出现的位置正好也是单词"book"，那这个匹配就会成功，否则失败。注意 Python 字符串中使用反斜杠作转义字符，所以当在正则表达式中使用逆向引用时，需确保使用原始字符串。举个例子，下面的正则表达式会找出在字符串中被连续输入了两次的单词：

```
>>> p=re.compile(r'(\b\w+)\s+\1')
>>> p.search('Find the the book').group()
'the the'
```

像这样只是搜索一个字符串的逆向引用并不常见，之后我们会讨论其在字符串替换中的作用。

10.4.3　无捕获组和命名组

本节开始我们将讨论一些有关正则表达式扩展（Extensions）的内容。一个精心设计的正则表达式也许会使用很多组，既可以捕获我们感兴趣的子串，又可以分组和结构化表达式本身。在复杂的正则表达式中，追踪组号将变得困难。"无捕获组"与"命名组"这两个功能可以对这个问题有所帮助。它们也都使用正则表达式扩展的通用语法。

Perl 语言以其对标准正则表达式有着丰富的扩展而出名，为了在扩展新的元字符时不出现问题，Perl 的开发者们使用"(?…)"作为扩展的语法，一个紧跟在括号"("后的问号"?"是一个语法错误，因为没有东西能够被重复，这就保证了使用这种形式不会带来任何兼容性问题。

　　紧跟在问号后面的字符说明了扩展的内容，例如"(?=foo)"表示一个肯定前向界定符（将在下一节讨论），而"?:foo"则是这一节要讨论的无捕获组。Python 支持多种 Perl 语言的扩展，并且增加了一些 Python 专有的扩展。

　　有时我们想用一个组代表正则表达式的一部分，但又对获取组中的内容不感兴趣。这种情况下可以使用一个无捕获组（Non-capturing group）——"(?:⋯)"来实现这项功能，括号中的"⋯"被替换成需要的正则表达式。考察下面的代码。

```
>>> m = re.match("([abc])+", "abc")
>>> m.groups()
('c',)
>>> m = re.match("(?:[abc])+", "abc")
>>> m.groups()
()
```

　　当不使用无捕获组时，m 的 groups()方法返回分组 1，其内容为字符"c"，而当使用无捕获组后，返回分组中将不会有任何内容。

　　除了无法捕获匹配组中的内容外，无捕获组与捕获组有种相同的行为。我们可以在其中放置任何表达式，可以用重复元字符如"*"来重复它，或者在其他组（无捕获组与捕获组）中嵌套它。无捕获组在修改已有组时尤其有用，因为可以在不用改变其他组组号的情况下添加一个新组。还有一点需要提到的是，捕获组和无捕获组在搜索效率方面并没有什么区别。

　　另一个更重要也更加强大的扩展功能是命名组（Named Groups），与通常使用数字引用分组不同的是，它可以用一个名字来引用分组。

　　命名组的语法是 Python 专有扩展之一，表示为：(?P<name>⋯)，尖括号中的文本即为组的名字，命名组的行为与捕获组是相同的。当对命名组使用 match 对象的方法时，既可以用表示组号的整数作为参数，也可以用包含组名的字符串作为参数，所以我们可以通过两种方式来得到一个分组中的信息。

```
>>> p = re.compile(r'(?P<word>\b\w+\b)')
>>> m = p.search( '(((( Lots of punctuation )))' )
>>> m.group('word')
'Lots'
>>> m.group(1)
'Lots'
```

　　使用命名组可以带来很多便利，因为它可以让你使用容易记住的名字而不是难以记住数字来引用分组。这里有一个来自 imaplib 模块的正则表达式示例。

```
InternalDate = re.compile(r'INTERNALDATE "'
    r'(?P<day>[ 123][0-9])-(?P<mon>[A-Z][a-z][a-z])-'
    r'(?P<year>[0-9][0-9][0-9][0-9])'r' (?P<hour>[0-9][0-9]):('
    ?P<min>[0-9][0-9]):(?P<sec>[0-9][0-9])'r'(?P<zonen>[-+])('
    ?P<zoneh>[0-9][0-9])(?P<zonem>[0-9][0-9])'r'"')
```

　　很明显，使用分组名 zonem 来获取分组内容要比记住编号 9 来获取分组容易得多。

　　在逆向引用的语法中，也可以使用组名代替组号。引用组名的格式为：(?P=name)，表示在当前位置，名称为 name 的组的内容再次重现。前一节寻找重复输入的程序可以进行以下改写。

```
>>> p = re.compile(r'(?P<word>\b\w+)\s+(?P=word)')
>>> p.search('Find the the book').group()
'the the'
```

10.4.4　前向界定符

另外一个零宽界定符是前向界定符或称为前向断言（Lookahead Assertions）。前向界定符有两种形式——肯定（Positive）前向界定符和否定（Negative）前向界定符。

(?=pattern)是一个肯定前向界定符，其中的"pattern"是一个正则表达式，代表某个匹配模式。与通常的匹配模式不同的是，它只返回匹配的结果——成功或不成功，而不会引起正则表达式引擎的向前移动。换句话说，前向界定符不会"消耗"字符，而只是判断（Assert）该位置是否匹配。肯定前向界定符在当前位置能够匹配返回匹配成功，否则失败。举个简单的例子，如果对"a regular expression"这个字符串，我们只想匹配"regular"中的"re"，而不想匹配"expression"中的"re"，那么可以这样写正则表达式：re(?=gular)。这表示，当"re"之后紧跟的字符串是"gular"才能匹配。

(?!pattern)是一个否定前向界定符。与肯定前向界定符相反，当所含的正则表达式不能在字符串当前位置匹配时返回成功。

一些工作只有通过前向界定符才能完成，而另一些需要很复杂正则表达式才能完成的匹配，可以用前向界定符将其简化。考虑一个简单的匹配，对于一个文件名，将其通过"."分隔为基本名和扩展名两部分。例如在"news.txt"中，"news"是文件的基本名，"txt"是文件的扩展名。这个匹配模式非常简单。

.*[.].*$

注意"."字符需要特殊处理，因为它是一个元字符，所以需要把它放在一个字符类中。另外注意后面的"$"，添加这个是为了确保字符串所有的剩余部分均被包含在扩展名中。这个正则表达式可以匹配形如："foo.bar""autorun.bat"的文件名。

现在，我们考虑一个更复杂的问题，匹配一个扩展名不是"bat"的文件名。下面是一个不正确的尝试。

.*[.][^b].*$

上面的正则表达式尝试匹配不是以字符"b"开头的扩展名。显然这是错误的，因为该模式也不能匹配"foo.bar"。我们尝试对其进行修改，得到如下表达式。

.*[.]([^b]..|.[^a].|..[^t])$

可以看见表达式更加复杂了，这个表达式所能匹配扩展名的第一个字符不是"b"，第二个字符不是"a"，而第三个字符不是"t"。这样可以成功匹配"foo.bar"，而拒绝"autorun.bat"匹配失败，但对于不是三个字符的扩展名就完全无法匹配了。继续做一些修改应该能够达到我们的目标，但这也使正则表达式过于复杂。

.*[.]([^b].?.?|.[^a]?.?|..?[^t]?)$

而使用一个否定的前向界定符可以很轻松地完成这个工作。

.*[.](?!bat$).*$

这个表达式的意思是：在文件名分隔符"."之后如果无法匹配字符串"bat"，则尝试模式的其余部分；如果"bat"被匹配，整个模式将匹配失败。后面的"$"确保了像"simple.batch"这样以"bat"开头的扩展名会被接受。现在添加另一个需要排除的扩展名也非常容易，只需要简单地将其作为可选项放在前向界定符中即可。下面的这个模式将匹配不是以"bat"或"exe"作为扩展名的文件。

```
.* [.](?!bat$|exe$).*$
```

10.5　修改字符串

到目前为止，我们所做的工作本质上都只是简单地搜索了一个静态字符串。正则表达式对象也含有一些方法用于修改字符串。这些方法如表 10-7 所示。

表 10-7　　　　　　　　　　正则表达式对象中修改字符串的方法

方　法	目　的
split()	字符串分片，返回一个列表（List），分隔的位置为表达式匹配的地方
sub()	替换所有正则表达式匹配的子串
subn()	与 sub()功能相同，但会返回新的字符串和替换字串的数量

10.5.1　将字符串分片

正则表达式对象的 split()方法在正则表达式匹配的地方将字符串分片，并返回一个包含分片列表。它同字符串的 split()方法相似，但通过正则表达式可以提供更多的分隔符。而字符串的 split()方法只支持空白符和固定字符串。Python 同样也有一个模块级的 re.split()函数。split()方法的原型如下。

```
split(string [, maxsplit = 0])
```

可以通过设置 maxsplit 的值来限制分片数，当 maxsplit 非零时，最多只能有 maxsplit+1 个分片，字符串的其余部分被作为列表的最后一个元素返回。在下面的例子中，分隔符是非数字或字母的任意字符任意序列。

```
>>> p = re.compile(r'\W+')
>>> p.split('This is a test string of split().')
['This', 'is', 'a', 'test', 'string', 'of', 'split', '']
>>> p.split('This is a test string of split().', 3)
['This', 'is', 'a', 'string of split().']
```

有时，我们除了对分隔符之间的文本感兴趣外，也需要知道分隔符是什么。如果捕获括号在正则表达式中使用，那么它们的值也会当作列表的元素返回。比较下面的两个调用。

```
>>> p1 = re.compile(r'\W+')
>>> p2 = re.compile(r'(\W+)')
>>> p1.split('This…is a test.')
['This', 'is', 'a', 'test', '']
>>> p2.split('This... is a test.')
['This', '…', 'is', ' ', 'a', ' ', 'test', '.', '']
```

模块级函数 re.split()将正则表达式作为其第一个参数，其余和上述正则表达式对象的方法一样。

```
>>> re.split('[\W]+', 'Words, words, words.')
['Words', 'words', 'words', '']
>>> re.split('([\W]+)', 'Words, words, words.')
['Words', ', ', 'words', ', ', 'words', '.', '']
```

```
>>> re.split('[\W]+', 'Words, words, words.', 1)
['Words', 'words, words.']
```

10.5.2　搜索与替换

正则表达式另一个常见的用途是找到所有模式匹配的字符串，并使用不同的字符串来替换它们，这可以通过调用 sub()方法实现。sub()方法接收一个替换值，可以是字符串或一个函数，和一个需要被处理的字符串，其使用方法如下。

```
sub(replacement, string[, count = 0])
```

返回的字符串中匹配正则表达式的部分将被替换为替换值。如果字符串没有任何地方能匹配模式，那字符串将会被原样返回。可选参数 count 表示匹配字符串所能替换的最大次数，其必须是非负整数。缺省值是 0 表示替换所有的匹配的字符串。下面是一个使用 sub()方法的简单例子，它使用单词"color"来替换具体的颜色名。

```
>>> p = re.compile( '(blue|white|red)')
>>> p.sub( 'color', 'blue socks and red shoes')
'color socks and color shoes'
>>> p.sub( 'color', 'blue socks and red shoes', count=1)
'color socks and red shoes'
```

subn()方法作用一样，但返回的是一个包含新字符串和替换执行次数的元组。

```
>>> p = re.compile( '(blue|white|red)')
>>> p.subn( 'color', 'blue socks and red shoes')
('color socks and color shoes', 2)
>>> p.subn( 'color', 'no colors at all')
('no colors at all', 0)
```

空匹配只有在它们没有紧邻前一个匹配时才会执行替换，例如：

```
>>> p = re.compile('x*')
>>> p.sub('-', 'abxd')
'-a-b-d-'
```

如果替换值是一个字符串，那么任何在其中的反斜杠都会被处理。比如"\n"将会被转换成一个换行符，"\r"转换成回车等等。未知的转义字符如"\j"则保持原样。逆向引用，如"\2"，被正则表达式中相应的组所匹配的子串替换，这样可以在替换后的字符串中插入原始文本的一部分。下面的例子匹配单词"section"和紧跟该单词、用括号"{"和"}"括起来的字符串，并将"section"替换成"subsection"。

```
>>> p = re.compile('section{ ( [^])* } }')
>>> p.sub(r'subsection{\1}','section{First} section{Second}')
'subsection{First} subsection{Second}'
```

当使用模块级的 re.sub()函数时，匹配模式作为第一个参数传递给函数，模式可以是一个字符串或一个正则表达式对象。

10.6　常见问题

正则表达式对于某些应用来说是一个强大的工具，但在有些时候它的形式并不直观，而且有时可能不会按照我们期望的那样运行。本节将讨论出一部分最常见的问题。

10.6.1　使用字符串的方法

有时候使用 re 模块是不合适的。如果只需要匹配一个固定的字符串或单个字符类，并且不需要 re 中任何如同 IGNORECASE 标志的功能，那么就没有必要使用正则表达式了。字符串类中有一些方法是对固定字符串进行操作的，而且这些方法通常更快，因为它们都是被专门优化的小型 C 语言循环，而不是庞大的通用正则表达式引擎。

举个例子，我们希望用一个固定的字符串替换另一个字符串，如：把"word"替换成"deed"。re 模块中的 sub()方法似乎正是胜任这个工作的方法，但还是先考虑用字符串的 replace()方法吧。但要注意的是，replace()会把某个单词之中的"word"也替换掉，例如"swordfish"变成"sdeedfish"。不过简单的正则表达式"word"也会犯这个错误。（为了避免替换单词的一部分，匹配模式需要写成"\bword\b"，这就超出 replace()方法的能力范围了）

另一个常见任务是从一个字符串中删除单个字符，或用另一个字符来替代它。我们可以用 re 模块的 sub()方法来实现，但字符串方法 translate()也能够实现这两个任务，而且比任何正则表达式操作来得更快。

总之，在使用 re 模块之前，先考虑一下问题是否可以用更快、更简单的字符串方法来解决。

10.6.2　match()方法与 search()方法的比较

match()方法只检查正则表达式是否在从字符串开头开始匹配，而 search()方法则是扫描整个字符串，记住这一区别是很重要的。对于 match()方法，只有从字符串开头开始的成功匹配才会返回一个"匹配成功"的结果，如下代码所示。

```
>>> print re.match('super', 'superstition').span()
(0, 5)
>>> print re.match('super', 'insuperable')
None
```

而 search()方法将扫描整个字符串，并报告它所找到的第一个匹配。

```
>>> print re.search('super', 'superstition').span()
(0, 5)
>>> print re.search('super', 'insuperable').span()
(2, 7)
```

读者有时候可能会倾向于只使用 match()方法，并在正则表达式的前面部分添加".*"来完成 search()方法的功能。但最好不要这么做，而采用 search()方法。其原因是，编译器会对正则表达式做一些分析，以便可以在查找匹配时提高处理速度，其中一个分析就是匹配的首字母必须是什么。举个例子，模式"Crew"必须从字符"C"开始匹配。编译器所作的分析可以让正则表达式引擎快速扫描字符串以找到开始字符"C"，并只在发现字符"C"后才尝试剩余的匹配。添加".*"会使这个优化失败，这就需要扫描到字符串尾部，然后通过回溯找到正则表达式剩余部分的匹配。由于效率的原因，最好使用 search()方法代替添加".*"的 match()方法。

10.6.3　贪婪 vs 不贪婪

当在正则表达式中使用重复时，例如 a*，正则表达式引擎将尽可能多地尝试匹配。当我们试图匹配一对分界符，比如 HTML 标签中的尖括号时，这个特性可能会带来困扰。因为元字符*具

有"贪婪"的特性,使用一个简单的模式很难匹配单个 HTML 标签。例如:

```
>>> s = '<html><head><title>Title</title>'
>>> len(s)
32
>>> print re.match('<.*>', s).span()
(0, 32)
>>> print re.match('<.*>', s).group()
<html><head><title>Title</title>
```

可以看到正则表达式在匹配"<html>"中的"<"后,.*会尽可能多地匹配字符串的剩余部分。最终的匹配会从"<html>"中的"<"到"<title>"中的">",这并不是我们所想要的结果。

在这种情况下,一个解决方案是使用"不贪婪"的表达式,比如:*?、+?、??或{m,n}?,这些表达式会尽可能少地匹配文本。在下面的代码里,">"在第一个"<"被匹配之后被立即尝试,当它失败时,引擎每一次只增加一个字符,并在每步尝试匹配">"。这一次我们将得到正确的结果:

```
>>> print re.match('<.*?>', s).group()
<html>
```

注意使用正则表达式分析 HTML 或 XML 文件有时将是非常复杂和痛苦的工作。因为 HTML 和 XML 中通常会有常规正则表达式难以处理特殊情况,可能需要编写一个复杂的正则表达式去处理特殊情况。这样的任务最好还是使用 HTML 或 XML 解析器来完成。

10.6.4　使用 re.VERBOSE

正则表达式一般都十分精简,但读起来就不是那么愉快的事了。一个复杂的正则表达式可以是包含大量反斜杠、括号和元字符的集合,让人很难读懂。编译正则表达式时,设置 re.VERBOSE 标志是很有帮助的,因为它允许我们调整正则表达式的格式,使之更加清晰。

re.VERBOSE 标志会产生一些影响,在正则表达式中,不包含在字符类中的空白符被忽略。这就意味着"dog　|　cat"这样的表达式和可读性稍差的"dog|cat"有相同的作用,但"[a b]"就将匹配字符"a"或者"b"或者空格。另外,我们也可以在正则表达式中加入注释,使格式更加整洁。

```
p = re.compile(r"""
    \s*                     # 跳过开头的空白符
     (?P<header>[^:]+)      # Header 的名字
    \s* :                   # 匹配空白符和冒号
     (?P<value>.*?)         # Header 的 value,其中*? 被用来
                            # 跳过后面的空白符
    \s*$                    # 尾部的空白符到文件结尾
    """, re.VERBOSE)
```

而下面的代码读起来要困难许多:

```
p = re.compile(r"\s*(?P<header>[^:]+)\s*:(?P<value>.*?)\s*$")
```

10.7　本章小结

正则表达式是一种简练而强大的工具，可用于在文本中搜索匹配某个特定模式的字符串，也可以捕获字符串中我们感兴趣的信息或者替换字符串的某一部分。

在本章中，我们看到，大多数字符是以其字面意义进行匹配的，我们也讨论了如何使用字符类来包含某个范围内的字符，而不需要单独地写出每一个字符。正则表达式另一个方便的功能是，可以指定表达式的某一部分的重复次数，使用元字符*，+，?和{}可以应对不同的情况，同时也介绍了"贪婪"和"不贪婪"的匹配。

在第 3 节中，我们就如何在 python 环境下使用正则表达式做了具体的讲解，例如导入 re 模块，编译正则表达式，使用正则表达式，和使用 re 模块的模块级函数等。本章接下来的部分讨论了编译标志，编译标志 IGNORECASE 可以让正则表达式忽略大小写，编译标志 MULTILINE 会影响匹配首尾的^，$元字符，而编译标志 VERBOSE 可以极大地改善正则表达式的可读性。接下来讨论了剩下的那些特别的元字符，例如零宽界定符\b 和前向界定符，并讲解了分组和逆向引用功能的使用方法，对于数量较多的分组，使用命名组会带来很多方便。第 5 节讨论了使用正则表达式处理字符串的方法，包括对字符串进行分片和替换字符串中特定的内容。

本章最后的部分再一次讨论了实际操作中可能会遇到的问题，正则表达式虽然功能强大，但并不是所有场合都适用。

10.8　本章习题

1. 匹配数字。特殊字符\d 可以匹配任意数字，除了匹配简单的数字之外，我们希望能够匹配一些比较特别的数字，例如科学计数法或使用逗号隔开的数字。请写一个正则表达式，使其能够匹配如表 10-8 所示格式的十进制数。

表 10-8　　　　　　　　　　　　　　　十进制数

结　果	数　字
匹配	3.14529
匹配	−255.34
匹配	128
匹配	1.9e10
匹配	123,340.00
不能匹配	720p

2. 匹配电话号码。判断一串数字是否是一个有效的电话号码是一个需要一点技巧的问题。假设现实中获取的电话号码可能会包含一个可选的国家代码 1，一个三位数的区号和一个七位数的当地号码。现在需要写一个正则表达式，以匹配有效的电话号码，并获取其中的区号。对于表 10-9 中的号码格式，该正则表达式应能正确工作。

表 10-9   号码格式

操 作	电话号码	捕获的组
捕获	415-555-1234	415
捕获	(416)555-3456	416
捕获	202 555 4567	202
捕获	4035555678	403
捕获	1 416 555 9292	416
跳过	416555123	—

3. 匹配电子邮件地址。电子邮件地址由于形式复杂，通常不是很容易匹配。要注意的是，一些邮件地址中可能会使用加号，例如 name+filter@example.com，实际上就是 name@ example.com，其中 name 被认为是用户名。表 10-10 中列出了几种常见的电子邮件地址，尝试使用正则表达式捕获用户名。

表 10-10   常用电子邮件地址

操 作	电子邮件地址	捕获的组
捕获	tom@example.com	tom
捕获	tom.riddle@example.com	tom.riddle
捕获	tom.riddle+test@example.com	tom.riddle
捕获	tom@example.eu.com	tom
捕获	potter@example.com	potter

4. 匹配特定的文件名。在使用 Linux 命令行时，经常会遇到处理文件的情况。大多数文件都具有文件名和扩展名，但在 Linux 中，通常会遇到一些没有文件名的隐藏文件，例如.nomedia 被认为是没有文件名的。现在我们需要一个正则表达式，捕获表 10-11 所示的图像文件的文件名和扩展名（不包括临时文件和正在编辑的文件），图像文件被定义为具有扩展名.jpg、.png 和.gif 的文件。

表 10-11   图像的文件和扩展名

操 作	文件名	捕获的组
跳过	.bash	—
跳过	workspace.doc	—
捕获	img0912.jpg	img0912，jpg
捕获	updated_img0912.png	updated_img0912，png
捕获	favicon.gif	favicon，gif
跳过	img0912.jpg.tmp	—
跳过	access.lock	—

5. 从 URL 中提取信息。处理网络上的资源时，通常会需要得到资源的位置，统一资源标识符 URI 用于标识一个资源，而统一资源定位器 URL 是一种具体 URI，不仅标识了一个资源，还指明了如何获得这个资源的位置。假设 URL 由 protocol、host、port（可选）以及 resource path 四部分组成，且在一个具体的 URI——http://example.com:80/page 中，其对应关系如表 10-12 所示。

表 10-12　　　　　　　　　　　　　URL 与 URI 对应关系

URL 组成	具体 URI
protocol	http
host	example.com
port	80
resource path	page

6. 请写一个正则表达式，提取出 URL 中的 protocol、host 和 port 信息。该正则表达式应能正确匹配表 10-13 中的 URL。

表 10-13　　　　　　　　　　　　　URL 信息

操　作	URL	捕获的组
捕获	ftp://file_server.com:21/top_secret/secret.pdf	ftp，file_server.com，21
捕获	https://example.com/lesson/introduction#section	https，example.com
捕获	file://localhost:8080/zip_file	file，localhost，8080
捕获	https://s3s3-server.com:9999/	https，s3s3-server.com，9999
捕获	market://search/angry%20birds	market，search

第 11 章
网络编程

本章内容提要：

- 客户端/服务器架构
- 套接字
- Python 中的网络编程
- socketserver 模块
- 文件传输
- 网络新闻
- 电子邮件

网络编程在各个平台（如 Windows、Linux、UNIX 等）、各门语言（C、C++、Python、Java 等）之上所实现的符合自身特性的语法都大同小异。懂得了 socket 编程的原理，网络编程的步骤也就基本了解了，不同之处就在于每个平台、每个语言都有自己专享的语法，直接灵活套用就可以了。

11.1　网络编程

本节将简要介绍使用套接字进行网络编程的知识。在此之前，将介绍一些有关网络编程的背景信息，以及套接字如何应用于 Python 之中，然后展示如何使用 Python 的相关网络编程模块来创建网络应用程序。

11.1.1　客户端 / 服务器架构

1. 什么是客户端/服务器架构

对于不同的人来说，它意味着不同的东西，这取决于应用环境以及描述的是软件还是硬件系统。在这两种情况中的任何一种，前提都很简单：服务器（server）就是一系列硬件或软件，为一个或多个客户端（client，服务的用户）提供所需的"服务"。它存在的唯一目的就是等待客户端的请求，并响应它们（提供服务），然后等待更多请求。

另一方面，客户端特定地请求并联系服务器，同时发送必要的数据，然后等待服务器的回应，最后完成请求或给出故障的原因。服务器无限地运行下去，并不断地处理请求；而客户端会对服务进行一次性请求，然后接受该服务，最后结束它们之间的连接过程。客户端在一段时间后可能会再次发出其他请求，这些都被当作不同的连接过程。

目前最常见的客户端/服务器架构都是通过联入因特网进行通信，如图 11-1 所示。但这并不是唯一的情况。此外，客户端/服务器架构既可以应用于计算机硬件，也可以应用于软件。

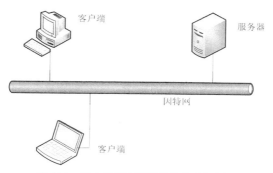

图 11-1　客户端/服务器系统的典型概念图

2. 硬件客户端/服务器架构

打印服务器是硬件服务器的一个例子。它们处理传入的打印作业并将其发送给系统中的打印机。这样你的计算机通信通常可以通过网络进行访问，并且客户端计算机将向它发送打印请求。

硬件服务器的另一个例子就是文件服务器。这些通常都是拥有庞大通用存储容量的计算机，可以被客户端远程访问。客户端计算机会挂载服务器计算机上的磁盘，看起来好像这个磁盘就在本地计算机上一样。支持文件服务器的一个最流行的网络操作系统就是 Sun 公司的网络文件系统（NFS）。如果你正在访问一个网络磁盘驱动器，并且无法分辨它是在本地还是网络上，那么此时客户端/服务器系统就已经完成了它的任务。它的目标就是让用户得到与访问本地磁盘完全相同的体验，但经过抽象使用起来就像是正常的本地磁盘访问，而这些都是通过编程实现来确保以这种方式进行。

3. 软件客户端/服务器架构

软件服务器也允许搭建在一块硬件之上，但是没有像硬件服务器那样的专用外围设备（如打印机、磁盘驱动器等）。软件服务器提供的主要服务包括程序执行、数据传输检索、聚合、更新，或其他类型的编程或数据操作。

一个更常见的软件服务器就是 Web 服务器。Web 服务器也称为 WWW（WORLD WIDE WEB）服务器，主要功能是提供网上信息浏览服务。WWW 是 Internet 的多媒体信息查询工具，是 Internet 上近年才发展起来的服务，也是发展最快和目前用的最广泛的服务。正是因为有了 WWW 工具，才使得近年来 Internet 迅速发展，且用户数量飞速增长。

Web 服务器是可以向发出请求的浏览器提供文档的程序。服务器是一种被动程序：只有当 Internet 上运行的其他计算机中的浏览器发出请求时，服务器才会响应。最常用的 Web 服务器是 Apache 和 Microsoft 的 Internet 信息服务器（Internet Information Services，IIS）。当 Web 浏览器（客户端）连到服务器上并请求文件时，服务器将处理该请求并将文件反馈到该浏览器上，附带的信息会告诉浏览器如何查看该文件（即文件类型）。服务器使用 HTTP（超文本传输协议）与客户端浏览器进行信息交流，这就是人们常把它们称为 HTTP 服务器的原因。Web 服务器不仅能够存储信息，还能在用户通过 Web 浏览器提供的信息的基础上运行脚本和程序。

数据库服务器是另一种类型的软件服务器。它们接受客户端发来的数据存储或检索请求，然后响应这些请求，并等待更多的事务。与 Web 服务器类似，通常来讲它们是永久运行的。

4. 客户端/服务器网络编程

在服务器响应客户端请求之前，必须进行一些初步的设置流程来为之后的工作做准备。首先会创建一个通信端点，它能够使服务器监听请求。可以把服务器比作公司的前台，或者应答公司主线呼叫的总机接线员。一旦电话号码和设备安装成功且接线员到达时，服务就可以开始了。

这个过程与网络世界一样，一旦一个通信端点已经建立，监听服务器就可以进入无限循环中，等待客户端的连接并响应它们的请求。当然，为了使公司电话接待员一直处于忙碌状态，我们决不能忘记将电话号码放在公司信笺、广告或一些新闻稿上，否则将没有人会打电话过来。

相似地，必须让潜在的客户知道存在这样的服务器来处理他们的服务需求，否则服务器将永远不会得到任何请求。例如，创建一个全新的网站，这可能是最了不起的、劲爆的、令人惊异的、有价值的并且最酷的网站，但如果该网站的 Web 地址或 URL 从来没有以任何方式广播或进行广告宣传，那么永远也不会有人知道它，并且也将永远不会看到任何访问者。

现在我们已经非常了解服务器是如何工作的，这就已经解决了较困难的部分。客户端比服务器更简单，客户端所需要做的只是创建它的单一通信端点，然后建立一个到服务器的连接。然后，客户端就可以发出请求，该请求包括了所有必要的数据交换。一旦请求被服务器处理，且客户端收到结果或某种确认信息，此次通信就会被终止。

11.1.2　套接字

1．什么是套接字

套接字（socket）是计算机网络数据结构，它体现了"通信端点"的概念。在任何类型的通信开始之前，网络应用程序必须创建套接字。可以将它们比作电话插孔，没有它将无法进行通信。

套接字的起源可以追溯到 20 世纪 70 年代，它是加利福尼亚大学的伯克利版本 UNIX（称为 BSD UNIX）的一部分。因此，有时你可能会听过将套接字称为伯克利套接字或 BSD 套接字。套接字最初是为同一主机上的应用程序所创建，使得主机上运行的一个程序（又名一个进程）与另一个运行的程序进行通信。这就是所谓的进程间通信（Inter Process Communication，IPC）。有两种类型的套接字——基于文件的和面向网络的。

UNIX 套接字是我们所讲的套接字的第一个家族，并且拥有一个"家族名字"——AF_UNIX（又名 AF_LOCAL，在 POSIX1.g 标准中指定），它代表"地址家族（address family）：UNIX"。包括 Python 在内的大多数受欢迎的平台都使用术语地址家族及其缩写 AF，其他比较旧的系统可能会将地址家族表示成域（domain）或协议家族（protocol family），并使用其缩写 PF 而非 AF。类似地，AF_LOCAL（在 2000~2001 年标准化）将代替 AF_UNIX。然而，考虑到后向兼容性，很多系统都同时使用二者，只是对同一个常数使用不同的别名。Python 本身仍然使用 AF_UNIX。

因为两个进程运行在同一台计算机上，所以这些套接字都是基于文件的，这意味着文件系统支持它们的底层基础结构。这是能够说通的，因为文件系统是一个运行在同一主机上的多进程之间的共享常量。

第二种类型的套接字是面向网络的，它也有自己家族名字——AF_INET，代表"地址家族：因特网"。

另一种地址家族 AF_INET6 用于第 6 版因特网协议（IPv6）寻址。此外，还有其他的地址家族，这些要么是专业的、过时的、很少使用的，要么是仍未实现的。在所有的地址家族中，目前 AF_INET 是使用得最广泛的。

Python 2.5 中引入了对特殊类型 Linux 套接字的支持。套接字的 AF_NETLINK 家族（无连接）允许使用标准的 BSD 套接字接口进行用户级别和内核级别代码之间的 IPC。之前那种解决方案比较麻烦，而这个解决方案可以看作一种比前一种更优雅且风险更低的解决方案，例如，添加新系统调用、/proc 支持。

Python 2.6 中新增了针对 Linux 的另一种特性，也就是透明的进程间通信（TIPC）协议的支持。TIPC 允许计算机集群之中的机器相互通信，而无须使用基于 IP 的寻址方式。Python 对 TIPC 的支持以 AF_TIPC 家族的方式呈现。

总地来说，Python 只支持 AF_UNIX、AF_NETLINK、AF_TIPC 和 AF_INET 家族。因为本章重点讨论网络编程，所以在本章剩余的大部分内容中，我们将使用 AF_INET。

2. 套接字地址：主机—端口对

如果把套接字比做电话的插口通信的最底层结构，那主机与端口就像区号与电话号码的一对组合。有了能打电话的硬件还不够，你还要知道你要打给谁，往哪打。一个因特网地址由网络通信所必需的主机与端口组成。而且不用说，另一端一定要有人在听才可以。否则，你就会听到熟悉的声音"对不起，您拨的是空号，请查询后再拨"。在上网的时候，可能也见过类似的情况，如"不能连接该服务器。服务器无响应或不可达"。

合法的端口号范围为 0 ~ 65535。其中，小于 1024 的端口号为系统保留端口。如果你所使用的是 UNIX 操作系统，那么就可以通过/etc/services 文件获得保留的端口号（及其对应的服务/协议和套接字类型）。常用端口号列表可以从下面这个网站获得：http://www.iana.org/assignment/port-numbers。

3. 面向连接的套接字与无连接的套接字编程

（1）面向连接的套接字

基于面向连接的套接字编程就是基于 TCP 的 socket 编程。基于 TCP 的 socket 编程的服务器端程序和客户端程序的流程如下。

① 服务器端程序

- 创建套接字（socket）。
- 将套接字绑定到一个本地地址和端口上（bind）。
- 将套接字设为监听模式，准备接受客户请求（listen）。
- 等待客户请求到来；当请求到来后，接受连接请求，返回一个新的对应于此次连接的套接字（accept）。
- 用返回的套接字和客户端进行通信（send/recv）。
- 返回，等待另一客户的请求。
- 关闭套接字。

② 客户端程序

- 创建套接字（socket）。
- 向服务器发出连接请求（connect）。
- 和服务器端进行通信（send/recv）。
- 关闭套接字。

（2）面向无连接的套接字

基于面向无连接的套接字编程就是基于 UDP 的 socket 编程。基于 UDP 的 socket 编程的服务器端程序和客户端程序的流程如下。

① 服务器端程序

- 创建套接字（socket）。
- 将套接字绑定到一个本地地址和端口上（bind）。

- 等待接收数据（recvfrom）。
- 关闭套接字。

② 客户端程序

- 创建套接字（socket）。
- 向服务器发送数据（sendto）。
- 关闭套接字。

11.1.3 Python 中的网络编程

既然我们现在了解了关于客户端/服务器架构、套接字和网络方面的基础知识，接下来就试着将这些概念应用到 Python 中。本书中将使用的主要模块就是 socket 模块，在这个模块中可以找到 socket()函数，该函数用于创建套接字对象。套接字也有自己的方法集，这些方法可以实现基于套接字的网络通信。

1. Python 中 socket 模块函数

（1）服务器端（server）

- 创建 socket 对象。调用 socket 构造函数。如：

```
socket = socket.socket(family,type)
```

- 将 socket 绑定到指定地址。这是通过 socket 对象的 bind 方法来实现的：

```
socket.bind(address)
```

由 AF_INET 所创建的套接字，address 地址必须是一个双元素元组，格式是(host,port)。host 代表主机，port 代表端口号。如果端口号正在使用、主机名不正确或端口已被保留，bind 方法将引发 socket.error 异常。

- 使用 socket 套接字的 listen 方法接收连接请求：

```
socket.listen(backlog)
```

backlog 指定最多允许多少个客户连接到服务器。它的值至少为 1。收到连接请求后，这些请求需要排队，如果队列满，就拒绝请求。

- 服务器套接字通过 socket 的 accept 方法等待客户请求一个连接。

```
connection,address = socket.accept()
```

调用 accept 方法时，socket 会进入"waiting"状态。客户请求连接时，accept 方法建立连接并返回服务器。accept 方法返回一个含有两个元素的元组(connection,address)。第一个元素 connection 是新的 socket 对象，服务器必须通过它与客户通信；第二个元素 address 是客户的 Internet 地址。

- 处理阶段，服务器和客户端通过 send 和 recv 方法通信（传输数据）。服务器调用 send，并采用字符串形式向客户发送信息。send 方法返回已发送的字符个数。服务器使用 recv 方法从客户接收信息。调用 recv 时，服务器必须指定一个整数，它对应于可通过本次方法调用来接收的最大数据量。recv 方法在接收数据时会进入"blocked"状态，最后返回一个字符串，用它表示收到的数据。如果发送的数据量超过了 recv 所允许的，数据会被截短。多余的数据将缓冲于接收端。以后调用 recv 时，多余的数据会从缓冲区删除（以及自上次调用 recv 以来，客户可能发送的其他任何数据）。

- 传输结束，服务器调用 socket 的 close 方法关闭连接。

（2）客户端（client）

- 创建一个 socket 以连接服务器：

```
socket = socket.socket( family, type )
```

- 使用 socket 的 connect 方法连接服务器。对于 AF_INET 家族，连接格式如下：

```
socket.connect( (host,port) )
```

host 代表服务器主机名或 IP，port 代表服务器进程所绑定的端口号。如连接成功，客户就可通过套接字与服务器通信，如果连接失败，会引发 socket.error 异常。

- 处理阶段，客户和服务器将通过 send 方法和 recv 方法通信。
- 传输结束，客户通过调用 socket 的 close 方法关闭连接。

2. 套接字对象（内置）方法

表 11-1 列出了最常见的套接字方法。虽然我们主要学习网络套接字，但这些方法与使用本地/不联网的套接字时有类似的含义。

表 11-1　　　　　　　　　　常见的套接字对象方法和属性

名　称	描　述
服务器套接字方法	
s.bind()	将地址（主机名、端口号对）绑定到套接字上
s.listen()	设置并启动 TCP 监听器
s.accept()	被动接受 TCP 客户端连接，一直等待直到连接到达（阻塞）
客户端套接字方法	
s.connect()	主动发起 TCP 服务器连接
s.connect_ex()	connect() 的扩展版本，此时会以错误码的形式返回问题，而不是抛出一个异常
普通的套接字方法	
s.recv()	接受 TCP 消息
s.recv_into()	接受 TCP 消息到指定的缓冲区
s.send()	发送 TCP 消息
s.sendall()	完整地发送 TCP 消息
s.recvfrom()	接受 UDP 消息
s.recvfrom_into()	接受 UDP 消息到指定的缓冲区
s.sendto()	发送 UDP 消息
s.close()	关闭套接字

3. 创建 TCP 服务器

（1）TCP 服务器伪代码

首先，我们将展示创建通用 TCP 服务器的一般伪代码，然后对这些代码的含义进行一般性的描述。需要记住的是，这仅仅是设计服务器的一种方式。一旦熟悉了服务器设计，那么你就能够按照自己的要求修改下面的伪代码来操作服务器。

```
ss = socket()
ss.bind()
ss.listen()
inf_loop:
    cs = ss.accept()
    comm_loop:
        cs.recv()/cs.send()
    cs.close()
ss.close()
```

所有的套接字都是利用 socket.socket()创建的。因为服务器需要占用一个端口并等待客户端的请求，所以它们必须绑定到一个本地地址。因为 TCP 是一种面向连接的通信系统，所以在 TCP 服务器开始操作之前，必须安装一些基层设施。特别地，TCP 服务器必须监听传入的连接。一旦这个安装过程完成后，服务器就可以开始它的无限循环。

调用 accept()函数之后，就开启了一个简单的（单线程）服务器，它会等待客户端的连接。默认情况下，accept()是阻塞的，这意味着执行将被暂停，直到一个连接到达。另外，套接字确实也支持非阻塞模式，可以参考文档或操作系统教材，以了解有关为什么以及如何使用非阻塞套接字的更多细节。

（2）程序示例

如下示例给出了 tcpServ.py 文件，它是一个 TCP 服务器程序，它接受客户端发送的数据字符串，并将其打上时间戳（格式：[时间戳]数据）并返回给客户端。

示例：TCP 时间戳服务器（tcpServ.py）

```
 1 #!/usr/bin/env python
 2
 3 from socket import *
 4 from time import ctime
 5
 6 HOST=''
 7 PORT=8888
 8 BUFSIZ=1024
 9 ADDR=(HOST,PORT)
10
11 tcpSerSock=socket(AF_INET,SOCK_STREAM)
12 tcpSerSock.bind(ADDR)
13 tcpSerSock.listen(5)
14
15 while True:
16     print('waiting for connection...')
17     tcpCliSock,addr=tcpSerSock.accept()
18     print('...connected from:',addr)
19
20     while True:
21         data=tcpCliSock.recv(BUFSIZ)
22         if not data:
23             break
24         print(data)
25         tcpCliSock.send('[%s] %s' %(ctime(),data))
26
27     tcpCliSock.close()
28 tcpSerSock.close()
```

（3）程序解释

第 3~4 行：开始先导入 time.ctime()和 socket 模块的所有属性。

第 6~13 行：HOST 变量是空白的，这是对 bind()方法的标识，表示它可以使用任何可用的地址。我们这里选择了一个随机的端口号，并且该端口号似乎没有被使用或被系统保留。另外，对于该应用程序，将缓冲区大小设置为 1KB。可以根据网络性能和程序需要改变这个容量。Listen()方法的参数是在连接被转接或拒绝之前，传入连接请求的最大数。

第 11 行：分配了 TCP 服务器套接字（tcpSerSock），紧随其后的是将套接字绑定到服务器地址以及开启 TCP 监听的调用。

第 15~28 行：一旦进入服务器的无限循环之中，我们就被动地等待客户端的连接。当一个连接请求出现时，我们进入对话循环中，在该循环中我们等待客户端发送的消息。如果消息是空白的，这意味着客户端已经退出，所以此时我们将跳出对话循环，关闭当前客户端连接，然后等待另一个客户端连接。如果确实得到了客户端发送的消息，就将其格式化并返回相同的数据，但是会在这些数据之前加上当前时间戳。最后一行永远不会执行，它只是用来提醒读者，如何写一个处理程序来考虑一个优雅的退出方式，正如前面讨论的，那么应该调用 close() 方法。

4. 创建 TCP 客户端

（1）TCP 客户端伪代码

创建客户端比服务器要简单得多。与对 TCP 服务器的描述类似，本节将先给出附带解释的伪代码，然后揭秘真相。

```
cs = socket()
sc.connect()
comm_loop:
    cs.send()/cs.recv()
cs.close()
```

一旦客户端拥有了一个套接字，它就可以利用套接字的 connect() 方法直接创建一个到服务器的连接。当连接建立之后，它就可以参与到与服务器的一个对话中。最后，一旦客户端完成它的事务，它就可以关闭套接字，终止此次连接。

（2）程序示例

如下示例给出了 tcpClie.py 的代码。这个脚本连接到服务器，并以逐行数据的形式提示服务器。服务器则返回加了时间戳的相同数据，这些数据最终会通过客户端呈现给用户。

示例：TCP 时间戳客户端（tcpClie.py）。

```
 1 #!/usr/bin/env python
 2
 3 from socket import *
 4
 5 HOST='127.0.0.1'
 6 PORT=8888
 7 BUFSIZ=1024
 8 ADDR=(HOST,PORT)
 9
10 tcpCliSock=socket(AF_INET,SOCK_STREAM)
11 tcpCliSock.connect(ADDR)
12
13 while True:
14     data=input('> ')
15     if not data:
16         break
17     tcpCliSock.send(data)
18     data=tcpCliSock.recv(BUFSIZ)
19     if not data:
20         break
21     print(data)
22
23 tcpCliSock.close()
```

（3）程序解释

第 3~11 行：HOST 和 PORT 为服务器的主机名与端口号。因为是在同一台计算机上运行测试（在本例中），所以 HOST 包含本地主机名（如果你的服务器运行在另一台主机上，那么需要进行相应的修改）。端口号 PORT 应该与你为服务器设置的完全相同（否则将无法进行通信）。此外，也将缓存区大小设置为 1KB。

在第 10 行分配了 TCP 客户端套接字（tcpCliSock），接着主动调用并连接到服务器。

第 13~23 行：客户端也有一个无限循环，但这并不意味着它会像服务器的循环一样永远运行下去。客户端循环在以下两种条件下将会跳出：用户没有输入（第 15~16 行），或者服务器终止且对 recv()方法的调用失败。否则，在正常情况下，用户输入一些字符串数据，把这些数据发送到服务器进行处理。然后，客户端接收到加了时间戳的字符串，并显示在屏幕上。

（4）运行结果

现在，运行服务器和客户端程序，看看它们是如何工作的。然而，应该先运行服务器还是客户端呢？当然，如果先运行客户端，那么将无法进行任何连接，因为没有服务器等待接收请求。服务器可以视为一个被动伙伴，因为必须首先建立自己，然后被动地等待连接。另一方面，客户端是一个主动合作伙伴，因为它主动发起一个连接。

在该示例中，使用相同的计算机，但是完全可以使用另一台主机运行服务器。如果是这种情况，仅仅需要修改主机名就可以了。（当你在不同计算机上分别运行服务器和客户端以此获得你的第一个网络应用程序时，这将是相当令人兴奋的！）

现在，我们给出客户端对应的输入和输出，它以一个未带输入数据的简单 Return（或 Enter）键结束。

```
~$ python /usr/tcpClie.py
> hello
[Thu Sep  1 15:35:45 2016] hello
> howareyou
[Thu Sep  1 15:36:09 2016] howareyou
>
```

服务器的输出主要是诊断性的。

```
~$ python /usr/tcpServ.py
waiting for connection...
('...connected from:', ('127.0.0.1', 48426))
hello
howareyou
waiting for connection...
```

当客户端发起连接时，将会收到"...connected from..."的消息。当继续接受"服务"时，服务器会等待新客户端的连接。当从服务器退出时，必须跳出它，这将会导致一个异常。我们可以用一种更优雅的方式退出。可以将服务器的 while 循环放在一个 try…catch 语句中，并监控 EOFRrror 或 KeyboardInterrupt 异常，这样就可以在 except 子句中关闭服务器的套接字，并给出友好的提示。

5. 创建 UDP 服务器

（1）UDP 服务器伪代码

UDP 服务器不需要 TCP 服务器那么多的设置，因为它不是面向连接的。除了等待传入的连接以外，几乎不需要其他工作。

```
ss.= socket()
ss.bind()
inf_loop:
    cs = ss.recvfrom()/ss.sendto()
ss.close()
```

从上面的伪代码中可以看到，除了普通的创建套接字并将其绑定到本地地址（主机名/端口号对）外，并没有额外的工作。无限循环包含接收客户端消息、打上时间戳并返回消息，然后等待另一条消息的状态。同样的，close()调用是可选的，并且由于无限循环的缘故，它并不会被调用，但是它提醒我们，它应该是我们已经提及的优雅或智能退出方案的一部分。

UDP 和 TCP 服务器之间的另一个显著的差异是，因为数据包套接字是无连接的，所以就没有为了成功通信而使一个客户端连接到一个独立的套接字"转换"的操作。这些服务器仅仅接受消息并回复数据。

（2）程序示例

你将在以下示例中看到 UDP 服务器代码，它接收一条客户端消息，并将该消息加上时间戳然后返回客户端。

```
1  #!/usr/bin/env python
2
3  from socket import *
4  from time import *
5
6  HOST=''
7  PORT=8888
8  BUFSIZ=1024
9  ADDR=(HOST,PORT)
10
11 udpSerSock=socket(AF_INET,SOCK_DGRAM)
12 udpSerSock.bind(ADDR)
13
14 while True:
15   print('waiting for message...')
16   data,addr=udpSerSock.recvfrom(BUFSIZ)
17   if not data:
18       break
19   print(data)
20   udpSerSock.sendto('[%s] %s' %(ctime(),data),addr)
21   print('...received from and returned to:',addr)
22
23 udpSerSock.close()
```

（3）程序解释

第 1~4 行：在开头导入 time.ctime()和 socket 模块的所有属性，就像 TCP 服务器设置中的一样。

第 6~12 行：HOST 和 PORT 变量与之前相同，原因与前面完全相同。对 socket()的调用的不同之处仅仅在于，我们现在需要一个数据包/UDP 套接字类型，但是 bind()的调用方式与 TCP 服务器版本的相同。因为 UDP 是无连接的，所以这里没有调用"监听传入的连接"。

第 14~21 行：一旦进入服务器的无限循环之中，我们就会被动地等待消息（数据包）。当一条消息到达时，我们就处理它（通过添加一个时间戳），并将其发送回客户端，然后等待另一条消息。如前所述，套接字的 close()方法在这里仅用于显示。

6. 创建 UDP 客户端

（1）UDP 客户端伪代码

在本节中所强调的 4 个客户端中，UDP 客户端的代码是最短的。它的伪代码如下所示：

```
cs = socket()
somm_loop:
    cs.sendto/cs.recvfrom()
cs.close()
```

一旦创建了套接字对象，就进入了对话循环之中，在这里我们与服务器交换消息。最后，当通信结束时，就会关闭套接字。

（2）程序示例

如下示例给出了 UDP 客户端的代码，和 TCP 的代码相比，UDP 客户端代码相对较少。

```
 1 #!/usr/bin/env python
 2
 3 from socket import *
 4
 5 HOST='localhost'
 6 PORT=8888
 7 BUFSIZ=1024
 8 ADDR=(HOST,PORT)
 9
10 udpCliSock=socket(AF_INET,SOCK_DGRAM)
11
12 while True:
13     data=input('> ')
14     if not data:
15         break
16     udpCliSock.sendto(data,ADDR)
17     data,ADDR=udpCliSock.recvfrom(BUFSIZ)
18     if not data:
19         break
20     print(data)
21
22 udpCliSock.close()
```

（3）程序解释

第 1~3 行：从 socket 模块导入所有的属性，就像 TCP 版本的客户端中一样。

第 5~10 行：因为这次还是在本地计算机上运行服务器，所以使用"localhost"及与客户端相同的端口号，并且缓冲区大小仍旧是 1KB。另外，以与 UDP 服务器中相同的方式分配套接字对象。

第 12~22 行：UDP 客户端循环工作方式几乎和 TCP 客户端一模一样。唯一的区别是，事先不需要建立与 UDP 服务器的连接，只是简单地发送一条消息并等待服务器的回复。在时间戳字符串返回后，将其显示到屏幕上，然后等待更多的消息。最后，当输入结束时，跳出循环并关闭套接字。

（4）运行结果

```
$ python /usr/tsUclnt.py
> nihao
[Thu Sep  1 17:45:36 2016] nihao
> nishishui
[Thu Sep  1 17:45:50 2016] nishishui
>
```

服务器的输出主要是诊断性的：

```
$ python /usr/tsUserv.py
waiting for message...
...received from and returned to: ('127.0.0.1', 48375))
waiting for message...
```

事实上，之所以输出客户端的消息，是因为可以同时接收多个客户端的消息并回复消息，这样的输出有助于指示消息是从哪个客户端发送的。

7. socket 模块属性

除了现在我们熟悉的 socket.socket() 函数之外，socket 模块还提供可更多用于网络应用程序开发的属性。其中，表 11-2 列出了 socket 模块一些常用的属性、异常与函数。

表 11-2　socket 模块

属性名称	描　述
数据属性	
AF_UNIX、AF_INET、AF_INET6、AF_NETLINK、AF_TIPC	Python 中支持的套接字地址家族
SO_STREAM、SO_DGRAM	套接字类型（TCP=流，UDP=数据包）
has_ipv6	指示是否支持 IPv6 的布尔标记
异常	
error	套接字相关错误
herror	主机和地址相关错误
gaierror	地址相关错误
timeout	超时时间
函数	
socket()	以给定的地址家族、套接字类型和协议类型（可选）创建一个套接字对象
socketpair()	以给定的地址家族、套接字类型和协议类型（可选）创建一对套接字对象
create_connection()	常规函数，它接收一个地址(主机名,端口号)对，返回套接字对象
fromfd()	以一个打开的文件描述符创建一个套接字对象
ssl()	通过套接字启动一个安全套接字层连接；不执行证书验证
gataddrinfo()	获取一个五元组序列形式的地址信息
getnameinfo()	给定一个套接字地址，返回(主机名,端口号)二元组
getfqdn()	返回完整的域名
gethostname()	返回当前主机名
gethostbyname()	将一个主机名映射到它的 IP 地址
gethostbyname_ex()	gethostbyname()的扩展版本，它返回主机名、别名主机集合和 IP 地址列表
gethostbyaddr()	将一个 IP 地址映射到 DNS 信息；返回与 gethostbyname_ex()相同的 3 元组
getprotobyname()	将一个协议名映射到一个数字
getservbyname()/getservbyport()	将一个服务名映射到一个端口号，或者反过来；对于任何一个函数来说，协议名都是可选的
ntohl()/ntohs()	将来自网络的整数转换为主机字节顺序

属性名称	描　述
htonl()/htons()	将来自主机的整数转换为网络字节顺序
inet_aton()/inet_ntoa()	将 IP 地址八进制字符串转换成 32 位的包格式，或者返过来（仅用于 IPv4 地址）
inet_pton()/inet_ntop()	将 IP 地址字符串转换成打包的二进制格式，或者反过来（同时适用于 IPv4 和 IPv6 地址）
getdefaulttimeout/setdefaulttimeout	以秒（浮点数）为单位返回默认套接字超时时间/以秒（浮点数）为单位设置默认套接字超时时间

11.1.4　socketserver 模块

socketserver 是标准库中的一个高级模块，它的目标是简化很多样板代码，它们是创建网络客户端和服务器客户端所必需的代码。

通过复制前面展示的基本 TCP 示例，我们将创建一个 TCP 客户端和服务器程序。比较二者会发现它们之间存在明显的相似性，但是也应该看到我们是如何处理一些繁琐的工作的。除了隐藏了实现细节之外，另一个不同之处是，我们现在使用类来编写应用程序。因为以面向对象方式处理事务有助于组织数据，以及逻辑性地将功能放在正确的地方。另外，应用程序现在是事件驱动的，这意味着只有当系统中的事件发生时，它们才会工作。事件包括消息的发送和接收。

事实上，类定义中只包括一个用来接收客户端消息的事件驱动程序。所有其他的功能都来自使用的 socketserver 类。此外，GUI 编程也是事件驱动的。它与基本的 TCP 程序的相似性主要表现在最后一行代码通常都是一个服务器的无限 while 循环，它等待并响应客户端的服务请求。

在服务器循环中，程序处于阻塞状态等待请求，当接收到请求时就对其提供服务，然后继续等待。在此处的服务器循环中，并非在服务器中创建代码，而是定义一个处理程序，这样当服务器接收到一个传入的请求时，服务器就可以调用这个处理程序。

1. 创建 socketserver TCP 服务器

（1）socketserver TCP 服务器示例

首先导入服务器类，然后定义与之前相同的主机常量。其次是请求处理程序类，最后启动它。更多的细节请查看下面的代码。

示例：socketserver 时间戳 TCP 服务器（tsTservSS.py）。

```
 1 #!/usr/bin/env python
 2
 3 from socketserver import (TCPServer as TCP,StreamRequestHandler as SRH)
 4 from time import ctime
 5
 6 HOST=''
 7 PORT=8888
 8 ADDR=(HOST,PORT)
 9
10 class MyRequestHandler(SRH):
11   def handle(self):
12       print('...connected from:',self.client_address)
13       self.wfile.write('[%s] %s'%(ctime(),self.rfile.readline()))
14
15 tcpServ=TCP(ADDR,MyRequestHandler)
16 print('waiting for connection...')
17 tcpServ.serve_forever()
```

（2）程序解释

第 1~8 行：最初的部分包括从 socketserver 导入正确的类。

第 10~13 行：这里进行了大量的工作。我们得到了请求处理程序 MyRequestHandler，作为 socketserver 中 StreamRequestHandler 的一个子类，并重写了它的 handler()方法，该方法在基类 Request 中默认没有任何行为。

```
def handle(self):
    pass
```

当接收到一个来自客户端的消息时，它就会调用 handle()方法。而 StreamSocketHandler 类将输入和输出套接字看作类似文件的对象，因此我们将使用 readline()来获取客户端消息，并利用 write()将字符串发送回客户端。

因此，在客户端和服务器代码中，需要额外的回车和换行符。实际上，在代码中你不会看到它，因为我们只是重用那些来自客户端的符号。除了这些细微的差别之外，它看起来就像以前的服务器。

第 15~17 行：最后的代码利用给定的主机信息和请求处理类创建了 TCP 服务器。然后，无限循环地等待并服务于客户端请求。

2. 创建 socketserver TCP 客户端

（1）socketserver TCP 客户端示例

如下示例所示，这里的客户端很自然地非常像最初的客户端，比服务器像得多，但必须稍微调整它以使其与新服务器很好地配合工作。

示例：socketserver 时间戳 TCP 客户端（tsTclntSS.py）。

```
 1 #!/usr/bin/env python
 2
 3 from socket import *
 4
 5 HOST='127.0.0.1'
 6 PORT=8888
 7 BUFSIZ=1024
 8 ADDR=(HOST,PORT)
 9
10 while True:
11     tcpCliSock=socket(AF_INET,SOCK_STREAM)
12     tcpCliSock.connect(ADDR)
13     data=input('> ')
14     if not data:
15         break
16     tcpCliSock.send('%s' %data)
17     data=tcpCliSock.recv(BUFSIZ)
18     if not data:
19         break
20     print(data.strip())
21 tcpCliSock.close()
```

（2）程序解释

第 1~8 行：这里没有什么特别之处，只是复制原来客户端的代码。

第 10~21 行：socketserver 请求处理程序的默认行为是接受连接、获取请求，然后关闭连接。由于这个原因，我们不能在应用程序整个执行过程中都保持连接，因此每次向服务器发送消息时，都需要创建一个新的套接字。

这种行为使得 TCP 服务器更像是一个 UDP 服务器。然而，通过重写请求处理类中适当的方法就可以改变它。

一些小的区别已经在服务器代码的逐行解释中给出：因为这里使用的处理程序类对待套接字通信就像对待文件一样，所以必须发送行终止符（回车和换行符）。而服务器只是保留并重用这里发送的终止符。当得到从服务器返回的消息时，用 strip()函数对其进行处理并使用由 print()声明自动提供的换行符。

（3）执行结果

这里是 socketserverTCP 客户端的输出。

```
$ python /usr/tsTclntSS.py
> application
[Thu Sep  1 18:32:45 2016] application
> flash
[Thu Sep  1 18:33:50 2016] flash
>
```

这是服务器的输出。

```
$ python /usr/tsTservSS.py
waiting for connection...
...connected from: ( '127.0.0.1',51245)
...connected from: ( '127.0.0.1',51246)
```

此时的输出与最初的 TCP 客户端和服务器的输出类似。然而，你应该会发现，我们连接了服务器两次。

11.2　因特网应用层客户端

前一节介绍了使用套接字的底层网络通信协议。这种类型的网络是当今因特网中大部分客户端/服务器协议的核心。这些网络协议分别用于文件传输（FTP、SCP 等）、阅读新闻组（NNTP）、发送电子邮件（SMTP）和从服务器上下载电子邮件（POP3、IMAP）等。协议的工作方式与前一节介绍的客户端/服务器的例子相似。唯一的区别在于现在使用 TCP/IP 这样底层的协议来创建新的、有专门用途的协议，以此来实现刚刚介绍的高层服务。

11.2.1　文件传输

1. 文件传输因特网协议

因特网中最常见的事情就是传输文件。文件传输每时每刻都在发生。有很多协议可以用于在因特网上传输文件，最流行的包括文件传输协议（FTP）、UNIX 到 UNIX 复制协议（UUCP）、用于 Web 的超文本传输协议（HTTP）。另外，还有（UNIX 下的）远程文件复制命令 rcp（以及更安全、更灵活的 scp 和 rsync）。

在当下，HTTP、FTP、scp/rsync 的应用仍然非常广泛。HTTP 主要用于基于 Web 的文件下载以及访问 Web 服务，一般客户端无需登录就可以访问服务器上的文件和服务。大部分 HTTP 文件传输请求都用于获取网页（即将网页文件下载到本地）。

而 scp 和 rsync 需要用户登录到服务器主机。在传输文件之前必须验证客户端的身份，否则不能上传或下载文件。FTP 与 scp/rsync 相同，它也可以上传或下载文件，并采用了 UNIX 的多用户概念，用户需要输入有效的用户名和密码。但 FTP 也允许匿名登录。现在来深入了解 FTP。

2.　文件传输协议

文件传输协议（File Transfer Protocol，FTP）由已故的 Jon Postel 和 Joyce Reynolds 开发，记录在 RFC（Request for Comment）959 号文档中，于 1985 年 10 月发布。FTP 主要用于匿名下载公共文件，也可以用于在两台计算机之间传输文件，特别是在使用 Windows 进行工作，而文件存储系统使用 UNIX 的情况下。早在 Web 流行之前，FTP 就是在因特网上进行文件传输以及下载软件和源代码的主要手段之一。

前面提到过，FTP 要求输入用户名和密码才能访问远程 FTP 服务器，但允许没有账号的用户匿名登录。不过管理员要先设置 FTP 服务器以允许匿名用户登录。这时，匿名用户的用户名是"anonymous"。密码一般是用户的电子邮件地址。与向特定的登录用户传输文件不同，这相当于公开某些目录让大家访问。但与登录用户相比，匿名用户只能使用有限的几个 FTP 命令。

其工作流程如下。

（1）客户端连接远程主机上的 FTP 服务器。

（2）客户端输入用户名和密码（或"anonymous"和电子邮件地址）。

（3）客户端进行各种文件传输和信息查询操作。

（4）客户端从远程 FTP 服务器退出，结束传输。

当然，这只是一般情况下的流程。有时，由于网络两边计算机的崩溃或网络的问题，会导致整个传输在完成之前中断。如果客户端超过 15 分钟（900 秒）还没有响应，FTP 连接就会超时并中断。

在底层，FTP 只使用 TCP，而不使用 UDP。另外，可以将 FTP 看作客户端/服务器编程中的特殊情况。因为这里的客户端和服务器都使用两个套接字通信：一个是控制和命令端口（21 号端口），另一个是数据端口（有时是 20 号端口），如图 11-2 所示。

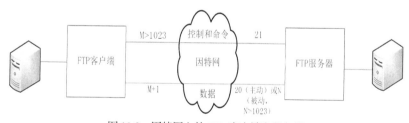

图 11-2　因特网上的 FTP 客户端和服务器

前面说"有时"是因为 FTP 有两种模式——主动和被动。只有在主动模式下服务器才使用数据端口。在服务器把 20 号端口设置为数据端口后，它"主动"连接客户端的数据端口；而在被动模式下，服务器只是告诉客户端随机的数据端口号，客户端必须主动建立数据连接。在这种模式下，FTP 服务器在建立数据连接时是"被动"的。

Python 已经支持了包括 FTP 在内的大多数据因特网协议。可以在 http://docs.python.org/lib/internet.html 中找到支持各个协议的客户端模块。现在看看用 Python 创建因特网 FTP 客户端有多么容易。

3.　Python 和 FTP

那么如何用 Python 编写 FTP 客户端程序呢？其实之前已经提过一些了，现在还要添加相应的 Python 模块导入和调用操作。再回顾一下流程。

- 连接到服务器。
- 登录。
- 发出服务请求（希望能得到响应）。
- 退出。

在使用 Python 的 FTP 支持时，所需要做的只是导入 ftplib 模块，并实例化一个 ftplib.FTP 类对象。所有的 FTP 操作（如登录、传输文件和注销等）都要使用这个对象完成。

4．ftplib.FTP 类的方法

在一般的 FTP 事务中，要使用到的指令有 login()、cwd()、dir()、pwd()、stor*()、retr*()和 quit()。表 11-3 列出了最常用的方法，这个表中列出的方法涵盖了 Python 中进行 FTP 客户端编程所需的 API，其他没有列出的方法并不是必需的，因为其他方法要么提供辅助或管理功能，要么提供给这些 API 使用。

表 11-3　　　　　　　　　　　　　　　　　　　FTP 对象方法

方　　法	描　　述
login(user=" anonymous ",passwd=" ", acct=" ")	登录 FTP 服务器，所有参数都是可选的
pwd()	获得当前工作目录
cwd(path)	把当前工作目录设置为 path 所示的路径
dir([path[,…[,cb]]])	显示 path 目录里的内容，可选的参数 cb 是一个回调函数，会传递给 retrlines()方法
nlst([path[,…]])	与 dir()类似，但返回一个文件名列表，而不是显示这些文件名
retrlines(cmd,[,cb])	给定 FTP 命令（如 "STOR filename"），用来下载文本文件。可选的回调函数 cb 用于处理文件的每一行
retrbinary(cwd,cb[,bs=8192[,ra]])	与 storlines()类似，只是这个指令处理二进制文件。回调函数 cb 用于处理每一块（块大小默认为 8KB）
storlines(cmd,f)	给定 FTP 命令（如 "STOR filename"），用来上传文本文件，要给定一个文件对象 f
storbinary(cmd,f[,bs=8192])	与 storlines()类似，只是这个指令处理二进制文件。要给定一个文件对象 f，上传块大小 bs 默认为 8KB
rename(old,new)	把远程文件 old 重命名为 new
delete(path)	删除位于 path 的远程文件
mkd(directory)	创建远程目录
rmd(directory)	删除远程目录
quit()	关闭连接并退出

5．FTP 客户端程序示例

（1）FTP 客户端示例

下面的程序是将某台 Linux 服务器上的 600 多万个数据文件移到另一台 Linux 服务器，所有文件的文件名遵循一定的规范，程序成功自动移动了所有文件。

```
#!/usr/bin/env python

import ftplib
import os
import socket
```

```
HOST = '192.168.1.108'
USER = 'root'
PASSWD = '123456'

DIRN = 'Tuixin/SqlServerInclude'

def main():
    try:
        ftp=ftplib.FTP(HOST)
    except (socket.error, socket.gaierror) as e:
        print('ERROR: cannot reach "%s"' %HOST)
        return
    print('*** Connected to host "%s"' %HOST)

    try:
        ftp.login(USER, PASSWD)
    except ftplib.error_perm:
        print('ERROR: login failed with "%s" and "%s"' %USER, PASSWD)
        ftp.quit()
        return
    print('*** Logged in')

    try:
        ftp.cwd(DIRN)
    except ftplib.error_perm:
        print('Error: cannot cd to "%s"' %DIRN)
        ftp.quit()
        return
    print('*** Changed to "%s" folder' %DIRN)

    filename='DllTuixin.h'
    try:
        ftp.retrbinary('RETR %s' %filename, open(filename, 'wb').write)
    except ftplib.error_perm:
        print('ERROR: cannot read file "%s"' %filename)
        os.unlink(filename)
    else:
        print('*** Downloaded "%s" to CWD' %filename)

    ftp.quit()
    return

if __name__ == '__main__':
    main()
```

（2）程序解释

代码前几行导入要用的模块（主要用于抓取异常对象），并设置了一些常量。

main()函数分为以下几个步骤：创建一个 FTP 对象，尝试连接到 FTP 服务器，然后返回。如果发生任何错误就退出。接着尝试使用用户名与密码登录，如果二者不匹配就结束。下一步就是转到发布目录，最后下载文件。

接下来，向 retrbinary()传递了一个回调函数，每接收到一块二进制数据的时候都会调用这个回调函数。这个函数就是创建文件的本地版本时需要用到的文件对象的 write()方法。传输结束时，Python 解释器会自动关闭这个文件对象，因此不会丢失数据。虽然很方便，但最好不要这样做，作为一个程序员，要尽量做到在资源不再被使用的时候就立即释放，而不是依赖其他代码来完成释放操作。这里应该把开放的文件对象保存到一个变量（如变量 loc），然后把 loc.write 传给 ftp.retrbinary()。完成传输后，需要调用 loc.close()关闭文件资源。如果由于某些原因无法保存文件，则移空文件来避免弄乱文件系统。

最后调用 ftp.quit()关闭 FTP 连接。在此之前，还处理了文件没有找到的异常，如果 FTP 传输正常则输出成功信息。

6. FTP 的其他内容

Python 同时支持主动和被动两个模式。注意，在 Python 2.0 及更前版本中，被动模式默认是关闭的；在 Python 2.1 及以后版本中，默认是打开的。

以下是一些典型的 FTP 客户端类型。

● 命令行客户端程序：使用一些 FTP 客户端程序（如/bin/ftp 或 NcFTP）进行 FTP 传输，用户可以在命令行中交互执行 FTP 传输。

● GUI 客户端程序：与命令行客户端程序相似，但它是一个 GUI 程序，如 WS_FTP、Filezilla、CuteFTP、Fetch、SmartFTP。

● Web 浏览器：除了使用 HTTP 之外，大多数 Web 浏览器（也称为客户端）可以进行 FTP 传输。URL/URI 的第一部分就用来表示所使用的协议，如 "http://blahblah"。这就告诉浏览器要使用 HTTP 作为与指定网站传输数据的协议。用过修改协议部分，就可以发送使用 FTP 的请求，如 "ftp://blahblah"，这与使用 HTTP 的网页 URL 很像（当然，"ftp://" 后面的 "blahblah" 可以展开为 "host/path?attributes"）。如果要登录，用户可以把登录信息（以明文方式）放在 URL 里，如："ftp://user:password@host/path?attr1=val1&attr2..."。

● 自定义应用程序：自己编写的用于 FTP 文件传输的程序。这些是用于特殊目的的应用程序，一般这种程序不允许用户与服务器交互。

这 4 种客户端类型都可以用 Python 编写。前面用 ftplib 来创建了一个自定义应用，但读者也可以创建一个交互式的命令行应用程序。在命令行的基础上，还可以使用一些 GUI 工具包，如 TK、wxWidgets、GTK+、Qt、MFC，甚至 Swing（要导入相应的 Python 或 Jython 的接口模块）来创建一个完整的 GUI 程序。最后，可以使用 Python 的 urllib 模块来解析 FTP 的 URL 并进行 FTP 传输。在 urllib 的内部也导入并使用了 ftplib，因此 urllib 也是 ftplib 的客户端。

FTP 不仅可以用于下载应用程序，还可以用于在不同系统之间传输文件。比如，如果读者是一个工程师或系统管理员，需要传输文件。在跨网络的时候，显然可以使用 scp 或 rsync 命令，或者把文件放到一个能从外部访问的服务器上。不过，在一个安全网络的内部机器之间移动大量的日志或数据库文件时，这种方法的开销就太大了，因为需要考虑安全性、加密、压缩、解压缩等因素。如果只是想写一个 FTP 程序来在下班后自动移动文件，那么使用 Python 是一个非常好的主意。

11.2.2 网络新闻

1. Usenet 与新闻组

Usenet 新闻系统是一个全球存档的 "电子公告档"。系统中各种主题的新闻组一应俱全，从诗歌到政治，从自然语言学到计算机语言，从软件到硬件，从种植到烹饪，招聘/应聘，音乐等。新闻组可以面向全球，也可以只面向某个特定区域。

整个系统是一个由大量计算机组成的庞大的全球网络，计算机之间共享 Usenet 上的帖子。如果某个用户发了一个帖子到本地的 Usenet 计算机上，这个帖子会被传播到其他相连的计算机上，再由这些计算机传到与它们相连的计算机上，直到这个帖子传播到了全世界，每个人都收到这个帖子为止。帖子在 Usenet 上的存活时间是有限的，这个时间可以由 Usenet 系统管理员来指定，也可以为帖子指定一个过期的日期/时间。

　　每个系统都有一个已"订阅"的新闻组列表，系统只接收感兴趣的新闻组里的帖子，而不是接收服务器上所有新闻组的帖子。Usenet 新闻组的内容由提供者安排，很多服务都是公开的，但也有一些服务只允许特定用户使用。

　　Usenet 正在逐渐退出人们的视线，主要被在线论坛替代。但依然值得在这里提及，特别是它的网络协议。

　　老的 Usenet 使用 UUCP 作为其网络传输机制，在 20 世纪 80 年代中期出现了另一个网络协议 TCP/IP，之后大部分网络流量转向使用 TCP/IP。

2. 网络新闻传输协议

　　用户使用网络新闻传输协议（NNTP）在新闻组中下载或发表帖子。该协议由 Brain Kantor（加州大学圣地亚哥分校）和 Phil Lapsley（加州大学伯克利分校）创建并记录在 RFC 977 中，于 1986 年 2 月公布。其后在 2000 年 10 月公布的 RFC 2980 中对该协议进行了更新。

　　作为客户端/服务器架构的另一个例子，NNTP 与 FTP 的操作方式相似，但更简单。在 FTP 中，登录、传输数据和控制需要使用不同的端口，而 NNTP 只使用一个标准端口 119 来通信。用户向服务器发送一个请求，服务器就做出相应的响应，如图 11-3 所示。

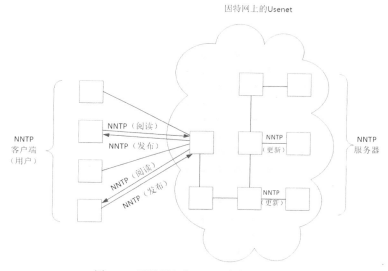

图 11-3　因特网上的 NNTP 客户端和服务器

3. Python 和 NNTP

　　由于以前已经有了 Python 和 FTP 的经验，读者也许可以猜到，有一个 nntplib 库和一个需要实例化的 nntplib.NNTP 类。与 FTP 一样，所要做的就是导入这个 Python 模块，然后调用相应的方法。先大致看一下这个协议。

　　（1）连接到服务器。

　　（2）登录（根据需要）。

　　（3）发出服务请求。

　　（4）退出。

是不是有点熟悉？是的，这与 FTP 协议极其相似。唯一的区别是根据 NNTP 服务器配置的不同，登录这一步是可选的。

下面是一段 Python 伪代码。

```
from mmtplib import NNTP
n=NNTP(' your.nntp.server')
r,c,f,l,g=n.group(' comp.lang.python')
...
n.quit()
```

一般来说，登录后需要调用 group()方法来选择一个感兴趣的新闻组。该方法返回服务器的回复、文章的数量、第一篇和最后一篇文章的 ID、新闻组的名称。有了这些信息后，就可以做一些其他操作，如从头到尾浏览文章、下载整个帖子（文章的标题和内容），或者发表一篇文章等。

在展示真实的例子之前，先介绍一下 nntplib.NNTP 类的一些常用方法。

4. nntplib.NNTP 类方法

与前一节列出 ftplib.FTP 类的方法时一样，这里不会列出 nntplib.NNTP 的所有方法，只列出创建 NNTP 客户端程序时可能用得到的方法。

与表 11-3 所示的 FTP 对象一样，表 11-4 中没有提到其他 NNTP 对象的方法。为了避免混乱，这里只列出了可能用得到的。其余内容建议参考 Python 库手册。

表 11-4   NNTP 对象的方法

方　　法	描　　述
group(name)	选择一个组的名字，返回一个元祖（rsp, ct, fst, lst, group），分别表示服务器响应信息、文章数量、第一个和最后一个文章的编号、组名，所有数据都是字符串（返回的 group 与传进去的 name 应该是相同的）
xhdr(hdr,artrg[,ofile])	返回文章范围 artrg（"头-尾"的格式）内文章 hdr 头的列表，或把数据输出到文件 ofile 中
body(id[,ofile])	根据 id 获取文章正文，id 可以是消息的 ID，也可以是文章编号（以字符串形式表示），返回一个元组（rsp, anum, mid, data），分别表示服务器响应信息、文章编号（以字符串形式表示）、消息 ID、文章所有行的列表，或把数据输出到文件 ofile 中
head(id)	与 body()类似，返回相同的元组，只是返回的行列表中只包括文章的标题
article(id)	同样与 body()类似，返回相同的元组，只是返回的行列表中同时包括文章标题和正文
stat(id)	让文章的"指针"指向 id（即前面的消息 ID 或文章编号）。返回一个与 body()相同的元组（rsp, anum, mid），但不包括文章的数据
next()	用法和 stat()类似，把文章指针移到下一篇文章，返回与 stat()相似的元组
last()	用法和 stat()类似，把文章指针移到最后一篇文章，返回与 stat()相似的元组
post(ufile)	上传 ufile 文件对象里的内容（使用 ufile.readline()），并发布到当前新闻组中
quit()	关闭连接并退出

5. NNTP 客户端程序示例

（1）NNTP 客户端程序

下面为 NNTP 从"web.aioe.org"获取新闻的一个简单例子。

```
#!/usr/bin/env python

from nntplib import *
```

```
s = NNTP('web.aioe.org')
(resp, count, first, last, name) = s.group('comp.lang.python')
(resp, subs) = s.xhdr('subject', (str(first)+'-'+str(last)))
for subject in subs[-10:]:
    print(subject)
number = input('Which article do you want to read? ')
(reply, num, id, list) = s.body(str(number))
for line in list:
    print(line)
```

（2）运行结果

```
Python 3.5.2 (v3.5.2:4def2a2901a5, Jun 25 2016, 22:01:18) [MSC v.1900 32 bit (Intel)] on
win32
Type "copyright", "credits" or "license()" for more information.
>>>
RESTART: C:\Users\Administrator\AppData\Local\Programs\Python\Python35-32\nntp.py
('179456', 'Re: manually sorting images?')
('179457', 'Re: Extend unicodedata with a name/pattern/regex search for character entity
references?')
('179458', "Re: Why doesn't my finaliser run here?")
('179459', 'Re: Extend unicodedata with a name/pattern/regex search for character entity
references?')
('179460', 'Re: manually sorting images?')
('179461', "Re: Why doesn't my finaliser run here?")
('179462', "Re: Why doesn't my finaliser run here?")
('179463', 'Re: Extend unicodedata with a name/pattern/regex search for character entity
references?')
('179464', 'Re: manually sorting images?')
('179465', "Re: Why doesn't my finaliser run here?")
Which article do you want to read?
```

6. NNTP 的其他内容

关于 NNTP 的更多内容，可阅读 NNTP 协议定义/规范（RFC 977），参见 http://tools.ietf.org/html/
rfc977 和 http://www.networkssorcery.com/enp/protocol/nntp.html 页面。其他相关的 RFC 还包括 1036
和 2980。关于 Python 对 NNTP 的更多支持，可以从这里开始：http://docs.python.org/library/nntplib。

11.2.3　电子邮件

E-mail 的历史比 Web 还要久远，直到现在，E-mail 也是互联网上应用非常广泛的服务。几乎
所有的编程语言都支持发送和接收电子邮件，但是先等等，在我们开始编写代码之前，有必要搞
清楚电子邮件是如何在互联网上运作的。

1. MUA、MDA、MTA 是什么

MUA（Mail User Agent）：邮件用户代理，你发邮件用的软件。

MTA（Mail Transfer Agent）：邮件传输代理，发邮件和接受邮件的邮件服务商：新浪邮箱或
网易邮箱等。

MDA（Mail Delivery Agent）：邮件投递管理，邮件最终存储的地方。

2. 电子邮件的原理

假设我们自己的电子邮件地址是 me@163.com，对方的电子邮件地址是 friend@sina.com（地
址都是虚构的），现在我们用 Outlook 或者 Foxmail 之类的软件写好邮件，填上对方的 E-mail 地址，
单击"发送"，电子邮件就发出去了。这些电子邮件软件被称为 MUA——邮件用户代理。

E-mail 从 MUA 发送出去，不是直接到达对方电脑，而是发到 MTA——邮件传输代理，就是那些 E-mail 服务提供商，比如网易、新浪等等。由于我们自己的电子邮件是 163.com，所以，E-mail 首先被投递到网易提供的 MTA，再由网易的 MTA 发到对方服务商，也就是新浪的 MTA。这个过程中间可能还会经过别的 MTA，但是我们不关心具体路线，我们只关心速度。

E-mail 到达新浪的 MTA 后，由于对方使用的是 @sina.com 的邮箱，因此，新浪的 MTA 会把 E-mail 投递到邮件的最终目的地 MDA——邮件投递代理。E-mail 到达 MDA 后，就静静地待在新浪的某个服务器上，存放在某个文件或特殊的数据库里，我们将这个长期保存邮件的地方称之为电子邮箱。

同普通邮件类似，E-mail 不会直接到达对方的电脑，因为对方电脑不一定开机，开机也不一定联网。对方要取到邮件，必须通过 MUA 从 MDA 上把邮件取到自己的电脑上。

所以，一封电子邮件的旅程是：发件人→MUA→MTA→MTA→若干个 MTA→MDA→MUA→收件人

有了上述基本概念，要编写程序来发送和接收邮件，本质上就如下所示。

（1）编写 MUA 把邮件发到 MTA。发邮件时，MUA 和 MTA 使用的协议是 SMTP（Simple Mail Transfer Protocol，简单邮件传输协议），MTA 到另一个 MTA 也是用 SMTP 协议。

（2）编写 MUA 从 MDA 上收邮件。收邮件时，MUA 和 MDA 使用的协议有两种：POP（Post Office Protocol，邮局协议），目前版本是 3，俗称 POP3；IMAP（Internet Message Access Protocol，交互式邮件存取协议），目前版本是 4，优点是不但能取邮件，还可以直接操作 MDA 上存储的邮件，比如从收件箱移到垃圾箱，等等。

邮件客户端软件在发邮件时，会要求先配置 SMTP 服务器，也就是要发到哪个 MTA 上。假设正在使用 163 的邮箱，就不能直接发到新浪的 MTA 上，因为它只服务新浪的用户，所以需要填写 163 提供的 SMTP 服务器地址：smtp.163.com，为了证明是 163 的用户，SMTP 服务器还要求填写邮箱地址和邮箱口令，这样，MUA 才能正常地把 E-mail 通过 SMTP 协议发送到 MTA。

类似地，从 MDA 收邮件时，MDA 服务器也要求验证邮箱口令，确保不会有人冒充收取邮件。所以，Outlook 之类的邮件客户端会要求填写 POP3 或 IMAP 服务器地址、邮箱地址和口令，这样，MUA 才能顺利地通过 POP 或 IMAP 协议从 MDA 取到邮件。

在使用 Python 收发邮件前，请先准备好至少两个电子邮件，如 xxx@163.com，xxx@sina.com，xxx@qq.com 等，注意两个邮箱不要用同一家邮件服务商。

3. MUA、MDA、MTA 三者之间的协议

- MUA 与 MTA——SMAP 协议。
- MTA 与 MTA——SMAP 协议。
- MUA 与 MDA——POP3 IMAP 协议。

发邮件首先配置 SMTP 服务器，确定你发到哪个 MTA 上，为了确定你是邮件服务商的用户，填写邮箱地址和口令，这样 MUA 才能把邮件通过 SMTP 协议发送到 MTA 上。

收邮件时也要填写 POP3 和 IMAP 服务器地址、邮箱地址和口令，这样 MUA 才能通过 POP 或 IMAP 协议从 MDA 取到邮件。

4. 发送电子邮件

为了发送电子邮件，邮件客户必须要连接到一个 MTA，MTA 靠某种协议通信。MTA 之间通过消息传输系统（MTS）互相通信。只有两个 MTA 都使用这个协议时，才能进行通信。由于以前存在很多不同的计算机系统，每个系统都使用不同的网络软件，因此这种通信很危险，具有不

可预知性。更复杂的是，有的计算机使用互联的网络，而有的计算机使用调制解调器拨号，消息的发送时间也是不可预知的。这种复杂性导致了现代电子邮件的基础之一——简单邮件传输协议 SMTP 的诞生。

（1）SMTP 是什么

SMTP 即简单邮件传输协议，它是一组用于由源地址到目的地址传送邮件的规则，由它来控制信件的中转方式。SMTP 协议属于 TCP/IP 协议簇，它帮助每台计算机在发送或中转信件时找到下一个目的地。通过 SMTP 协议所指定的服务器，就可以把 E-mail 寄到收信人的服务器上了，整个过程只要几分钟。SMTP 服务器则是遵循 SMTP 协议的发送邮件服务器，用来发送或中转发出的电子邮件。它使用由 TCP 提供的可靠的数据传输服务把邮件消息从发信人的邮件服务器传送到收信人的邮件服务器。

跟大多数应用层协议一样，SMTP 也存在两个端：在发信人的邮件服务器上执行的客户端和在收信人的邮件服务器上执行的服务器端。SMTP 的客户端和服务器端同时运行在每个邮件服务器上。当一个邮件服务器在向其他邮件服务器发送邮件消息时，它是作为 SMTP 客户在运行。

（2）Python 和 SMTP

Python 也有一个 smtplib 模块和一个需要实例化的 smtplib.SMTP 类。先回顾一下这个已经熟悉的过程。

- 连接到服务器。
- 登录（根据需要）。
- 发出服务请求。
- 退出。

像 NNTP 一样，登录是可选的，只有在服务器启用了 SMTP 身份验证（SMTP-AUTH）时才需要登录。SMTP-AUTH 在 RFC 2554 中定义。与 NNTP 一样，SMTP 通信时只要一个端口，这里端口号是 25。

下面是一些 Python 的伪代码：

```
from smtplib import SMTP
n=SMTP('smtp.yourdomain.com')
...
n.qiut()
```

在展示真实的例子之前，先介绍一下 smtplib.SMTP 类的一些常用方法。

（3）smtplib.SMTP 类方法

除了 smtplib.SMTP 类之外，Python 2.6 还引入了另外两个类，即 SMTP_SSL 和 LMTP。后者实现了 LMTP。前者的作用类似 SMTP，但通过加密的套接字通信，可以作为 SMTP/TLS 的替代品。STMP_SSL 默认端口是 465。

与之前一样，这里只列出创建 SMTP 客户端应用程序所需要的方法。对大多数电子邮件发送程序来说，只需要两个方法——sendmail() 和 quit()。

sendmail() 的所有参数都要遵循 RFC 2822，即电子邮件必须要有正确的格式，消息正文要有正确的前导标题，正文必须由回车和换行符（\r\n）对分隔。

注意，实际的消息正文是不需要的。根据 RFC 2822，"唯一需要的消息标题只有发送日期字段和发送地址字段"，即 "Data:" 和 "From:"（MAIL FROM、RCPT TO、DATA）。

表 11-5 列出了一些常见的 SMTP 对象方法。关于 SMTP 对象的所有方法的更多消息，可以参见 Python 文档。

表 11-5　　　　　　　　　　　　　　　SMTP 对象常见的方法

方　法	描　述
sendmail(from,to,msg[,mopts,ropts])	将 msg 从 from 发送至 to（以列表或元组表示），还可以选择性地设置 ESMTP 邮件（mopts）和收件人（ropts）选项
ehlo() 或 helo()	使用 EHLO 或 HELO 初始化 SMTP 或 ESMTP 服务器的会话。这是可选的，因为 sendmail() 会在需要时自动调用相关内容
starttls(keyfile=None,certfile=None)	让服务器启用 TLS 模式。如果给定了 keyfile 或 certfile，则它们用来创建安全套接字
set_debuglevel(level)	为服务器通信设置调试级别
quit()	关闭连接并退出
login(user,password)	使用用户名和密码登录 SMTP 服务器

（4）smtp 客户端的实现

smtplib 模块是通过邮件服务器发送电子邮件，是 smtp 客户端的实现，支持邮件的格式有文本、HTML、Image、EXCEL 等。

```python
#!/usr/bin/env python
# coding:UTF-8

import smtplib
import string

host = "smtp.qq.com"                           #定义 smtp 主机
subject = "Test email from Python"             #定义邮件主题
to_mail = "xxx@163.com"                        #邮件收件人
from_email = "xxx@qq.com"                      #邮件发件人
password = "pass"                              #邮件发件人邮箱密码
text = "Hello Python!"                         #邮件内容
body = string.join((
    "From: %s" % from_email,
    "To: %s" % to_mail,
    "Subject: %s" % subject,
    "",
    text
    ), "\r\n")
server = smtplib.SMTP()                         #创建一个 SMTP() 对象
server.connect(host, "25")                      #通过 connect 方法连接 smtp 主机
server.starttls()                               #启动安全传输模式
server.login(from_email,password)               #邮箱账户登录认证
server.sendmail(from_email,to_mail,body)        #邮件发送
server.quit()                                   #断开 smtp 连接
```

（5）SMTP 的其他内容

关于 SMTP 的更多消息可以阅读 SMTP 协议定义/规范，即 RFC5321，参见 http://tools.ietf.org/html/rfc2821。关于 Python 对 SMTP 的更多支持，可以阅读 http://docs.python.org/library/smtplib。

关于电子邮件，还有一个很重要的方面没有讨论，即如何正确设定因特网地址的格式和电子邮件消息。这些消息详细记录在最新的因特网消息格式规范中。可以访问 http://tools.ietf.org/html/rfc5322 来了解。

5. 接收电子邮件

在以前，只有大学生、研究人员和工商企业的雇员在因特网上使用电子邮件。那时台式机还都是装有类 UNIX 操作系统的工作站。而家庭用户主要是在 PC 上拨号上网，并没有用到电子邮件。在 20 世纪 90 年代中期因特网"大爆炸"的时候，电子邮件才开始进入千家万户。

对于家庭用户来说，在家里放一个工作站来运行 SMTP 是不现实的，因此必须要设计一种新的系统，能够周期性地把电子邮件下载到本地计算机，以供离线使用。这样的系统就要有一套新的协议和新的应用程序来与邮件服务器通信。

这种在家用的电脑中运行的应用程序叫邮件用户代理，即 MUA。MUA 从服务器上下载邮件，在这个过程中可能会自动删除它们（也可能不删除，留在服务器上，让用户手动删除）。不过 MUA 也必须要能发送邮件。也就是说，在发送邮件的时候，应用程序要能直接使用 SMTP 与 MTA 进行通信。在前面介绍 SMTP 的小节中已经看过这种发送邮件的客户端了。那下载邮件的客户端呢？

（1）POP

POP 的全称为 Post Office Protocol，即邮局协议，俗称 POP3，用于电子邮件的接收。本协议主要用于支持使用客户端远程管理在服务器上的电子邮件。

（2）IMAP

IMAP 全称是 Internet Mail Access Protocol，即交互式邮件存取协议，它是跟 POP3 类似的邮件访问标准协议之一。不同的是，开启了 IMAP 后，您在电子邮件客户端收取的邮件仍然保留在服务器上，同时在客户端上的操作都会反馈到服务器上，如：删除邮件，标记已读等，服务器上的邮件也会做相应的动作。所以无论从浏览器登录邮箱还是从客户端软件登录邮箱，看到的邮件以及状态都是一致的。

它的主要作用是邮件客户端（例如 MS outlook Express）可以通过这种协议从邮件服务器上获取邮件的信息，下载邮件等。

当前的权威定义是 RFC 3501。IMAP 协议运行在 TCP/IP 协议之上，使用的端口是 143。

它与 POP3 协议的主要区别是用户可以不用把所有的邮件全部下载，可以通过客户端直接对服务器上的邮件进行操作。

（3）IMAP 与 POP 协议的区别

IMAP 协议的特点与 POP3 协议类似，IMAP（Internet 消息访问协议）也是提供面向用户的邮件收取服务。常用的版本是 IMAP4。IMAP4 改进了 POP3 的不足，用户可以通过浏览信件头来决定是否收取、删除和检索邮件的特定部分，还可以在服务器上创建或更改文件夹或邮箱，它除了支持 POP3 协议的脱机操作模式外，还支持联机操作和断连接操作。它为用户提供了有选择的从邮件服务器接收邮件的功能、基于服务器的信息处理功能和共享信箱功能。IMAP4 的脱机模式不同于 POP3，它不会自动删除在邮件服务器上已取出的邮件，其联机模式和断连接模式也是将邮件服务器作为"远程文件服务器"进行访问，更加灵活方便。

如果尚未决定使用 POP 还是 IMAP，建议使用 IMAP。

与 POP 不同，IMAP 可在网络 Gmail 与电子邮件客户端之间提供双向通信。这意味着当您使用网络浏览器登录到 Gmail 时，您在电子邮件客户端和移动设备上执行的操作（例如，将邮件移至"工作"文件夹）将立即自动反映在 Gmail 中（例如，在您下次登录时，这封电子邮件已具有一个"工作"标签）。

此外，IMAP 还提供了从多台设备访问邮件的更好方法。不论您在单位、在手机上，还是要在家里查看电子邮件，IMAP 可确保您随时能够从任何设备访问新的邮件。

最后，IMAP 可以从整体上提供更稳定的使用体验。POP 较容易发生丢失邮件或多次下载相同邮件的现象，而 IMAP 可以通过在邮件客户端和网络 Gmail 之间进行双向同步的功能来避免发生此类情况。

（4）Python 和 POP3

以之前一样，这导入 poplib 并实例化 poplib.POP3 类。标准流程如下所示。

● 连接到服务器。

● 登录。

● 发出服务请求。

● 退出。

Python 伪代码如下：

```
from poplib import POP3
p=POP('pop.python.is.cool')
p.user(…)
p.pass_(…)
…
p.quit()
```

（5）poplib.POP3 类的方法

POP3 类提供了许多方法用来下载和离线管理邮件。最常用的方法列在表 11-6 中。登录时，user() 方法不仅向服务器发送用户名，还会等待并显示服务器的响应，表示服务器正在等待输入该用户的密码。如果 pass_() 方法验证失败，会引发一个 poplib.error_proto 异常。如果成功，会得到一个以"+"号开头的应答消息，如"+OK ready"，然后锁定服务器上的这个邮箱，直到调用 quit() 方法为止。调用 list() 方法时，msg_list 的格式为：['msgnum msgsiz',…]，其中，msgnum 和 msgsiz 分别是每个消息的编程和消息大小。

还有一些方法这里没有列出。更多内容请参考 Python 库手册里 poplib 的文档。

表 11-6   POP3 对象的常用方法

方 法	描 述
user(login)	向客户端发送登录名，并显示服务器的响应，表示服务器正在等待输入该用户的密码
pass_(password)	用户使用 user() 登录后，发送 passwd。如果登录失败，则抛出异常
stat()	返回邮件的状态，即一个长度为 2 的元组（msg_ct，mbox_siz），分别表示消息的数量和消息的总大小（即字节数）
list([msgnum])	stat() 的扩展，从服务器返回三元组表示的整个消息列表（rsp，msg_list，rsp_siz），分别为服务器的响应、消息列表、返回消息的大小。如果给定了 msgnum，则只返回指定消息的数据
retr(msgnum)	从服务器中得到消息的 msgnum，并设置其"已读"标志。返回一个长度为 3 的元组（rsp，msglines，msgsiz），分别为服务器的响应、消息的 msgnum 的所有行、消息的字节数
dele(msgnum)	把消息 msgnum 标记为删除，大多数服务器在调用 quit() 执行删除操作
quit()	注销、提交修改（如处理"已读"和"删除"标记等）、解锁邮箱、终止连接，然后退出

6. 客户端程序 SMTP 和 POP3 示例

（1）程序示例

```
#!/usr/bin/env python
#python3 mailtest.py

from smtplib import SMTP
from smtplib import SMTPRecipientsRefused
from poplib import POP3
from time import sleep
import sys

smtpserver = 'smtp.qq.com'
pop3server = 'pop.qq.com'
emailaddr = 'XXX@qq.com'
username = 'XXX@qq.com'
password = 'XXX'
#组合邮件格式
origHeaders = ['From: XXX@qq.com','To:XXX@qq.com','Subject: test msg']
origBody = ['nihao ','yaan','chongqing']
origMsg='\r\n\r\n'.join(['\r\n'.join(origHeaders),'\r\n'.join(origBody)])

#发送邮件部分
sendSer = SMTP(smtpserver)
sendSer.set_debuglevel(1)
print(sendSer.ehlo()[0])                    #服务器属性等
sendSer.login(username,password)            #qq 邮箱需要验证
try:
    errs = sendSer.sendmail(emailaddr,emailaddr,origMsg)
except SMTPRecipientsRefused:
    print('server refused...')
    sys.exit(1)
    sendSer.quit()
assert len(errs) == 0,errs
print('\n\n\nsend a mail...OK!')
sleep(10)                                   #等待 10 秒
print('Now get the mail...\n\n\n')
#开始接收邮件
revcSer = POP3(pop3server)
revcSer.user(username)
revcSer.pass_(password)
rsp,msg,siz = revcSer.retr(revcSer.stat()[0])
sep = msg.index('')
if msg:
    for i in msg:
        print(i)
revcBody = msg[sep+1:]
assert origBody == revcBody
print('successful get...')
```

（2）程序解释

与前面的例子一样，程序一开始是一些 import 语句与常量定义。常量分别是发送邮件（SMTP）和接收邮件（POP3）的服务器。

接下来是消息内容的准备动作。对于这条用于测试的消息，寄件人和收件人是同一个用户，这里使用的是 QQ 邮箱。

紧接着是邮件发送部分，连接到 SMTP 服务器来发送消息，打印服务器属性。通过 QQ 邮箱用户名和密码登录，sendmail()的前两个参数就是邮箱地址，第三个参数是电子邮件消息本身。在这个函数返回后，就从 SMTP 服务器注销，并判断是否有错误发送过。接着等待一段时间，让服务器完成消息的发送和接收。

下面就是接受邮件的部分，用来下载刚刚发送的消息。代码中先根据用户名和密码连接到 POP3 服务器。登录成功后，调用 stat()方法得到可用消息列表。通过[0]符号选中第一条消息，然后调用 retr()下载这条消息。

遇到空行则表示在此之前是邮件头部，之后是邮件正文。去掉消息头部，比较原始消息正文和收到的消息正文。如果相同就不显示任何内容，程序正常退出，否则会出现断言失败。

现在读者对电子邮件的收发有了很全面的了解。如果想深入了解这一方面的开发内容，请参阅与电子邮件相关的 Python 模块，那些模块在电子邮件相关的程序开发方面有相当大的帮助。

（3）部分运行结果

```
send: 'ehlo [169.254.114.107]\r\n'
reply: '250-smtp.qq.com\r\n'
reply: '250-PIPELINING\r\n'
reply: '250-SIZE 52428800\r\n'
reply: '250-AUTH LOGIN PLAIN\r\n'
reply: '250-AUTH=LOGIN\r\n'
reply: '250-MAILCOMPRESS\r\n'
reply: '250 8BITMIME\r\n'
reply: retcode (250); Msg: smtp.qq.com
PIPELINING
SIZE 52428800
AUTH LOGIN PLAIN
AUTH=LOGIN
...

send a mail...OK!
Now get the mail...

Date: Mon, 22 Apr 2013 16:22:01 +0800
X-QQ-mid: esmtp26t1366618921t440t12695
Received: from [169.254.114.107] (unknown [120.210.224.173])
by esmtp4.qq.com (ESMTP) with SMTP id 0
for<XXX@qq.com>; Mon, 22 Apr 2016 16:22:01 +0800 (CST)
X-QQ-SSF: B10100000000050321003000000000
From: XXX@qq.com
To: XXX@qq.com
...
```

7. Python 与 IMAP4

（1）伪代码展示

Python 通过 imaplib 模块支持 IMAP4。这与本章介绍的其他因特网协议非常相似。首先导入 imaplib，实例化其中一个 imaplib.IMAP4*类，标准流程与之前一样。

- 连接到服务器。
- 登录。

- 发出服务请求。
- 退出。

下面是对应的 Python 伪代码。

```
from imaplib import IMAP4
s=IMAP4('imap.python.is.cool')
s.login(…)
…
s.close()
s.logout()
```

这个模块定义了三个类，分别是 IMAP4、IMAP4_SSL、IMAP4_stream，这些类可以用来连接任何兼容 IMAP4 的服务器。就如同 POP3_SSL 对于 POP，IMAP_SSL 可以通过 SSL 加密的套接字连接 IMAP4 服务器。IMAP 的另一个类是 IMAP4_stream，该类可以通过一个类似文件的对象接口与 IMAP4 服务器交互。后两个类在 Python 2.3 中添加。

（2）程序示例

```
#!/usr/bin/env python
import getpass, imaplib
M = imaplib.IMAP4()
M.login(getpass.getuser(), getpass.getpass())
M.select()
typ, data = M.search(None, 'ALL')
for num in data[0].split():
    typ, data = M.fetch(num, '(RFC822)')
    print('Message %s\n%s\n' % (num, data[0][1]))
M.close()
M.logout()
```

（3）IMAP4 常用方法

前面提到过，IMAP 协议比 POP 复杂，因此有很多方法这里没有列出。表 11-7 列出了一些 imaplib.IMAP4 类中的常用方法，读者可能会在简单的电子邮件应用中用到这些方法。

表 11-7　　　　　　　　　　　　　　　　IMAP4 对象的常用方法

方　法	描　述
close()	关闭当前邮箱。如果访问权限不是只读，则本地删除的邮件在服务器端也会被丢弃
fetch(message_set,message_parts)	获取之前有 message_set 设置的电子邮件消息状态
login(user,password)	使用指定的用户名和密码登录
logout()	从服务器注销
noop()	ping 服务器，但不产生任何行为
search(charset,*criteria)	查询邮箱中至少匹配一块 criteria 的消息。如果 charset 为 False，则默认使用 US-ASCII
select(mailbox='INBOX',read-only=False)	选择一个文件夹（默认是 INBOX），如果是只读，则不允许用户修改其中的内容

（4）下面是一些使用这些方法的示例

● NOP、NOOP 或 "no operation"，这些内容表示与服务器保持连接状态。

```
>>> s.noop()
('OK', ['NOOP completed'])
```

● 获取某条消息的相关消息。

```
>>> rsp,data = s.fetch('98', '(BODY)')
>>> data[0]
'98 (BODY ("TEXT""PLAIN" ("CHARSET""ISO-8859-1v""FORMAT""flowed""DELSP""yes") NIL NIL
"7BIT" 1267 33))'
```

● 获取某条消息的头。

```
rsp, data = s.fetch('98', '(BODY[HEADER])')
>>> data[0][1][:45]
'Received: from mail-gy.google.com(mail-gy.go)'
```

● 获取所有已读消息的 ID。

```
>>> s.search(None, 'SEEN')
('OK', ['1 2 3 4 5 6 7 8 9 10 11 12 13 14 15 16 17 18 19 20 21 22 23 24 25 26 27 28 29 30
31 32 33 34 35 36 37 38 39 40 41 42 59 60 61 62 63 64 97'])
```

● 获取多条消息。

```
>>> rsp, data = s.fetch('98:100', '(BODY[TEXT])')
>>> data[0][1][:45]
'Welcome to Google Accounts. To activate your'
>>> data[2][1][:45]
'\r\n-b1_aeb1ac91493d87ea4f2aa7209f56f909\r\nCont'
>>> data[4][1][:45]
'This is a multi-part message in MIME format.'
>>> data[1] , data[3], data[5]
(')', ')', ')')
```

11.3 Python 网络编程实例

当程序处于单线程模式时，服务器只能处理某个客户端的请求，其他客户端需要等待当前客户端终止链接后，才能抢占与服务器的通信。如果需要实现多个客户端来和服务器同时进行通信，则必须使用多线程模式通信。

Python 中 SocketServer 包对 socket 包进行了包装（封装），使用其中的 TCPServer 的 ThreadingTCPServer 可以简单实现多线程网络编程。下面实例的主要功能是运用多线程实现多个客户端来和服务器同时进行通信，通过我们将上面的 TCP 代码改编得来。

1. 程序展示

（1）服务器端

```
#!/usr/bin/env python
# -*- coding:utf-8 -*-
import socketserver
import subprocess

class MyServer(socketserver.BaseRequestHandler):
    def handle(self):
```

```
            print("got connection from",self.client_address)
            while True:
                conn = self.request
                data = conn.recv(1024)
                if not data:
                    break
                print(str(data,'utf8'))
                cmd = str(data,'utf8')
                    cmd_call = subprocess.Popen(cmd,shell=True,stdout=subprocess.PIPE)
                    cmd_result = cmd_call.stdout.read()
                if len(cmd_result) == '0':
                    cmd_result = b'no output'
                ack_msg = bytes("CMD_RESULT_SIZE|%s" %len(cmd_result),'utf8')
                conn.send(ack_msg)
                client_ack = conn.recv(50)
                if client_ack.decode() == 'CLIENT_READY_TO_RECV':
                    conn.send(cmd_result)

    if __name__ == '__main__':
        server=socketserver.ThreadingTCPServer(('localhost',8091),MyServer)
    server.serve_forever()
```

（2）客户端

```
#!/usr/bin/env python
# -*- coding:utf-8 -*-
import socket
ip_port = ('localhost',8091)
sk = socket.socket()
sk.connect(ip_port)
print("客户端启动: ")

while True:
    user_input = input("cmd:").strip()
    if len(user_input) == 0:
        continue
    if user_input == 'q':
        break
    sk.send(bytes(user_input,'utf8'))
    #ack_msg = b"CMD_RESULT_SIZE|%s" % len(cmd_result)
    server_ack_msg = sk.recv(100)
    cmd_res_msg = str(server_ack_msg.decode()).split("|")
    print("server response:",cmd_res_msg)
    if cmd_res_msg[0] =="CMD_RESULT_SIZE":
        cmd_res_size = int(cmd_res_msg[1])
        sk.send(b"CLIENT_READY_TO_RECV")
        res = ''
        received_size = 0
        while received_size < cmd_res_size:
        data = sk.recv(500)
        received_size += len(data)
        res += str(data.decode())
    else:
        print(str(res))
print('-------recv done----')
sk.close()
```

2. 运行结果

这个程序中，我们可以同时打开多个客户端程序来和服务器通信，实现了服务器多线程并发通信的要求。

11.4　本章小结

本章首先介绍了网络中客户端/服务器的典型架构，从软件和硬件两个方面分别做了介绍。其次介绍了什么是套接字，以及面向连接的套接字和面向无连接的套接字。紧接着介绍了 Python 中的 socket()中的常用函数。接下来就是通过搭建 TCP 和 UDP 的服务器/客户端来更形象、具体、详细地让读者了解 Python 中的网络编程的具体步骤和代码的含义。

然后介绍了因特网客户端编程，具体分为文件传输（FTP 客户端）、网络新闻（NNTP 客户端）和电子邮件（SMTP）的发送和接收。

通过本章的学习，相信读者对于 Python 中的网络编程有了更深入的了解，也有了动手编写网络程序的能力。

11.5　本章习题

1. 面向连接和面向无连接有什么区别？

2. 用你自己的语言描述客户端/服务器架构，并给出几个例子。

3. 如何将一个指定的文件发送到对方主机的指定端口？

4. 创建一个简单的半双工聊天程序。"半双工"的意思是当创建一个连接，服务启动的时候，只有一个人可以打字，另一个人只有在等到有消息通知他输入消息时，才能说话。一旦消息发送出去后，要等到有回复了才能发送下一条消息。一个人是服务端，另一个人是客户端。

5. 参考本章的 FTP 例子，写一个小的 FTP 客户端程序，用 Python 实现 FTP 客户端示例，包括 FTP 的常见任务，上传、下载、删除、更名等功能。

6. 在上一个练习的基础上创建一个新的 FTP 客户端程序。使用 Python 实现正则匹配检索远端 FTP 目录下的文件的方法，这个方法将非常得简单实用。

7. 新闻聚合，又叫作 Usenet。写一个程序，其主要功能是用来从指定的来源（这里是 Usenet 新闻组）收集信息，然后将这些信息保存到指定的目的文件中（这里使用了两种形式：纯文本和 html 文件）。这个程序的用处有些类似于现在的博客订阅工具或者叫 RSS 订阅器。

第 12 章
应用实例

本章内容提要:
- 网络爬虫
- 数据处理
- Web 开发

在前面一章中,我们学习了 Python 网络编程,通过介绍套接字、软件/硬件、服务器/客户端,使得读者对网络编程有了一定的了解,本章将开始实例的学习。

在学习本章之前必须先了解一下以下名词,以便更好地理解本章内容。

网络爬虫(Web Spider):是搜索引擎抓取系统的重要组成部分。爬虫的主要目的是将互联网上的网页下载到本地形成一个互联网内容的镜像备份。

数据处理(Data Processing):是对数据的采集、存储、检索、加工、变换和传输。数据处理的基本目的是从大量的、可能是杂乱无章的、难以理解的数据中抽取并推导出对于某些特定的人们来说是有价值、有意义的数据。

Web 开发:是目前最流行、使用最为广泛的应用模式。支持 PythonWeb 开发的开源框架有很多,例如 Django。Django 是一个开源的 Web 应用框架,由 Python 写成。采用 MVC 的软件设计模式,主要目标是使得开发复杂的、数据库驱动的网站变得简单。Django 注重组件的重用性和"可插拔性",敏捷开发和 DRY(Don't Repeat Yourself)法则。

12.1　网络爬虫

网络爬虫(Web Spider)是一个很形象的名字。它是一种按照一定的规则,自动抓取万维网信息的程序或者脚本。

12.1.1　基础知识

1. 爬虫的定义

爬虫,即网络爬虫。如果将互联网比作一张大网,爬虫便是在这张网上爬来爬去的蜘蛛,如果它遇到需要的资源,就会抓取下来。至于想抓取什么,这个由程序员来控制。

例如抓取一个网页时,在这个网中发现了一条道路,其实就是指向另外一个网页的超链接,爬虫就可以爬到另一张网上去获取数据。这样,整个连在一起的大网对这只蜘蛛来说触手可及,很容易抓取到想要的信息。

2. 浏览网页过程

在用户浏览网页的过程中，会看到许多有趣的图片。例如打开 http://image.baidu.com/，用户会看到几百张的图片以及百度搜索框。这个过程其实就是用户输入网址之后，经过 DNS 服务器，找到服务器主机，向服务器发出一个请求，服务器经过解析之后，发送给用户浏览器 HTML、JS、CSS 等的文件，浏览器将接收到的文件解析出来，用户便可以看到形形色色的图片了。

因此，用户看到的网页实质是由网页代码构成的，爬虫抓取来的便是这些内容，通过分析和过滤这些 HTML 代码，实现对图片、文字等资源的获取。

3. URL 的含义

统一资源定位符（Uniform Resource Locator，URL），也就是我们说的网址。统一资源定位符是对可以从互联网上得到的资源的位置和访问方法的一种简洁的表示，是互联网上标准资源的地址。互联网上的每个文件都有一个唯一的 URL，它包含的信息指出文件的位置以及浏览器应该怎么处理它。

URL 主要包含了三个部分：第一部分是协议（或称为服务方式）；第二部分是存有该资源的主机 IP 地址（有时也包括端口号）；第三部分是主机资源的具体地址，如目录和文件名等。例如：http://img5.imgtn.bdimg.com/it/u=1322675458,3450949445&fm=21&gp=0.jpg。爬虫抓取数据时必须要有一个目标的 URL，因此，它是爬虫获取数据的基本依据。

4. 环境配置

在 Windows 下可以用 PyCharm，在 Linux 下可以使用 Eclipse for Python，苹果 OS X 下自带 Python 环境。其他 IDE 读者可以自行选择。

12.1.2 Urllib 库

1. Urllib 库简介

Urllib 是 Python 标准库中最为常用的 Python 网络应用资源访问的模块了，它可以让你像访问本地文本文件一样读取网页的内容。

Python Urllib 的作用是访问一些不需要验证的网络资源和 Cookie 等。Urllib 模块提供了一个为网络资源访问的简单易懂的 API 接口，还包括一些函数方法，用于对参数编码、下载网页文件等操作。这个模块的使用门槛非常低，初期者也可以尝试去抓取和读取或者保存网络资源。

在 Python 3 中，Urllib 库由 urllib.request、urllib.error、urllib.parse 和 urllib.robotparser 四个部分组成。其中 urllib.request 库主要用于打开和读取 URL，urllib.parse 库主要用于解析 URL。下面的例子中我们将结合使用这两个库，以说明 Urllib 库的使用方法。

2. Urllib 库的基本使用

网页抓取是怎么实现的呢？其实就是根据 URL 来获取它的网页信息，虽然我们在浏览器中看到的是一幅幅优美的画面，但是其实是由浏览器解释才呈现出来的，实质它是一段网页代码，主要包含 HTML、JS 和 CSS 代码。如果把网页比作一个人，那么 HTML 便是他的骨架，JS 便是他的肌肉，CSS 便是它的衣服。所以最重要的部分是存在于 HTML 中的，而利用 Urllib 库可以轻松地抓取一个网页，具体代码如下：

```
>>> import urllib.request
>>> response = urllib.request.urlopen("http://www.baidu.com")
>>> print response.read()
```

将以上代码保存成 demo.py，进入该文件的目录，执行如下命令查看运行结果。运行代码如下：

```
>>> python demo.py
```

运行结果如图 12-1 所示。

```
est(BAIDUID)){FG=RegExp.$1}if(/SL=(\d+)/.test(BAIDUID)){SL=RegExp.$1}if(/NR=(\d+
)/.test(BAIDUID)){NR=RegExp.$1}if(options.hasOwnProperty("resultNum")){NR=option
s.resultNum}if(options.hasOwnProperty("resultLang")){SL=options.resultLang}Cooki
e.set("BAIDUID",BAIDUID.replace(/:.*$/,"")+(typeof SL!="undefined"?":SL:"+SL:"")
+(typeof NR!="undefined"?":NR="+NR:"")+(typeof FG!="undefined"?":FG="+FG:"")),".b
aidu.com","/",expire30y,true)}function clearCookie(name){Cookie.clear(name,"/");
Cookie.clear(name,"/",document.domain);Cookie.clear(name,"/","."+document.domain
);Cookie.clear(name,"/",".baidu.com")}function reset(callback){options=defaultOp
tions;save(callback)}window.UPS={writeBAIDUID:writeBAIDUID,reset:reset,get:get,s
et:set,save:save}})();(function(){var b="http://s1.bdstatic.com/r/www/cache/stat
ic/plugins/every_cookie_aa168cb4.js";if((navigator.platform=="Mac68K")||(navigat
or.platform=="MacPPC")||(navigator.platform=="Macintosh")||(navigator.platform==
"MacIntel")){b="http://s1.bdstatic.com/r/www/cache/static/plugins/every_cookie_m
ac_92a532a1.js"
}setTimeout(function(){$.ajax({url:b,cache:true,dataType:"script"})},0);var d=(n
avigator&&navigator.userAgent?navigator.userAgent:"";var c=(document&&document.
cookie)?document.cookie:"";var a=!!(d.match(/(msie [2-8])/i)||(d.match(/windows.
*safari/i)&&!d.match(/chrome/i))||d.match(/(linux.*firefox)/i)||d.match(/Chrome\
/29/i)||d.match(/mac os x.*firefox/i)||c.match(/\bISSW=1/)||UPS.get("isSwitch")=
=0);if(bds&&bds.comm){bds.comm.supportis=!a;bds.comm.isui=true}window.__restart_
confirm_timeout=true;window.__confirm_timeout=8000;window.__disable_is_guide=tru
e;window.__disable_swap_to_empty=true;window.__switch_add_mask=true;document.wri
te("<script src='http://s1.bdstatic.com/r/www/cache/static/global/js/all_async_s
earch_943af6d6.js'><\/script>");if(bds.comm.newindex){$(window).on("index_off",f
unction(){$('<div class="c-tips-container" id="c-tips-container"></div>').insert
After("#wrapper");if(window.__sample_dynamic_tab){$("#s_tab").remove()}})}if(!d.
match(/(msie 6)/i)){$(function(){setTimeout(function(){$.ajax({url:"http://s1.bd
static.com/r/www/cache/static/baiduia/baiduia_b45d552b.js",cache:true,dataType:"
script"})
},0)})}if(bds.comm&&bds.comm.ishome&&Cookie.get("H_PS_PSSID")){bds.comm.indexSid
=Cookie.get("H_PS_PSSID")})();</script><script>if(bds.comm.supportis){window.__
restart_confirm_timeout=true;window.__confirm_timeout=8000;window.__disable_is_g
uide=true;window.__disable_swap_to_empty=true}initPreload({'isui':true,'index_f
orm':"#form",'index_kw':"#kw",'result_form':"#form",'result_kw':"#kw"});</script
><script>if(navigator.cookieEnabled){document.cookie="NOJS=;expires=Sat, 01 Jan
```

图 12-1　运行结果

图 12-1 所示内容就是从百度首页抓取的网页源码，读者也可以尝试抓取其他网页的源码。读者会发现代码非常的简单，下面具体来分析代码。

```
>>> response = urllib.request.urlopen(http://www.baidu.com)
```

这一行代码表示，首先调用 urllib.request 库里面的 urlopen 方法，传入一个 URL，这个网址是百度首页，协议是 HTTP 协议，当然也可以把 HTTP 换做 FTP、FILE、HTTPS 等等，只是代表了一种访问控制协议。urlopen 一般接受三个参数，它的参数如下：

```
>>> urlopen(url, data, timeout)
```

其中，第一个参数 url 即为 URL，第二个参数 data 是访问 URL 时要传送的数据，第三个参数 timeout 是设置超时时间。第二、第三个参数是可以不传送的，data 默认为空 None，timeout 默认为 socket.GLOBAL_DEFAULT_TIMEOUT。第一个参数 url 是必须要传送的，在这个例子里面我们传送了百度的 URL，执行 urlopen 方法之后，返回一个 response 对象，返回信息便保存在这里面。接下来分析第二句代码。

```
>>> print response.read()
```

response 对象有一个 read 方法，可以返回获取到的网页内容。read()方法打印出 response 对象中的具体内容。若不加 read()方法，打印出的是 response 对象的描述，而不是具体的内容。

3. POST 和 GET

上面的程序演示了最基本的网页抓取，不过，现在大多数网站都是动态网页，需要用户动态地传递参数到服务器，服务器做出对应的响应。所以在访问时，用户需要传递数据给服务器。最常见的情况就是登录注册的时候，进行参数的传递。把用户名和密码传送到一个 URL，然后用户得到服务器处理之后的响应，完成这个操作的方法有两种请求方式——POST 和 GET。两种方式有什么区别呢？

从使用表象上来看，GET 请求的数据会附在 URL 之后（就是把数据放置在 HTTP 协议头中，因为 URL 位于协议头中），以?分割 URL 和传输数据，参数之间以&相连，如果数据是英文字母/数字，原样发送；如果是空格，转换为+；如果是中文/其他字符，则直接对字符串进行加密。而 POST 则把提交的数据放置在 HTTP 包的包体中，因此用户无法在网址上看到传送的数据。

另外，GET 方式提交的数据长度与浏览器的要求有关，例如 IE 对 URL 长度的限制是 2083 字节（2K+35）。对于其他浏览器，如 Netscape、FireFox 等，理论上没有长度限制，其限制取决于操作系统的支持。POST 是没有大小限制的，HTTP 协议规范也没有进行大小限制，起限制作用的是服务器处理程序的处理能力。

下面演示利用 POST 模拟登录 CSDN 网站，具体代码如下。当然光使用这段代码很可能无法登录，因为还要做一些设置头部 header 的工作，或者还有一些参数没有设置全。有兴趣的读者可以继续在此基础上进行完善，此处我们仅仅为了说明登录原理。

```
>>> import urllib.request
>>> import urllib.parse
>>> values =
    {"username":"account@example.com","password":"XXXX"}
>>> data = urllib.parse.urlencode(values)
>>> url="https://passport.csdn.net/account/login?from=
http://my.csdn.net/my/mycsdn"
>>> request = urllib.request.Request(url,data)
>>> response = urllib.request.urlopen(request)
>>> print(response.read())
```

我们需要定义一个字典，名字为 values，参数设置了 username 和 password。下面利用 urllib 的 urlencode 方法将字典编码，命名为 data，构建 request 时传入两个参数，url 和 data，运行程序，即可实现登录，返回的便是登录后呈现的页面内容。当然读者可以自己搭建一个服务器来测试一下。

注意上面字典的定义方式还有一种，即下面的写法是等价的：

```
>>> import urllib.request
>>> import urllib.parse
>>> values = {}
>>> values['username'] = "1016903103@qq.com"
>>> values['password'] = "XXXX"
>>> data = urllib.parse.urlencode(values)
>>> url="https://passport.csdn.net/account/login?from=
http://my.csdn.net/my/mycsdn"
>>> request = urllib.request.Request(url,data)
>>> response = urllib.request.urlopen(request)
>>> print(response.read())
```

以上方法实现了 POST 方式的传送。

至于 GET 方式我们可以直接把参数写到网址上面，直接构建一个带参数的 URL 出来即可。参考代码如下：

```
>>> import urllib.request
>>> import urllib.parse
>>> values = {}
```

```
>>> values['username'] = "1016903103@qq.com"
>>> values['password'] = "XXXX"
>>> data = urllib.parse.urlencode(values)
>>> url="https://passport.csdn.net/account/login?from=
http://my.csdn.net/my/mycsdn"
>>> request = urllib.request.Request(url+ data)
>>> response = urllib.request.urlopen(request)
>>> print(response.read())
```

读者可以使用 print geturl，打印输出一下 URL，发现其实就是原来的 URL 加上"？"，然后附加编码后的参数。在此仅仅演示 GET 方式登录的结果，如图 12-2 所示。

```
[GCC 4.2.1 (Apple Inc. build 5666) (dot 3)] on darwin
Type "copyright", "credits" or "license()" for more information.
>>> WARNING: The version of Tcl/Tk (8.5.9) in use may be unstable.
Visit http://www.python.org/download/mac/tcltk/ for current information.

================== RESTART: /Users/apple/Documents/csdn.py ==================




<html>

  <head>

    <meta charset="utf-8" />

    <meta http-equiv="X-UA-Compatible" content="IE=edge"/>

    <meta property="qc:admins" content="24530273213633466654" />

    <meta name="viewport" content="width=device-width, initial-scale=1.0"/>

    <title>账号登录</title>




    <link type="text/css" rel="stylesheet" href="/css/bootstrap.css;jsessionid=E
A37F1670F21F4C8D4F6D55EF8AC10E1.tomcat2" />

    <link type="text/css" rel="stylesheet" href="/css/login.css;jsessionid=EA37F
1670F21F4C8D4F6D55EF8AC10E1.tomcat2" />

    <link type="text/css" rel="stylesheet" href="/css/weixinqr.css;jsessionid=EA
27E1670E21E4C8D4E6D55EE8AC10E1 tomcat2" />
                                                                 Ln: 117 Col: 4
```

图 12-2　输出结果

将完整的 HTML 代码保存成 html 文件，在浏览器中打开，就可以看见服务器返回的网页。

4. Urllib 库的高级用法

这里要介绍的 Urllib 库的高级用法主要包括 Headers 设置、Proxy（代理）的设置、Timeout 设置等。

● 设置 Header：有些网站不会同意程序直接用上面的方式进行访问，如果识别有问题，那么站点根本不会响应，所以为了完全模拟浏览器的工作，我们需要设置一些 Headers 的属性。

首先，打开我们的浏览器（建议用 Firefox 或者 Chrome）的网络监听功能，示例如下。

比如"知乎"，单击"登录"之后，我们会发现登录之后界面都变化了，出现一个新的界面，实质上这个页面包含了许许多多的内容，这些内容也不是一次性就加载完成的，而是执行了多次请求。一般是首先请求 HTML 文件，然后加载 JS、CSS 等，经过多次请求之后，网页的骨架和肌肉全了，整个网页的效果也就出来了。读者可以分别查看 Header 和 Response，分别如图 12-3 和图 12-4 所示。

图 12-3　查看 Header

图 12-4　查看 Response

读者可以看到，网页信息有个 Request URL，还有 headers，这里面包含了非常多的信息，其中，agent 就是请求的身份，如果没有写入请求身份，那么服务器不一定会响应，所以可以在 Headers 中设 agent。例如下面的例子，这个例子只是说明了怎样设置 Headers。读者可以参考其设置格式。

```
>>> import urllib.request
>>> import urllib.parse
>>> url = 'http://www.server.com/login'
>>> user_agent = 'Mozilla/4.0 (compatible; MSIE 5.5; Windows NT)'
>>> values = {'username' : 'cqc', 'password' : 'XXXX' }
>>> headers = { 'User-Agent' : user_agent }
>>> data = urllib.parse.urlencode(values)
>>> request = urllib.request.Request(url, data, headers)
>>> response = urllib.request.urlopen(request)
>>> page = response.read()
```

这里，首先设置了一个 Headers，在构建 request 时传入，在请求时，就加入了 Headers 传送，服务器若识别了是浏览器发来的请求，就会得到响应。Headers 还有另外一些属性，在此不再赘述，有兴趣的读者可以进行深入学习。

- Proxy（代理）的设置：Urllib 默认会使用环境变量 http_proxy 来设置 HTTP Proxy。有些网站会检测某一段时间某个 IP 的访问次数，如果访问次数过多，它会禁止该 IP 的访问。所以这里可以设置一些代理服务器来帮助你做工作，每隔一段时间换一个代理。使用以下代码可以实现代理的设置。

```
>>> import urllib.request
>>> enable_proxy = True
>>> proxy_handler = urllib.request.ProxyHandler({"http" :
    'http://some-proxy.com:8080'})
>>> null_proxy_handler = urllib.request.ProxyHandler({})
>>> if enable_proxy:
>>>     opener = urllib.request.build_opener(proxy_handler)
>>> else:
>>>     opener = urllib.request.build_opener(null_proxy_handler)
>>> urllib.requst.install_opener(opener)
```

- Timeout 设置：urlopen 方法的第三个参数是 timeout，可以设置超时时间，以解决一些网站响应过慢而造成的影响。如果第二个参数 data 为空那么要特别指定 timeout 是多少，写明形参；如果 data 已经传入，则不必声明。声明代码如下。

```
>>> import urllib.requst
>>> response = urllib.requst.urlopen('http://www.baidu.com',
timeout=10)
```

- HTTP 的 put 和 delete 方法：HTTP 协议有六种请求方法——get，head，put，delete，post，options，我们有时候需要用到 put 方式或者 delete 方式请求，put 方法比较少见，HTML 表单也不支持这个。本质上来讲，put 和 post 极为相似，都是向服务器发送数据，但它们之间有一个重要区别，put 通常指定了资源的存放位置，而 post 则没有，post 的数据存放位置由服务器自己决定。delete 删除某一个资源，这个也很少见，不过还是有一些地方在用，比如 amazon 的 S3 云服务里面就用这个方法来删除资源。如果要使用 HTTP 的 put 和 delete 方法，只能使用比较低层的 httplib 库。虽然如此，我们还是能通过下面的方式，使 Urllib 能够发出 put 或 delete 的请求，具体如下。

```
>>> import urllib.request
>>> request = urllib.request.Request(uri, data=data)
>>> request.get_method = lambda: 'PUT' # or 'DELETE'
>>> response = urllib.request.urlopen(request)
```

12.1.3 Cookie

在学习 Cookie 之前，先介绍一下 opener 的概念。当获取一个 URL 时，用户需要使用一个 opener（一个 urllib.request.OpenerDirector 的实例）。在前面，我们都是使用的默认的 opener，也就是 urlopen。它是一个特殊的 opener，可以理解成 opener 的一个特殊实例，传入的参数仅仅是 url、data、timeout。如果我们需要用到 Cookie，只用这个 opener 是不能达到目的的，所以我们需要创建更一般的 opener 来实现对 Cookie 的设置。

那么什么是 Cookie 呢？ Cookie，指某些网站为了辨别用户身份，进行会话（session）跟踪而储存在用户本地终端上的数据（通常经过加密）。比如说有些网站需要登录后才能访问某个页面。在登录之前，你想抓取某个页面内容是不允许的，那么我们可以利用 Urllib 库保存我们登录的

Cookie，然后再抓取其他页面，就达到目的了。cookielib 模块的主要作用是提供可存储 cookie 的对象，以便于与 urllib 模块配合使用来访问 Internet 资源。cookielib 模块非常强大，我们可以利用本模块的 CookieJar 类的对象来捕获 Cookie 并在后续连接请求时重新发送，比如实现模拟登录功能。该模块主要的对象有 CookieJar、FileCookieJar、MozillaCookieJar、LWPCookieJar。它们的关系为：CookieJar 派生 FileCookieJar，FileCookieJar 派生 MozillaCookieJar 和 LWPCookieJar。

接下来，读者就可以获取 Cookie 保存到变量中。首先，我们先利用 CookieJar 对象实现获取 Cookie 的功能，存储到变量中。

```
>>> import urllib.request
>>> import cookielib
    #声明一个 CookieJar 对象实例来保存 Cookie
>>> cookie = cookielib.CookieJar()
    #利用 urllib.request 库的 HTTPCookieProcessor 对象创建 cookie 处理器
>>> handler=urllib.request.HTTPCookieProcessor(cookie)
    #通过 handler 来构建 opener
>>> opener = urllib.request.build_opener(handler)
    #此处的 open 方法同 urllib 的 urlopen 方法，也可以传入 request
>>> response = opener.open('http://www.baidu.com')
>>> for item in cookie:
>>> print('Name = '+item.name)
>>> print('Value = '+item.value)
```

在上面的方法中，我们将 Cookie 保存到了 cookie 这个变量中，如果我们想将 Cookie 保存到文件中该怎么做呢？这时，我们就要用到 FileCookieJar 这个对象了，在这里我们使用它的子类 MozillaCookieJar 来实现 Cookie 的保存。代码如下。

```
>>> import cookielib
>>> import urllib.request
    #设置保存 Cookie 的文件，同级目录下的 cookie.txt
>>> filename = 'cookie.txt'
    #声明一个 MozillaCookieJar 对象实例来保存 Cookie，之后写入文件
>>> cookie = cookielib.MozillaCookieJar(filename)
    #利用 urllib.request 库的 HTTPCookieProcessor 来创建 cookie 处理器
>>> handler = urllib.request.HTTPCookieProcessor(cookie)
    #通过 handler 来构建 opener
>>> opener = urllib.request.build_opener(handler)
    #创建一个请求，原理同 urllib 的 urlopen
>>> response = opener.open("http://www.baidu.com")
    #保存 Cookie 到文件
>>> cookie.save(ignore_discard=True, ignore_expires=True)
```

保存好之后，要如何使用呢？我们就可以从文件中读取 Cookie 信息并访问相应网站，具体代码如下。

```
>>> import cookielib
>>> import urllib.request
    #创建 MozillaCookieJar 实例对象
>>> cookie = cookielib.MozillaCookieJar()
    #从文件中读取 Cookie 内容到变量
>>> cookie.load('cookie.txt', ignore_discard=True,
ignore_expires=True)
```

```
    #创建请求的 request
>>> req = urllib.request.Request("http://www.baidu.com")
    #利用urllib.request 的build_opener 方法创建一个opener
>>> opener = urllib.request.build_opener
(urllib.request.HTTPCookieProcessor(cookie))
>>> response = opener.open(req)
>>> print response.read()
```

12.1.4　正则表达式

1. 爬虫为何需要正则表达式

在前面章节讲过，正则表达式是用来匹配字符串的非常强大的工具。在爬虫抓取网页信息时，并不是所有信息都是需要的。这时就需要使用正则表达式来过滤信息，进行需要信息的匹配。Python 同样不例外，利用正则表达式，我们想要从返回的页面内容提取出我们想要的内容就易如反掌了。

下面是对正则表达式常用语法与使用技巧的总结。学习了这些内容，有助于我们更好地理解本节最后的爬虫综合实例。

2. Python 中的正则表达式语法

正则表达式的大致匹配过程是：依次拿表达式和文本中的字符比较，如果每一个字符都能匹配，则匹配成功；一旦有匹配不成功的字符则匹配失败。如果表达式中有量词或边界，这个过程会稍微有一些不同，但也是很好理解的，看表 12-1 中的示例以及自己多使用几次就能明白。

表 12-1　　　　　　　　　　　　　　　　正则表达式语法

语　　法	说　　明	表达式实例	完整匹配的字符串
字　符			
一般字符	匹配自身	abc	abc
.	匹配任意除换行符 "\n" 外的字符。 在 DOTALL 模式中也能匹配换行符	a.c	abc
\	转义字符，使后一个字符改变原来的意思。 如果字符串中有字符*需要匹配，可以使用*或者字符集[*]	a\\.c a\\\\c	a.c a\c
[...]	字符集（字符类）。对应的位置可以是字符集中任意字符。字符集中的字符可以逐个列出，也可以给出范围，如[abc]或[a-c]。第一个字符如果是^则表示取反，如[^abc]表示不是 abc 的其他字符。 所有的特殊字符在字符集中都失去其原有的特殊含义。在字符集中如果要使用]、-或^，可以在前面加上反斜杠，或把]、-放在第一个字符，把^放在非第一个字符	a[bcd]e	abe ace ade
预定义字符集（可以写在字符集[...]中）			
\d	数字：[0-9]	a\dc	a1c
\D	非数字：[^\d]	a\Dc	abc
\s	空白字符：[<空格>\t\r\n\f\v]	a\sc	a c
\S	非空白字符：[^\s]	a\Sc	abc
\w	单词字符：[A-Za-z0-9_]	a\wc	abc

289

语　法	说　明	表达式实例	完整匹配的字符串
\W	非单词字符：[^\W]	a\Wc	a c
数量词（用在字符或（…）之后）			
*	匹配前一个字符 0 次或无限次	abc*	ab abccc
+	匹配前一个字符 1 次或无限次	abc+	abc abccc
?	匹配前一个字符 0 次或 1 次	abc?	ab abc
{m}	匹配前一个字符 m 次	ab{2}c	abbc
{m,n}	匹配前一个字符 m 至 n 次。 m 和 n 可以省略：若省略 m，则匹配 0 至 n 次；若省略 n，则匹配 m 至无限次	ab{1,2}c	abc abbc
*?+??? {m,n}?	使* + ?{m,n}变成非贪婪模式	示例将在下文中介绍	
边界匹配（不消耗待匹配字符串中的字符）			
^	匹配字符串开头。 在多行模式中匹配每一行的开头	^abc	abc
$	匹配字符串末尾。 在多行模式中匹配每一行的末尾	abc$	abc
\A	仅匹配字符串开头	\Aabc	abc
\Z	仅匹配字符串末尾	abc\Z	abc
\b	匹配\w 和\W 之间	a\b!bc	a!bc
\B	[^\b]	a\Bbc	abc
逻辑、分组			
|	|代表左右表达式任意匹配一个。 它总是先尝试匹配左边的表达式，一旦成功匹配则跳过匹配右边的表达式。 如果|没有被包括在()中，则它的范围是整个正则表达式	abc|def	abc def
(…)	被括起来的表达式将作为分组，从表达式左边开始每遇到一个分组的左括号"("，编号+1。 另外，分组表达式作为一个整体，可以后接数量词。表达式中的|仅在该组中有效	(abc){2} a(123|456)c	abcabc a456c
(?P<name>…)	分组，除了原有的编号外再指定一个额外的别名	(?P<id>abc){2}	abcabc
\<number>	引用编号为<number>的分组匹配到的字符串	(\d)abc\1	1abc1 5abc5
(?P=name)	引用别名为<name>的分组匹配到的字符串	(?P<id>\d)abc(?P=id)	1abc1 5abc5
特殊构造（不作为分组）			
(?:…)	(…)的不分组版本，用于使用|或后接数量词	(?:abc){2}	abcabc

续表

语　法	说　明	表达式实例	完整匹配的字符串
(?iLmsux)	iLmsux 的每个字符代表一个匹配模式, 只能用在正则表达式的开头, 可选多个。匹配模式将在下文中介绍	(?!)abc	AbC
(?#⋯)	#后的内容将作为注释被忽略	abc(?#comment) 123	abc123
(?=⋯)	之后的字符串内容需要匹配表达式才能成功匹配 不消耗字符串内容	a(?=\d)	后面是数字的a
(?!⋯)	之后的字符串内容需要不匹配表达式才能成功匹配 不消耗字符串内容	a(?!\d)	后面不是数字的a
(?<=⋯)	之前的字符串内容需要匹配表达式才能成功匹配 不消耗字符串内容	(?<=\d)a	前面是数字的a
(?<!⋯)	之前的字符串内容需要不匹配表达式才能成功匹配 不消耗字符串内容	(?<!\d)a	前面不是数字的a
(?(id/name) yes-pattern |no-pattern)	如果编号为 id/别名为 name 的组匹配到字符, 则需要匹配 yes-pattern, 否则需要匹配 no-pattern |no-pattern 可以省略	(\d)abc(?(1)\ d|abc)	1abc2 abcabc

3. 数量词的贪婪模式与非贪婪模式

正则表达式通常用于在文本中查找匹配的字符串。Python 里数量词默认是贪婪的（在少数语言里也可能是默认非贪婪），总是尝试匹配尽可能多的字符；非贪婪的则相反，总是尝试匹配尽可能少的字符。例如：正则表达式 ab，如果用于查找 abbbc，将找到 abbb。而如果使用非贪婪的数量词 ab?，将找到 a。

4. 反斜杠问题

与大多数编程语言相同，正则表达式里使用 "\" 作为转义字符，这就可能造成反斜杠困扰。假如你需要匹配文本中的字符 "\",那么使用编程语言表示的正则表达式里将需要 4 个反斜杠 "\\"：前两个和后两个分别用于在编程语言里转义成反斜杠，转换成两个反斜杠后再在正则表达式里转义成一个反斜杠。

Python 里的原生字符串很好地解决了这个问题，这个例子中的正则表达式可以使用 r"\" 表示。同样，匹配一个数字的 "\d" 可以写成 r"\d"。

5. Python re 模块

Python 自带了 re 模块，它提供了对正则表达式的支持。主要用到的方法如下。

```
#返回 pattern 对象
>>> re.compile(string[,flag])
#以下为匹配所用函数
>>> re.match(pattern, string[, flags])
>>> re.search(pattern, string[, flags])
>>> re.split(pattern, string[, maxsplit])
>>> re.findall(pattern, string[, flags])
>>> re.finditer(pattern, string[, flags])
>>> re.sub(pattern, repl, string[, count])
>>> re.subn(pattern, repl, string[, count])
```

下面着重讲解匹配方法 re.match，这个方法将会从 string（我们要匹配的字符串）的开头开始，尝试匹配 pattern，一直向后匹配，如果遇到无法匹配的字符，立即返回 None，如果匹配还未成功就已经到达 string 的末尾，也会返回 None。两个结果均表示匹配失败，否则匹配 pattern 成功，同时匹配终止，不再对 string 向后匹配。例如：

```
#导入 re 模块
>>> import re
#将正则表达式编译成 Pattern 对象，注意 hello 前面的 r 的意思是"原生字符串"
>>> pattern = re.compile(r'hello')
#使用 re.match 匹配文本，获得匹配结果，无法匹配时将返回 None
>>> result1 = re.match(pattern,'hello')
>>> result2 = re.match(pattern,'helloo CQUPT!')
>>> result3 = re.match(pattern,'helo CQUPT!')
>>> result4 = re.match(pattern,'hello CQUPT!')
#如果 1 匹配成功
>>> if result1:
#使用 Match 获得分组信息
        print(result1.group())
>>> else:
print('1 匹配失败! ')
#如果 2 匹配成功
>>> if result2:
#使用 Match 获得分组信息
Print(result2.group())
>>> else:
Print('2 匹配失败! ')
#如果 3 匹配成功
>>> if result3:
#使用 Match 获得分组信息
Print(result3.group())
>>> else:
Print('3 匹配失败! ')
#如果 4 匹配成功
>>> if result4:
#使用 Match 获得分组信息
Print(result4.group())
>>> else:
Print('4 匹配失败! ')
```

最终运行结果如下：

```
>>> hello
>>> hello
>>> 3 匹配失败!
>>> hello
```

匹配结果分析。

第一个匹配，pattern 正则表达式为'hello'，我们匹配的目标字符串 string 也为 hello，从头至尾完全匹配，匹配成功；

第二个匹配，string 为 helloo CQUPT，从 string 头开始匹配 pattern 完全可以匹配，pattern 匹

配结束，同时匹配终止，后面的"o"CQUPT 不再匹配，返回匹配成功的信息；

第三个匹配，string 为 helo CQUPT，从 string 头开始匹配 pattern，发现到"o"时无法完成匹配，匹配终止，返回 None；

第四个匹配，同第二个匹配原理，即使遇到了空格符也不会受影响。

要注意 Match 对象的属性和方法。Match 对象是一次匹配的结果，包含了很多关于此次匹配的信息，可以使用 Match 提供的可读属性或方法来获取这些信息。

（1）具体属性

● 　string

匹配时使用的文本。

● 　re

匹配时使用的 Pattern 对象。

● 　pos

文本中正则表达式开始搜索的索引，值与 Pattern.match() 和 Pattern.seach() 方法的同名参数相同。

● 　endpos

文本中正则表达式结束搜索的索引，值与 Pattern.match() 和 Pattern.seach() 方法的同名参数相同。

● 　lastindex

最后一个被捕获的分组在文本中的索引。如果没有被捕获的分组，将为 None。

● 　lastgroup

最后一个被捕获的分组的别名。如果这个分组没有别名或者没有被捕获的分组，将为 None。

（2）具体方法

● 　group([group1,…])

获得一个或多个分组截获的字符串；指定多个参数时将以元组形式返回。group1 可以使用编号也可以使用别名；编号 0 代表整个匹配的子串；不填写参数时，返回 group(0)；没有截获字符串的组返回 None；截获了多次的组返回最后一次截获的子串。

● 　groups([default])

以元组形式返回全部分组截获的字符串。相当于调用 group(1,2,…last)。default 表示没有截获字符串的组以这个值替代，默认为 None。

● 　groupdict([default])

返回以有别名的组的别名为键、以该组截获的子串为值的字典，没有别名的组不包含在内，default 含义同上。

● 　start([group])

返回指定的组截获的子串在 string 中的起始索引（子串第一个字符的索引），group 默认值为 0。

● 　end([group])

返回指定的组截获的子串在 string 中的结束索引（子串最后一个字符的索引+1），group 默认值为 0。

● 　span([group])

返回(start(group), end(group));。

● 　expand(template)

将匹配到的分组代入 template 中然后返回。template 中可以使用\id 或\g 引用分组，但不能使用编号 0。\id 与\g 是等价的，但\10 将被认为是第 10 个分组，如果你想表达\1 之后是字符'0'，只能使用\go。

re 模块还有其他几个主要的方法，接下来进行简单的介绍。

● re.search(pattern, string[, flags])

search 方法与 match 方法极其类似，区别在于 match() 函数只检测 re 是不是在 string 的开始位置匹配，search() 会扫描整个 string 查找匹配，match() 只有在 0 位置匹配成功的话才有返回，如果不是开始位置匹配成功的话，match() 就返回 None。同样，search 方法的返回对象的方法和属性与 match() 方法相同。下面用一个例子说明一下。

```
#导入 re 模块
>>> import re
#将正则表达式编译成 Pattern 对象
>>> pattern = re.compile(r'world')
#使用 search() 查找匹配的子串，不存在能匹配的子串时将返回 None
#这个例子中使用 match() 无法成功匹配
>>> match = re.search(pattern,'hello world!')
>>> if match:
#使用 Match 获得分组信息
print(match.group())
        ### 输出 ###
        #world
```

● re.split(pattern, string[, maxsplit])

按照能够匹配的子串将 string 分割后返回列表。maxsplit 用于指定最大分割次数，不指定将全部分割。下面用一个例子说明一下。

```
>>> import re
>>> pattern = re.compile(r'\d+')
>>> print(re.split(pattern,'one1two2three3four4'))
### 输出 ###
# ['one', 'two', 'three', 'four', '']
```

● re.findall(pattern, string[, flags])

搜索 string，以列表形式返回全部能匹配的子串。下面用一个例子说明一下。

```
>>> import re
>>> pattern = re.compile(r'\d+')
>>> print(re.findall(pattern,'one1two2three3four4'))
### 输出 ###
# ['1', '2', '3', '4']
```

● re.finditer(pattern, string[, flags])

搜索 string，返回一个顺序访问每一个匹配结果（Match 对象）的迭代器。下面用一个例子说明一下。

```
>>> import re
>>> pattern = re.compile(r'\d+')
>>> for m in re.finditer(pattern,'one1two2three3four4'):
>>> print(m.group())
### 输出 ###
# 1 2 3 4
```

● re.sub(pattern, repl, string[, count])

使用 repl 替换 string 中每一个匹配的子串后返回替换后的字符串。当 repl 是一个字符串时，可以使用\id 或\g 引用分组，但不能使用编号 0。当 repl 是一个方法时，这个方法应当只接受一个参数（Match 对象），并返回一个字符串用于替换（返回的字符串中不能再引用分组）。 count 用于指定最多替换次数，不指定时全部替换。下面用一个例子说明一下。

```
>>> import re
>>> pattern = re.compile(r'(\w+) (\w+)')
>>> s = 'i say, hello world!'
>>> print(re.sub(pattern,r'\2 \1', s))
>>> def func(m):
return m.group(1).title() + ' ' + m.group(2).title()
>>> print(re.sub(pattern,func, s))
### 输出 ###
# say i, world hello!
# I Say, Hello World!
```

● re.subn(pattern, repl, string[, count])

返回 (sub(repl, string[, count]), 替换次数)。下面用一个例子说明一下。

```
>>> import re
>>> pattern = re.compile(r'(\w+) (\w+)')
>>> s = 'i say, hello world!'
>>> print(re.subn(pattern,r'\2 \1', s))
>>> def func(m):
return m.group(1).title() + ' ' + m.group(2).title()
>>> print(re.subn(pattern,func, s))
### output ###
# ('say i, world hello!', 2)
# ('I Say, Hello World!', 2)
```

12.1.5　实例分析——百度贴吧抓取

1．URL 格式分析

首先，我们在贴吧找到一个关于 2014~2015 赛季 NBA50 大球星的盘点的帖子，地址是：http://tieba.baidu.com/p/3138733512?see_lz=1&pn=1。接下来分析一下这个地址，http://代表资源传输使用 http 协议，tieba.baidu.com 是百度的二级域名，指向百度贴吧的服务器，/p/3138733512 是服务器某个资源，即这个帖子的地址定位符，see_lz 和 pn 是该 URL 的两个参数，分别代表了只看楼主和帖子页码，等于 1 表示该条件为真。

所以我们可以把 URL 分为两部分，一部分为基础部分，一部分为参数部分（二者以"?"为界）。上面的 URL 我们划分基础部分是 http://tieba.baidu.com/p/3138733512，参数部分是?see_lz=1&pn=1。

2．页面抓取

熟悉了 URL 的格式，就可以利用 Urllib 库来试着抓取页面内容。定义一个类 BDTB（百度贴吧），然后声明两个类方法：一个初始化方法，一个获取页面的方法。

其中，有些帖子我们想指定给程序是否要只看楼主，所以我们把只看楼主的参数初始化放在类的初始化上，即 init 方法。另外，获取页面的方法需要一个参数用来表示帖子页码，所以这个参数的指定我们放在该方法中。

综上，我们初步构建出基础代码如下。

```
>>> import urllib.requst
>>> import urllib.error
>>> import re
#百度贴吧爬虫类
>>> class BDTB:
#初始化，传入基地址，是否只看楼主的参数
def __init__(self,baseUrl,seeLZ):
self.baseURL = baseUrl
self.seeLZ = '?see_lz='+str(seeLZ)
#传入页码，获取该页帖子的代码
def getPage(self,pageNum):
try:
url = self.baseURL+ self.seeLZ + '&pn=' + str(pageNum)
request = urllib.requst.Request(url)
response = urllib.request.urlopen(request)
print(response.read())
return response
excepturllib.error.URLError, e:
if hasattr(e,"reason"):
print(u"连接百度贴吧失败，错误原因",e.reason)
return None
        >>> baseURL = 'http://tieba.baidu.com/p/3138733512'
>>> bdtb = BDTB(baseURL,1)
>>> bdtb.getPage(1)
```

有了 HTML 代码后，我们就可以结合自己的需要提取相应的信息，这里我们举例说明如何提取帖子的标题。查看页面源代码，我们找到标题所在的代码段，可以发现这个标题的 HTML 代码如下。

```
<h1 class="core_title_txt  " title="纯原创我心中的 NBA2014-2015 赛季现役 50 大" style="width:
396px">纯原创我心中的 NBA2014-2015 赛季现役 50 大</h1>
```

根据字符串信息，构建正则表达式如下。

```
<h1 class="core_title_txt.*?>(.*?)</h1>
```

所以，我们增加一个获取页面标题的方法。

```
#获取帖子标题
>>> def getTitle(self):
page = self.getPage(1)
pattern = re.compile('<h1
class="core_title_txt.*?>(.*?)</h1>',re.S)
result = re.search(pattern,page)
if result:
print(result.group(1))                    #测试输出
return result.group(1).strip()
else:
return None
```

这里仅仅举一个小例子，读者可根据自己的需求编写正则表达式，进行信息的抓取。

12.2　数据处理

12.2.1　数据处理的基本概念

数据（Data）是对事实、概念或指令的一种表达形式，可由人工或自动化装置进行处理。数据经过解释并赋予一定的意义之后，便成为信息。数据处理（data processing）是对数据的采集、存储、检索、加工、变换和传输。数据处理的基本目的是从大量的、可能是杂乱无章的、难以理解的数据中抽取并推导出对于某些特定的人们来说是有价值、有意义的数据。

本节介绍如何使用 Python 进行数据处理。近些年来，Python 在开发以数据为中心的应用中被用得越来越多。使用 Python 进行数据处理主要用在以下 6 个方面。

● 导入和可视化数据。

● 数据分类。

● 使用回归分析和相关测量法发现数据之间的关系。

● 数据降维以压缩和可视化数据带来的信息。

● 分析结构化数据。

● 使用 Pandas（Python Data Analysis Library）。

以上 6 个方面的内容基于四个主要的 Python 数据分析和处理的类库——Numpy，Matplotlib，Sklearn 和 Networkx。

12.2.2　相关类库的介绍

1. Numpy 库

Numpy（Numerical Python 的简称）是高性能科学计算和数据分析的基础包。其部分功能如下。

● ndarray，一个具有矢量算数运算和复杂广播能力的快速且节省空间的多维数组。

● 用于对整组数据进行快速运算的标准数学函数（无需编写循环）。

● 用于读写磁盘数据的工具以及用于操作内存映射文件的工具。

● 线性代数、随机数生成以及傅里叶变换功能。

● 用于集成由 C、C++、Fortran 等语言编写的代码的工具。

2. Matplotlib 库

Matplotlib 是一个在 Python 下实现的类 matlib 的纯 Python 的第三方库，旨在用 Python 实现 matlab 的功能，是 Python 下最出色的绘图库，功能很完善。其风格跟 matlab 很相似，同时也继承了 Python 简单明了的风格，可以方便地设计和输出二维以及三维的数据。它提供了常规的笛卡尔坐标、极坐标、球坐标、三维坐标等，它所输出的图片质量也达到了科技论文中的印刷质量，对于日常的基本绘图更不在话下。

Matplotlib 对于图像美化支持较为完善，用户可以自定义线条的颜色和样式，在一张绘图纸上绘制多张小图，也可以在一张图上绘制多条线，方便数据的可视化和对比分析。

3. Sklearn 包

Sklearn（Scikit-Learn）包已经基本实现了所有常见的机器学习算法，包括逻辑回归、朴素贝叶斯、k 最近邻、决策树、支持向量机等。在我们的实践中直接拿来使用即可。

4. Networkx 包

Networkx 是一个用 Python 语言开发的图论与复杂网络建模工具，内置了常用的图与复杂网络分析算法，可以方便地进行复杂网络数据分析、仿真建模等工作。Networkx 支持创建简单无向图、有向图和多重图（multigraph）；内置许多标准的图论算法，节点可为任意数据；支持任意的边值维度，功能丰富，简单易用。

12.2.3 数据处理常用技术

1. 数据导入和可视化

通常，数据处理的第一步由获取数据和导入数据到我们的工作环境组成。我们可以使用以下的 Python 代码简单地下载数据：

```
import urllib2
url = 'http://aima.cs.berkeley.edu/data/iris.csv'
u = urllib2.urlopen(url)
localFile = open('iris.csv'', 'w')
localFile.write(u.read())
localFile.close()
```

在以上的代码片段中，我们使用了 urllib2 类库以获取伯克利大学网站的一个文件，并使用标准类库提供的 File 对象把它保存到本地磁盘。数据包含鸢尾花（iris）数据集，这是一个包含了三种鸢尾花（山鸢尾、维吉尼亚鸢尾和变色鸢尾）的各 50 个数据样本的多元数据集，每个样本都有 4 个特征（或者说变量），即花萼（sepal）和花瓣（petal）的长度及宽度，以厘米为单位。

数据集以 CSV（逗号分割值）的格式存储。CSV 文件可以很方便地转化并把其中的信息存储为适合的数据结构。此数据集有 5 列，前 4 列包含着特征值，最后一列代表着样本类型。CSV 文件很容易被 numpy 类库的 genfromtxt 方法解析。

```
from numpy import genfromtxt, zeros
#读前四列
data = genfromtxt('iris.csv',delimiter=',',usecols=(0,1,2,3))
#读第五列
target = genfromtxt('iris.csv',delimiter=',',usecols=(4),dtype=str)
```

在上面的例子中我们创建了一个包含特征值的矩阵以及一个包含样本类型的向量。我们可以通过查看我们加载的数据结构的 shape 值来确认数据集的大小：

```
print(data.shape)
(150, 4)
print(target.shape)
(150,)
```

我们也可以查看有多少种样本类型以及它们的名字：

```
print(set(target))   #建立一个独特的元素集合
set(['setosa', 'versicolor', 'virginica'])
```

当我们处理新数据的时候，一项很重要的任务是尝试去理解数据包含的信息以及它的组织结构。可视化可以灵活生动地展示数据，帮助我们深入理解数据。

使用 pylab 类库（matplotlib 的接口）的 plotting 方法可以建一个二维散点图，让我们在两个维度上分析数据集的两个特征值：

```
from pylab import plot, show
```

```
plot(data[target=='setosa',0],data[target=='setosa',2],'bo')
plot(data[target=='versicolor',0],data[target=='versicolor',2],'ro')
plot(data[target=='virginica',0],data[target=='virginica',2],'go')
show()
```

上面那段代码使用第一和第三维度（花萼的长和宽），结果如图 12-5 所示。

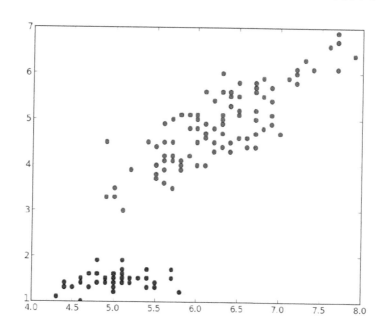

图 12-5　二维散点图在两个维度上分析数据集的两个特征值

在图 12-5 中有 150 个点，不同位置上的点代表不同的类型；左下方的点代表山鸢尾，中间的点代表变色鸢尾，右上方的点代表维吉尼亚鸢尾。

另一种常用的查看数据的方法是分特性绘制直方图。在本例中，既然数据被分为三类，我们就可以比较每一类的分布特征。下面这个代码可以绘制数据中每一类型的第一个特性（花萼的长度）：

```
from pylab import figure, subplot, hist, xlim, show
xmin = min(data[:,0])
xmax = max(data[:,0])
figure()
subplot(411) #山鸢尾的分布
hist(data[target=='setosa',0],color='b',alpha=.7)
xlim(xmin,xmax)
subplot(412) #变色鸢尾的分布
hist(data[target=='versicolor',0],color='r',alpha=.7)
xlim(xmin,xmax)
subplot(413) #维吉尼亚鸢尾的分布
hist(data[target=='virginica',0],color='g',alpha=.7)
xlim(xmin,xmax)
subplot(414) #全局的直方图
hist(data[:,0],color='y',alpha=.7)
xlim(xmin,xmax)
```

```
show()
```

结果如图 12-6 所示。

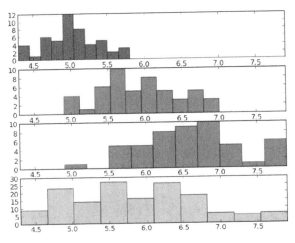

图 12-6　根据花萼长度绘制直方图

按照图 12-6 的直方图，我们可以根据数据类型区分理解数据的特征。例如，我们可以观察到，山鸢尾的平均花萼长度小于维吉尼亚鸢尾。

2. 分类

分类是一个数据挖掘方法，用于把一个数据集中的样本数据分配给各个目标类。实现这个方法的模块叫作分类器。使用分类器需要以下两步：训练和分类。训练是指采集已知其特定类归属的数据并基于这些数据创建分类器。分类是指使用这些已知数据建立的分类器来处理未知的数据，以判断未知数据的分类情况。

sklearn 类库包含很多分类器的实现，这里我们将会使用高斯朴素贝叶斯来分析在前面载入的鸢尾花数据，包含山鸢尾、变色鸢尾和维吉尼亚鸢尾。最后我们把字符串数组转型成整型数据：

```
t = zeros(len(target))
t[target == 'setosa'] = 1
t[target == 'versicolor'] = 2
t[target == 'virginica'] = 3
```

现在我们已经做好了实例化和训练分类器的准备。

```
from sklearn.naive_bayes import GaussianNB
classifier = GaussianNB()
classifier.fit(data,t)          #训练鸢尾花数据集
```

分类器可以由 predict 方法完成，并且只要输出一个样例就可以很简单地检测：

```
print(classifier.predict(data[0]))
[ 1.]
print(t[0])
1
```

上例中，predicted 类包含了一个正确的样本（山鸢尾），但是在广泛的样本上评估分类器并且使用非训练环节的数据测试是很重要的。最终我们通过从源数据集中随机抽取样本把数据分为训练集和测试集。我们将会使用训练集的数据来训练分类器，并使用测试集的数据来测试分类器。

train_test_split 方法正是用来实现此功能的：

```
from sklearn import cross_validation
train, test, t_train, t_test = cross_validation.train_test_split(data, t, …
test_size=0.4, random_state=0)
```

数据集被一分为二，测试集被指定为源数据的 40%（命名为 test_size），我们用它反复训练我们的分类器并输出精确度。

```
classifier.fit(train,t_train)                    #训练
print(classifier.score(test,t_test))             #测试
0.93333333333333335
```

在此例中，我们的精确度约为 93%。一个分类器的精确度是通过正确分类样本的数量除以总样本的数量得出的。也就是说，它意味着我们正确预测的比例。

另一个估计分类器表现的工具叫作混淆矩阵。在此矩阵中每列代表一个预测类的实例，每行代表一个实际类的实例。使用它可以很容易地计算和打印矩阵。

```
from sklearn.metrics import confusion_matrix
print(confusion_matrix(classifier.predict(test),t_test))
[[16  0   0]
 [ 0  23  3]
 [ 0  0  18]]
```

在这个混淆矩阵中我们可以看到所有山鸢尾和维吉尼亚鸢尾都被正确地分类了，但是实际上应该是 26 个的变色鸢尾，系统却预测其中三个是维吉尼亚鸢尾。如果我们牢记所有正确的猜测都在表格的对角线上，那么观测表格的错误就很容易了，即对角线以外的非零值。

可以展示分类器性能的完整报告的方法也是很好用的。

```
from sklearn.metrics import classification_report
print(classification_report(classifier.predict(test), t_test, target_names=['setosa',
'versicolor', 'virginica']))
```

	precision	recall	f1-score	support
setosa	1.00	1.00	1.00	16
versicolor	1.00	0.85	0.92	27
virginica	0.81	1.00	0.89	17
avg / total	0.95	0.93	0.93	60

以下是该报告使用到的方法总结。

- precision：正确预测的比例。
- recall（或者叫真阳性率）：正确识别的比例。
- f1-Score：precision 和 recall 的调和平均数。

以上仅仅只是给出用于支撑测试分类的数据量。当然，分割数据、减少用于训练的样本数以及评估结果等操作都依赖于配对的训练集和测试集的随机选择。如果要切实评估一个分类器并与其他的分类器做比较的话，我们需要使用一个更加精确的评估模型，例如交叉验证（Cross Validation）。该模型背后的思想很简单：多次将数据分为不同的训练集和测试集，最终分类器评估选取多次预测的平均值。sklearn 为我们提供了运行模型的方法。

```
from sklearn.cross_validation import cross_val_score
#6次迭代进行交叉验证
scores = cross_val_score(classifier, data, t, cv=6)
print(scores)
```

```
[ 0.84  0.96  1.    1.    1.    0.96]
```

如上所见，输出是每次模型迭代产生的精确度的数组。我们可以很容易地计算出平均精确度。

```
from numpy import mean
print(mean(scores))
0.96
```

3. 聚类

分类是事先定义好类别（标签），类别数不变。分类器需要由人工标注的分类训练语料训练得到，属于有监督数据分析范畴。通常我们的数据上不会有标签告诉我们它的样本类型，我们需要分析数据，把数据按照它们的相似度标准分成不同的群组（或者群集，指的是相似样本的集合），这个过程被称为聚类。这种分析被称为无监督数据分析。最著名的聚类工具之一叫作 k-means 算法，如下所示：

```
from sklearn.cluster import KMeans
kmeans = KMeans(k=3, init='random')         #初始化
kmeans.fit(data)                            #实际执行
```

上述片段运行 k-means 算法并把数据分为三个群集（参数 k 所指定的）。现在我们可以使用模型把每一个样本分配到三个群集中：

```
c = kmeans.predict(data)
```

我们可以估计群集的结果，与使用完整性得分和同质性得分计算而得的标签做比较：

```
from sklearn.metrics import completeness_score, homogeneity_score
print(completeness_score(t,c))
0.7649861514489815
print(homogeneity_score(t,c))
0.7514854021988338
```

当大部分数据点属于一个给定的类并且属于同一个群集，那么完整性得分就趋向于 1。当所有群集都几乎只包含某个单一类的数据点时同质性得分就趋向于 1。

我们可以把群集和真实的标签做可视化比较。

```
figure()
subplot(211)  #顶图包含实际类
plot(data[t==1,0],data[t==1,2],'bo')
plot(data[t==2,0],data[t==2,2],'ro')
plot(data[t==3,0],data[t==3,2],'go')
subplot(212)  #底图自动与类分配
plot(data[c==1,0],data[tt==1,2],'bo',alpha=.7)
plot(data[c==2,0],data[tt==2,2],'go',alpha=.7)
plot(data[c==0,0],data[tt==0,2],'mo',alpha=.7)
show()
```

结果如图 12-7 所示。

观察此图我们可以看到，底部左侧的群集可以被 k-means 完全识别，然而顶部的两个群集有部分识别错误。

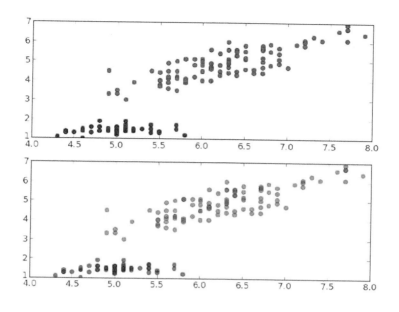

图 12-7　群集可视化对比图

4. 回归

回归是一个用于预测变量之间函数关系的方法。例如，我们有两个变量，一个被认为是解释，一个被认为是依赖。我们希望使用模型描述两者的关系。当这种关系是一条线的时候就称为线性回归。

为了应用线性回归我们建立一个如上所述的综合数据集。

```
from numpy.random import rand
x = rand(40,1)                    #解释性变量
y = x*x*x+rand(40,1)/5            #应变量
```

我们可以使用在 sklear.linear_model 模块中发现的 LinearRegression 模型。该模型可以通过计算每个数据点到拟合线的垂直差的平方和，找到平方和最小的最佳拟合线。使用方法和我们之前遇到的实现 sklearn 的模型类似。

```
from sklearn.linear_model import LinearRegression
linreg = LinearRegression()
linreg.fit(x,y)
```

我们可以通过把拟合线和实际数据点画在同一幅图上来评估结果。

```
from numpy import linspace, matrix
xx = linspace(0,1,40)
plot(x,y,'o',xx,linreg.predict(matrix(xx).T),'--r')
show()
```

结果如图 12-8 所示。

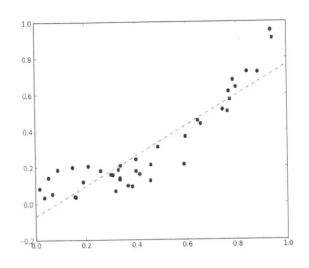

图 12-8　拟合线和实际数据点的分布

观察该图我们可以得出结论：拟合线从数据点中心穿过，并可以确定是增长的趋势。
我们还可以使用均方误差来量化模型和原始数据的拟合度。

```
from sklearn.metrics import mean_squared_error
print(mean_squared_error(linreg.predict(x),y))
0.010935123274899268
```

该指标度量了预期的拟合线和真实数据之间的距离平方。当拟合线很完美时该值为 0。

5.　相关

我们通过研究相关性来理解成对的变量之间是否相关，以及相关性的强弱。此类分析帮助我
们精确定位被依赖的重要变量。最好的相关方法是皮尔逊积矩相关系数。它是由两个变量的协方
差除以它们的标准差的乘积计算而来。我们将鸢尾花数据集的变量两两组合计算出其系数，如下
所示。

```
from numpy import corrcoef
corr = corrcoef(data.T)          #给 T 进行转置
print(corr)
[[ 1.         -0.10936925  0.87175416  0.81795363]
 [-0.10936925  1.         -0.4205161  -0.35654409]
 [ 0.87175416 -0.4205161   1.          0.9627571 ]
 [ 0.81795363 -0.35654409  0.9627571   1.        ]]
```

corrcoef 方法通过输入行为变量列作为观察值的矩阵，计算返回相关系数的对称矩阵。该矩
阵的每个元素代表着两个变量的相关性。

当值一起增长时相关性为正。当一个值减少而另一个增加时相关性为负。特别说明，1 代表
完美的正相关，0 代表不相关，−1 代表完美的负相关。

当变量数增长时我们可以使用伪彩色点很方便地可视化相关矩阵。

```
from pylab import pcolor, colorbar, xticks, yticks
from numpy import arrange
pcolor(corr)
colorbar()              #增加相关性
```

```
#分配轴上变量的名称
    xticks(arange(0.5,4.5),['sepal    length',    'sepal    width', 'petal    length', 'petal
width'],rotation=-20)
    yticks(arange(0.5,4.5),['sepal    length',    'sepal    width', 'petal    length', 'petal
width'],rotation=-20)
    show()
```

结果如图 12-9 所示。

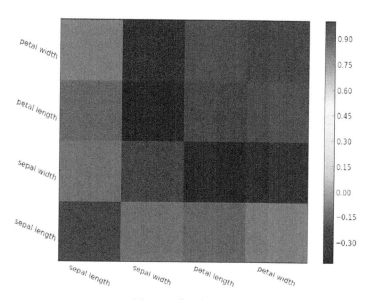

图 12-9　伪彩色点将矩阵可视化

在图 12-9 中，petal width 代表花瓣宽度，petal length 代表花瓣长度，sepal width 代表花萼宽度，sepal length 代表花萼长度，我们可以把颜色点关联到数值上。在本例中，右侧的彩条，右上方的方块被关联为最高的正相关，我们可以看出我们数据集的最强相关是"花瓣宽度"和"花瓣长度"这两个变量。

6.　降维

在 12.2.3 第 1 小节中我们了解了如何将鸢尾花数据集的两个维度可视化。单独使用该方法，我们只能看到数据集的部分数据视图。我们可以同时绘制的最高维度数为 3，因此可以将全部数据集嵌入一系列维度并建立一个整体可视化视图。这个嵌入过程就被称作降维。最著名的降维技术之一就是主成分分析（Principal Component Analysis，PCA）。该技术把数据变量转换为等量或更少的不相关变量，称为主成分（Principal Components，PCs）。

接下来我们使用 sklearn 进行数据降维分析：

```
from sklearn.decomposition import PCA
pca = PCA(n_components=2)
```

上述片段中我们实例化了一个 PCA 对象，用于计算前两个主成分。转换计算如下。

```
pcad = pca.fit_transform(data)
```

然后如往常一样绘制结果：

```
plot(pcad[target=='setosa',0],pcad[target=='setosa',1],'bo')
plot(pcad[target=='versicolor',0],pcad[target=='versicolor',1],'ro')
plot(pcad[target=='virginica',0],pcad[target=='virginica',1],'go')
show()
```

结果如图 12-10 所示。

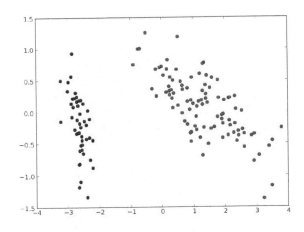

图 12-10 利用 PCA 进行降维后的结果

可以注意到上图和第一章提到的有些相似，不过这次变色鸢尾（中间部分点集）和维吉尼亚鸢尾（右侧部分点集）的间隔更清晰了。

PCA 将空间数据方差最大化，我们可以通过方差比判断 PCs 包含的信息量。

```
print(pca.explained_variance_ratio_)
[ 0.92461621  0.05301557]
```

现在我们知道第一个 PC 占原始数据的 92%的信息量，而第二个占剩下的 5%。我们还可以输出在转化过程中丢失的信息量。

```
print(1-sum(pca.explained_variance_ratio_))
0.0223682249752
```

在本例中我们损失了约 2%的信息量。

此时，我们可以应用逆变换还原原始数据。

```
data_inv = pca.inverse_transform(pcad)
```

可以证明的是，由于信息丢失逆变换不能给出准确的原始数据。我们可以估算逆变换的结果和原始数据的相似度。

```
print(abs(sum(sum(data - data_inv))))
2.8421709430404007e-14
```

可以看出原始数据和逆变换计算出的近似值之间的差异接近于零。通过改变主成分的数值来计算我们能够覆盖多少信息量是很有趣的。

```
for i in range(1,5):
    pca = PCA(n_components=i)
    pca.fit(data)
    print(sum(pca.explained_variance_ratio_) * 100,'%')
```

上述片段的输出如下：

```
92.4616207174 %
97.7631775025 %
99.481691455 %
100.0 %
```

PCs 用得越多，信息覆盖就越全。这段分析有助于我们理解保存一段特定的信息需要哪些组件。例如，从上述片段可以看出，只要使用三个 PCs 就可以覆盖鸢尾花数据集的几乎 100% 的信息。

7. 网络挖掘

通常我们分析的数据是以网络结构存储的，例如我们的数据可以描述一群微信用户的朋友关系或者科学家的论文的合作者关系。这些研究对象可以使用点和边描述它们之间的关系。

本章中我们将会介绍分析此类数据的基本理论，即图论，一个帮助我们创造、处理和研究网络的类库。尤其我们将会介绍如何使用特定方法建立有意义的数据可视化，以及如何建立一组关联稠密的点。

使用图论可以让我们很容易地导入用于描述数据结构的最常用结构。

```
G = nx.read_gml('lesmiserables.gml',relabel=True)
```

在上述代码中我们导入了《悲惨世界》中同时出现的单词组成的网络，可以通过 https://gephi.org/datasets/lesmiserables.gml.zip 免费下载，数据以 GML 格式存储。我们还可以使用下面的命令导入并可视化网络。

```
nx.draw(G,node_size=0,edge_color='b',alpha=.2,font_size=7)
```

结果如图 12-11 所示。

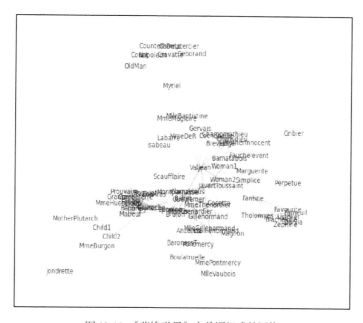

图 12-11　《悲惨世界》中单词组成的网络

图 12-11 所示的网络中每个点代表小说中的一个单词，两单词间的联系代表同一章里两单词同时出现了。很容易就发现这图对我们理解本书不是很有帮助。该网络的大部分细节依然隐藏着，并且很难发现那些重要点。我们可以研究节点度来获取一些内部细节。节点度是指一个最简中心测

量并由一个点的多个关联组成。我们可以通过最大值、最小值、中位数、第一四分位数和第三四分位数来总结一个网络的度分布。

```
deg = nx.degree(G)
from numpy import percentile, mean, median
print(min(deg.values()))
print(percentile(deg.values(),25))  #计算第一四分位数
print(median(deg.values()))
print(percentile(deg.values(),75))  #计算第三四分位数
print(max(deg.values())10)
1
2.0
6.0
10.0
36
```

经过分析我们决定只考虑节点度大于 10 的点。我们可以建立一幅只包含我们需要的点的新图来展现这些点。

```
Gt = G.copy()
dn = nx.degree(Gt)
for n in Gt.nodes():
if dn[n] &lt;= 10:
  Gt.remove_node(n)
nx.draw(Gt,node_size=0,edge_color='b',alpha=.2,font_size=12)
```

结果如图 12-12 所示。

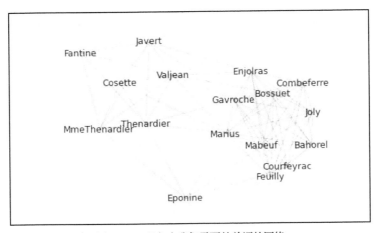

图 12-12　只包含我们需要的单词的网络

现在这幅图可读性大大提高了。这样我们就能观察到相关度最高的单词以及它们的关系。

通过识别团来研究网络也是很有趣的。团是指一个点和其他所有点相连的群组，极大团是指网络中不属于其他任何一个团的子集的团。我们可以通过如下方法发现我们网络中所有的极大团。

```
from networkx import find_cliques
cliques = list(find_cliques(G))
```

用下面这行命令输出极大团：

```
print(max(cliques, key=lambda l: len(l)))
[u'Joly', u'Gavroche', u'Bahorel', u'Enjolras', u'Courfeyrac', u'Bossuet', u'Combeferre',
```

u'Feuilly', u'Prouvaire', u'Grantaire']

我们可以看见列表中的绝大部分名字都和上图中可以看见的数据群中的相同。

12.2.4　Pandas学习与实战

1. 引言

Pandas 是一个开源的 Python 数据分析库。Pandas 把结构化数据分为了以下三类。

- Series：1 维序列，可视为没有列名的、只有一个列的 DataFrame。
- DataFrame：同 Spark SQL 中的 DataFrame 一样，其概念来自于 R 语言，为多列并模式化的 2 维结构化数据，可视为序列（Series）的容器（container）。
- Panel：3 维的结构化数据，可视为 DataFrame 的容器。

其中 DataFrame 较为常见，因此本书将主要讨论 DataFrame。DataFrame 可通过读取纯文本、Json 等数据来生成，亦可以通过 Python 对象来生成。

```
import pandas as pd
import numpy as np
df = pd.DataFrame({
    'total_bill': [16.99, 10.34, 23.68, 23.68, 24.59],
    'tip': [1.01, 1.66, 3.50, 3.31, 3.61],
    'sex': ['Female', 'Male', 'Male', 'Male', 'Female']})
```

对于 DataFrame，我们可以看到其固有属性。

```
#列的数据类型
print(df.dtypes)
#行索引
print(df.index)
#返回索引
print(df.columns)
#给每一行返回数值
print(df.values)
```

其中：

- dtype——列数据类型。
- index——行索引。
- columns——列名称（label）。
- value——数据值。

2. SQL 操作

官方 Doc 给出了部分 SQL 的 Pandas 实现。在此基础上，本书给出一些扩充说明。

（1）select

SQL 中的 select 是根据列的名称来选取；Pandas 则更为灵活，不但可根据列名称选取，还可以根据列所在的 position 选取。相关函数如下。

- loc：基于列 label，可选取特定行（根据行 index）。
- iloc：基于行/列的 position 进行选取。

```
print(df.loc[1:3, ['total_bill', 'tip']])
print(df.loc[1:3, 'tip': 'total_bill'])
print(df.iloc[1:3, [1, 2]])
print(df.iloc[1:3, 1: 3])
```

● at：根据指定行 index 及列 label，快速定位 DataFrame 的元素。

● iat：与 at 类似，不同的是它是根据 position 来定位的。

```
print(df.at[3, 'tip'])
print(df.iat[3, 1])
```

● ix：为 loc 与 iloc 的混合体，既支持 label 也支持 position。

```
print(df.ix[1:3, [1, 2]])
print(df.ix[1:3, ['total_bill', 'tip']])
```

此外，有更为简洁的行/列选取方式：

```
print(df[1: 3])
print(df[['total_bill', 'tip']])
#print(df[1:2, ['total_bill', 'tip']])
```

（2）where

Pandas 实现 where filter，较为常用的办法为 df[df[colunm] boolean expr]，比如：

```
print(df[df['sex'] == 'Female'])
print(df[df['total_bill'] > 20])
print(df.query('total_bill > 20'))
```

在 where 子句中常常会搭配 and、or、in、not 关键词，Pandas 中也有对应的实现。

```
#and
print(df[(df['sex'] == 'Female') & (df['total_bill'] > 20)])
#or
print(df[(df['sex'] == 'Female') | (df['total_bill'] > 20)])
#in
print(df[df['total_bill'].isin([21.01, 23.68, 24.59])])
#not
print(df[-(df['sex'] == 'Male')])
print(df[-df['total_bill'].isin([21.01, 23.68, 24.59])])
#字符串函数
print((df = df[(-df['app'].isin(sys_app))]& (-df.app.str.contains('^微信\d+$')))
```

（3）distinct

drop_duplicates 根据某列对 DataFrame 进行去重。

```
df.drop_duplicates(subset=['sex'], keep='first', inplace=True)
```

包含如下参数。

● subset：为选定的列做不同化（distinct），默认为所有列。

● keep：值选项{'first','last',False}，保留重复元素中的第一个和最后一个，或全部删除。

● inplace：默认为 False，返回一个新的 DataFrame；若为 True，则返回去重后的原 DataFrame。

（4）group

group 一般会配合合计函数（Aggregate functions）使用，比如：count、avg 等。Pandas 对合计函数的支持有限，用 count 和 size 函数实现 SQL 的 count 功能：

```
print(df.groupby('sex').size())
print(df.groupby('sex').count())
print(df.groupby('sex')['tip'].count())
```

对于如下多合计函数：

```
select sex, max(tip), sum(total_bill) as total
from tips_tb
group by sex;
```

则采用如下方式实现（在 agg() 中指定 dict）。

```
print(df.groupby('sex').agg({'tip': np.max, 'total_bill': np.sum}))
#计算没有重复的变量
print(df.groupby('tip').agg({'sex': pd.Series.nunique}))
```

（5）as

SQL 中使用 as 修改列的别名，Pandas 也支持这种修改。

```
#第一种方式
df.columns = ['total', 'pit', 'xes']
#第二种方式
df.rename(columns={'total_bill': 'total', 'tip': 'pit', 'sex': 'xes'}, inplace=True)
```

其中，第一种方法的修改是有问题的，因为其是按照列 position 逐一替换的。因此，本书推荐第二种方法。

（6）join

Pandas 中 join 的实现有两种方式。

```
#第一种方式
df.join(df2, how='left'…)
#第二种方式
pd.merge(df1, df2, how='left', left_on='app', right_on='app')
```

第一种方法是按 DataFrame 的 index 进行 join 的，而第二种方法才是按 on 指定的列做 join。Pandas 满足 left、right、inner、full outer 四种 join 方式。

（7）order

Pandas 中支持多列 order，并可以调整不同列的升序/降序，有更高的排序自由度。

```
print(df.sort_values(['total_bill', 'tip'], ascending=[False, True]))
```

（8）top

对于全局的 top 的实现如下。

```
print(df.nlargest(3, columns=['total_bill']))
```

对于分组 top，MySQL 的实现（采用自 join 的方式）如下。

```
select a.sex, a.tip
from tips_tb a
where (
    select count(*)
    from tips_tb b
    where b.sex = a.sex and b.tip > a.tip
) < 2
order by a.sex, a.tip desc;
```

Pandas 的等价实现，思路与上面类似。

```
#第一种方式
df.assign(rn=df.sort_values(['total_bill'], ascending=False)
        .groupby('sex')
        .cumcount()+1) \
```

```
.query('rn < 3')\
.sort_values(['sex', 'rn'])
```

```
#第二种方式
df.assign(rn=df.groupby('sex')['total_bill']
        .rank(method='first', ascending=False)) \
.query('rn < 3') \
.sort_values(['sex', 'rn'])
```

（9）replace

Pandas 的 replace 函数提供对 DataFrame 的全局修改，亦可通过 where 条件进行过滤修改（搭配 loc）。

```
#全部替换
df.replace(to_replace='Female', value='Sansa', inplace=True)
#在 where 条件下进行替换
df.loc[df.sex == 'Male', 'sex'] = 'Leone'
```

（10）自定义

除了上述 SQL 操作外，Pandas 提供对每列/每一元素做自定义操作，为此而设计了以下三个函数。

- map(func)：为 Series 的函数，DataFrame 不能直接调用，需取列后再调用。
- apply(func)：对 DataFrame 中的某一行/列进行 func 操作。
- applymap(func)：为 element-wise 函数，对每一个元素做 func 操作。

```
print(df['tip'].map(lambda x: x - 1))
print(df[['total_bill', 'tip']].apply(sum))
print(df.applymap(lambda x: x.upper() if type(x) is str else x))
```

3. Pandas 实战

（1）环比增长

现有两个月 APP 的独立访客（Unique Visitor，UV）数据，要得到月 UV 环比增长。该操作等价于两个 DataFrame left join 后按指定列做减操作。

```
def chain(current, last):
    df1 = pd.read_csv(current, names=['app', 'tag', 'uv'], sep='\t')
    df2 = pd.read_csv(last, names=['app', 'tag', 'uv'], sep='\t')
    df3 = pd.merge(df1, df2, how='left', on='app')
    df3['uv_y'] = df3['uv_y'].map(lambda x: 0.0 if pd.isnull(x) else x)
    df3['growth'] = df3['uv_x'] - df3['uv_y']
    return df3[['app', 'growth', 'uv_x', 'uv_y']].sort_values(by='growth', ascending=False)
```

（2）差集

对于给定的列，一个 DataFrame 过滤另一个 DataFrame 该列的值。该操作相当于集合的差集操作。

```
def difference(left, right, on):
    """
```

两个 dataframes 的不同之处，其中：

left：代表左边的 dataframes；

right：代表右边的 dataframes；

on：代表连接关键字；

```
return: 返回两个 dataframes 的不同。
"""
    df = pd.merge(left, right, how='left', on=on)
    left_columns = left.columns
    col_y = df.columns[left_columns.size]
    df = df[df[col_y].isnull()]
    df = df.ix[:, 0:left_columns.size]
    df.columns = left_columns
    return df
```

好了，我们的实战到此完成。

12.3　基于 Django 的 Web 开发

12.3.1　Django 简介及安装

1. Django 是什么

Django 是用 Python 开发的一套开放源码的高级 Web 框架。Django 是一套组件，能够帮助我们快速高效地开发 Web 站点。框架的作用是把程序的整体架构搭建好，我们需要做的工作是在其基础上填写逻辑。当我们开始构建一个 Web 站点时，需要做一些与搭建其他站点建设相似的工作：处理用户认证（注册、登录、登出）的方式、一个管理站点的面板、表单、上传文件的方式，等等。框架在需要使用我们逻辑功能的时候调用我们写的逻辑，而不需要我们自己去调用逻辑。通过使用 Django 框架，可以减少很多开发中繁琐的工作、让我们将更多的精力专注于编写自己的业务逻辑，而不是重复生产基础组件的工作。

Django 的特点如下。

● 完全免费并且开放源码。可以在 Django 的官网（https://www.djangoproject.com）上获取它的源码及相关说明使用文档。

● 快速高效开发。使用 Django 提供的框架，我们只需要填写相应的逻辑，不需要重复基础组件搭建等操作。

● 使用 MTV 框架。Django 紧紧地遵循 Web 开发中的 MVC 架构。MTV 框架也可以称得上是一种 MVC 框架，不过 Django 里更关注的是模型（Model）、模板（Template）和视图（Views），因此也被称为 MTV 框架。

● 具有强大的可扩展性，Django 允许使用第三方库来扩展我们的程序。

2. Django 的工作方式

Django 的工作方式如图 12-13 所示。Django 是经典的 MTV 架构，也就是我们熟知的 Web 中的 MVC 模型。我们会在后面的章节详细介绍 Django 的 Model、Templates、View 模块。下面将举一个用户请求 URL 的例子来说明 Django 是如何工作的。

用户在浏览器中输入 URL 后回车，浏览器会对 URL 进行检查，首先判断使用的是什么协议。如果是 HTTP 协议，就按照 Web 来处理，然后调用 DNS 服务器进行域名解析，将域名地址转换为 IP 地址，然后经过网络传输到达对应 Web 服务器。我们的 Web 服务器接收到用户客户端发来的 Web 请求后，会对 URL 进行解析，然后调用 View 中的逻辑（MTV 中的 V），其中又涉及 Model（MTV 中的 M），与数据库进行交互，将数据发到 Templates（MTV 中的 T）进行渲染，然后发送

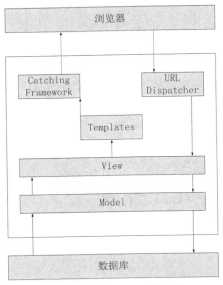

图 12-13 Django 的工作方式

到浏览器中，浏览器以合适的方式呈现给用户。

我们先来一览 Django 的全貌，了解下 Django 框架中的每个模块文件的功能。读者也许现在还不理解每个模块的具体功能和实现，不过这里只是简单介绍它们的用途，后续章节还会详细进行介绍。

● urls.py：网址入口，关联到对应的 views.py 中的一个函数（或者 generic 类），访问网址就对应一个函数。

● views.py：处理用户发出的请求，从 urls.py 中对应过来，通过渲染 templates 中的网页可以将显示内容（比如网站登录后的用户名，用户请求的数据）输出到网页。

● models.py：与数据库操作相关，存入或读取数据时使用。

● forms.py：表单，用户在浏览器上输入数据提交，包括对数据的验证以及输入框的生成等工作。

● templates 文件夹：views.py 中的函数渲染 templates 中的 HTML 模板，得到动态内容的网页，可以用缓存来提高速度。

● admin.py：网站后台管理相关操作，可以用很少量的代码就拥有一个强大的后台管理系统。

● settings.py：Django 的设置，配置文件，用于设置如 DEBUG 的开关，静态文件的位置等。

12.3.2　Django 安装

本小节，我们会介绍虚拟环境 virtualenv 的安装及使用方法，以及 Django 框架的安装。在此之前我们已经默认读者会使用 Python 的第三方库管理工具 pip。

1．虚拟环境的安装

安装 Django 之前，我们首先要安装一个虚拟环境软件，即 virtualenv，它可以让计算机上的编码环境保持清洁，会以项目为单位将 Python/Django 安装隔离开。这样我们对一个网站的修改不会影响到同时开发的其他任何一个网站。安装 Django 的最便捷方式是使用虚拟环境。

● 虚拟环境是 Python 解释器的一个私有副本，在这个环境中可以安装私有包，而且不会影响系统中安装的全局 Python 解释器。

● 虚拟环境非常有用，可以在系统的 Python 解释器中避免包的混乱和版本的冲突。为每个程序单独创建虚拟环境可以保证程序只能访问虚拟环境中的包，从而保持全局解释器的干净整洁。

● 使用虚拟环境还有一个好处——不需要管理员权限。

我们的项目是基于 Python 3.4 的。Python 3.3 通过 venv 模块原生支持虚拟环境，命令为 pyvenv。pyvenv 可以代替 virtualenv。不过要注意，在 Python 3.3 中使用 pyvenv 命令创建的虚拟环境中不包含 pip，需要继续手动安装。Python 3.4 改进了这一缺陷，pyvenv 完全可以代替 virtualenv。这里先演示下 Python 3.4 环境下虚拟环境的安装。

（1）检查是否已经安装了 virtualenv

虚拟环境使用第三方实用工具 virtualenv 创建。首先在命令行输入以下命令检查是否已经安装了 virtualenv。

```
$ virtualenv -version
```

如果显示错误，则表示需要安装这个工具。

● 大多数 Linux 发行版都提供了 virtualenv 包。例如，Ubuntu 用户可以使用下述命令安装它：

```
$ sudo apt-get install python-virtualenv
```

● 如果电脑安装的是 Mac OS X 系统，就可以使用 easy_install 安装 virtualenv：

```
$ sudo easy_install virtualenv
```

● 如果电脑安装的是微软的 Windows 操作系统或者其他没有官方 virtualenv 包的操作系统，那么安装过程要稍微复杂一点。

注：我们的整个程序和示例会在 Linux CentOS 系统上进行演示。

（2）安装 virtualenv

在浏览器中输入网址 https://bitbucket.org/pypa/setuptools，回车后进入 setuptools 安装程序的主页。在这个页面中找到下载安装脚本的链接，脚本名为 ez_setup.py。把这个文件保存到电脑的一个临时文件夹中，然后在这个文件夹中执行以下命令：

```
$ python ez_setup.py
$ easy_install virtualenv
```

上述命令必须以具有管理员权限的用户身份执行。在微软 Windows 系统中，使用"以管理员身份运行"选项打开命令行窗口；在基于 Unix 的系统中，要在上面两个命令前加上 sudo，或者以根用户身份执行。一旦安装完毕，virualenv 实用工具就可以从常规账户中调用。

（3）在 virtualenv 中创建一个可用的虚拟环境

下面开始创建一个 virtualenv 可用的虚拟环境，首先要为我们的虚拟环境创建一个文件夹，用来保存我们的示例代码。

```
$ mkdir django
```

下一步使用 virtualenv 命令在 django 文件夹中创建 Python 虚拟环境。这个命令只有一个必要的参数，即虚拟环境的名字。创建虚拟环境后，当前文件夹中会出现一个子文件夹，名字就是上述命令中指定的参数，与虚拟环境相关的文件都保存在这个文件夹中。按照惯例，一般虚拟环境会被命名为 venv：

```
[root@CentOS django]# virtualenv venv
New python executable in venv/bin/python
Please make sure you remove any previous custom paths from your /root/.pydistutils.cfg file.
Installing Setuptools..................done.
Installing Pip........................done.
```

现在，django 文件夹中就有了一个名为 venv 的子文件夹，它保存一个全新的虚拟环境，其中有一个私有的 Python 解释器。

（4）激活创建的虚拟环境

在使用这个虚拟环境之前，首先要将其"激活"。

● 如果使用 bash 命令行（Linux 和 Mac OS X 用户），可以通过下面的命令激活这个虚拟环境：

```
[root@CentOS django]# source venv/bin/activate
```

● 如果使用的是微软的 Windows 系统，激活命令是：

```
$ venv\Scripts\activate
```

虚拟环境被激活后，其中 Python 解释器的路径就被添加进 PATH 中，但这种改变不是永久型的，它只会影响当前的命令行会话。为了提醒你已经激活虚拟环境，激活虚拟环境的命令会修改命令行提示符，加入环境名：(venv)$。当虚拟环境中的工作完成后，如果需要回到全局 Python 解释器中，可以在命令行提示符下输入 deactivate。

2. Django 框架的安装

下面我们开始安装 Django 框架，我们安装的 Django 是 1.8 版本。使用 pip 安装 Django 非常的简单，我们只需要输入如下命令：

```
(venv)[root@CentOS django]# pip install django==1.8
Downloading/unpacking django==1.8
Downloading Django-1.8.tar.gz (7.3MB): 7.3MB downloaded
Running setup.py egg_info for package Django
```

接下来检查是否安装成功：在终端上输入 python，运行 Python 环境，然后输入 import django，使用 django.Version 或者 django.get_version()获得版本号，如果看到版本号，就证明安装成功。

```
(venv)[root@CentOS django]# python
Python 2.7.5 (default, Nov 20 2015, 02: 00: 19)
[GCC 4.8.5 20150623 (Red Hat 4.8.5-4)] on linux2
Type "help", "copyright", "credits" or "license" for more information.
>>> import django
>>> django.VERSION
(1, 8, 0, 'final', 0)
>>> django.get_version()
'1.8'
```

做完这些工作之后，我们已经准备好创建一个 Django 程序了。

12.3.3　第一个 Django 项目

这一节我们使用 Django 创建一个简单的博客网站。

我们的第一件事情是创建一个新的 Django 项目。首先，需要运行一些由 Django 提供的脚本，为我们即将开始的项目建立主要骨架。它会生成一系列的文件夹和文件，在后面的项目中我们会需要修改和使用到它们。

生成的 Django 的相关文件的文件名和目录在 Django 中起着至关重要的作用。不要重命名我们将要创建的文件，不要将它们移动到一个不同的地方，这也会影响到我们后面的使用。Django 需要固定的系统结构，以便 Django 能够找到重要的东西。

我们是在虚拟环境中运行的。如果控制台的命令行前没有前缀（venv），则需要激活虚拟环境。

在 Mac OS X 或 Linux 系统下，需要运行下面的命令，注意不要漏掉命令后面的小点（.）:

```
(venv) ~/djangogirls$ django-admin startproject mysite.
(venv)[root@CentOS django]# django-admin startproject mysite.
```

符号"."很重要，它将告诉脚本程序自动安装 Django 到当前选择的目录中（所以这个"."是告诉脚本执行时的一个参考点）。

django-admin.py 是一个脚本，将自动创建目录和文件。前面的命令正确的话，现在则会有一个目录结构，我们现在看一下整个项目的文件结构。

```
django
├── manage.py
└── mysite
```

```
settings.py
urls.py
wsgi.py
__init__.py
```

这是一个 Django 的项目文件夹，为即将开始的项目准备好了必要的资源文件和文件夹。

- manage.py 是一个帮助管理站点的脚本。在它的帮助下我们将能够在我们的计算机上启动一个 web 服务器，而无需安装任何东西。
- settings.py 文件包含了网站的配置数据。
- urls.py 文件包含 urlresolver 所需的模型的列表。

忽略其他文件，现在不会改变它们。要记住的唯一一点是不要不小心删除这些文件。接下来更改设置，使用代码编辑器打开 mysite/settings.py，进行一些更改。

在我们的站点上有正确的时间是非常不错的。访问 wikipedia timezones list，复制所在地区的时区(TZ).(eg.Asia/Shanghai)。然后在 settings.py 文件中，找到包含 TIME_ZONE</0>字段的这行，并将时区改为你所在地区的时区。即：

```
TIME_ZONE = 'Asia/Shanghai'
```

我们还需要添加（我们会找出在教程后面所提到的静态文件和 CSS 文件）静态文件的路径。我们下拉到文件的最底部（STATIC_URL 条目的下面）。添加新的一行内容（STATIC_ROOT）：

```
STATIC_URL = '/static/'
STATIC_ROOT = os.path.join(BASE_DIR, 'static')
```

接下来设置数据库。有很多的不同的数据库软件可以用来存储网站数据。我们将使用默认的 sqlite3，其已经在 mysite/settings.py 文件中设置了：

```
DATABASES = {
    'default': {
        'ENGINE': 'django.db.backends.sqlite3',
        'NAME': os.path.join(BASE_DIR, 'db.sqlite3'),
    }
}
```

若要为我们的博客创建一个数据库，则在控制台中运行以下命令：python manage.py migrate（我们需要 django 目录中包含 manage.py 文件）。如果一切顺利，应该看到这样的输出结果：

```
(venv)[root@CentOS django]# python manage.py migrate
Operations to perform:
Synchronize unmigrated apps: staticfiles, messages
Apply all migrations: admin, contenttypes, auth, sessions
Synchronizing apps without migrations:
Creating tables...
Running deferred SQL...
Installing custom SQL...
Running migrations:
Rendering model states... DONE
Applying contenttypes.0001_initial... OK
Applying auth.0001_initial... OK
Applying admin.0001_initial... OK
Applying contenttypes.0002_remove_content_type_name... OK
Applying auth.0002_alter_permission_name_max_length... OK
```

```
Applying auth.0003_alter_user_email_max_length... OK
Applying auth.0004_alter_user_username_opts... OK
Applying auth.0005_alter_user_last_login_null... OK
Applying auth.0006_require_contenttypes_0002... OK
Applying sessions.0001_initial... OK
```

接下来启动网站服务器，使我们的网站工作起来。进入包含 manage.py 文件的目录（django 目录），在控制台中，我们可以通过运行 python manage.py runserver 开启 web 服务器。

如果在 Windows 系统遇到 UnicodeDecodeError 这个错误，可用以下命令来代替。

```
(venv)[root@CentOS django]# python manage.py runserver
Performing system checks...

System check identified no issues (0 silenced).
September 26, 2016 - 20: 01: 48
Django version 1.8, using settings 'mysite.settings'
Starting development server at http: //127.0.0.1: 8000/
Quit the server with CONTROL-C.
```

现在，我们需要做的就是检测站点的服务器是否已经在运行了。打开浏览器（火狐、Chrome、Safari、IE 或者其他浏览器）输入这个网址：http://127.0.0.1:8000/。Web 服务器将接管命令行提示符，直到我们停止它。如图 12-14 所示。为了尝试更多命令，我们应该同时打开一个新的终端，并激活虚拟环境。想要停止 Web 服务器，我们应该切换到刚才在运行程序的窗口，并且按下 Ctrl+C 键（如果操作系统是 Windows，那么应当按下 Ctrl+Break 键）。

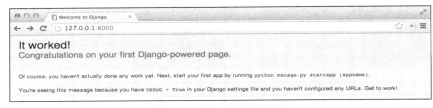

图 12-14　第一个网站示例图

到这里，我们已经创建第一个网站，并使用 Web 服务器开始运行它了。

12.3.4　搭建一个简易的博客网站

本节我们要在上一节的基础上，来搭建我们的一个简易博客网站。

1. Django 模型

现在将要创建的是一个能存储我们博客所有文章的东西。为了达到这个目的，需要引出一个被称为 objects（对象）的概念。

（1）对象

编程中有一个概念叫作面向对象编程。它的思想是，"与其用无聊的一连串的程序指令方式写程序，我们不如为事物建立模型，然后定义它们是怎样互相交互的。那什么是对象呢？它是一个属性和操作的集合。"

如果我们想塑造一只猫的模型，我们会创建一个名为 Cat 的对象，它含有一些属性，例如 color、age、mood，又比如 good、bad、sleepy，还有 owner（主人）（这是一个 Person 对象或者假若是流浪猫，这个属性可以为空）。然后这个 Cat 会有一些行为：　purr，scratch，或者 feed（我们会给这只猫一些 CatFood，这个 CatFood 可以是单独的一个包含比如 taste 属性的对象）。

所以基本思想就是用包含属性的代码来描述真实的东西（称为对象属性）和操作（称为方法）。

那么我们将如何为博客帖子建立模型呢？我们需要回答一个问题：什么是一篇博客文章？它应该含有什么样的属性？

我们的博客文章需要一些文本，包括内容与标题。我们也需要知道是谁写的，所以我们需要一位作者。最后，我们想要知道该文章创建并发布的时间。

```
Post
--------
title
text
author
created_date
published_date
```

一篇博客文章需要做什么样的事情？应该有一些正确的方法来发布文章，因此我们需要一个 publish 的方法。

既然我们已经知道什么是我们想要实现的，让我们开始在 Django 里面为它建模。

（2）Django 模型

知道了什么是对象，我们可以为我们的博客文章创建一个 Django 模型。

Django 里的模型是一种特殊的对象——它保存在数据库中。数据库是数据的集合。这是您存储有关用户、博客文章等信息的地方。我们将使用 SQLite 数据库来存储我们的数据。可以将数据库中的模型看作是电子表格中的列（字段）和行（数据）。

● 创建应用程序

为了让一切保持整洁，需要为我们的项目内部创建单独的应用程序。为了创建一个应用程序，我们需要在命令行中执行以下命令（从 manage.py 文件所在的 django 目录）：

```
(venv)[root@CentOS django] #python manage.py startapp firstblog
```

这时一个新的 firstblog 目录被创建，它现在包含一些文件。我们的目录和项目中的文件现在应该看起来像这样：

```
django
├── mysite
│     __init__.py
│     settings.py
│     urls.py
│     wsgi.py
├── manage.py
└──firstblog
├── migrations
├── __init__.py
├── admin.py
├── models.py
├── tests.py
└── views.py
```

创建应用程序后，还需要告诉 Django 它应该使用它。在 mysite/settings.py 文件中进行设置。我们需要找到 INSTALLED_APPS 并在它下面添加一行'firstblog' 。所以最终的代码应如下所示。

```
INSTALLED_APPS = (
```

```
'django.contrib.admin',
'django.contrib.auth',
'django.contrib.contenttypes',
'django.contrib.sessions',
'django.contrib.messages',
'django.contrib.staticfiles',
'firstblog',
)
```

● 创建一个博客文章模型

在 firstblog/models.py 文件中，定义所有的 Models 对象——我们将在其中定义我们的博客文章。
打开 blog/models.py，从中删除一切并编写如下代码：

```
from django.db import models
from django.utils import timezone

class Post(models.Model):
    author = models.ForeignKey('auth.User')
    title = models.CharField(max_length=200)
    text = models.TextField()
    created_date = models.DateTimeField(
            default=timezone.now)
    published_date = models.DateTimeField(
            blank=True, null=True)

    def publish(self):
        self.published_date = timezone.now()
        self.save()

    def __str__(self):
        return self.title
```

现在来解释下这几行代码的含义。

前两行从 django.db 和 django.utils 模块中导入 models 和 timezone。

class Post(models.Model)：这行是用来定义我们的模型（这是一个对象）。class 是一个特殊的关键字，表明我们在定义一个对象。Post 是我们模型的一个名字，可以给它取另外一个不同的名字，但总应以首字母大写来作为类名。models.Model 表明 Post 是继承自 Django 模型，所以 Django 知道它应该被保存在数据库中。

现在我们定义了我们曾经提及到的那些属性：title、text、created_date、published_date 和 author。为了得到模型，下一步，我们需要为我们每个字段定义一个类型。

models.CharField：如何用字数有限的字符来定义一个文本。

models.TextField：没有长度限制的长文本。

models.DateTimeField：日期和时间。

models.ForeignKey：指向另一个模型的连接。

def publish(self)：这是之前提及到的 publish 方法。def 表明这是一个函数或者方法，publish 是这个方法的名字。命名的规则是使用小写字母以及下划线而非空白符。方法通常会返回（return）一些信息。例如我们调用__str__()将得到文章标题的文本（字符串）。

● 在数据库中为模型创建数据表

最后一步是将新的模型添加到我们的数据库。首先必须让 Django 知道我们刚创建了一个模型。输入 python manage.py makemigrations firstblog。它看起来会像这样：

```
(venv)[root@CentOS django]  #python manage.py makemigrations firstblog
Migrations for 'firstblog':
0001_initial.py:
- Create model Post
```

如果没有报错，就表示成功了。Django 准备了必须应用到数据库的迁移文件。输入 python manage.py migrate firsblog，然后对应的输出应该是：

```
(venv)[root@CentOS django]  #python manage.py migrate firstblog
Operations to perform:
Apply all migrations:  firstblog
Running migrations:
    Rendering model states... DONE
    Applying firstblog.0001_initial... OK
```

我们的 Post 模型现在已经保存在我们的数据库里面了。

2. Django 管理

可以使用 Django admin 添加、编辑和删除我们刚刚创建的帖子。打开 blog/admin.py 文件，并替换其中的文件：

```
from django.contrib import admin
from models import Post

admin.site.register(Post)
```

如你所见，我们导入（包括）了前面定义的 Post 模型。为了让我们的模型在 admin 页面上可见，我们需要使用 admin.site.register(Post)来注册模型。

现在来看看我们的 Post 模型。先在控制台输入 python manage.py runserver 启动服务器。然后打开浏览器，输入地址 http://127.0.0.1:8000/admin/，我们会看到如图 12-15 所示的登录界面。

如果是在远程服务器上进行开发，那么用 python manage.py runserver 0.0.0.0:8000 来运行，这样就能以远程服务器的 IP 地址访问我们的 Web 程序。

为了登录，需要创建一个掌控整个网站所有资源的超级用户。回到刚才的命令行，输入 python manage.py createsuperuser，按下 Enter 键。然后输入用户名（英文小写，不包括空格）、邮箱和密码。

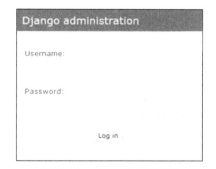

图 12-15　Django 的登录界面

```
(venv)[root@CentOS django]python manage.py createsuperuser
Username (leave blank to use 'root'): root
Email address: 12345@cqupt.edu.cn
Password:
Password (again):
Superuser created successfully.
```

返回到浏览器，用刚才创建的超级用户来登录，然后我们能看到如图 12-16 所示的 Django admin 的管理面板。

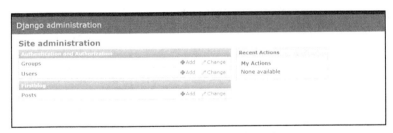

图 12-16　Django admin 的管理面板

到 Posts 页面多试几次，发布几条博客文章，不用担心文章内容。如图 12-17 所示。不过请确保至少有两到三个帖子具有设置的发布日期。将在后面的小节有用。

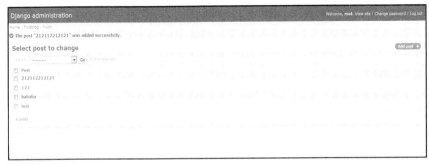

图 12-17　发布界面面板

3. Django 中的 URL

我们将要建立第一个网页：也就是我们的博客主页。但此前，我们首先需要掌握一些 Django 的 URL 的知识。

（1）URL 介绍

统一资源定位符是对可以从互联网上得到的资源的位置和访问方法的一种简洁的表示，是互联网上标准资源的地址。互联网上的每个文件都有一个唯一的 URL，它包含的信息指出文件的位置以及浏览器应该怎么处理它。

URL 就是一个我们资源的地址，这个地址可能是 HTML 网页、图片、音频等等。每当我们访问一个网站是都能在浏览器的地址栏看到一个 URL。比如 http://127.0.0.1:8000 就是一个 URL，http 代表我们访问这个资源时使用的协议，127.0.0.1 是资源的 IP 地址，8000 是端口号。

每一个互联网的网页都需要自己的 URL，这样当用户打开一个 URL 时，你的应用程序才知道应该展现什么内容。在 Django 中，我们使用一种叫作 URLconf（URL 配置）的机制。URLconf 是一套模式，Django 会用它来把 URL 匹配成相对应的 View。

（2）Django 中的 URL

用 Vim 打开 mysite/urls.py，看到如下代码。

```
from django.conf.urls import include, url
from django.contrib import admin

urlpatterns = [
```

```
# Examples:
# url(r'^$', 'mysite.views.home', name='home'),
# url(r'^blog/', include('blog.urls')),

url(r'^admin/', include(admin.site.urls)),
]
```

正如所看到的，Django 已经为我们放了一些东西在里面。以#开头的行是注释，这些行都不会被 Python 运行。上一节中学到的 admin 的 URL 已经在里面了。

```
url(r'^admin/', include(admin.site.urls))
```

这表示对于每一个以 admin 开头的 URL，Django 都会找到一个相对应的 View。在这行代码中，我们包含了许多 admin URL 进来，所以这些 URL 不需要都被打包进这个小文件中。这使得代码更具可读性和简洁性。

（3）正则表达式

Django 使用了 regex 来匹配相应的 View，这是"正则表达式"的缩写。正则表达式有很多规则用来形成一个搜索模式。由于涉及正则表达式的内容较多，不熟悉的读者可以参考本书前面的章节。

下面有一个例子，用来讲解如何创建这些模式。我们只需要有限规则的子集，就可以表达出想要的模式，比如：

● ^ 表示文本的开始。

● $ 表示文本的结束。

● \d 表示数字。

● + 表示前面的元素应该重复至少一次。

● () 用来捕捉模式中的一部分。

其他定义在模式中的部分会保留原本的含义。

现在，有一个网站，其中有一个 URL 类似这样：http://www.mysite.com/post/12345/。其中 12345 是帖子的编号。如果我们为每篇文章都写一个编号，工作将非常的繁琐。用正则表达式，我们可以创建一种模式，用来匹配 URL 并提取出帖子编号：^post/(\d+)/$。让我们一步一步将它分解，看看里面做了什么。

● ^post/ 告诉 Django 在 URL 的开头匹配 post/ (后于 ^)。

● (\d+) 表示 URL 中会有一个数（一位或者多位数字），并且我们想提取出这个数。

● / 告诉 Django 后面紧跟着一个 / 字符。

● $ 表示 URL 的末尾，即以 /结尾的 URL 才会被匹配到。

（4）创建博客首页的 URL

现在我们来创建博客首页的 URL。用 http://127.0.0.1:8000/作为博客的首页，并展示一个帖子列表。

我们想保持 mysite/urls.py 文件简洁，所以从 blog 应用导出 urls 到 mysite/urls.py 主文件。删除被注释掉的那行语句（以#开头的行），然后添加一行代码用于把 blog.urls 导入到 url ("")。现在 mysite/urls.py 文件现在应该看起来像这样。

```
from django.conf.urls import include, url
from django.contrib import admin

urlpatterns = [
```

```
url(r'^admin/', include(admin.site.urls)),
url(r'', include('firstblog.urls')),
]
```

现在，Django 会把访问 http://127.0.0.1:8000/的请求转到 firstblog.urls，并看看那里面有没有进一步的指示。写正则表达式时，记得把一个 r 放在字符串的前面。这告诉 Python 这个字符串中的特殊字符是字符本身的意思而不需要转义。

（5）firstblog.urls

现在使用 Vim 创建一个新的 firstblog/urls.py 空文件。并加入以下两行。

```
from django.conf.urls import url
from . import views
```

我们仅仅把 Django 的方法以及 firstblog 应用的全部 View 导入了进来。然后，我们可以加入第一个 URL 模式。

```
urlpatterns = [
url(r'^$', views.post_list, name='post_list'),
]
```

现在分配了一个叫 post_list 的 View 到^$的 URL 上。这个正则表达会匹配^（表示开头）并紧随$（表示结尾），所以只有空字符串会被匹配到。这是正确的，因为在 Django 的 URL 解析器中，http://127.0.0.1:8000 并不是 URL 的一部分（即只有 http://127.0.0.1:8000/后面的部分会被解析，如果后面的部分为空，即是空字符串被解析）。这个模式告诉了 Django，如果有人访问 http://127.0.0.1:8000 地址，那么 views.post_list 是这个请求该去的地方。

最后的部分，name='post_list'是 URL 的名字，也是用来请求的方法。用来唯一标识对应的 View。它可以跟 View 的名字一样，也可以完全不一样。在项目后面的开发中，我们将会使用命名的 URL，所以在应用中为每一个 URL 命名是重要的。我们应该尽量让 URL 的名字保持唯一并容易记住。

在浏览器里打开 http://127.0.0.1:8000/，会看到图 12-18 所示的结果。

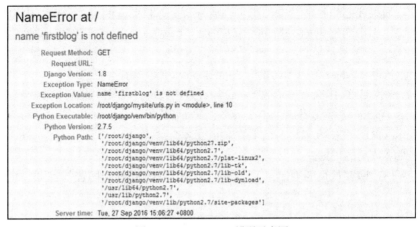

图 12-18　NameError 错误示意图

我们会发现"It works"不见了，不要担心，这只是个错误页面，不要被吓到了。它们实际上是非常有用的：有一个 no attribute 'post_list'（没有 'post_list' 属性）的错误。post_list 是我们的 View 的名字。这表示其他的一切正常，但是我们还没创建这个 View。不要担心，我们下一节就会创建视图 View。

4. Django 视图

首先，我们来解决上一小节出现的 bug。

View 是存放应用逻辑的地方。它将从你之前创建的模型中获取数据，并将它传递给模板。我们将在下面的内容中创建 tempalte 模板。视图就是 Python 中的方法，只不过比本书前面 Python 章节中所做的事情稍复杂。

视图都被置放在 views.py 文件中。我们将加入我们自己的 View 到 firstblog/views.py 文件。打开 firstblog/views.py 文件。

```
from django.shortcuts import render

#Create your views here.
```

现在文件中没有代码，我们来写一个最简单的 view。

```
def post_list(request):
return render(request,'first/post_list.html',{})
```

我们创建一个方法，命名为 post_list，它接受 request 参数作为输入，并 return 用 render 方法渲染模板 firstblog/post_list.html 而得到的结果。保存文件，转到 http://127.0.0.1:8000/然后看看现在得到什么了。此时出现了另一个错误，我们来看一下这个错误，如图 12-19 所示。

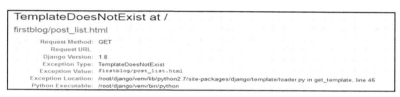

图 12-19　TemplateDoesNotExist 错误示意图

这里提示的是一个 TemplateDoesNotExist 错误。我们将在下一个小节创建一个模板，然后修复这个 bug。

5. Django 模板

（1）HTML 模板文件

模板是一个文件，它可以让我们使用一致的格式来展示不同的信息。例如，你可以使用模板来帮助你写一封信，虽然每封信可以包含不同的消息和发送给不同的人，但它们使用相同的格式。

Django 模板的格式是由 HTML 语言来描述的。HTML 是一种简单的代码，由 Web 浏览器（Chrome、火狐或 Safari）解释并为用户显示一个网页。HTML 代表 "HyperText MarkupLanguage（超文本标记语言）"。超文本是指它是一种支持网页之间的超链接的文本。标记是指我们将一份文件用代码标记组织起来，然后告诉浏览器如何解释网页。HTML 代码是由标记构成的，每一个都是由<>这些标签表示标记元素。

下面来创建我们的第一个模板文件。

创建一个模板是指创建一个模板文件。将模板文件保存在 firstblog/templates/blog 目录中。因此首先在 firstblog 目录中创建一个名为 templates 的目录。然后在 templates 目录中创建 blog 目录。

```
firstblog
└──templates
    └──blog
```

现在创建一个名为 post_list.html 的文件到 firstblog/templates/blog 目录下。访问 http://127.0.0.1:8000/，看看网站现在是什么样子，如图 12-20 所示。

此时没有显示错误了，但是网站上实际显示了一个空白页，因为模板是空白的。下面我们为模板文件中添加一些如下 HTML 标记。

```html
<html>
<p>Hi there!</p>
<p>It works!</p>
</html>
```

然后刷新页面，可以看到第一个模板效果如图 12-21 所示。

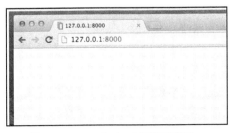

图 12-20　post_list.html 运行示意图　　　　　图 12-21　第一个模板示意图

现在我们的第一个模板文件可以正常显示了，接下来为网页添加 head 和 body。<head>告诉浏览器这个页面的配置，以及<body>来告诉它显示在页面上的内容。我们把网页标题元素放到<head>里，文件内容如下。

```html
<html>
<head>
    <title>lenhoon'sblog</title>
</head>
<body>
    <p>Hi there!</p>
    <p>It works!</p>
</body>
</html>
```

保存并刷新网页，可以看到标题栏效果如图 12-22 所示。

图 12-22　标题栏效果

浏览器怎么理解"lenhoon's blog"是网页的标题的呢？它解释了<title>lenhoon's blog</title>并将其放置到浏览器的标题栏中，这就像把东西放进盒子里。整个页面可以看作成一个大箱子，里边有<html></html>，在它里面还有<body></body>，并包含更小的子盒：<p></p>。

我们需要遵循这些规则，即关闭标签和嵌套的元素。如果不这样做，浏览器可能不能正确地解释它们，且页面将显示不正确。

下面我们尝试自定义模板。为此这里列出 9 个有用的标签。

● 　<h1>A heading</h1>为最重要的标题。

- <h2>A sub-heading</h2>为下一层级的标题。
- <h3>A sub-sub-heading</h3>　同上，直到<h6>。
- <em>text</em>强调文本。
- <strong>text</strong>强烈强调文本。
-
跳转到下一行（不能放任何东西在 br 里面）。
- <a href="https://djangogirls.org">link</a>创建一个链接。
- <ul><li>first item</li><li>second item</li></ul>产生一个列表，就像这个列表一样。
- <div></div>定义页面上的一个段。

下面是模板的一个完整示例。

```
<html>
<head>
    <title>Lenhoon's Blog</title>
</head>
<body>
    <div>
        <h1><a href="">Lenhoon's Blog</a></h1>
    </div>

    <div>
        <p>published: 25.09.2016, 20:27</p>
        <h2><a href="">My first post</a></h2>
    <p>Django makes it easier to build better Web apps more quickly and with less code.</p>
    </div>

    <div>
        <p>published: 25.09.2016, 20:27</p>
        <h2><a href="">My second post</a></h2>
        <p>Django is a high-level Python Web framework that encourages rapid development
and clean, pragmatic design. Built by experienced developers, it takes care of much of the hassle
of Web development, so you can focus on writing your app without needing to reinvent the wheel.
It's free and open source. </p>
    </div>
</body>
</html>
```

上面模板文件中创建了三个不同的 div 部分。第一个 div 元素包含博客的标题——这是一个标题和链接。另两个 div 元素包含博客文章发表的日期，h2 是可单击文章标题和两个 p（段落）的文本、日期和博客内容。它给了我们图 12-23 所示的效果。

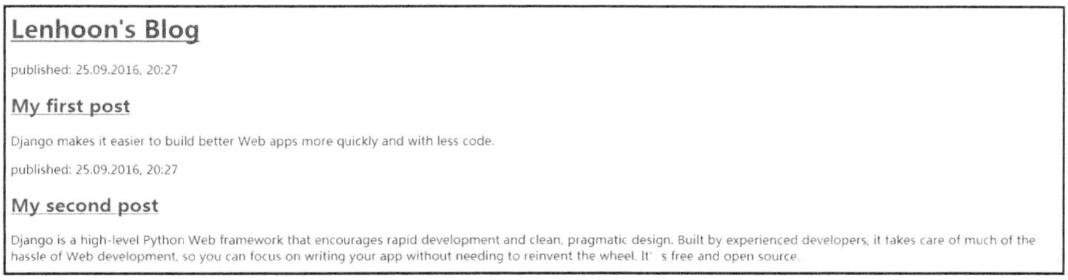

图 12-23　添加 div 的效果示意图

目前为止，这个模板只能显示相同的信息，而我们之前提到模板能以相同的格式显示不同的信息。那么接下来我们要做的就是将实际显示的内容添加到 Django admin 里面的文章。

（2）Django ORM 和 QuerySets（查询集）

这一部分我们将学习 Django 如何连接到数据库，并将数据存储在里面。

QuerySet 是什么呢？从本质上说，QuerySet 是给定模型的对象列表（list）。QuerySet 允许从数据库中读取数据，对其进行筛选以及排序。我们下面将通过一个例子进行说明。

● Django shell

打开命令行输入以下命令。

```
python manage.py shell
```

效果如下所示。

```
[GCC 4.8.5 20150623 (Red Hat 4.8.5-4)] on linux2
Type "help", "copyright", "credits" or "license" for more information.
(InteractiveConsole)
>>>
```

在 Django 的交互式控制台中。它是就像 Python 提示符，但有一些额外神奇的 Django 特性。当然也可以在这里使用所有的 Python 命令。

首先我们尝试显示我们的所有文章，使用下面的命令。

```
(InteractiveConsole)
>>> Post.objects.all()
Traceback (most recent call last):
File "<console>", line 1, in <module>
NameError: name 'Post' is not defined
```

这里出现了一个问题，显示没有文章。这里出现错误是正确的，因为我们首先需要导入它。

```
from firstblog.models import Post
```

我们从 firstblog.models 导入 Post 模型。再试着输入上述命令，尝试显示所有帖子。

```
>>> Post.objects.all()
[<Post: test>, <Post: hahaha>, <Post: 123>, <Post: 212112212121>]
```

这是之前创建的文章 list 列表，通过使用 Django admin 界面创建了这些文章。接下来我们想通过 Python 来创建新的文章，应该如何做呢？很简单，就是采用在数据库创建一个新的 Post 对象的方法。

```
>>> Post.objects.create(author=me,title='Create fromshell',
text='Test create a post from Django shell!')
```

如果此时输入上面的命令，命令行终端会报错。因为这里我们遗漏了一个要素"me"，需要传递 User 模型的实例为作者。如何做到这一点呢？需要先导入用户模型。

```
from django.contrib.auth.models import User
```

我们在数据库中有哪些用户呢？使用下面的方法查找。

```
>>> User.objects.all()
[<User: root>]
```

这是之前我们创建的超级用户。我们现在来获取一个用户实例。

```
me = User.objects.get(username='root')
```

我们使用 get 方法得到一个 username 等于 root 的 User。当然，必须将其改为所用的用户名。现在再次来创建文章试试。

```
>>> Post.objects.create(author=me,title='Create from shell',
text='Test create a post from Django shell!')
<Post: Create from shell>
```

我们再次查看所有文章对象，检查是否添加成功。

```
>>> Post.objects.all()
[<Post: test>, <Post: hahaha>, <Post: 123>, <Post: 212112212121>, <Post: Create from shell>]
```

这里看到我们使用 Django shell 创建的文章已经在文章列表里了。

● 筛选对象

QuerySets 的很大一部分功能是对数据进行筛选。譬如，我们想要查找所有都由用户 root 编写的文章。这个功能将使用 filter，而不是使用 Post.objects.all()方法来获得所有对象。我们需要在括号中申明条件，即在 queryset 结果集中包含哪些博客文章。查询的条件是 author，它等于 me。把它写在 Django 的方式是：author = me。代码段如下所示。

```
>>> Post.objects.filter(author=me)
[<Post: test>, <Post: hahaha>, <Post: 123>, <Post: 212112212121>,    <Post: Create from shell>]
```

或者查看包含在 test 字段标题的所有帖子。

```
>>> Post.objects.filter(title__contains='test')
[<Post: test>]
```

title 与 contains 之间有两个下划线字符。Django 的 ORM 使用此语法来分隔字段名称（"title"）和操作或筛选器（"contains"）。如果只使用一个下划线，将收到类似"FieldError：无法解析关键字 title_contains"的错误。

也可以获取一个所有已发布文章的列表。我们通过筛选所有含 published_date 为过去时间的文章来实现这个目的。

```
>>> from django.utils import timezone
>>> Post.objects.filter(published_date__lte=timezone.now())
```

不过，用 Django shell 终端添加的文章还没发布。我们现在来发布，首先获取一个想要发布的文章实例，然后使用 publish 方法来发布：

```
>>> post = Post.objects.get(title='Create from shell')
>>> post.publish()
```

现在再一次尝试获取已发布的文章。

```
>>> Post.objects.filter(published_date__lte=timezone.now())
[<Post: Create from shell>]
```

● 对象排序

Queryset 还允许您对结果集对象的列表排序。让我们试着让它们按 created_date 字段排序：

```
>>> Post.objects.order_by('created_date')
[<Post: test>, <Post: hahaha>, <Post: 123>, <Post: 212112212121>,    <Post: Create from shell>]
```

我们也可以在传入的参数开头添加"-"来进行反向排序。

```
>>> Post.objects.order_by('-created_date')
[<Post: Create from shell>, <Post: 212112212121>, <Post: 123>,  <Post: hahaha>, <Post: test>]
```

● 链式 QuerySets

通过链式调用连续组合 QuerySets。

```
>>> Post.objects.filter(published_date__lte=timezone.now()).order_by('published_date')
[<Post: test>, <Post: hahaha>, <Post: 123>, <Post: 212112212121>, <Post: Create from shell>]
```

通过这种方式，我们可以写出比较复杂的查询。如果想要退出 shell 程序，输入 exit()并回车就可以退出。

（3）模板中的动态数据

目前我们已经做的工作是在 models.py 文件中定义 Post 模型，在 views.py 文件中定义 post_list 方法并且添加到模板中。但实际上如何使博客文章出现在 HTML 模板上呢？获取一些内容（保存在数据库中的模型）然后在模板中展示出来。

这就是 View 应该做的——连接模型和模板。在 post_list 视图中我们需要获取想要显示的模型，并将它们传递到模板中去。所以我们在视图中决定什么模型将显示在模板中。为了实现它，需要打开 firstblog/views.py 文件。到目前为止 post_list 这个 View 看起来是这样。

```
from django.shortcuts import render
def post_list(request):
    return render(request,'firstblog/post_list.html',{})
```

现在我们需要在 view.py 这个文件中导入我们在 models.py 中的模型。将 from.models import Post 这一行导入到文件中。

```
from django.shortcuts import render
from .models import Post
```

from 后面的点号意味着当前目录或当前的应用程序。因为 views.py 和 models.py 是在同一个目录中的，只需使用 "."和文件的名称（不加.py）。然后导入模型 Post。为了让实际的博客文章从 Post 模型中获取，我们需要一种叫作 QuerySet 的查询集。上一节中已经介绍过 QuerySet 是如何工作的。所以现在我们对已经发表并由 published_date 排序的博客列表感兴趣。上一节中使用过语句。

```
Post.objects.filter(published_date__lte=timezone.now()).order_by('published_date')
```

现在将这段代码插入 firstblog/views.py 文件，添加到 def post_list(request)函数里。

```
from django.shortcuts import render
from django.utils import timezone
from .models import Post
def post_list(request):
    posts = Post.objects.filter(published_date__lte=timezone.now()).
order_by('published_date')
    return render(request,'firstblog/post_list.html',{})
```

请注意我们为这里的 QuerySet 查询集创建了一个变量 posts，将此视为 QuerySet 的名字。从现在开始我们可以通过这个名字引用它。同时，代码中使用了 timezone.now()函数，因此需要添加一个 timezone。最后还没有完成的部分是传递 posts 查询集到模板中。

在 render 函数中传入请求和模板文件'firstblog/post_list.html' 参数。最后一个参数看起来像这样：{}，可以在其中添加一些模板要使用的东西。我们需要给它们起名字（我们暂且沿用'posts': ）。它应该看起来像这样：{'posts':posts}。所以最后 firstblog/views.py 文件应如下所示。

```
from django.shortcuts import render
```

```
from django.utils import timezone
from .models import Post

def post_list(request):
    posts=Post.objects.filter(published_date__lte=timezone.now()).order_by('published_date')
    return
render(request,'firstblog/post_list.html',{'posts':posts})
```

下一部分我们回到模板，并显示 QuerySet 查询集。

（4）Django 模板

Django 提供了一个非常有用的内置功能来实现把数据展示出来——模板标签。我们并不能将 Python 代码嵌入到 HTML 中，因为浏览器不能识别 Python 代码，它只能解析 HTML。HTML 是静态页面，而 Python 则显得更加动态。Django 模板标签允许将 Python 之类的内容翻译成 HTML，所以可以更快更简单地建立动态网站。

现在我们将一系列保存在 post 变量里的文章用 HTML 展现出来。为了用模板标签在 HTML 中显示变量，将会使用两个大括号，并将变量包含在里面，如下所示。

```
{{ posts }}
```

在 firstblog/templates/blog/post_list.html 文件中进行如下的操作。将所有<div></div>标签中的内容用{{ posts }}代替，并保存文件。刷新页面后去看看发生了哪些改变。

```
[<Post:test>,<Post:hahaha>,<Post:123>,<Post:212112212121>,<Post:Create from shell>]
[<Post:test>,<Post:hahaha>,<Post:123>,<Post:212112212121>,<Post:Create from shell>]
[<Post:test>,<Post:hahaha>,<Post:123>,<Post:212112212121>,<Post:Create from shell>]
```

这意味着 Django 视图上面的内容为对象的列表。我们在这里可以使用循环，在 Django 的模板中使用循环去遍历它们，效果如图 12-24 所示。

```
{% for post in posts %}
    {{ post }}
{% endfor %}
```

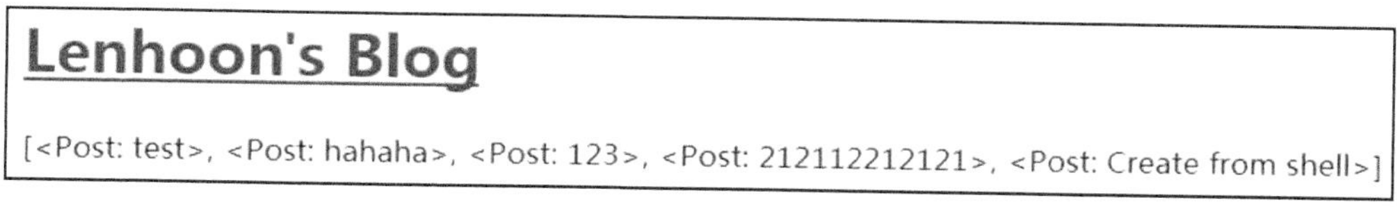

图 12-24　模板中使用循环效果行示意图

想让页面展现的像之前在 HTML 介绍章节里创建的静态文章一样，可以混合 HTML 和模板标签。body 部分代码如下所示。

```
<div>
<h1><a href="">Lenhoon's Blog</a></h1>
</div>
        {% for post in posts %}
<div>
<p>published: {{ post.published_date }}</p>
<h1><a href="">{{ post.title }}</a></h1>
<p>{{ post.text|linebreaksbr }}</p>
</div>
    {% endfor %}
```

所有的在{% for %}和{% endfor %}之间的内容将会被 Django 对象列表中的每个对象所代替。

刷新页面去看看，如图 12-25 所示。

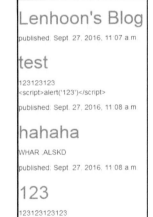

图 12-25　模板中添加内容运行示意图

我们注意到这次使用了一个明显不同的标记 {{post.title}} 或 {post.text}}，表示我们正在访问定义在 Post 模型中的每一个域。此外，|linebreaksbr 通过一个过滤器，使得行间隔编程段落。

（5）使用 Bootstrap 美化

这一部分我们来进一步美化我们的博客。层叠样式表（Cascading Style Sheets）是一种语言，用来描述使用标记语言（如 HTML）写成的网站的外观和格式。做过 Web 开发的同学都知道，CSS 虽然简单，但是编写和调试都是个繁琐的工作，借助于开源社区的力量，网上有很多免费优秀的 CSS 框架，而且重新发明轮子十分无趣。这一节我们将介绍并使用 Bootstrap。

Bootstrap 是目前很受欢迎的前端框架。Bootstrap 是基于 HTML、CSS、JavaScript 的，它简洁灵活，使得 Web 开发更加快捷。它由 Twitter 的设计师 Mark Otto 和 Jacob Thornton 合作开发，是一个 CSS/HTML 框架。Bootstrap 提供了优雅的 HTML 和 CSS 规范，它是由动态 CSS 语言 Less 写成。Bootstrap 推出后颇受欢迎，一直是 GitHub 上的热门开源项目，包括 NASA 的 MSNBC（微软全国广播公司）的 Breaking News 都使用了该项目。国内一些移动开发者较为熟悉的框架，如 WeX5 前端开源框架等，也是基于 Bootstrap 源码进行性能优化而来的。它可以用来开发炫酷的网站，更多信息可以从它的官网重获取 https://getbootstrap.com/。

图 12-26　美观优化后的效果示意图

首先安装 Bootstrap。若要安装 Bootstrap，需要将它添加到 html 文件的 <head> 标签中（firstblog/templates/firstblog/post_list.html）：

```
<link rel="stylesheet" href="//maxcdn.bootstrapcdn.com/
bootstrap/3.2.0/css/bootstrap.min.css">
<linkrel="stylesheet"href="//maxcdn.bootstrapcdn.com/boots
trap/3.2.0/css/bootstrap-theme.min.css">
```

这不会向项目添加任何文件。它只是指向在互联网上存在的文件。只需要继续打开网站并刷新页面，就会发现页面已经变得比之前美观了。如图 12-26 所示。

然后来看看这些叫作静态文件的东西。静态文件是指所有的 CSS 文件和图片文件，这些文件不是动态的，对所有用户都是一样，不会因为请求内容而发生变化。

那么问题来了，Django 的静态文件是放在哪里的呢？当我们在服务器上运行 collectstatic 命令的时候，会发现 Django 已经知道了在哪里能够找到内建的"admin"应用的静态文件。而现在只需要给 firstblog 应用添加一些静态文件。

blog 应用的目录下创建一个名为 static 的文件夹，创建后目录结构如下。

```
django
├─firstblog
│├─ migrations
│└─ static
└─ mysite
```

Django 会自动找到应用文件夹下全部名字叫"static"的文件夹,并能够使用其中的静态文件。

为了在 Web 页中添加自己的风格,现在我们创建一个 CSS 文件。在 static 目录下创建一个新的目录,称为 css。然后,在这个 css 目录里创建一个新的文件,称为 firstblog.css。现在我们用编辑器打开 firstblog/static/css/firstblog.css。这里我们不会深入学习 CSS 相关知识,因为这不是这本书的主要内容。

在你的 firstblog/static/css/firstblog.css 文件中添加下面的代码。

```
h1 a {
    color: #FCA205;
    }
```

h1 a 是 CSS 选择器。这意味着要将样式应用于在 h1 元素的任何 a 元素(例如当代码中有类似"<h1><a href="">link</a></h1>"的代码段)。在这种情况下,CSS 会告诉它要改变其颜色为 #FCA205,它是橙色的。当然,可以把自己喜爱的颜色放在这里。

在 CSS 文件中,我们决定 HTML 文件中元素的样式。由该元素的名称(即 a,h1,body)、属性 class 或属性 id 来标识元素。类和 id 是该元素的名称。类定义元素组,并指向特定元素的 id。例如,可能由 CSS 使用标记名称 a、类 external_link 或 id link_to_wiki_page 标识以下标记。

```
<a href="https://en.wikipedia.org/wiki/Django" class="external_link" id="link_to_wiki_
page">
```

然后还需要告诉 HTML 模板,我们需要添加一些 CSS。打开 firstblog/templates/firstblog/post_list.html 文件并在最开始的地方添加以下行:

```
{% load staticfiles %}
```

我们刚刚加载了静态文件,这里实际上是为模板引入 staticfiles 相关的辅助方法。然后,在 <head> 和 </head> 之间,在 Bootstrap 的 CSS 文件的引导之后(浏览器按照给定文件的顺序读取文件,所以文件中的代码可能会覆盖引导数据库文件中的代码),添加以下行,说明模板 CSS 文件所在的位置。

```
<link rel="stylesheet" href="{% static 'css/blog.css' %}">
```

现在,post_list.html 文件代码如下所示。

```
{% load staticfiles %}
<html>
<head>
        <link rel="stylesheet" href="//maxcdn.bootstrapcdn.com/bootstrap/3.2.0/css/
bootstrap.min.css">
        <link rel="stylesheet" href="//maxcdn.bootstrapcdn.com/bootstrap/3.2.0/css/
bootstrap-theme.min.css">
        <link rel="stylesheet"href="{% static'css/firstblog.
css'%}">
<title>Lenhoon's Blog</title>
</head>
<body>
    <div>
    <h1><a href="">Lenhoon's Blog</a></h1>
    </div>

      {% for post in posts %}
    <div>
        <p>published: {{ post.published_date }}</p>
```

```
<h1><a href="">{{ post.title }}</a></h1>
<p>{{ post.text|linebreaksbr }}</p>
</div>
    {% endfor %}

</body>
</html>
```

然后保存该文件并刷新网站，效果如图 12-27 所示。

可以看到页面已经改变了标题的颜色。现在我们发现内容离浏览器的边框太近了，接下来给网站一点空间，并增加左边缘。

```
body {
    padding-left: 15px;
    }
```

将它添加到CSS代码中，保存该文件并查看它如何工作。效果如图 12-28 所示。

这里为了效果明显，标出了边框，可以看到内容距离左边框已经有了 15px 的距离。

现在添加一行 font-family:'Lobster；到 CSS 文件 blog/static/css/blog.css 的 h1 a 声明块中花括弧{}之间的代码，然后刷新页面，效果如图 12-29 所示。

图 12-27　改变标题颜色的效果示意图

图 12-28　改变边框距离的运行示意图

图 12-29　改变标题字体的运行效果示意图

如上文所述，CSS 有一个概念叫作类，允许 HTML 代码的一部分并只对这部分应用样式，不会影响其他部分。它是非常有用的，如果有两个 div，但它们有些很多不一样（如标头和帖子），所以不想它们看起来是相同的。

继续命名部分 HTML 代码。添加一个称为 page-header 的类到 div 中，其中包含标头。

```html
<div class="page-header">
    <h1><a href="">Lenhoon's Blog</a></h1>
</div>
```

现在将包含一篇博客文章的类 post 添加到 div 中。

```html
<div div class="post">
    <p>published: {{ post.published_date }}</p>
    <h1><a href="">{{ post.title }}</a></h1>
    <p>{{ post.text|linebreaksbr }}</p>
</div>
```

现在，我们将向不同的类选择器添加声明块，选择器以 "." 开始，关联到类。将下面代码添加到 firstblog/static/css/firstblog.css 文件中。

```css
.page-header {
    background-color: #ff9400;
    margin-top: 0;
    padding: 20px 20px 20px 40px;
}

.page-header h1, .page-header h1 a, .page-header h1 a:visited,. page-header h1 a:active {
    color: #ffffff;
    font-size: 36pt;
    text-decoration: none;
}

.content {
    margin-left: 40px;
}

h1, h2, h3, h4 {
    font-family: 'Lobster', cursive;
}

.date {
    float: right;
    color: #828282;
}

.save {
    float: right;
}

.post-form textarea, .post-form input {
    width: 100%;
}

.top-menu, .top-menu:hover, .top-menu:visited {
    color: #ffffff;
    float: right;
    font-size: 26pt;
    margin-right: 20px;
}
```

```
.post {
    margin-bottom: 70px;
}

.post h1 a, .post h1 a:visited {
    color: #000000;
    }
```

然后将文章的 HTML 代码用类声明包裹起来，替换以下内容。

```
{% for post in posts %}
<div class="post">
<p>published: {{ post.published_date }}</p>
<h1><a href="">{{ post.title }}</a></h1>
<p>{{ post.text|linebreaksbr }}</p>
</div>
{% endfor %}
```

在 firstblog/templates/firstblog/post_list.html 中是这样的：

```
<div class="content container">
    <div class="row">
        <div class="col-md-8">
            {% for post in posts %}
            <div div class="post">
                <p>published: {{ post.published_date }}</p>
                <h1><a href="">{{ post.title }}</a></h1>
                <p>{{ post.text|linebreaksbr }}</p>
            </div>
                {% endfor %}
        </div>
    </div>
</div>
```

保存这些文件并刷新网站，效果如图 12-30 所示。

图 12-30　进一步修改 CSS 文件的效果示意图

现在网站看起来棒极了！我们建议你通过免费在线 Codeacademy HTML 和 W3School 课程，去学习一些通过 CSS 使网站变得更漂亮的知识。

（6）模板扩展

Django 中有一个模板扩展功能，可以使用这项功能，让相同的 HTML 代码为网站不同的网页所共享。

通过这种方法，想使用同样的信息或布局，或者想改变某些模板内容时，不必在每个文件中都重复着相同的代码。这表示仅仅只需要改变一个文件，而不是所有的。

创建一个基础模板，一个基础模板是最重要的模板，可以扩展到网站的每一页。我们接下来在 firstblog/templates/firstblog/目录下创建一个 base.html 文件。

```
firstblog
└──templates
└──firstblog
            base.html
            post_list.html
```

将它打开，从 post_list.html 中复制所有东西到 base.html 文件。然后在 base.html 中，用以下代码替换所有的<body>（所有的在<body>和</body>之间的内容）。

```
<body>
    <div class="page-header">
    h1><a href="">Lenhoon's Blog</a></h1>
</div>
    <div class="content container">
        <div class="row">
            <div class="col-md-8">
        {% block content %}
        {% endblock %}
            </div>
        </div>
    </div>
</body>
```

用如下内容替换所有在{% for post in posts %}和{% endfor %}之间的代码。

```
{% block content %}
{% endblock %}
```

我们刚刚创建了一个 block（块），这个模板标签允许在其中插入扩展自 base.html 的模板的 HTML 代码。

现在保存该文件，然后再次打开 firstblog/templates/firstblogblog/post_list.html。删除一切 body 外的代码，然后删除<div class="page-header"></div>，并将这行添加到文件的开始。

```
{% extends 'firstblog/base.html' %}
```

此时文件内容如下所示：

```
{% extends 'firstblog/base.html' %}
{% block content %}
{% for post in posts %}
<div div class="post">
    <p>published: {{ post.published_date }}</p>
    <h1><a href="">{{ post.title }}</a></h1>
    <p>{{ post.text|linebreaksbr }}</p>
```

```
</div>
    {% endfor %}
    {% endblock content %}
```

最后我们检查网站工作是否正常。

6. 扩展我们的博客

（1）展现博客首页

我们已经完成了所有创建网站的各项步骤：如何写一个模型、url、视图和模板。另外我们同样知道如何使用 CSS 让我们的网站更漂亮。博客网站的一个功能就是展现一篇篇博文的页面，我们已经有了 Post 模型，所以我们不需要再添加任何内容到 models.py 文件中。

创建一个模板链接，跳转到博文的内容页。我们将在 firstblog/templates/firstblog/post_list.html 里添加一个链接开始。我们在博文列表的博文标题处添加一个链接用于跳转到该博文的详细页面。编辑<h1><ahref="">{{ post.title }}</a></h1>使得它能链接到博文详情页面：

```
<h1><ahref="{%url'post_detail'pk=post.pk%}">{{post.title}}</a></h1>
```

我们来解释下{% url 'post_detail' pk=post.pk %}。

- {%…%}标记意味着我们正在使用 Django 模板标签为我们创建 URL。

- firstblog.views.post_detail 是我们想创建的 post_detail view 的路径。请注意 firstblog 是应用的名字，也就是 firstblog 目录，views 是表单 views.py 文件的名字，同时最后一个部分 post_detail 是 View 的名字。

现在当访问 http://127.0.0.1:8000/时会得到一个错误（这是预料之中的，因为我们没有名为 post_detail 的 URL 或视图）。看起来会像图 12-31 所示的这样。

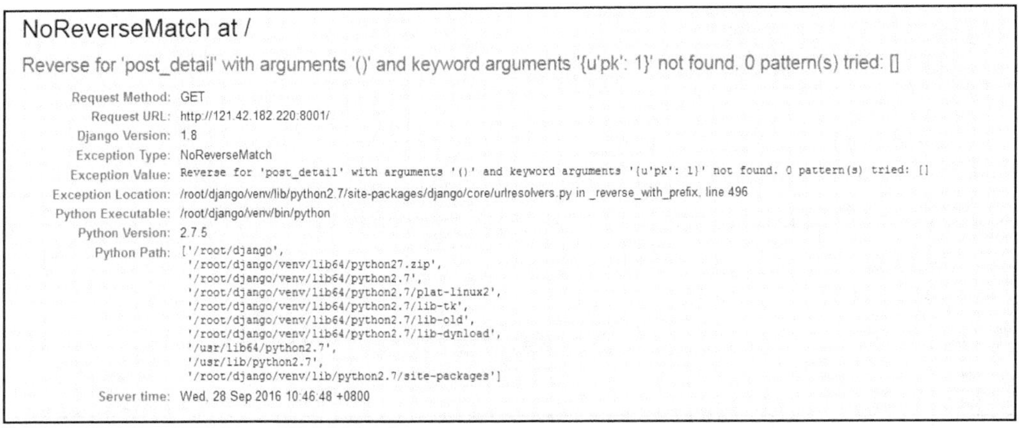

图 12-31　NoReverseMatch 错误示意图

让我们在 urls.py 里为 post_detail View 创建一个 URL，希望博客上的第一条博文详细页面显示在类似这样的 URL：http://127.0.0.1:8000/post/1/。

在 firstblog/urls.py 文件中增加一个 URL 来指引 Django 到名为 post_detail 的 View，它将用来显示整篇博客文章：url(r'^post/(?P<pk>[0-9]+)/$', views.post_detail, name='post_detail')。文件内容如下所示。

```
from django.conf.urls import url
from . import views
```

```
urlpatterns = [
    url(r'^$', views.post_list, name='post_list'),
    url(r'^post/(?P<pk>[0-9]+)/$', views.post_detail, name='post_detail'),
]
```

^post/(?P<pk>[0-9]+)/$ 部分看上去很复杂，我们来解释分析一下：^post/表示 URL 开头应当包含 post 和/。(?P<pk>[0-9]+)表示 Django 会把所有放到这里的东西转变成一个称作 pk 的变量并传递给视图。[0-9]告诉我们它只能由数字而不是字母（所以是取值范围是 0 ~ 9）组成。"+"意味着需要一个或更多的数字。所以诸如 http://127.0.0.1:8000/post// 是无效的，但是像 http://127.0.0.1:8000/post/1234567890/是完全可以的。然后我们再次需要 /$ 结尾。

这意味着如果键入 http://127.0.0.1:8000/post/5/到浏览器里，Django 明白是在寻找一个叫作 post_detail 的视图，然后传递 pk 等于 5 到那个视图。pk 是 primary key（主键）的缩写，在 Django 项目中常常用到这个名字，但是可以使用想要使用的变量名（记住：使用小写以及"_"而不是空格）。比如说(?P<pk>[0-9]+)，我们可以用 post_id 代替 pk，即：(?P<post_id>[0-9]+)。

我们已经向 firstblog/urls.py 添加了一个新的 URL 模式。让我们刷新页面 http://127.0.0.1:8000/，如图 12-32 所示，会发现还有另一个错误。这是因为我们还没有添加视图。

要修改这个错误，我们需要添加一个视图。下面我们来增加文章详细页面的视图。

这次我们的视图提供了一个额外的参数 pk。接下来定义函数 def post_detail(request,pk)用以捕获 pk。

```
AttributeError at /

'module' object has no attribute 'post_detail'

Request Method:     GET
Request URL:
Django Version:     1.8
Exception Type:     AttributeError
Exception Value:    'module' object has no attribute 'post_detail'
Exception Location: /root/django/firstblog/urls.py in <module>, line 7
Python Executable:  /root/django/venv/bin/python
Python Version:     2.7.5
Python Path:        ['/root/django',
                     '/root/django/venv/lib64/python27.zip',
                     '/root/django/venv/lib64/python2.7',
                     '/root/django/venv/lib64/python2.7/plat-linux2',
                     '/root/django/venv/lib64/python2.7/lib-tk',
                     '/root/django/venv/lib64/python2.7/lib-old',
                     '/root/django/venv/lib64/python2.7/lib-dynload',
                     '/usr/lib64/python2.7',
                     '/usr/lib/python2.7',
                     '/root/django/venv/lib/python2.7/site-packages']
Server time:        Wed, 28 Sep 2016 15:11:40 +0800
```

图 12-32　AttributeError 运行错误示意图

我们需要使用我们在 urls 里指定的 pk。省略这个变量是不正确的，将会导致一个错误。

现在，想要有一个并且只有一个博客帖子。为了做到这一点，我们需要使用下面的请求集合。

```
Post.objects.get(pk=pk)
```

这段代码没有 Post 和给定主键 pk，所以这里还是要报错。我们不希望那样，但是，当然，Django 已经为我们处理好了这些：get_object_or_404。如果没有 Post 和给定的 pk，它将展现更多有趣的页面（称作 Page Not Found 404 页面）。好消息是实际上可以创建自己的 Page Not Found 页面，但现在它不是非常重要的，所以我们将跳过它。现在将视图添加到 firstblog/views.py 文件中。

```
from django.shortcuts import render, get_object_or_404
```

并在文件的末尾增加视图。

```
def post_detail(request,pk):
    post = get_object_or_404(Post, pk=pk)
    returnrender(request,'firstblog/post_detail.html', {'post':post})
```

刷新页面，会出现图 12-33 所示的模板不存在的错误。

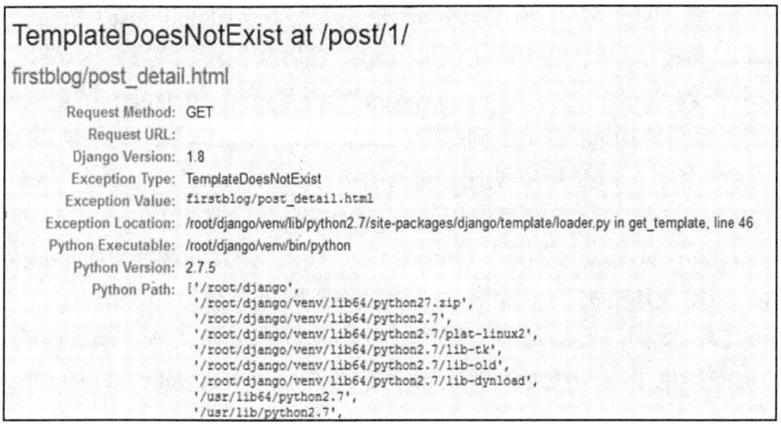

图 12-33　TemplateDoesNotExist 错误示意图

下面为文章详细页面添加一个模板。在 firstblog/templates/firstblog 中创建一个文件，叫作 post_detail.html。

它看起来会像这样：

```
{% extends 'blog/base.html' %}

    {% block content %}
<div class="post">
        {% if post.published_date %}
<div class="date">
            {{ post.published_date }}
</div>
        {% endif %}
<h1>{{ post.title }}</h1>
<p>{{ post.text|linebreaksbr }}</p>
</div>
{% endblock %}
```

接下来要扩展 base.html。在 content 块中，我们想要显示一篇文章的标题、文本和发布时间（如果存在的话）。

{% if …%} … {% endif %}是当我们想检查某样东西（Python 中的 if…else…语句）的时候的一种模板记号。在这个例子中，要检查文章的 published_date 不是空的。

现在可以刷新我们的页面并查看 Page Not Found 是不是没有了。网站正常运行示意图如图 12-34 所示。

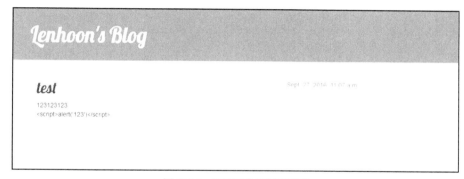

图 12-34　网站正常运行示意图

这里我们看到网站已经可以为我们展示文章的详细内容了。

（2）使用 Django 表单

我们最后要做的事情就是创建一个漂亮的方式来增加和编辑博客文章。Django 的管理功能强大，但是它很难去自定义，使页面变得更漂亮。通过 forms，我们可以拥有对界面绝对的权利，我们能够做几乎能想象到的所有事情！

Django 表单的一个好处就是既可以从零开始自定义，也可以创建 ModelForm，它将表单的结果保存到模型里。我们将为自己的 Post 模型创建一个表单。就像所有 Django 的重要部分一样，表单有自己的文件 forms.py。我们需要创建一个文件，把它的名字放在 firstblog 目录下。打开 forms.py，然后键入以下代码。

```
from django import forms
from .models import Post

class PostForm(forms.ModelForm):
class Meta:
model = Post
fields = ('title', 'text',)
```

首先需要导入 Django 表单（from django import forms），接下来导入 Post 模型 from .models import Post。

PostForm 是我们表单的名字。我们需要告诉 Django，这个表单是一个 ModelForm，继承自 forms.ModelForm。然后在 class Meta 中告诉 Django 哪个模型会被用来创建这个表单（model=Post）。最后，定义哪些字段会在表单里出现。在这个场景里，我们需要 title 和 text 显示出来，author 应该是当前登录的人，created_date 应该是创建文章时自动分配的（比如，在代码里获取当前时间信息）。

现在我们所要做的就是在视图里使用表单，然后展现在模板里。下面将会创建：一个指向页面的链接、一个 URL、一个视图和一个模板。

首先创建指向页面表单的链接。打开 firstblog/templates/firstblog/base.html，我们将添加一个链接到 div，命名为 page-header。

```
<a href="{% url 'post_new' %}" class="top-menu"><span class="glyphicon glyphicon-plus"></span></a>
```

注意这里需要调用新视图 post_new，添加了新的行后，页面文件现在应该看起来像这样：

```
{% load staticfiles %}
<html>
<head>
    <linkrel="stylesheet" href="//maxcdn.bootstrapcdn.com/
```

```
bootstrap/3.2.0/css/bootstrap.min.css">
        <link rel="stylesheet" href="//maxcdn.bootstrapcdn.com/
bootstrap/3.2.0/css/bootstrap-theme.min.css">
    <link rel="stylesheet" href="{% static 'css/firstblog.css' %}">
    <link href="//fonts.googleapis.com/css?family=Lobster&subset=latin,latin-ext"
rel="stylesheet" type="text/css">
    <title>Lenhoon's Blog</title>
    </head>
    <body>
        <div class="page-header">
        <a href="{% url 'post_new' %}" class="top-menu"><span class="
glyphicon glyphicon-plus"></span></a>
        <h1><a href="{}">Lenhoon's Blog</a></h1>
        </div>
        <div class="content container">
            <div class="row">
                <div class="col-md-8">
                    {% block content %}
                    {% endblock %}
                </div>
            </div>
        </div>
    </body>
    </html>
```

然后保存，刷新 http://127.0.0.1:8000 页面，可以明显地看到一个熟悉的 NoReverseMatch 错误信息，如图 12-35 所示。

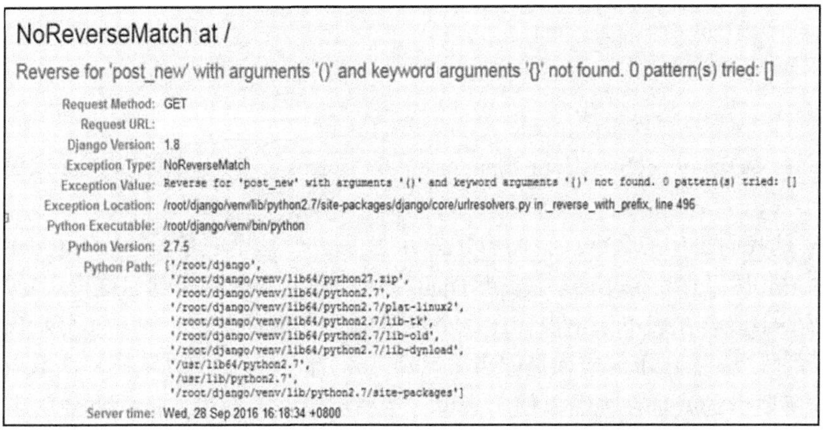

图 12-35　NoReverseMatch 错误示意图

现在添加 URL，打开 firstblog/urls.py 然后添加一个新行。

```
url(r'^post/new/$', views.post_new, name='post_new')
```

最终代码会看起来像这样：

```
from django.conf.urls import url
from . import views
from django.contrib.sites.models import Site

urlpatterns = [
```

```
url(r'^$', views.post_list, name='post_list'),
url(r'^post/(?P<pk>[0-9]+)/$', views.post_detail, name='post_detail'),
url(r'^post/new/$',views.post_new,name='post_new')
]
```

刷新网页后，会看到一个 AttributeError，这是因为没有实现 post_new 视图。下面我们来加上视图。打开 firstblog/views.py 文件，加入下面的行到 from 行下。

```
from .forms import PostForm
```

还有我们的 View：

```
def post_new(request):
    form = PostForm()
    returnrender(request,'firstblog/post_edit.html',
    {'form':form})
```

为了创建一个新的 Post 表单，需要调用 PostForm()，然后把它传递给模板。我们回到这个视图，现在为这个表单快速创建一个模板，这需要在 firstblog/templates/firstblog 目录下创建一个文件 post_edit.html。为了创建一个表单，需要做以下 4 件事情。

● 展示表单：需要加上代码{% raw %}{{ form.as_p }}{% endraw %}。

● 上述代码应被 HTML 表单标签包裹：<form method="POST">…</form>。

● 添加 Save 按钮：我们通过使用一个 HTML 按钮来完成：<button type="submit">Save</button>。

● 在<form…>标签后加上{% raw %}{% csrf_token %}{% endraw %}：这个非常重要，因为会让表单变得更安全。

post_edit.html 文件就变成如下内容。

```
{% extends 'firstblog/base.html' %}

    {% block content %}
<h1>New post</h1>
<form method="POST" class="post-form">{% csrf_token %}
    {{ form.as_p }}
<button type="submit" class="save btn btn-default">Save</button>
</form>
    {% endblock %}
```

刷新页面可以看到图 12-36 所示的效果。

图 12-36　发布页面运行示意图

但是当我们键入诸如 title 和 text 字段，然后试图保存它，却什么都没有没有发生。我们再一次回到了同一个页面，然而发现输入的文本已经消失了，同时没有新的文章被发布。错在哪里了呢？答案是：没有错误。我们需要在视图里做更多的工作。

再一次打开 firstblog/views.py，可以看到 post_new 中的视图内容如下。

```
def post_new(request):
    form = PostForm()
    return render(request, 'firstblog/post_edit.html',
    {'form':form})
```

当我们提交表单，都会回到相同的视图，但是这个时候有一些更多的数据在 request，更具体地说在 request.POST（命名和博客后缀"post"无关，它只是用来帮我们"上传"数据）中。还记得在 HTML 文件里，<form>定义有一个方法 method="POST"吗？现在所有从表单来的东西都在 request.POST 中。不应该重命名 POST 为其他任何东西。

所以在视图里，有了两种不同的情况去处理。第一：当我们首次访问一个页面，想要得到一个空白的页面。第二：当我们回到视图，应该保留刚刚键入的数据。所以我们需要添加一个条件判断，为此使用 if。

```
if request.method == "POST":
    [...]
else:
    form = PostForm()
```

现在去填写[...]。如果 method 是 POST，那么要用表单里的数据构建 PostForm，我们会这样做：

```
form = PostForm(request.POST)
```

下一件事情就是去检查表单是否正确（所有必填字段都要被设置，并且不会保存任何不正确的值）。我们将使用 form.is_valid()来实现。

```
if form.is_valid():
    post = form.save(commit=False)
    post.author = request.user
    post.published_date = timezone.now()
    post.save()
```

基本上，这里有两件事情：使用 form.save 保存表单，添加一个作者（因为 PostForm 中没有 author 字段，然而这个字段是必须的。commit=False 意味着我们还不想保存 Post 模型——我们想首先添加作者。post.save()会保留更改（添加作者），并创建新的博客文章。

最后，我们希望能够立即去 post_detail 页面创建新的博客内容。为了做到这点，我们需要导入一个重定向。

```
from django.shortcuts import redirect
```

把它添加到文件的最开始处。创建完新帖子就立刻转去 post_detail 页面：

```
return redirect('firstblog.views.post_detail', pk=post.pk)
```

firstblog.views.post_detail 是我们想跳转过去的视图名字。视图具有一个 pk 变量，为了把它传递给视图，我们使用 pk=post.pk，其中 post 就是刚刚创立的博客帖子。

接下来我们看一下整个视图代码现在看起来什么样。

```
def post_new(request):
    if request.method == 'POST':
```

```
        form = PostForm(request.POST)
        if form.is_valid():
            post = form.save(commit=False)
            post.author = request.user
            post.published_date = timezone.now()
            post.save()
            return redirect('firstblog.view.post_detail',pk =post.pk)
        else:
            form = PostForm()
            return render(request,'firstblog/post_edit.html',
{'form':form})
```

让我们看看它是否正常工作。转到页面 http://127.0.0.1:8000//post/new/，添加 title 和 text，将它保存。新博客文章已经加进来了，而且被重定向到 post_detail 页面。可以注意到在保存博客文章之前我们设置了发布日期。

下面我们讲解一下表单验证，Django 的表单非常好用。一篇博客文章需要有 title 和 text 字段。在 Post 模型中我们并没有说这些字段不是必须的，所以 Django 默认期望它们是有存储数据的。

尝试不带 title 和 text 内容保存表单。会发生什么？如图 12-37 所示。

图 12-37　不带 title 和 text 的运行示意图

Django 会处理验证我们表单里的所有字段都是正确的。

因为我们最近使用过 Django 管理界面，系统目前认为我们已经登录了。有几种情况可能导致我们被登出（关闭浏览器，重新启动数据库等）。如果发现当创建一个文章时得到了一个指向未登录用户错误的时候，前往管理页面 http://127.0.0.1:8000/admin 进行登录。这只会暂时解决问题。

现在来编辑表单。我们知道如何添加一个新的表单。但是如果想编辑一个现有的表单呢？这和我们刚才做的非常相似。打开 firstblog/templates/firstblog/post_detail.html 并添加以下行。

```
<a class="btn btn-default" href="{% url 'post_edit'pk=post.pk %}"><span class="glyphicon
```

```
glyphicon-pencil"></span></a>
```

模板内容如下：

```
{% extends 'blog/base.html' %}

    {% block content %}
<div class="post">
        {% if post.published_date %}
<div class="date">
        {{ post.published_date }}
</div>
        {% endif %}
<a class="btn btn-default" href="{% url 'post_edit' pk=post.pk %}"><span class="glyphicon
glyphicon-pencil"></span></a>
<h1>{{ post.title }}</h1>
<p>{{ post.text|linebreaksbr }}</p>
</div>
    {% endblock %}
```

在 firstblog/urls.py 里添加这行：

```
url(r'^post/(?P<pk>[0-9]+)/edit/$',views.post_edit, name='post_edit'),
```

我们将复用模板 firstblog/templates/firstblog/post_edit.html，所以最后缺失的东西就是 View。
打开 firstblog/views.py，并在文件的最后加入以下代码。

```
def post_edit(request, pk):
    post = get_object_or_404(Post, pk=pk)
if request.method == 'POST':
        form = PostForm(request.POST, instance=post)
        if form.is_valid():
            post = form.save(commit=False)
            post.author = request.user
            post.published_date = timezone.now()
            post.save()
            return redirect('firstblog.views.post_detail',
pk=post.pk)
        else:
            form = PostForm(instance=post)
return render(request,'firstblog/post_edit.html',{'form':form})
```

这看起来几乎完全和我们的 post_new 视图一样，但是不完全是。从 urls 里传递了一个额外的
pk 参数，得到 Post 模型。编辑 get_object_or_404(Post, pk=pk)，然后我们创建一个表单，用一个
实例来传递这篇文章，保存它的语句如下。

```
form = PostForm(request.POST, instance=post)
```

当只是打开这篇文章的表单来编辑时：

```
form = PostForm(instance=post)
```

让我们来试试它是否可以工作。先去 post_detail 页面，在右上角应该有一个"编辑"按钮，
如图 12-38 所示。

图 12-38　添加"编辑"按钮运行示意图

当单击它的时候，会看到我们博客文章的表单。如图 12-39 所示。

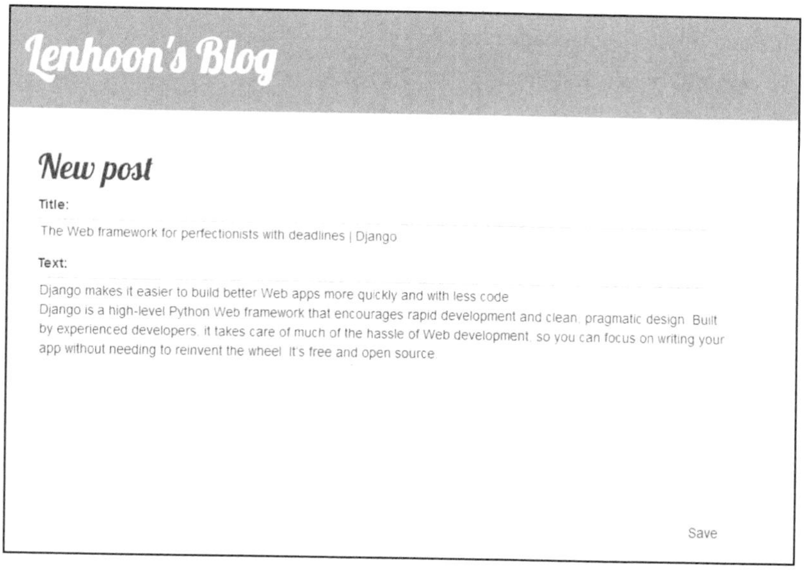

图 12-39　最终发布效果示意图

随意修改一下标题和内容，然后保存更改。现在我们的应用程序正在变得越来越完整。

（3）安全性

能够通过点击一条链接进行发布确实不错。但是现在，任何访问网站的人都能够发布一条新博客日志，这可能不是我们想要的。我们希望这个"发布"按钮只显示给登录的作者，对其他人则不显示。在 firstblog/templates/firstblog/base.html 中，找到 page-header div。

```
<a href="{% url 'post_new' %}" class="top-menu"><span class="glyphicon glyphicon-plus"></span></a>
```

我们要将另一个{% if %}标记到这，会使链接仅在以管理者身份登录的用户访问时显示。修改<a>标记：

```
{% if user.is_authenticated %}
<a href="{% url 'post_new' %}" class="top-menu"><span class="glyphicon
```

```
glyphicon-plus"></span></a>
    {% endif %}
```

这个{% if %}会使得链接仅仅发送到那些已经登录的用户的浏览器。这并不能完全保护发布新文章，不过这是很好的第一步。

到此为止，已经将 Django 的基本用法展示给大家了。我们介绍了 Django 如何接受 URL 请求、Django 模型、Django 视图、Django 模板。我们创建了自己的简单的博客，并可以管理、发布、查看发布的文章。当然这只是些最基本的功能，如果想扩展博客的功能，使它的功能更加完善，可以参考官方文档，也可以通过下面的资源进行进一步的学习。

- Django's official tutorial
- New Coder tutorials
- Code Academy Python course
- Code Academy HTML & CSS course
- Django Carrots tutorial
- Learn Python The Hard Way book
- Getting Started With Django video lessons
- Two Scoops of Django: Best Practices for Django 1.8 book

12.4　本章小结

本章详细介绍了 Python 的 3 个应用实例，分别是网络爬虫、数据处理和基于 Django 的 Web 开发。

- 网络爬虫：首先讲述了网络爬虫的基本概念，然后详细介绍了 Python 的 Urllib 库，接着介绍了 Cookie 和正则表达式的使用。最后给出了一个百度贴吧抓取的实例。

- 数据处理：介绍了如何使用 Python 进行数据处理。近些年来，Python 在开发以数据为中心的应用中被用得越来越多。本章对于导入和可视化数据、数据分类、使用回归分析和相关测量法发现数据之间的关系、数据降维以压缩和可视化数据带来的信息、分析结构化数据、使用 Pandas 等等主题进行了详细的讲解和具体的实践。

- 基于 Django 的 Web 开发：讲解了如何用 Django 框架进行 Web 开发。最后详细介绍了如何搭建一个简易的博客网站。